普通高等教育"十二五"系列教材

（第二版）

# 现代土木工程施工技术

主编　李建峰
参编　郑永伟　王　娇　杨海欧
　　　潘丽霞　王秉亮　马梦娜
　　　王　旭　王淑芳　富锐萍
　　　党合欢
主审　陈向东

中国电力出版社
CHINA ELECTRIC POWER PRESS

# 内 容 提 要

本书为普通高等教育"十二五"系列教材。全书共分十二章，主要内容包括深基坑支护及边坡防护新技术、地基处理及桩基新技术、地下空间施工新技术、高效钢筋与新型预应力技术、新型模板及脚手架应用技术、新型混凝土技术、钢结构新技术、建筑防水新技术、建筑节能和环保应用技术、绿色建筑与建筑智能化技术、施工过程监测和控制技术，以及施工管理信息化技术。书中详细介绍了现代土木工程施工中各种新型施工技术和施工管理信息化技术，在内容设置和安排上突出了实用、创新和时代特色。为了方便读者的学习，本书在每章都精心编写了一些复习思考题。

本书可作为高等院校土木工程相关专业本科和研究生教材，也可供有关专业工程技术人员参考。

## 图书在版编目（CIP）数据

现代土木工程施工技术/李建峰主编. —2 版. —北京：中国电力出版社，2015.2（2024.5 重印）

普通高等教育"十二五"规划教材
ISBN 978-7-5123-6791-3

Ⅰ. ①现… Ⅱ. ①李… Ⅲ. ①土木工程-工程施工-高等学校-教材　Ⅳ. ①TU7

中国版本图书馆 CIP 数据核字（2014）第 272383 号

中国电力出版社出版、发行
（北京市东城区北京站西街 19 号　100005　http://www.cepp.sgcc.com.cn）
固安县铭成印刷有限公司印刷
各地新华书店经售

＊

2008 年 2 月第一版
2015 年 2 月第二版　　2024 年 5 月北京第十二次印刷
787 毫米×1092 毫米　16 开本　23 印张　560 千字
定价 **65.00** 元

# 前　言

　　《现代土木工程施工技术》自 2008 年出版以来，深受读者的喜爱和关注。随着近年来施工新技术、新材料、新工艺的不断涌出，加之相关施工技术规范和标准的更新，深感教材已略显陈旧，为贯彻落实教育部《关于进一步加强高等学校本科教学工作的若干意见》的精神，加强教材建设，彰显最新施工技术，紧密结合工程实际进行教学，有必要修改、改编教材。

　　整个修编过程，坚持"吐故纳新，突出现代，贴近教学，力求实用"的指导思想，注重最新动态和未来走向，使教材内容更加符合当前土木工程施工和教学的需要。每章节均从施工技术概念、施工工序、施工工艺和技术特点等方面进行了多角度介绍，内容上，除讲求全面外，更注重实用性、可读性。教材的修编主要包括修订和补充两项内容。

　　第一，主要依据国家最新的政策、规范、规程和近年来涌现的新型材料、新型工艺和先进的施工技术与方法，结合教学实践和同行们的建议，对原书做了较大修改。

　　第二，大部分章节均增加了施工相关的前沿知识，便于学生和专业人士对新材料、新工艺、新技术等学习。本次修订的主要内容是第一章增加 TRD 工法，第二章增加挤扩灌注桩施工技术，第三章增加盖挖法施工技术，第四章增加缓凝结预应力技术，第五章增加插销式脚手架，第六章增加现浇混凝土空心楼盖，第七章增加新型外包钢—混凝土组合梁技术、波形钢腹板预应力混凝土组合箱梁技术、桥梁转体施工技术，第八章增加高压灌浆堵漏施工技术，第九章增加节能型幕墙技术、硬泡聚氨酯外墙喷涂保温技术、环保型混凝土技术，第十章增加了单独的一节绿色施工技术，第十二章增加了建设工程资源计划管理技术、BIM 信息化技术，完善了施工仿真技术。

　　第三，在保持原版教材风格的基础上，对语言和内容进行了锤炼，更加注重实际、贴近教学。因此，新版教材具有如下特点：

　　(1) 教材的体系完整性。在第一版的基础上对内容和章节顺序进行了调整，从工程的地下到地上再到节能环保、绿色智能化，使学习的思路更加清晰。

　　(2) 内容的新颖性。依据施工技术前沿研究成果和最新颁布的相关文件及标准进行修改、补充，体现了与时俱进。

　　(3) 教学的贴切性。从培养土木工程专业人才教学需要出发，结合教学规律，各章对每一施工新技术的概念、原理、施工工艺流程和施工方法等方面均做了详细的讲解。

　　全书共分十二章，包括深基坑支护及边坡防护新技术、地基处理及桩基新技术、地下空间施工新技术、高效钢筋与预应力技术、新型模板及脚手架应用技术、高性能混凝土技术、钢结构新技术、建筑防水技术、建筑节能与环保应用技术、绿色建筑与建筑智能化技术、施工过程监测和控制技术及施工管理信息化技术等。在全书的修编过程中，保持了第一版教材的特点，尽可能做到深入浅出、图文并茂，以方便教学和自学。

　　本书可作为高等院校土木工程以及相关专业本科和研究生教材使用，也可供相关工程技术人员参考学习。

　　全书由长安大学李建峰教授策划和主要编写，甘肃世贸城房地产有限公司郑永伟，西安外事学院王娇，中国建设工程造价管理协会杨海欧，中国长江三峡集团枢纽管理局潘丽霞，长安大学王秉亮、马梦娜、王旭、王淑芳、党合欢，长庆油田公司第五采油厂富锐萍参与编写。在本书的再版过程中，既有我们教学研究团队的努力，也有历届读者、同行、工程一线人员的宝贵意见，更有出版社的大力支持。本书由陈向东主审。

　　由于现代施工技术层出不穷和编者水平所限等原因，本书难免会有不足之处，恳望大家不吝赐教。

编　者
2014 年 9 月

# 第一版前言

为贯彻落实教育部《关于进一步加强高等学校本科教学工作的若干意见》和《教育部关于以就业为导向深化高等职业教育改革的若干意见》的精神，加强教材建设，确保教材质量，中国电力教育协会组织制订了普通高等教育"十一五"教材规划。该规划强调适应不同层次、不同类型院校，满足学科发展和人才培养的需求，坚持专业基础课教材与教学急需的专业教材并重、新编与修订相结合。本书为新编教材。

近年来，随着我国国民经济的高速发展，土木工程建设已经进入一个持续高速发展时期。各种高层建筑、跨海大桥、越江隧道、深埋隧洞、高架公（铁）路、城市地铁等工程的开发与建设，极大地促进了现代施工技术和管理的改革与发展，涌现出一批新型材料、新型工艺和先进的施工技术与方法，并取得了良好的经济效益和社会效益。由于传统的《土木工程施工》没有反映这些新技术和新方法，对于从事土木工程专业学习和研究的本科生、研究生，又急需了解土木工程的各种新型施工工艺与方法，为此，大部分高校开设了相应的课程。

为了适应当前新的发展形势，结合新时期土木工程专业人才培养的新要求和课程建设的需要，依据建设部"关于进一步做好建筑业10项新技术推广应用的通知"和相应参考文献，我们编写了这本《现代土木工程施工技术》。本书既可作为高等院校土木工程相关专业本科和研究生教材，也可供有关专业工程技术人员参考。

《现代土木工程施工技术》是综合研究新近开发应用的土木工程施工新技术、新工艺、新材料、新机具和新的管理模式的学科，是一门综合性应用技术，是土木工程专业学生进行深造的专业课程。通过本课程学习，使学生掌握现代土木工程最新的施工工艺和技术以及最新的管理模式，熟悉土木工程施工领域新近开发应用的新材料和新机具。目的在于培养学生综合开发和运用现代工程施工技术的能力，能用所学知识进行现代施工的技术管理，会编制土木工程施工新技术、新工艺、新材料、新机具应用的施工方案。本课程的主要任务是：系统研究现代土木工程最新的施工工艺和技术、新近开发应用的新材料和新机具以及最新的管理模式；综合探讨施工新技术各要素的配置和优化管理。

全书共分十二章，包括深基坑支护及边坡防护新技术、地下空间施工新技术、地基处理及桩基新技术、高效钢筋与新型预应力技术、新型模板及脚手架应用技术、高性能混凝土技术、钢结构新技术、建筑防水新技术、建筑节能和环保应用技术、绿色建筑与建筑智能化技术、施工过程监测和控制技术及施工管理信息化技术等。本书在内容设置和安排上重点突出了实用、创新和时代特色。内容以新型施工技术为重点，同时介绍了新型材料、设计、节能环保等相关内容。涉及的新技术主要以建筑工程为主，比较全面地介绍了各种新施工技术的内容、基本原理、特点、适用范围、施工工艺、技术措施和技术指标以及注意事项等。在全书的编写过程中，我们尽可能做到深入浅出、图文并茂，以方便教学和自学，并在每章中附有学习要点和复习思考题。

全书由长安大学李建峰教授策划和主编著，由北京工业大学陈向东教授主审。其中，郑永伟参与编写了第二章、第三章和第六章，富锐萍参与编写了第七章和第十一章，杨海鸥参与编写了第八章和第十章，王娇参与编写了第九章，潘丽霞参与编写了第十二章。本书在编写的过程中参阅了大量的文献资料、研究论文和专著，并将所引用文献资料在参考文献中列出。在此，对所引用的文献资料和专著的作者对本书的编写工作给予的理解和支持表示衷心的感谢。

由于现代施工技术层出不穷，限于编者水平，书中不足之处在所难免，诚挚地希望读者提出宝贵的意见，使本书日臻完善。

编　者

2007 年 10 月于长安大学

# 目　　录

# 第一章 深基坑支护及边坡防护新技术

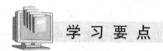 学 习 要 点

本章主要介绍了新型深基坑支护及边坡防护技术的概念、技术原理和技术要点以及适用范围等内容。通过本章学习，了解深基坑支护的发展与现状、各种新型基坑支护技术的特点及应用范围，理解掌握各种深基坑支护技术的概念及技术原理，重点掌握施工工艺及施工要点。

## 第一节 基坑支护技术概述

基坑支护技术是一项古老而又具有时代特点的技术课题。在远古时代，穴居的人类的祖先就开始应用放坡开挖和木桩围护等简单的支护技术而穴居；随着人类文明的进步，城市建筑开始向高层、超高层和深层地下空间发展，基坑支护技术因其技术的综合性和复杂性而成为地基基础领域一个突出的技术问题，受到了相关领域众多专家学者和工程技术人员的普遍重视，并逐步发展成一门专门学科——基坑工程学或基坑支护工程学。

**一、基坑支护技术的发展现状及趋势**

我国基坑支护技术的发展现状主要体现在以下几个方面：

（1）基坑向着大深度、大面积方向发展，周边环境更加复杂，基坑开挖与支护的难度越来越大。

（2）基坑支护技术向着既挡土又防渗、经济环保、绿色施工的综合技术发展。

（3）基坑支护设计计算方法和计算机在基坑支护领域的应用得到了充分发展，日趋完善。基坑支护设计计算方法由传统的基于极限平衡理论的计算方法发展到弹性杆系有限元法。

**二、基坑支护工程的特点**

1. 临时性

基坑支护结构大多为临时性结构，其作用仅是在基坑开挖和地下结构施工期间保证基坑周边既有建筑物、道路、地下管线等环境的安全和本工程地下结构施工的顺利进行（个别情况下支护结构也可同时兼作地下室结构的组成部分，成为永久性结构），其有效使用期一般在一年左右。作为临时性结构，它的重要性容易被忽视，安全隐患较大，应引起重视。

2. 技术综合性

基坑支护技术是岩土力学问题与结构力学问题的结合，且受水文、地质、施工技术和方法等因素的影响很大，因此，对从事基坑支护工程人员的综合业务知识水平要求较高。

3. 不确定性

基坑支护工程受场区地质情况、周边建筑和地下设施的影响很大，而往往这些情况在支护结构设计施工和基坑开挖前无法准确查明，给基坑支护结构方案制定和设计施工带来了很

大难度。

### 三、基坑支护结构的基本形式

基坑支护是为保证地下结构施工及基坑周边环境的安全，对基坑侧壁采取的支挡、加固与保护措施。基坑支护工程中的常用施工方法有：各种类型的桩、地下连续墙、锚杆、钢筋混凝土和钢支撑、土钉和喷射混凝土护面、搅拌桩、旋喷桩、逆作拱墙、钢板桩、SMW 工法、土体冻结等。在实际的工程应用中，可以采用一种方法，或将几种方法结合起来使用。

随着支护技术在安全、经济、工期等方面要求的提高和支护技术的不断发展，在实际工程中采用的支护结构形式也越来越多。按照支护结构受力特点不同，可划分、归并为以下四种基本类型。

1. 支挡式结构（图 1-1）

支挡式结构是在基坑开挖前，沿基坑边缘施工成排的桩或地下连续墙，并使其底端嵌入到基坑底面以下。若基坑开挖深度较大或分层开挖时，在桩或地下连续墙上附加支撑系统（支撑系统可为锚拉式，也可为支撑式），此时结构的受力形式相当于梁板结构，如图 1-1 所示；当基坑深度较浅，同时周边环境对支护结构水平位移要求不高时，桩或连续墙上可不附加支撑系统，此时结构的受力形式为悬臂梁结构。

实际工程中常采用的支挡式结构主要有：锚拉式结构（如排桩—锚杆结构、地下连续墙—锚杆结构）、支撑式结构（如排桩—内支撑结构、地下连续墙—内支撑结构）、悬臂式结构（如石砌挡土墙或钢筋混凝土拱墙结构，如图 1-2 所示）、双排桩及支护结构与主体结构结合的逆作法等。桩的类型包括各种工艺的钻孔桩、冲孔桩、挖孔桩或沉管桩等。

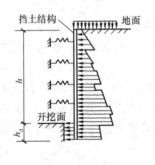

图 1-1　支挡式结构

图 1-2　拱墙结构

2. 土钉墙结构（图 1-3）

最常用的土钉墙结构是在分层分段挖土的条件下，分层分段施作土钉和配有钢筋网的喷射混凝土面层，挖土与土钉施工交叉作业，并保证每一施工阶段基坑的稳定性。其支护机理是通过斜向土钉对基坑边坡土体的加固，增加边坡的抗滑力和抗滑力矩，以满足基坑边坡稳定的要求。这类结构一般采用钻孔中内置钢筋，然后孔中注浆形成土钉，坡面用配有钢筋网的喷射混凝土形成护面，从而组合成土钉墙结构；也有采用打入式钢管再向钢管内注浆的土钉；也有采用土钉和预应力锚杆、水泥土桩及微

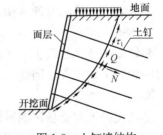

图 1-3　土钉墙结构

型桩等结合的复合土钉墙结构。

3. 重力式水泥土墙（图1-4）

重力式水泥土墙是在基坑侧壁形成一个具有相当厚度和重量的刚性实体结构，以其重量抵抗基坑侧壁土压力，以满足该结构的抗滑移和抗倾覆要求。这类结构一般采用水泥土搅拌桩，有时也采用旋喷桩，使桩体相互搭接形成块状或格栅状等连续实体的重力结构。

4. 放坡（图1-5）

放坡是将基坑开挖成一定坡度的人工边坡，以使土体在自身重力和外力作用下，不发生剪切破坏而沿着某一破裂面产生滑动，从而达到使土坡稳定的目的。放坡适用于地基土质较好、开挖深度不深，以及施工现场有足够放坡场所的工程。当基坑较深时可分级放坡，并保证边坡自身能够稳定。

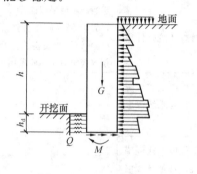

图1-4　重力式水泥土墙

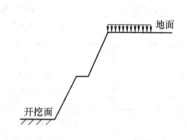

图1-5　放坡

**四、基坑支护设计、施工原则与选型**

1. 基坑支护设计和施工原则

基坑支护设计和施工应遵循技术先进、安全可靠、经济合理的原则。基坑支护设计和施工必须保证基坑周边建（构）筑物、地下管线、道路的安全和正常使用及主体地下结构的施工空间。基坑支护设计应规定其设计使用期限，且不应小于一年。

2. 基坑支护选型

基坑支护设计时，应综合考虑基坑周边环境和地质条件的复杂程度、基坑深度等因素，按表1-1采用支护结构的安全等级。对同一基坑的不同部位，也可采用不同的安全等级。

表 1-1　　　　　　　　　　　　　　　　支护结构的安全等级

| 安全等级 | 破坏后果 |
| --- | --- |
| 一级 | 支护结构失效、土体过大变形对基坑周边环境或主体结构施工安全的影响很严重 |
| 二级 | 支护结构失效、土体过大变形对基坑周边环境或主体结构施工安全的影响严重 |
| 三级 | 支护结构失效、土体过大变形对基坑周边环境或主体结构施工安全的影响不严重 |

在基坑支护工程中，应综合考虑场地工程地质与水文地质条件、地下结构的要求，基坑开挖深度、降排水条件、周边环境和周边荷载、施工季节、支护结构使用期限等因素，因地制宜地选择合理的支护结构形式。国家行业标准《建筑基坑支护技术规程》（JGJ 120—2012）对各种支护结构的选型做了明确的规定，提出了各种支护形式的适用条件，见表1-2。

**表 1-2**　　　《建筑基坑支护技术规程》(JGJ 120—2012) 中各类支护结构的适用条件

| 结构类型 | | 适用条件 | | |
|---|---|---|---|---|
| | | 安全等级 | 基坑深度、环境条件、土类和地下水条件 | |
| 支挡式结构 | 锚拉式结构 | 一级、二级、三级 | 适用于较深的基坑 | 1. 排桩适用于可采用降水或截水帷幕的基坑<br>2. 地下连续墙宜同时用作主体地下结构外墙，可同时用于截水<br>3. 锚杆不宜用在软土层和高水位的碎石土、砂土层中<br>4. 当邻近基坑有建筑物地下室、地下构筑物等，锚杆的有效锚固长度不足时，不应采用锚杆<br>5. 当锚杆施工会造成基坑周边建(构)筑物的损害或违反城市空间规划等规定时，不应采用锚杆 |
| | 支撑式结构 | | 适用于较深的基坑 | |
| | 悬臂式结构 | | 适用于较浅的基坑 | |
| | 双排桩 | | 当锚拉式、支撑式和悬臂式结构不适用时，可考虑采用双排桩 | |
| | 支护结构与主体结构结合的逆作法 | | 适用于基坑周边环境条件很复杂的深基坑 | |
| 土钉墙 | 单一土钉墙 | 二级、三级 | 适用于地下水位以上或经降水的非软土基坑，且基坑深度不宜大于 12m | 当基坑潜在滑动面内有建筑物、重要地下管线时，不宜采用土钉墙 |
| | 预应力锚杆复合土钉墙 | | 适用于地下水位以上或经降水的非软土基坑，且基坑深度不宜大于 15m | |
| | 水泥土桩垂直复合土钉墙 | | 用于非软土基坑时，基坑深度不宜大于 12m；用于淤泥质土基坑时，基坑深度不宜大于 6m；不宜用在高水位的碎石土、砂土、粉土层中 | |
| | 微型桩垂直复合土钉墙 | | 适用于地下水位以上或经降水的基坑，用于非软土基坑时，基坑深度不宜大于 12m；用于淤泥质土基坑时，基坑深度不宜大于 6m | |
| 重力式水泥土墙 | | 二级、三级 | 适用于淤泥质土、淤泥基坑，且基坑深度不宜大于 7m | |
| 放坡 | | 三级 | 1. 施工场地应满足放坡条件<br>2. 可与上述支护结构形式结合 | |

**注**　1. 当基坑不同部位的周边环境条件、土层性状、基坑深度等不同时，可在不同部位分别采用不同的支护形式；
　　　2. 支护结构可采用上、下部以不同结构类型组合的形式。

**五、基坑工程事故原因**

引起基坑事故的原因主要有以下方面：

(1) 采用悬臂桩忽视变形控制，或设计有内支撑但施工未加上，导致变形过大，引起周围建筑物开裂。

(2) 侧壁未封闭或虽已封闭但帷幕失效，或锚杆深入承压含水层而未采取妥善措施，导致坑壁或沿锚孔漏水引起建筑物开裂破坏，道路变形。

（3）坑底封闭不严，管涌承压水上涌造成的破坏。

（4）深厚淤泥中土方开挖失控，致使工程桩严重倾斜偏位，护坡桩基失效。

（5）支护设计忽略整体稳定分析，导致边坡滑移，工程桩受挤压偏位。

（6）受水浸润，土体强度大幅下降，土压力增大，支护桩承载力不足失效。

据不完全统计，在已发生的基坑工程事故中，不当设计引发的事故占 45%，因施工不当引发的事故占 33%，因地下水处理不当引发的事故占 22%。

# 第二节　预应力锚杆技术

## 一、概述

预应力锚杆是将拉力传递到稳定岩层或土体的锚固体系。其一端与岩土体或结构物相连，另一端锚固在岩土体层内，并对其施加预应力，以承受岩土压力、水压力、抗浮、抗倾覆等所产生的结构拉力，用以维护岩土体或结构物的稳定。它通常包括杆体（由钢绞线、钢筋、特殊钢管等筋材组成）、灌浆体、锚具、套管和可能使用的连接器。

根据土层锚杆锚固体结构形式的不同，预应力锚杆可分为圆柱形、端部扩大头型和连续球体型三类锚杆；根据其传力机制的不同，预应力锚杆可分为普通拉力型、普通压力型锚杆和拉力分散型、压力分散型锚杆；根据其服务年限的不同，预应力锚杆可分为永久性锚杆和临时性锚杆。

预应力锚杆技术广泛应用于各类岩土体加固工程，如隧道与地下洞室的加固、岩土边坡加固、深基坑支护、混凝土坝体加固、结构抗浮、抗倾覆，各种结构物稳定与锚固等。

## 二、预应力锚杆施工技术

### （一）工艺原理

土层预应力锚固是根据设计需求，首先在土层中钻出一定深度和直径的钻孔，然后放入预应力筋（钢绞线，精轧螺纹钢筋或一般螺纹钢筋），再注入水泥浆或水泥砂浆，充满锚固段内的空腔；待浆体强度大于 15.0MPa 后，借助于张拉设备张拉预应力筋，利用其弹性变形施加预应力，最后用锚具锁定。这样就可将作用于结构物上的拉力，通过黏结材料传递给土层，并能有效地限制结构物与土体的位移，以保持结构物和土体的稳定。

### （二）施工工艺

预应力锚杆施工工序为：定位→钻孔→杆体制作与安放→注浆（一次常压或二次高压）→外锚头制作→张拉锁定→外锚头防腐。

预应力锚杆施工工艺主要包括钻孔、杆体制作与安放、注浆及张拉与锁定等。

1. 钻孔

钻孔是锚杆施工的关键工序，其施工主要包括钻机就位、钻孔和清孔三个工序。锚杆钻孔直径一般为 110~180mm。

（1）钻孔方式。钻孔方式可根据岩土类型、钻孔直径和深度、地下水情况、接近锚固工作面的条件、所用洗孔介质的种类以及锚杆种类和要求的钻进速度进行选择。岩层中钻孔一般采用气动冲击钻及相配套的潜孔冲击器、钻头；土层中钻孔一般采用回转式、冲击回转式和回转冲击反循环式钻机；在不稳定地层（含水层、易塌孔地层、卵砾石层等）多采用套管护壁、常规球齿形潜孔锤冲击回转钻机进行钻孔。

（2）钻孔作业。锚杆钻孔方式选定后，施工中要根据工程及地质条件的具体变化及时调整锚杆孔钻进施工工艺，以确保锚杆施工的顺利进行。

普通锚杆回转螺旋钻机在黏土中钻进时极易产生"别"、"抱"钻杆的现象，钻进中，要随时调整钻进速度及反复前进、后退及原地旋转，在充分倒出孔内虚土后再缓慢拔出钻。如遇含水砂层及软土层极易产生塌孔现象时，可采用压浆护壁方法。浆液可采用配比泥浆或水灰比在 1∶0.6 左右的纯水泥浆，浆液的浓度、用量和跟进压力可根据岩土层的种类和含水情况进行调整，含砂较多，水量、水压较大时，浆液跟进压力、浓度和用量可高些。浆液跟进在钻孔开孔时即可开始，一直跟进到要求钻进的深度，钻进过程中钻杆要缓慢钻进和提钻，在易塌孔土层长度内还应反复前进、后退及原地转动，以使浆液充分浸润孔壁。钻孔完成后，缓慢拔出钻杆，使压进浆液充满钻孔并立即安放锚杆杆体，在锚杆注浆时还要注意一定要从孔底开始并且注浆充分，直到注浆浆液从孔口溢出、护壁浆液由孔口返净为止。

在不稳定、易塌孔地层和卵砾石层，宜采用套管护壁、冲击回转钻孔方法，压力分散型锚杆及可重复高压灌浆型锚杆为确保锚杆施工质量也宜采用套管护壁钻孔方法。套管跟进水冲法钻进时，要根据钻进岩土层返出物的大小、地层地下水压力情况调整钻头射水压力。射水压力过小，较大直径的岩土碎屑、卵砾石不能及时返出；如遇流砂层，在地下水头压力下，较小的射水压力不能平衡地下水压力，流砂将随水沿套管与钻孔间间隙流出，流量较大时可能会造成被加固结构塌陷等工程事故。此外，套管跟进钻孔施工前还要仔细检查维护好钻杆及套管，尤其是套管及钻杆连接处的丝扣及润滑，在遇黏性土层时，钻进时还要注意钻进速度，防止套管被抱死，造成"丢管"、"掉钻"。

（3）锚杆钻孔的技术要求：

1）锚杆钻孔中不得随意扰动周围地层。

2）钻孔前，根据设计要求和地层条件，定出孔位，做出标记。

3）钻头直径不应小于设计钻孔直径 3mm。

4）锚杆水平、垂直方向孔距误差不应大于 100mm，钻孔轴线的偏斜率不应大于锚杆长度的 2%。

5）锚杆钻孔深度不应小于设计长度，也不宜大于设计长度 500mm。

6）向钻孔安放锚杆前，应将孔内岩粉和土屑清洗干净。采用气动或水洗方法时，锚杆钻孔长度应增加 500～700mm，以弥补重新残留的岩土块、确保锚杆锚固段有效长度，钻孔结束时，还要从底部继续冲洗至少 10min，以尽量减少残留物的数量。

7）钻孔时，还应做好记录，以便于更加详细地揭示地层内部情况，掌握每根锚杆的具体成孔状况、控制锚杆质量。

（4）清孔。冲击钻机和旋转钻机经常选用气动法进行洗孔，在干燥岩层中使用效果较好，也可用于稍潮湿岩层；水洗方法适用于旋转式取芯钻孔和套管护壁钻孔，在黏性土、泥灰岩层中钻孔。气动冲击会产生较大噪声及粉尘，所以在城市密集区及地下洞室内宜采用水洗循环钻进，但注意一定要有完备的给排水措施。另外，使用水洗时应慎重，因为水洗会降低岩土层的力学性能，影响锚杆锚固体与周围地层的黏结强度。

2. 杆体制作及安放

（1）杆体制作。锚杆的结构形式与种类不同，其杆体材料与制作方式也不同，杆体材料可用高强钢丝和钢绞线、精轧螺纹钢筋、中空螺纹钢材以及普通钢筋等。

1) 钢筋杆体的制作。首先按照设计要求长度截取较为平直的钢筋并除油、除锈，如需接长要按照有关规范进行焊接或采用专用连接器。杆体自由段一般采用隔离涂层、加套管等方法进行隔离，对防腐有特殊要求的锚固段钢筋应严格按照设计要求进行制作。为确保杆体保护层厚度，沿杆体轴线方向每隔 1.5～2.0m 还要设置一个对中支架，支架高度不小于 25mm。最后将注浆管（常压、高压）、排气管等与锚杆杆体绑扎牢固。

2) 钢绞线、高强钢丝杆体的制作。其制作方法与钢筋杆体制作基本相同，需要注意的是，钢绞线出厂时一般为成盘方式包装，杆体加工抽线时应搭设放线装置，以免线盘扭弯、抽线困难或抽伤操作人员。另外，锚杆杆体一般由多股组成，所采取的对中支架常为塑料或钢材焊接成型的环状隔离架。此外，在自由段和锚固段对每股钢绞线均要按照设计要求进行相应的隔离与防腐措施处理。

3) 可重复高压注浆锚杆杆体的制作。其制作需安放可重复注浆套管，并在自由段与锚固段的分界处设置止浆密封装置。二次高压注浆套管一般采用直径较大的塑料管，管侧壁间隔 1.0m 左右开有环形小孔，孔外用橡胶环圈盖住，使二次注浆浆液只能从管内流向管外，一根小直径的注浆钢管插入注浆套管，注浆钢管前后装有限定注浆区段的密封装置。此外，工程中还经常采用简易的二次高压注浆方法锚杆，二次高压注浆管在管末端及中部按一定间距开有环状小孔、并用橡胶环圈密封，注浆管前端连接有小直径钢管以便于与注浆泵的高压胶管相连。二次注浆管与杆体绑扎牢固、与锚杆杆体一并预埋。

4) 压力分散型锚杆或拉力分散型锚杆的制作。一般先采用无黏结钢绞线制作成单元锚杆，再由 2 个或 2 个以上单元锚杆组装成复合型锚杆。当单元锚杆的端部采用聚酯纤维承载体时，无黏结钢绞线应绕承载体弯曲成 U 形，并用钢带与承载体捆绑牢靠；当采用钢板承载体时，则挤压锚固件要与钢板连接可靠，绑扎时要注意不能损坏钢绞线的防腐油脂和外包 PVC 软管。同时，各单元锚杆的外露端，要做好区分标记，以便于锚杆张拉或芯体拆除。

此外，锚杆杆体制作时还需要预留出一定杆体长度以满足施工完毕后的预应力张拉要求，预留长度一般为 600～1000mm。杆体需要切断时应采用切割机进行，禁止采取电气焊等方法切割，以防止影响并降低杆体强度。

(2) 杆体存储。杆体加工制作完成后存放要保持平顺、清洁、干燥，并确保杆体在使用前不被污染、锈蚀，存放时间较长的杆体在使用前应该进行检查，发现问题处理后方可使用。

(3) 杆体安放。锚杆杆体放入钻孔之前要对钻孔情况重新进行检查，并要检查杆体的加工质量，看其是否满足设计要求、防腐体系是否完备。杆体安放时，要与钻孔角度保持一致并保持平直，防止杆体扭压、弯曲。杆体插入孔内深度不应小于锚杆长度的 98%，杆体安放后不宜随意扰动。

3. 注浆

(1) 注浆浆液。锚杆注浆通常是将水泥浆或水泥砂浆注入锚杆孔，使其硬化后形成坚硬的灌浆体，将锚杆与周围地层锚固在一起并保护锚杆预应力筋。注浆浆液通常选用灰砂比 1:0.5～1:1 的水泥砂浆或水灰比为 0.45～0.50 的纯水泥浆，必要时，可加入一定量的外加剂或掺和料以保证浆液的可灌性。水泥砂浆浆液的配置一般采用强度不小于 32.5 级的普通硅酸盐水泥和干净的细砂与水，砂与水的重量比通常为 1:3～1:1，水泥砂浆一般只用于一次灌浆。注浆浆液的强度控制一般 7d 不低于 20MPa，28d 不低于 30MPa；压力型锚杆浆体的强度要求较高，一般 7d 不低于 25MPa，28d 不低于 35MPa。

（2）注浆作业采用注浆泵通过与高压胶管相连的锚杆注浆管进行，其作业要点如下：

1）注浆浆液要搅拌均匀、随搅随用，并要在初凝前使用，储浆池要有适当遮盖以防止杂物混入浆液。

2）下倾孔内注浆时，注浆管出浆口应插入距孔底 300～500mm 处，浆液自下而上连续灌注，确保从孔内顺利排水与排气。

3）向上倾斜的钻孔内注浆时，要在孔口设置密封装置，将排气管端口设于孔底，注浆管放置在离密封装置不远处。

4）注浆设备要有足够的额定压力，注浆管要保证通畅顺滑，一般在 1h 内要完成单根锚杆的连续注浆。

5）注浆时，发现孔口溢出浆液或排气管停止排气时，可停止注浆。

6）锚杆张拉后，应对锚头与锚杆自由段间的空隙进行补浆。

7）注浆后，不要随意扰动杆体，也不能在杆体上悬挂重物。

4. 张 拉 与 锁 定

锚杆张拉就是通过张拉设备使预应力杆体的自由段产生弹性变形，在锚固结构上产生预应力。锚杆的张拉设备一般有扭力扳手、液压油泵、千斤顶、高压油管、油压表以及压力传感器和百分表等。

（1）锚具。在预应力锚杆结构体系中，锚具是对结构物施加预应力、实现锚固的关键部分，通常根据不同的预应力杆体采取不同类型的锚具。锚具主要有锁定预应力钢丝的镦头锚具和锥形锚具、锁定钢绞线的挤压锚具、精轧螺纹钢筋锚具、锁定中空锚杆的螺纹锚具、普通钢筋螺丝锚具等。

（2）张拉作业。锚杆的张拉方法取决于锚杆的种类、所采取的锚具类型和施加预应力的大小。张拉前，可采取在被锚固结构表面设置承载板等措施，以确保施加的预应力始终作用于锚杆轴线方向，使预应力杆体不产生任何弯曲。

对螺纹锚具采用千斤顶张拉至设计荷载之后，即可使用扳手拧紧螺母来保持施加的拉力，当千斤顶上的压力显示稍有下降时，就表示螺母已完全压紧作用于承压板之上，随后就可卸压，完成张拉作业。

对钢丝或钢绞线用的锚具一般采用千斤顶、工具锚板和夹片及限位板进行张拉。张拉时，首先将工作锚板套在预应力筋上并紧贴承载板，放入夹片固定；然后将限位板、千斤顶、工具锚依次顺序套在预应力筋上，在工具锚上放入工具锚夹片并预紧后再将高压油泵及高压油管与千斤顶相连，安装好位移测量装置后即可进行张拉。千斤顶的拉力按逐级加荷的要求增大至需要张拉荷载值时，记录锚头位移与张拉油压，千斤顶卸荷、工作锚夹片回缩就锁定了预应力筋，由此达到张拉预应力筋的目的。当采用前卡式千斤顶对单根预应力筋进行张拉时，则不需要工具锚盘和夹片，是理想的卸锚千斤顶和二次补偿张拉千斤顶。

荷载分散型锚杆的张拉可按设计要求先对单元锚杆进行张拉，消除单元锚杆在相同荷载作用下因自由段长度不等引起的弹性伸长差后，再同时张拉各单元锚杆并锁定，也可按设计要求对各单元锚杆从远端开始顺序进行张拉锁定。

（3）锚杆张拉操作要点。

1）锚杆张拉前，应对张拉设备进行检查和标定。

2）锚头台座的承压面应平整，并与锚杆轴线方向垂直。

3）锚杆张拉应有序进行，张拉顺序应考虑邻近锚杆的相互影响。

4）锚杆进行正式张拉之前，应取 $0.1\sim0.2$ 设计轴向拉力值 $N_t$，对锚杆预张拉 $1\sim2$ 次，使其各部位的接触紧密，杆体完全平直。

5）锚杆应采用符合设计和规范要求的锚具。

锚杆张拉锁定过程的张拉荷载分级及位移观测时间可参照表 1-3 规定进行。

**表 1-3　　　　　　　　锚杆张拉荷载分级及位移观测时间表**

| 荷载分级 $N_t$ | 位移观测时间（min） | | 加荷速率 （kN/min） |
|---|---|---|---|
| | 岩层、砂土层 | 黏性土层 | |
| $0.1\sim0.2$ | 2 | 2 | $\leqslant100$ |
| 0.5 | 5 | 5 | |
| 0.75 | 5 | 5 | |
| 1.0 | 5 | 10 | $\leqslant50$ |
| $1.05\sim1.1$ | 10 | 15 | |

注　$N_t$——锚杆轴向拉力设计值。

**三、技术特点**

预应力锚杆技术具有以下特点：

（1）能在地层开挖后，立即提供支护能力，有利于保护地层的固有强度，阻止地层的进一步扰动，控制地层变形的发展，提高施工过程的安全性。

（2）提高地层软弱结构面、潜在滑移面的抗剪强度，改善地层的其他力学性能。

（3）改善岩土体的应力状态，使其向有利于稳定的方向转化。

（4）锚杆的作用部位、方向、结构参数、密度和施作时机可以根据需要方便地设定和调整，从而以最小的支护抗力，获得最佳的稳定效果。

（5）将结构物—地层紧密的连锁在一起，形成共同工作的体系。

（6）节约工程材料，能有效地提高土体的利用率，经济效益显著。

（7）对预防、整治滑坡，加固、抢修出现病害的岩土体结构物具有独特的功效。

（8）在空间狭小或地理环境复杂的情况下可照常施工，无需使用大型机械。

## 第三节　复合土钉墙支护技术

**一、土钉墙支护技术概述**

土钉墙支护技术形成于 20 世纪 70 年代，发展于 20 世纪 80 年代，20 世纪 90 年代以来，该项技术在我国已成功应用于非软土场地基坑的支护，基坑深度已突破 20m。

1. 土钉墙支护技术概念及其结构组成

土钉墙支护技术是一种原位土体加固技术，由原位土体、设置在土中的土钉与喷射混凝土面层组成。其支护结构由土钉和面层两部分组成。

（1）土钉。土钉长度一般为开挖深度的 0.5～1.2 倍，间距为 1～2m，水平夹角一般为

5°～20°，主要包括钻孔注浆土钉和打入式土钉两种形式。

1）钻孔注浆土钉为最常用的土钉，一般通过将直径 16～30mm 的 HRB335、HRB400 级螺纹钢筋置于直径 70～120mm 的钻孔中，采用强度等级不低于 M10 的水泥浆或水泥砂浆注入孔中形成。水泥浆水灰比一般为 0.5 左右，水泥砂浆配合比一般为 1∶2～1∶1，水灰比为 0.38～0.45。

2）打入式土钉一般采用钢管等材料打入土中形成，一般钉长较短，不宜用于密实胶结土中。当打入钢管为周围带孔的闭口钢管时，可在打入后管内注浆，增强土钉与土体的黏结力，提高土体的抗拔能力。

（2）面层。一般由直径 6～10mm、间距 150～300mm 的钢筋网，强度等级不低于 C20 的喷射混凝土组成，面层厚度一般为 80～150mm。为保证土钉和面层的有效连接，可采用加强钢筋与土钉和分布钢筋连接，也可采用承压垫板方法连接。面层坡度一般不宜大于 1∶0.1。

2. 土钉墙支护工作机理

土钉墙支护的工作原理就是通过土钉、墙面与原状土三者共同作用，形成以主动制约机制为基础的复合土体，提高边坡土体的结构强度和抗变形能力，减小土体侧向变形，增强整体稳定性。土钉在复合土体中的作用体现在以下方面：

（1）土钉对复合土体的箍束骨架作用。这是由土钉自身刚度和强度以及它在土体内的空间分布作用所决定的，它具有制约土体变形、增强复合土体整体性和稳定性的作用。

（2）土钉分担荷载的作用。这是由于土钉具有很高的抗拉、抗剪强度和刚度，在土体进入塑性状态后，应力逐渐向土钉转移。

（3）土钉的应力传递和扩散作用。由于土钉和土体的相互作用，土钉将所承受的荷载向土体深层及周围扩散，从而降低复合土体的应力水平，改善变形性能。

（4）土钉对面层的约束作用。土钉使面层与土体紧密接触，从而使面层能够约束和限制土体的侧向鼓胀变形量与开裂面的开展程度。

**二、复合土钉墙支护技术**

（一）概述

复合土钉墙是由普通土钉墙与一种或若干种单项轻型支护技术（如预应力锚杆、竖向钢管、微型桩等）或截水技术（深层搅拌桩、旋喷桩等）有机组合而成的支护—截水体系。其主要构成要素有土钉（钢筋土钉或钢管土钉）、预应力锚杆（索）、截水帷幕、微型桩（树根桩）、挂网喷射混凝土面层、原位土体等。

（1）喷射混凝土及土钉。主要对土体起加固、封闭和局部稳定作用。

（2）预应力锚杆（索）。将土、水、外荷载产生的拉力传递到深部稳定的岩土层中，以达到稳定的目的，并通过预加应力达到主动加固的效果。

（3）截水帷幕。其主要作用是截水，但也同时兼作支挡结构并形成垂直开挖面，其支挡效果是通过具有一定厚度和强度的帷幕的抗剪作用而产生的。

（4）微型桩。发挥超前支护作用和局部稳定作用。

复合土钉墙的工作机理因其构成要素的复合性而具有多重性的特点：

1）截水作用与支护作用相结合。

2）浅部土体加固与深部锚拉作用相结合。

3）挖后支挡与超前支护相结合。

4）局部稳定与整体稳定相结合。

复合土钉墙支护具有轻型、复合、机动灵活、针对性强、适用范围广、支护能力强的特点，可作超前支护，并兼备支护、截水等效果。复合土钉墙支护技术可用于回填土、淤泥质土、黏性土、砂土、粉土等常见土层，施工时可不降水；在工程规模上，深度 16m 以内的深基坑均可根据具体条件，灵活、合理使用。

**（二）复合土钉墙的基本形式与构造参数及指标**

**1. 基本形式**

复合土钉墙常用类型有三种：第一种由土钉墙和止水帷幕及预应力锚杆组合而成，如图 1-6 所示；第二种由土钉墙和微型桩及预应力锚杆组合而成，如图 1-7 所示；第三种由土钉墙、止水帷幕、微型桩和预应力锚杆组合而成，如图 1-8 所示。

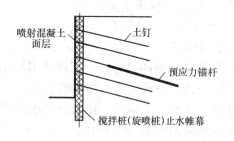

图 1-6　土钉墙＋止水帷幕＋预应力锚杆

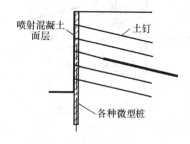

图 1-7　土钉墙＋微型桩＋预应力锚杆

**2. 构造参数及指标**

（1）坡型。复合土钉墙的坡型可根据工程地质和工程环境条件设计为放坡型、直立型或混合型。

（2）帷幕。截水帷幕的厚度，不管是深层搅拌桩，还是旋喷桩，一般做一排即可，个别情况可根据需要做成两排。

（3）土钉。土钉的选择应满足下列条件：

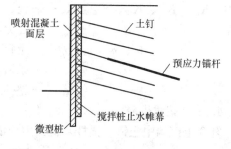

图 1-8　土钉墙＋止水帷幕＋微型桩＋预应力锚杆

1）土钉长度宜为开挖深度的 0.5～1.2 倍，土钉间距宜为 1～2m，土钉与水平面夹角宜为 8°～15°。

2）钢筋土钉宜采用 HRB335 或 HRB400 级螺纹钢筋，直径宜为 $\phi16\sim\phi28$，孔径宜为 80～100mm。

3）钢管土钉宜采用 $\phi48\sim\phi57$ 的热轧钢管，其壁厚宜为 3.5～6.0mm。

（4）挂网喷射混凝土面层。喷射混凝土一般采用 C20，厚 80～120mm；钢筋网一般采用 $\phi6\sim\phi8$，网格 200mm×200mm～250mm×250mm。

（5）微型桩。一般为直径 250～400mm 的钻孔灌注桩，骨架可为钢筋笼、工字钢或钢管，灌注材料为混凝土或水泥砂浆或水泥净浆；微型桩长度一般伸入基坑底部以下 2～4m，纵向间距 1～2m。

（6）预应力锚杆。预应力锚杆一般宜满足下列要求：

1）一般用于深度 8m 以上的基坑，预应力锚杆的位置多布于土钉墙的中、下部。

2）预应力锚杆可采用 HRB335 级钢筋、精轧螺纹钢筋或钢绞线。

3）复合土钉墙中的预应力锚杆吨位不宜太高。

4）预应力锚杆的布置及锁定预拉力，应考虑与土钉变形相协调。

（三）复合土钉墙设计计算

**1. 截水帷幕厚度确定**

截水帷幕的厚度除满足基坑防渗要求，其渗透系数宜小于 $1.0 \times 10^{-6}$ cm/s。

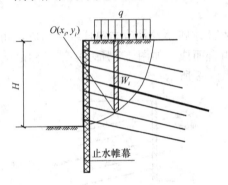

图 1-9　稳定性验算简图

**2. 截水帷幕深度计算**

截水帷幕应插入下卧不透水层 $1.5 \sim 2.0$m，且其插入深度还应满足的计算式为

$$h = 0.2h_w - 0.5b \tag{1-1}$$

式中　$h_w$——作用水头；

　　　$b$——帷幕厚度。

**3. 整体稳定性验算**

复合土钉墙的稳定性验算可采用简化圆弧滑动面条分法，与普通土钉墙不同之处在于计算公式中除了土体、土钉外，还必须考虑预应力锚杆和截水帷幕的作用（图 1-9）。

复合土钉墙整体稳定性应满足的条件为

$$K_{s0} + \eta_1 K_{s1} + \eta_2 K_{s2} + \eta_3 K_{s3} + \eta_4 K_{s4} \geqslant K_s \tag{1-2}$$

式中　$K_{s0}$、$K_{s1}$、$K_{s2}$、$K_{s3}$、$K_{s4}$——土、土钉、预应力锚杆、截水帷幕及微型桩整体稳定性分项抗力系数；

　　　$\eta_1$、$\eta_2$、$\eta_3$、$\eta_4$——土钉、预应力锚杆、截水帷幕及微型桩组合作用折减系数；

　　　$K_s$——整体稳定性安全系数，一级 1.4，二级 1.3，三级 1.2。

**4. 土钉抗拔力验算**

复合土钉墙中土钉（锚杆）抗拔力应满足的条件为

$$K_{Bj} = \frac{T_{xj}\cos\alpha_j}{e_{aj}\xi S_x S_y} > [K_B] = 1.3 \sim 1.6 \tag{1-3}$$

式中　$K_{Bj}$——第 $j$ 个土钉（锚杆）抗拔力安全系数；

　　　$[K_B]$——抗拔力允许安全系数，一级 1.6，二级 1.5，三级 1.3；

　　　$T_{xj}$——第 $j$ 个土钉（锚杆）破裂面外土体提供的极限抗拔力，kN；

　　　$e_{aj}$——主动土压力，kPa；

　　　$\xi$——荷载折减系数；

　　　$S_x$——土钉（锚杆）水平间距，m；

　　　$S_y$——土钉（锚杆）垂直间距，m；

　　　$\alpha_j$——土钉（锚杆）与水平面之间的交角。

（四）复合土钉墙施工技术

**1. 施工工艺顺序**

复合土钉墙目前尚无专用技术规范，其主要组成要素普通土钉墙、预应力锚杆、深层搅拌桩、旋喷桩等应按照现行国家有关标准执行。通常施工工艺顺序为：放线定位→施作截水帷幕或微型桩→分层开挖→喷射第一层混凝土→土钉及预应力锚杆钻孔安装→挂网喷射第二层混凝土→（无预应力锚杆部位）养护24h后继续分层下挖→（布置预应力锚杆部位）浆体强度达到设计要求并张拉锁定后继续分层开挖。

2. 施工要点

（1）土方开挖与土钉喷射混凝土等工艺必须密切配合，这是确保复合土钉墙顺利施工的关键。整个施工最好由一个施工单位总包，统一部署、计划、安排和协调。

（2）控制开挖时间和开挖顺序，及时施作喷锚支护。土方开挖必须严格遵循分层、分段、平衡、协调、适时等原则，以尽量缩短支护时间。

（3）合理选择土钉。一般来说，地下水位以上，或有一定自稳能力的地层中，钢筋土钉和钢管土钉均可采用；但地下水位以下，软弱土层、砂质土层等，由于成孔困难，则应采用钢管土钉。钢管土钉不需打孔，它是通过专用设备直接打入土层，并通过管壁与土层的摩阻力产生锚拉力达到稳定的目的。选用钢管土钉，施工时还应注意以下要点：

1）钢管土钉在土层中严禁引孔（帷幕除外），由于设备能力不够而造成土钉不能全部被打进时，则应更换设备。

2）钢管土钉外端应有足够的自由段长度，自由段一般不小于3m，不开孔，靠其与土层之间的紧密贴合保证里段有较高的注浆压力和注浆量，提高加固和锚固效果。

3）在帷幕上开孔的钢管土钉，土钉安装后必须对孔口进行封闭，防止渗水漏水。

# 第四节　组合内支撑技术

组合内支撑技术是建筑基坑支护的一项新技术，它是在混凝土内支撑技术的基础上发展起来的一种内支撑结构体系，主要利用组合式钢结构构件截面灵活可变、加工方便等优点。

组合内支撑技术适用于周围建筑物密集，相邻建筑物基础埋深较大，周围土质情况复杂，施工场地狭小，软土场地等深大基坑。

## 一、组合内支撑结构设计计算

组合内支撑结构的设计计算主要包括以下几个方面内容：①确定荷载种类、方向及大小；②计算模型和计算假定；③合理的计算方法；④计算结果的分析判断和取用。

1. 荷载

内支撑承受的荷载大而复杂，作用在水平支撑上的荷载主要是水平力和竖向荷载。水平力主要是由竖向围护结构传来的水、土压力和基坑外地面荷载沿压顶梁、腰梁长度方向的分布力汇集到水平支撑的端部节点上；竖向荷载主要是支撑自重和附加在支撑上的施工活荷载。内支撑荷载计算时应包括最不利时的工况，必要时，还要考虑环境条件的变化，如温度应力或附加预压力等外荷载。

2. 计算方法

支撑计算比较复杂，它的复杂性不在于支撑本身，而在于计算的精确性与同它相联系的围护结构、土质、水文、施工工艺等条件密切有关。支撑计算方法主要有两种：

（1）简化计算法。简化计算法是将支撑体系与竖向围护结构各自分离计算。压顶梁和腰梁为承受由竖向围护构件传来的水平力的连续梁或闭合框架，支撑与压顶梁、腰梁相连的节点即为其不动支座。当基坑形状比较规则并采用简化计算方法时，可按以下规则进行：

1）在水平荷载作用下腰梁和压顶梁的内力和变形可近似按多跨或单跨水平连续梁计算，计算跨度取相邻支撑点中心距。当支撑与腰梁、压顶梁斜交时或梁自身转折时，尚应计算这些梁所受的轴向力。

2）支撑的水平荷载可近似采用腰梁或压顶梁上的水平力乘以支撑点中心距计算。

3）在垂直荷载作用下，支撑的内力和变形可近似按单跨或多跨连续梁分析，其计算跨度取相邻立柱中心距。

4）立柱的轴向力取水平支撑在其上面的支座反力。

按照上述规则计算的结果都是近似值，但比较直观简明，适合于手算和混合计算，一般可起到控制作用。

（2）平面整体分析法。平面整体分析法是将支撑体系作为一个整体，传至环梁（即压顶梁、腰梁）的力作为分布荷载，整个平面体系设若干支座（以弹性支座为好，其刚度根据支撑标高处的土层特性及围护结构刚度综合选定），借助计算机软件进行分析，可同时得出支撑系统的内力与变形结果。

3．水平支撑的截面设计

支撑截面设计方法基本上与普通结构类似，作为临时性结构尚应考虑如下一些规定：

（1）支撑构件的承载力验算应根据在各工况下计算内力包络图进行。

（2）水平支撑按偏心受压构件计算。杆件弯矩除由竖向荷载产生的弯矩外，尚应考虑轴向力对杆件的附加弯矩，附加弯矩可按轴向力乘以初始偏心距确定，偏心距按实际情况确定，且不小于40mm。

（3）支撑的计算长度，在竖向平面内取相邻立柱的中心距，在水平面内取与之相交的相邻支撑的中心距。如纵横向支撑不在同一标高上相交时，其水平面内的计算长度应取与该支撑相交的相邻支撑的中心距的1.5～2倍。

**二、组合内支撑支护施工技术**

1．施工工艺

组合钢支撑支护体系施工顺序：钢支撑吊装、就位、焊接→钢支撑施加预应力→斜撑、纵向系杆安装→临时钢立柱安装。

（1）钢支撑安装。钢支撑安装随土方开挖分层进行。节点施工的关键是承压板间均匀接触，钢支撑构件就位时应保持中心线一致。为保证钢支撑就位和连接，安装前应搭设安装平台。钢支撑就位后，各分段钢支撑的中心线应尽量保持一致，必要时应调整支托位置（辅以仪器配合）。钢支撑与腰梁等节点焊接时按设计预留焊缝，同时应检查护坡桩上埋件、腰梁及立柱支托上的钢支撑位置，以保证主撑准确就位。

（2）施加预应力。为了施加预应力，将钢支撑一端做成可自由伸缩的"活接头"，该接头由主体、滑杆、滑道和钢楔块四部分组成，主体与钢支撑相连，滑杆与腰梁相连。施加预应力时，滑杆可以在滑道内自由移动，钢支撑顶紧腰梁后，打入钢楔块，钢楔块将钢支撑的反力通过滑杆传给腰梁，起到支撑的作用。具体施工过程如下：

1）在每根水平支撑的一端制作活接头并加焊放置千斤顶的位置，以便施加预应力。

2）安装千斤顶，在活接头一端施加预应力。钢支撑顶紧腰梁后，打入钢楔块，固定并焊牢。

3）千斤顶用油压表控制压力，横撑施加预应力；同时观测相邻钢支撑预应力的损失，如超过50％即应重新施加。活接头两侧的千斤顶工作时应同步，以免产生偏心荷载。

（3）纵向系杆、钢立柱施工。

1）在系杆施工中，每隔一定距离设置螺栓接头，螺栓孔为椭圆形，系杆间预留20mm空隙，系杆的接长采用螺栓连接。

2）在地表用钻孔机钻孔后，置入钢立柱。钢立柱的嵌固深度通过计算确定。在开挖底标高以下灌入混凝土，形成型钢混凝土柱，从而保证整个系统的稳定。

（4）连接节点施工。钢支撑、纵向系杆、临时钢立柱连接节点的受力特点是对钢支撑、纵向系杆、临时钢立柱的连接既有三向约束作用，钢支撑、纵向系统又可以在各自轴线方向有变化。因此，钢支撑、纵向系杆、临时钢立柱节点的连接可采用U型套箍螺栓连接（图1-10）。使用U型套箍施工简便，不损母材，且容易调整，便于组成钢支撑支护体系的构件再利用。

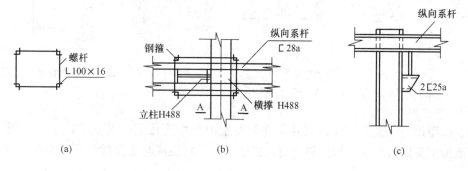

图 1-10　钢套箍做法
（a）钢套箍示意；（b）俯视图；（c）A—A剖面

2. 施工要点

（1）土方开挖。与钢支撑体系施工配合，土方开挖按自上而下分层进行，每层由中间向两侧开挖。每层靠近护坡桩的土方保留，作为预留平台。利用预留平台可控制基坑土体位移，保证基坑稳定，还可利用其作为钢支撑支护体系施工的工作平台。待本层钢支撑施工完成后，将本层预留平台与下一层土方同时开挖。

（2）支护体系施工。

1）土方开挖分层、分段并预留平台，以控制整个基坑土体的水平位移，增加基坑稳定性。

2）在基坑范围内设置应力检测点，定期（3d）检测支护系统的受力状况，实际受力值小于设计受力值为合格。

3）支护系统施工中，严禁蹬踏钢支撑，操作应在操作平台上进行并由专人负责。

4）钢立柱四周1m范围内预留结构的板筋，待拆除钢立柱后即可焊接钢筋、浇筑楼板混凝土。

5）基础结构施工中，严禁在钢支撑上放置重物及行走。

（3）钢支撑支护体系的拆除。

1）待基础结构自下而上施工到支撑下1.0m处且楼板混凝土强度达80％以上时，开始拆除基础结构楼板下的支护体系，否则将使巨大的侧压力传至楼板。

2）支护体系拆除的顺序为自下而上，先水平构件，后垂直构件（钢立柱）。具体步骤：先行拆除斜撑、纵向系杆、柱箍，再用千斤顶卸载主撑，撤除撑端的钢楔块，用塔吊将钢支撑吊出基坑。待最上层水平构件拆除后，用乙炔将钢立柱从底部切断，用塔吊将其吊出基坑。

（4）施工监测。施工全过程对支护体系的稳定性和相邻建筑物的沉降进行严密的监测和测试。至基础结构施工全部完成，各项监测指标均应在正常范围内。

### 三、内支撑的连接

钢支撑的连接主要采用焊接或高强螺栓连接。钢构件拼接点的强度不应低于构件自身的截面强度。对于格构式组合构件的缀条应采用型钢或扁钢，不得采用钢筋。

钢管与钢管的连接一般以法兰盘形式连接和内衬套管焊接，如图1-11所示。当不同直径的钢管连接时，采用锥形过渡，如图1-12所示。

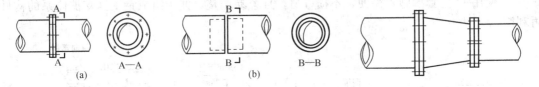

图1-11　钢管连接图　　　　　　　　　图1-12　大小钢管连接示意图

（a）法兰盘连接图；（b）内套管连接图

钢管或型钢与混凝土构件相连处须在混凝土内预埋连接钢板及安装螺栓等（图1-13）。当钢管或型钢支撑与混凝土构件斜交时，混凝土构件宜浇成与支撑轴线垂直的支座面，如图1-14所示。

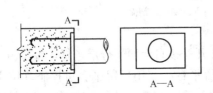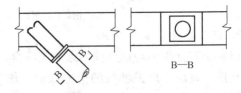

图1-13　钢管支撑与混凝土构件连接示意图　　图1-14　钢管支撑与混凝土构件斜交连接示意图

钢支撑的其他主要连接节点构造图见图1-15～图1-21所示。

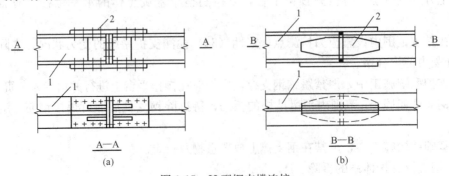

图1-15　H型钢支撑连接

（a）螺栓连接；（b）焊接连接

1—H型钢；2—钢板

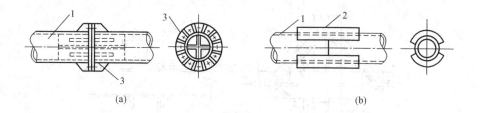

图 1-16　钢管支撑连接

(a) 螺栓连接；(b) 焊接连接

1—钢管；2—钢板；3—法兰

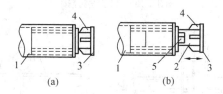

图 1-17　钢支撑端部构造

(a) 固定端部构造；(b) 活络端部构造

1—钢管支撑；2—活络头；3—端头封管；4—肋管；5—钢锲

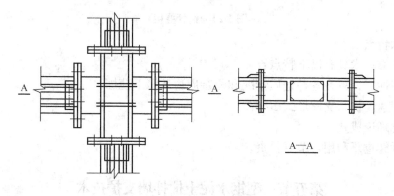

图 1-18　H 型钢十字接头平接

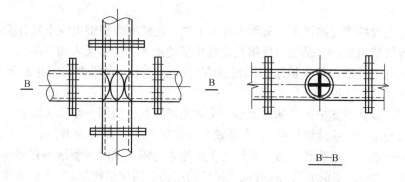

图 1-19　钢管十字接头平接

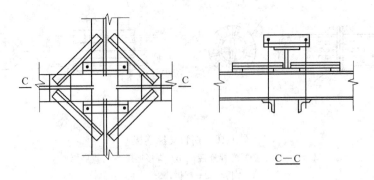

图 1-20　H 型钢叠接

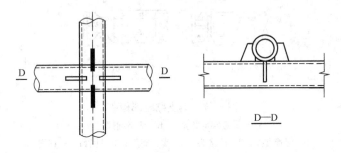

图 1-21　钢管叠接

#### 四、技术特点

组合内支撑技术具有以下特点：

(1) 适用性广，可在各种地质情况和复杂周边环境下使用。

(2) 施工速度快，支撑形式多样。

(3) 计算理论成熟。

(4) 可拆卸重复利用，节省投资。

## 第五节　型钢水泥土搅拌墙支护技术

#### 一、概述

型钢水泥土搅拌墙支护技术，又称 SMW 工法，也被称为型钢水泥土复合搅拌桩、加筋水泥土地下连续墙工法，它是在一排相互连续搭接的水泥土桩中插入加强芯材（型钢）的一种地下连续墙施工技术。其支护结构同时具有抵抗侧向土、水压力和阻止地下水渗漏的功能，主要用于深基坑支护。

型钢水泥土搅拌墙支护技术基本原理：水泥土搅拌桩作为围护结构无法承受较大的弯矩和剪力，通过在水泥土连续墙中插入 H 型或工字型等型钢形成复合墙体，从而改善墙体受力。型钢主要用来承受弯矩和剪力，水泥土主要用来防渗，同时对型钢还有围箍作用。

实际工程应用中，型钢水泥土搅拌墙支护结构主要有两种结构形式：I 型是在水泥土墙中插入断面较大 H 型钢，主要利用型钢承受水土侧压力，水泥土墙仅作为止水帷幕，基本不考虑水泥土的承载作用和与型钢的共同工作，型钢一般需要涂抹隔离剂，待基坑工程结束之后将 H 型钢拔除，以节省钢材；II 型是在水泥土墙内外两侧应力较大的区域插入断面较小的工字钢等型钢，利用水泥土与型钢的共同工作，共同承受水土压力并具有止水帷幕的功能。

型钢水泥土搅拌墙支护技术可在黏性土、粉土、砂砾土使用，目前在国内主要在软土地区有成功应用。该技术目前可在开挖深度 15m 下的基坑围护工程中应用。

**二、型钢水泥土搅拌墙支护结构设计计算**

1. 计算模型

加筋水泥土地下连续墙的计算可采用和其他板桩式结构相同的计算方法，其土压力可按朗金理论确定，也可按考虑时空效应原理的修正方法确定，然后对挡墙进行抗倾覆验算、抗滑动验算和墙身强度验算，并利用圆弧滑动法进行边坡整体稳定验算，当基坑底涉及流砂和管涌时尚需进行抗渗流验算。

2. 设计计算

加筋水泥土墙设计计算要计算其内力与位移，并验算水泥土、型钢的强度，具体步骤如下：

（1）折算为等刚度厚 $h$ 的混凝土壁式地下墙。设型钢宽度为 $W$，型钢间的净距为 $t$，可将其按刚度相等的原则折算为一定厚度的钢筋混凝土壁式地下连续墙，如图 1-22 所示。分两种情况考虑：

1）不考虑刚度提高系数 $\alpha$，加筋水泥土墙仅考虑型钢刚度，每根型钢可等价为宽 $(W+t)$ 厚度为 $h$ 的混凝土壁式地下墙，由二者刚度相等可得

$$h = \sqrt[3]{\frac{12E_s I_s}{E_c (W+t)}} \qquad (1\text{-}4)$$

式中　$E_s$——型钢弹性模量；

　　　$I_s$——型钢惯性矩；

　　　$E_c$——混凝土弹性模量。

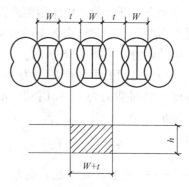

图 1-22　加筋混凝土墙的等刚度折算

2）考虑水泥土与型钢共同作用对墙体刚度提高系数 $\alpha = E_{cs} I_{cs} / E_s I_s$，加筋挡土墙整体刚度 $E_{cs} I_{cs} = \alpha E_s I_s$ 则墙体内力计算可按整体壁式地下墙计算，也可将其等价为厚度为 $h$ 的混凝土壁式地下墙计算。计算式为

$$h = \sqrt[3]{\frac{12\alpha E_s I_s}{E_c (W+t)}} \qquad (1\text{-}5)$$

计算中如果不考虑提高系数 $\alpha$，仅考虑型钢作用，为保证合适的计算位移必然导致设计不尽合理。当有足够可靠的试验资料和工程经验的情况时，应首先考虑采用提高系数 $\alpha$ 的方法。

（2）按厚 $h$ 的混凝土壁式地下墙计算每延米墙体弯矩、剪力与位移 $M_w$、$Q_w$、$y_w$。

（3）折算成每根型钢的弯矩、剪力与位移 $M_p$、$Q_p$、$y_p$。每根型钢承受水土压力沿围护结构延长方向长度为 $(\omega+z)$，则每根型钢内力与位移为：弯矩 $M_p = (W+t) M_w$，剪力 $Q_p = (W+t) Q_w$，位移 $y_p = y_w$。

（4）强度验算。型钢抗拉验算：考虑弯矩全部由型钢承担，则型钢应力需满足

$$\sigma = \frac{M}{W} \leqslant [\sigma] \qquad (1\text{-}6)$$

式中　$\sigma$——计算拉应力，$N/m^2$；

$M$—— ($W+t$) 长度内计算弯矩，N·m；

$W$——Z 型钢截面矩，m³；

$[\sigma]$——型钢允许抗拉应力，N/m²。

抗剪验算分为两部分，一部分是型钢抗剪验算，一部分是水泥土局部抗剪验算。型钢剪应力应满足

$$\tau = \frac{QS}{I\delta} \leqslant [\tau] \tag{1-7}$$

式中　$Q$——型钢计算剪力，N；

　　　$S$——型钢面积矩，m³；

　　　$I$——型钢惯性矩，m⁴；

　　　$\delta$——所验算点的钢板厚度，m；

　　　$[\tau]$——型钢允许剪应力，N/m²。

水泥土局部抗剪：由于型钢刚度远大于水泥土刚度，必须验算水泥土与型钢连接部位的错动剪力，如图 1-23 所示。

设型钢之间的平均侧压力为 $q$，则型钢与水泥土之间剪力为 $Q=qL_2/2$，水泥土抗剪应满足

$$\tau = \frac{Q}{2b} \leqslant [\tau] \tag{1-8}$$

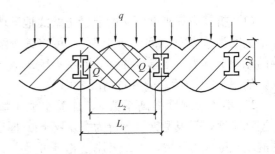

图 1-23　水泥土错动剪力图

式中　$\tau$——所验算截面处剪应力；

　　　$b$——水泥土墙厚度；

　　　$[\tau]$——水泥土抗剪强度。

### 三、型钢水泥土搅拌墙支护施工技术

型钢水泥土搅拌墙支护的施工，首先，通过特制的多轴深层搅拌机自上而下将施工场地原位土体切碎，同时从搅拌头处将水泥浆等固化剂注入土体并与土体搅拌均匀，通过连续的重叠搭接施工，形成水泥土地下连续墙；然后，在水泥土凝结硬化之前，将型钢插入墙中，形成型钢与水泥土的复合墙体。

1. 施工工序

型钢水泥土搅拌墙支护技术工艺流程，如图 1-24 所示。

2. 施工工艺

(1) 开挖导沟、设置导轨及定位卡。为了使搅拌机施工时的泥浆涌土不至冒出地面，桩机施工前，沿型钢水泥土搅拌墙位置开挖导沟，导沟一般宽 0.8～1.0m，深 0.6～1.0m。为确保搅拌墙及型钢插入位置的准确，沿沟槽旁边间距 4～6m 埋设槽钢作为导向桩，同时设置钢围檩导轨及定位卡。围檩导轨及定位卡都由型钢做成，型钢定位卡间距比型钢宽度增加 20～30cm。导轨施工时，要控制好轴线与标高，施工完毕后在导轨上标出桩位及插入型钢的位置。

(2) 桩机就位，搅拌桩施工。在确定地下无障碍物，导沟及导轨施工完毕后，桩机就位并开始搅拌施工。施工前必须调整桩架的垂直度偏差在 1‰ 以内，且应先进行工艺试桩，以测定各项施工技术参数，主要包括：①搅拌机钻进、提升速度，桩顶标高等；②水泥浆的水灰比；

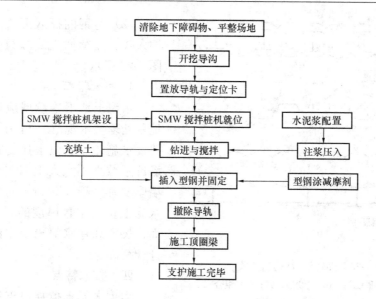

图 1-24　型钢水泥土搅拌墙支护技术施工工艺流程

③注浆泵的压力；④每米桩长或每根桩的注浆量，水泥浆经注浆管到达喷浆口的时间等。水泥搅拌桩在施工过程中，为了增加水泥浆与土体的均匀性，应严格控制三搅二喷工序，第一次搅拌提升和第二次搅拌提升时进行喷浆，第三次搅拌为复搅，以提高桩身的均匀度。

（3）插入、固定型钢。三轴水泥搅拌桩连续重叠搭接施工完毕后，吊机立即就位，准备吊放型钢芯材。起吊前，检查设在沟槽定位型钢上的型钢定位卡是否牢固，确保水平位置准确后，将型钢底部中心对正桩位中心，并沿定位卡徐徐垂直插入水泥土搅拌墙体内。若型钢插放达不到设计标高时，则采取提升型钢重复下插使其达到设计标高。当型钢沉入设计标高后，用水泥土或水泥砂浆等将型钢固定。

（4）施工顶圈梁。为了提高型钢水泥土桩墙的整体刚度，在导轨撤除后，在型钢顶部按照顶圈梁设计尺寸开槽置模（多为泥模），浇筑一道圈梁。

需要指出的是：①水泥浆中的掺加剂除掺入一定量的缓凝剂（多用木质素磺酸钙）外，宜掺入一定量膨润土，利用膨润土的保水性增加水泥土的变形能力，防止墙体变形后过早开裂，影响其抗渗性；②对于不同工程不同的水泥浆配合比，在施工前应作型钢抗拔试验，再采取涂减摩剂等一系列措施，保证型钢顺利回收利用。

3. 技术措施

（1）水泥土的搭接形式。其主要搭接形式有三种：连续式Ⅰ（标准式）、连续式Ⅱ（连贯式）、预钻孔式，如图 1-25 所示。

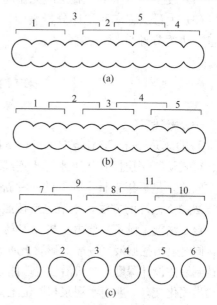

图 1-25　水泥土的搭接形式（数字为施工顺序）

（a）连续式Ⅰ（标准式），用于标贯值小于 50 的土；

（b）连续式Ⅱ（连贯式），用于标贯值小于 50 的土；

（c）预钻孔式，用于 N 值大于 50 的极密实土，或含有卵石、漂石的砂砾层或软岩层

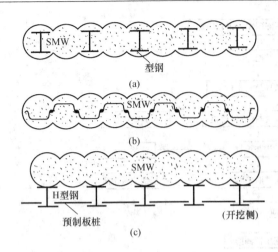

图 1-26　SMW 工法构造方式

(a) 间隔插入式；(b) 连续插入式；(c) 组合式

（2）型钢的插入形式。主要有间隔插入式、连续插入式和组合式三种，如图 1-26 所示。

4. 技术指标

水泥土地下连续墙应按现行《建筑地基处理技术规范》（JGJ 79—2012）相关要求施工。水泥土强度宜大于 1MPa，渗透系数 $k$ 不宜大于 $10^{-7}$cm/s。水泥土墙厚度宜大于 550mm，且应符合当地对水泥土止水帷幕厚度的要求。型钢的断面、长度和在水泥土墙中的位置应由设计计算确定。

**四、技术特点**

型钢水泥土搅拌墙支护技术具有以下特点：

（1）施工时对邻近土体扰动较少，对周围建筑物、市政设施造成危害减小。

（2）可做到墙体全长无接缝施工、墙体水泥土渗透系数可达 $10^{-7}$cm/s，因而具有可靠的止水性。

（3）成墙厚度可低至 550mm，故围护结构占地和施工占地大大减少。

（4）废土外运量少，施工时无振动、无噪声、无泥浆污染、工期短、施工适应性广。

（5）大量工程实践统计分析表明，采用 SMW 工法比连续墙经济约 44%，比钻孔灌注排桩工法约节省 20%～30%。

# 第六节　TRD　工　法

**一、概述**

TRD（Trench Cutting Re-mixing Deep Wall Method）有"深层地下水泥土连续墙工法、渠式切割深层搅拌地下水泥土连续墙工法"及"等厚度水泥土地下连续墙工法"等多种中文叫法，是近年来日本开发的一种新的地下连续墙施工方法。其连续墙施工工序有 3 循环的方法和 1 循环的方法，本节主要按照 3 循环的方法进行介绍。

该工法施工设备主要由主机和刀具两部分组成，施工时将链锯式切削刀具从地面插入地基，同时喷出挖掘液（一般由膨润土加水与原位土体搅拌而成），回旋链锯刀，分段连接切割箱达到墙体设计深度，主机沿设计墙体方向移动，先行挖掘后再回撤挖掘，最后退避挖掘，同时喷出固化液（一般由水泥浆与原位土体搅拌而成），然后在固化液凝结硬化前按照设计间距插入 H 型钢，待固化液凝结硬化后形成一道具有一定刚度和强度的等厚地下连续墙。目前 TRD 工法成墙厚度一般在 550～850mm，深度可达 60m，施工概况如图 1-27 所示。

**二、TRD 施工技术**

1. TRD 系统切削原理

TRD 工法施工时，将链锯式切削刀具挤压在原位地基上，由主机液压马达驱动链锯式刀具绕切割箱回旋切削，水平横向挖掘推进，同时在切割箱底部注入挖掘液或固化液，使其与原位土体混合搅拌，混合浆液借助于切削刀具的回转以及泥水的流动作用被带向上方，经过切削沟槽的墙壁与装有刀具的箱式刀具链节的间隙向后方流动，最终形成水泥土地下连续墙，也可插入 H 型钢以增加地下连续墙的刚度和强度。TRD 工法的切削、搅拌及混合原理如图 1-28 所示。

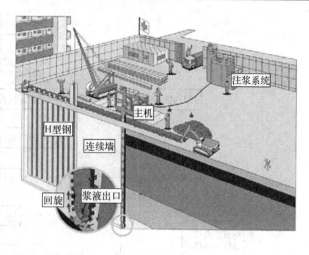

图 1-27　TRD 工法施工概况

2. TRD 施工工艺流程

TRD 施工工艺流程如图 1-29 所示。

3. TRD 施工工序

（1）TRD 切割箱自行回旋挖掘。①首先将带有随动轮的一节箱式刀具（以下简称"切割头"）与主机连接，在首段开挖位置切削出 1 个可以容纳 1 节箱式刀具的预备槽，切削结束后，主机将切割头提升出槽，主机往与施工方向相反的方向移动，如图 1-30（a）所示；②主机到位后与切割头部分连接，并切削至切割头部分完全沉入土体，完毕后，将切割头部分与主机分解，放入槽内，同时用吊车将另一节切割箱放入预备槽内，如图 1-30（b）所

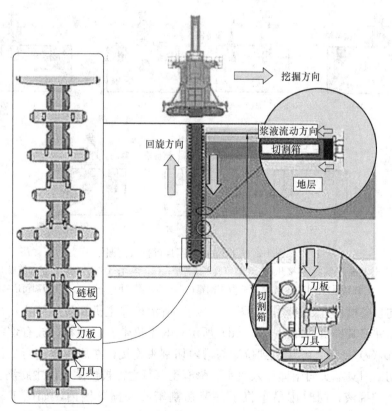

图 1-28　TRD 系统切削原理

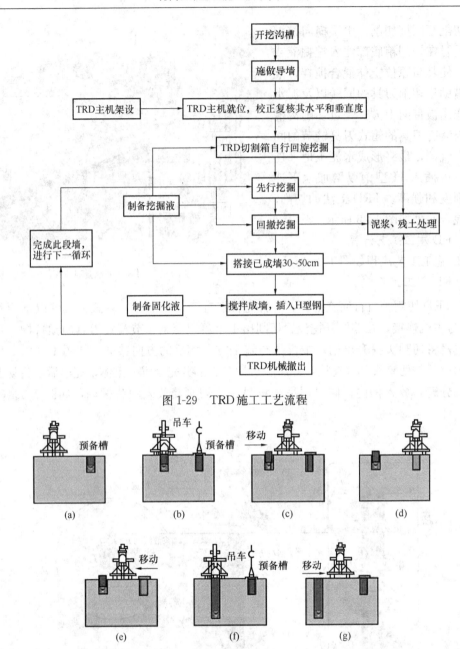

图 1-29 TRD 施工工艺流程

图 1-30 TRD 切割箱自行打入挖掘

(a) 连接准备；(b) 连接开始，切割箱放入预备槽；(c) 移动；(d) 连接后将切割箱提出；

(e) 移动；(f) 连接后继续切削，放入下一节切割箱；(g) 重复图 (b) ～图 (f) 使切割箱达到设计深度

示；③主机向预备槽位置处移动，如图 1-30 (c) 所示；④主机到位后停止，与预备槽中的切割箱连接，并将其提出，如图 1-30 (d) 所示；⑤主机带着切割箱向放有切割头的槽处移动，如图 1-30 (e) 所示；⑥主机到位后与槽内切割头连接，在原位置进行更深的切削，其间不断通过切割刀具端头向土体注入由水、膨润土（每立方被加固土体中膨润土的掺量可为25kg）组成的挖掘液，同时用吊车将下一节切割箱放入预备槽内，如图 1-30 (f) 所示；⑦根据设计施工深度的要求，重复图 1-30 (b) ～图 1-30 (f) 的施工过程，如图 1-30 (g)

所示。

（2）TRD工法水泥土连续墙施工工序。TRD工法水泥土连续墙施工工序有3循环的方法和1循环的方法。

3循环的方法：将链锯式切割箱注入挖掘液先行挖掘一段距离（5~10m），然后回撤挖掘至原处，再注入固化液向前推进搅拌成墙。该法适用于深墙、卵砾石层或有地下障碍物的工况。

3循环方法施工顺序，如图1-31所示。①箱式刀具按顺时针旋转的方式回旋刀链锯，主机沿连续墙施工方向作横向移动，即先行挖掘。在切削过程中，箱式刀具下端喷出挖掘液，同时用激光探测其切削状态；②当切削至每一循环前进距离后，主机开始往相反方向移动，即回撤挖掘；③回撤挖掘至与已成墙搭接30~50cm后，主机再次向前移动，此时箱式刀具下端喷出固化液，在链锯式刀具回转的作用下，被切削土与固化液混合搅拌形成水泥土连续墙，紧跟成墙作业将H型钢按设计要求插入，此时即筑成了H型钢地下连续墙体。

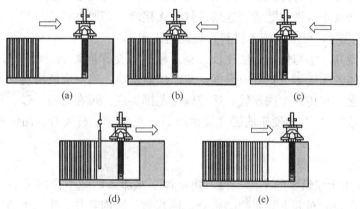

图1-31　连续墙施工工序

（a）先行挖掘；（b）回撤挖掘；（c）搭接已成墙30~50cm；

（d）搅拌成墙，插入H型钢；（e）完成此段墙，进行下一循环，重复图（a）~图（d）

1循环的方法：一开始将链锯式切割箱注入固化液，向前推进挖掘搅拌成墙。选择3循环或1循环时主要考虑能否确保链锯式切割箱达到合理的横行速度（一般为1.7m/h）。

**三、TRD工法质量控制要点**

（1）施工前应进行试成墙，以确定各项技术参数、成桩工艺和步骤，土层差异大的，要分层确定技术参数。

（2）做好施工前的各项准备工作，包括清障、修筑施工便道、铺设钢板、测量放线定位、开挖沟槽、检查设备的性能及进行试运转等。

（3）根据桩架垂直度指示针调整装架垂直度，并用经纬仪进行校核，从而保证墙体垂直度在允许误差范围内。

（4）施工过程中可根据实际情况（如遇深度大且砂石地层为主体的工程）及时调整浆液配比或掺入外加剂，使切割箱能顺利挖掘。

（5）施工过程中，严禁发生定位钢板移位，一旦发现挖土机在清除沟槽土时碰撞定位钢板使其跑位，立即重新放线，严格按照设计图纸施工。

（6）场地布置综合考虑各方面因素，避免设备多次搬迁、移位，尽量保证施工的连续性。

（7）严禁使用过期水泥、受潮水泥，对每批水泥进行复试，合格后方可使用。

（8）根据设计要求对拐角处及搭接处采取各向两边外推一定距离（一般为0.5m），以保证施工连续性和基坑止水效果。

（9）控制好用水量、水泥用量及液面高度，且浆液不能发生离析，以保证成墙强度。

（10）土体应充分切割，使原状土充分破碎，浆液要搅拌均匀，保证成墙质量均匀。

### 四、TRD工法特点及其使用范围

1. TRD工法特点

（1）稳定性高。①与传统功法比较，机械的高度和施工深度没有关联（基坑不论打多深主机地面高度都是10.5m），稳定性高，通过性好。②侧翻事故为"0"。施工过程中切割箱一直插在地下，不会发生倾倒。

（2）成墙质量好。①与传统工法比较，搅拌更均匀，连续性施工，不存在咬合不良，确保墙体高连续性和高止水性。②成墙连续性强、无接缝、等厚度、质量均一。③可在任意间隔插入H型钢等芯材，可节省施工材料，提高施工效率。

（3）施工精度高。①与传统工法比较，施工精度不受深度影响。②通过施工管理系统，实时监测切割箱体各深度X、Y方向数据，实时操纵调节，确保成墙精度。

（4）适应性强。与传统工法比较，适应地层范围更广。可在砾石、砂、粉砂、黏土等一般土层及标贯击数超过50的硬质地层（如鹅卵石、花岗岩、石灰岩、油母页岩、砂岩、黏性淤泥）施工。

2. TRD工法适用范围

TRD工法多用于建筑物的基础工程、防止地下水流入的地下挖掘工事，还可用于防止倾斜面的崩溃。在截断对邻近建筑物的影响，建筑物、盾构竖井、半地下道路等开挖工程中的挡土防渗，河川护坡及腐殖土层的地基改良方面应用广泛。

## 第七节 冻结排桩法基坑支护技术

### 一、概述

冻结排桩法是一种将冻结施工技术与排桩支护技术科学合理地结合起来的一种新型技术。该技术是以含水地层冻结形成的隔水帷幕墙为基坑的封水结构，以排桩及内支撑系统为抵抗水土压力的受力结构，充分发挥各自的优势特点，以满足大基坑围护要求。

冻结排桩法支护体系由排桩、压顶梁、钢筋混凝土支撑和立柱桩组成。其中，压顶梁为桩顶连接的钢筋混凝土结构，平面支撑由圈梁、对撑、角撑组成，立柱桩设置于平面支撑的节点处，以保证整个支护体系的稳定。隔水帷幕是在基坑四周、排桩外侧采用人工制冷的办法形成的一圈冻土墙，称为"冻土壁"。

冻结排桩法适用于大体积基础开挖施工、含水量高的地基基础和软土地基基础以及地下水丰富的地基基础施工。

### 二、冻结排桩法施工技术

应用冻结排桩法在进行特大型深基坑施工中，为了保护冻结墙体增加封水深度减少基底涌水量和水压力，通过冻结孔外侧设置的多个注浆孔在一定标高范围内形成注浆帷幕。同时考虑到冻结过程中冻土体积膨胀会产生一定的冻胀力，为降低冻胀力对排桩结构的影响，在冻结孔外侧距其中心一定位置处插花布设多个卸压孔。

1. 施工工序

冻结排桩法施工流程如图 1-32 所示。

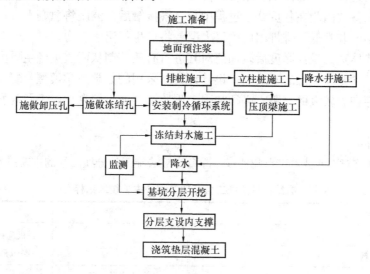

图 1-32　冻结排桩法施工流程

（1）地面预注浆。对基岩进行地面预注浆处理，形成一个注浆帷幕保护冻结帷幕和防止外部水侵入基坑。通过基底局部注浆，可以保护冻结帷幕不会因地下水绕流冲刷而破坏，另外还可以增加封水深度，减少基底的涌水量和上扬压力。为了防止注浆对排桩施工、冻结孔施工及冻结帷幕形成的影响，冻结段下部注浆施工在排桩施工及冻结施工之前施工。

（2）排桩施工。排桩采用钻孔灌注桩的常规施工方法，主要控制点为垂直度、扩孔率，以及场地狭小、钻孔设备密集带来的泥浆循环、净化问题及相应的管理难度大等问题。

（3）施做冻结孔。在盐水温度、冻结管直径相同的条件下，冻结帷幕的形成时间与冻结孔开孔间距、钻孔偏斜率有关，间距越大，形成时间就越长。为了达到冻结帷幕形成时间、厚度基本一致，必须按照设计孔位精确放样，并严格控制钻孔偏斜率。成孔后采用灯光或陀螺仪进行测斜并绘制钻孔偏斜平面图，钻孔超出规定偏斜要求需进行纠偏或回填土重钻等。

（4）施做卸压孔。考虑到冻结过程中，冻土体积膨胀会产生一定的冻胀力，为了降低冻胀力对排桩的影响，在冻结孔外侧距其中心一定位置处插花布设卸压孔。卸压孔施工时使用优质黏土粉、纤维素面碱、聚丙烯酰胺等材料配置钻进泥浆和充填泥浆。为保持孔口稳定，防止杂物落入孔内使卸压孔失效，在其周边砌筑沟槽或孔口加盖等措施进行保护。

（5）冻结施工。排桩施工完成后，进行冻结孔施工。施工时，在冻结孔内安装冻结器，冷冻站制出的低温盐水经管路送到冻结器，低温盐水在冻结器中循环后，回到冷冻站被重新降温。低温盐水在冻结器中循环吸收其周围地层中的热量，形成冻结圆柱，冻结圆柱逐渐扩大并连接成冻结壁，直至达到设计厚度和强度。

（6）基坑分层开挖。在基坑开挖前，应先行降水。基坑开挖应分层、分区采挖，并在开挖的同时，分层支设内支撑。

（7）浇筑垫层混凝土。垫层混凝土的浇筑与基坑开挖相应，采取分层、分区浇筑，即一个区域开挖到设计标高后，快速清底并设置排水设施，然后立模浇筑混凝土。

2. 施工要点

应用冻结排桩法进行特大型深基坑施工中需要注意以下问题：

（1）在冻结过程中土的体积膨胀将对排桩产生较大的水平冻胀压力。

（2）排桩靠基坑内侧在基坑开挖过程中与空气接触后，温度将急剧上升；而另外一侧与冻土墙体接触温度非常低，排桩因两侧巨大温差将产生的温度应力。

（3）冻土墙体达到设计厚度后，如何对其进行有效控制从而避免产生更大的冻胀力。

（4）岩土力学基本理论的不成熟，设计计算所采用的数学力学模型与岩土体的实际应力—应变状态常存在着较大的差距，必须加强工程监测，通过信息化施工及时发现问题，保证工程安全。

3. 技术指标

根据深大基坑施工的技术难点和特点，冻结排桩法施工各分项工程的主要技术指标见表1-4。

表 1-4　　　　　　　　　冻结排桩法施工各分项工程的主要技术指标

| 参　数 | 指　标 | 参　数 | 指　标 |
|---|---|---|---|
| 排桩垂直度 | 1/200 | 盐水温度 | 积极冻结期−25～28℃，维护冻结期−22～25℃ |
| 排桩充盈系数 | 5% | | |
| 排桩平面位置偏差 | ±2cm | 设计冷凝温度 | 30℃ |
| 冻结管垂直度 | 表土0.3%，岩层0.5% | 冻结壁平均温度 | −7℃ |

### 三、技术特点

采用排桩冻结法进行特大深基坑施工，围护结构受力体系清晰，排桩作为结构支撑体系工艺成熟，冻结帷幕具有良好隔水性能，两种技术的结合优势互补，不仅解决了基础围护结构的嵌岩问题，也解决了隔水问题，施工可操作性强。

与其他围护方案相比，冻结排桩法具有以下特点：

（1）施工机具设备简单、来源广泛，工艺简单、容易控制，整体稳定性好、封水效果可靠。

（2）用冻结帷幕封水，可避免基坑开挖过程中地下水的大量排泄，也避免了涌水、涌砂及地表大量沉降，能实现安全开挖、浇筑的"干"施工。不仅改变了作业环境，更使混凝土施工质量得到了保证。对基坑周边的环境影响较小。

（3）排桩加内撑系统作为受力挡土支护结构，基坑外缘用冻结封水，结构体系受力清楚、职责分明、易于控制。

（4）两种成熟的工法联合使用，还能实现部分工序之间的交叉作业，易于工期的控制和质量保证。

# 第八节　高边坡防护技术

## 一、影响边坡稳定的因素

影响高边坡稳定的因素可分为内在因素和外在因素。其中内在因素主要包括坡体本身的几何构形、坡体的地质材料的力学特性、地下水等；外在因素主要包括人为因素（开挖等）、地震、降水等的影响。高边坡失稳是内在因素和外在因素共同作用的结果。

目前，由于降雨引起坡体材料的强度降低导致坡体失稳逐渐成为造成滑坡的主要因素，因此有"无水不滑坡，治坡先治水"之说。

**二、高边坡防护原则**

高边坡防护的总体原则是顺应性和协调性，即充分利用自然界自身的稳定条件，改造不稳定部分，使边坡长期处于稳定状态。具体应遵循以下原则：

（1）高边坡由于坡高较高，宜设置多个台阶，每个台阶高度视地质条件一般为 6～10m，坡比约为 1∶1.5～1∶0.5；同时，根据治水与治坡相结合的原则，在坡顶、坡面、坡脚和水平台阶处应设排水系统，在坡顶外围应设截水沟；当边坡表层有积水湿地、地下水渗出时，应根据实际情况设置外倾排水孔、盲沟排水、钻孔排水以及在上游沿垂直地下水流向设置地下排水廊道等排水措施。

（2）对于需要加固的高边坡，应以预应力锚杆为主，也可根据实际情况与土钉、挡墙、抗滑桩相结合使用。对于锚杆锚固的边坡，应遵循固"脚"强"腰"的原则，同时根据高边坡稳定性分析出的破坏面形状来确定锚杆的安设区域与方位，并将锚固后的边坡重新进行数值分析，不但可以重新评估其稳定性，而且还对其锚固方案起到优化的效果。

（3）对于需开挖和锚固的高边坡，应遵循"边开挖、边锚固、边防护"的原则。

（4）在条件许可的情况下，宜尽量采用格构或其他有利于生态环境保护和美化的护面措施。

（5）根据边坡的安全等级，宜建立高边坡信息化监测系统，根据其监测信息，评估边坡的稳定性并调整其防护的措施。

**三、高边坡防护**

高边坡防护技术类型大体上可分为两种类型。

1. 工程防护

对不适宜植物生长的土质或风化严重、节理发育的岩石路堑边坡，以及碎石土的挖方边坡等，只能采取工程防护措施，即设置人工构造物防护。工程防护的类型很多，有坡面防护、砌石防护、落石防护、挡土墙防护、抗滑桩防护、土钉防护、锚杆及锚索、边坡排水技术等。

（1）坡面防护。坡面防护包括抹面、捶面、喷砂浆、喷水泥混凝土等形式。

1）抹面防护。对于易受风化的软质岩石，如页岩、泥灰、千枚岩等材料的边坡，暴露在大气中很容易风化剥落而逐渐破坏，因而，常在坡面上加设一层耐风化表层，以隔离大气影响，防止风化。常用的抹面材料有各种石灰混合料灰浆、水泥砂浆等。抹面厚度一般为3～7cm。

2）捶面防护。与抹面防护相近，其使用材料也大体相同。为便于捶打成型，常用的材料除石灰、水泥混合土外，还有石灰、炉渣、黏土拌和的三合土与再加适量砂粒的四合土，一般厚度为 10～15cm。

3）喷砂浆和喷水泥混凝土防护。喷砂浆和喷水泥混凝土防护适用于易风化软岩、裂隙和节理发育、坡面不平整、破碎较严重的石质挖方边坡。

（2）砌石防护。砌石防护主要包括干砌片石防护、浆砌片石防护、护面墙。

1）干砌片石防护。干砌片石防护主要适用于较缓的（坡度不大于 1：1.15）土质边坡，因雨、雪水冲刷会发生流泥、拉沟与小型溜坍或有严重剥落的软质岩层边坡，周期性浸水的河滩、水库或占地边缘边坡。

2）浆砌片石防护。浆砌片石防护适用于路基边坡缓于 1：1 的土质边坡或采用干砌片石防护不适宜或效果不好的岩石边坡。对严重潮湿或严重冻害的土质边坡，在未进行排水措施以前则不宜采用浆砌片石防护。浆砌片石厚度一般为 0.2～0.5m，每隔 10～15m 应留一道伸缩缝，缝宽约 2cm，每隔 2～3m 设一泄水孔，泄水孔为直径 10cm 的圆形孔，孔后 0.5m 范围内设反滤层。对于缺乏块石、片石材料的边坡，同时为了美观和控制质量，可以采用浆砌预制混凝土代替浆砌片石。

3）护面墙防护。护面墙防护适用于易风化的云母片岩、绿泥片岩、泥质页岩、千枚岩及其他风化严重的软质岩和较破碎的岩石地段的挖方边坡防护。护面墙除自重外，不承担其他荷载，也不承受墙后的土压力，因此护面墙所防护的挖方边坡坡度应符合极限稳定边坡的要求，护面墙的顶宽一般为 0.4～0.6m，底宽为 0.4～0.6m＋$H/10～H/20$，$H$ 为墙高。为了增加护面墙的稳定性，护面墙较高时要分段修筑，分级处设≥1m 的平台，墙背每 4～6m 高处设一耳墙。

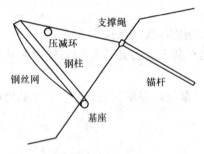

图 1-33　SNS 被动防护系统示意图

（3）落石防护。SNS（Safety Netting System）柔性防护技术的被动防护系统就是一种落石防护系统。SNS 被动防护系统包含多种类型，图 1-33 所示是一个典型类型的示意图，整个系统由锚杆、拉锚绳、减压环、钢丝绳网和钢柱及基座等部分构成。当受到落石冲击时，钢丝绳网首当其冲，冲击力被传递至钢柱，然后最终一部分被传递至基座，一部分则由拉锚绳传递至与岩体相连的锚杆上。为使冲击力得到缓冲，钢柱与基座之间采用了可动连接，拉锚绳上安置了消能元件减压环。SNS 柔性防护系统与传统金属栅栏、石墙等拦挡结构最大的不同点是它能吸收和分散落石的冲击动能并使自身受到的损伤最小，避免了传统的落石防护措施在岩质边坡上施工难度大、施工工期长、投资大、对岩体扰动大及对过小或过大的落石防护效果不理想等缺点。

（4）挡土墙防护。挡土墙是一种能够抵抗侧向土压力，防止墙后土体坍塌，增加边坡稳定性的建筑物。挡土墙根据构造不同，可分为重力式、锚杆式（分单级和多级）、预应力锚索式（分单级和多级）、扶壁式、悬臂式、加筋土式等多种形式。

（5）抗滑桩防护。抗滑桩是一种能迅速、经济、有效地整治滑坡的工程结构物，抗滑桩埋入滑面以下的部分称为锚固段，滑动面以上的部分称为受力段，承受滑坡推力，并通过桩身传递到锚固段，依靠锚固段地层反力来嵌住桩身，如果桩身强度及锚固段地层强度能够承受住滑坡的下滑力，那么抗滑桩就能阻止桩背滑体的滑动。抗滑桩按制作材料可划分为混凝土桩、钢筋混凝土桩及钢桩；按断面形式可划分为圆桩、管桩、方桩；按平面布置可分为单排式和多排式；按施工方法可分为：打入桩、钻孔桩、挖孔桩；按结构形式可分为单桩、框架桩、预应力锚索抗滑桩。抗滑桩的设计主要包括桩的平面布置，桩的截面尺寸及形状、桩的锚固深度及桩周岩土的强度，下滑推力的设计计算等。抗滑桩施工时，若采用人工挖桩要特别注意施工安全，包括护壁的开裂、变形、地下冒浆及流砂现象，碰到岩石时要采用控制爆破较深的桩，要增加人工通风措施。

（6）土钉防护。土钉是在土体内增设一定长度与分布密度的锚固体，与土体牢固结合而共同工作，以弥补土体自身强度的不足，增加土坡坡体自身的稳定性，它属于主动制约机制的支挡体系。它是由水平或近似水平设置于天然边坡或开挖边坡中的加筋杆件及面层结构形成的挡土体系，用以改良原位土的性能，并与原位土共同工作形成一类似重力挡土墙式的轻型支挡结构，从而提高整个边坡的稳定性。土钉适用于有一定黏结性的杂填土、粉土、黄土与弱胶结的砂土边坡，同时要求地下水位低于土坡开挖段或经过降水使地下水位低于开挖土层。对于标准贯入击数（$N$）低于 10 击及不均匀系数小于 2 的级配不良的砂土边坡，一般不适宜于用土钉支护。

（7）锚杆及锚索。采用预应力锚杆和锚索锚固技术是岩质高边坡加固中最经济有效的一种方式。预应力锚固技术原理就是用高强度的钢材或钢绞线穿过岩体软弱结构面，再使其长期处于高拉应力状态下，从而增强被加固岩体的强度，改善岩体的应力状态，提高岩体的稳定性。当软弱结构面离坡面较近时用锚杆，较远时用锚索，一般的高边坡都用锚索。

（8）边坡排水技术。水是诱发边坡失稳的主要原因之一，治坡先治水，边坡治水包括坡面排水及坡体排水。坡面排水主要通过设置坡顶截水沟、平台截水沟、边沟、排水沟及跌水与急流槽来实现；坡体排水主要通过设置渗沟（主要作用是截排地表以及几米范围内的地下水）、盲沟（主要用于截排或引排埋藏较深的地下水）及斜孔（主要用于排除深层地下水）等实现。

**2. 植被防护**

植物防护就是在边坡上种植草丛或树木等植被，以减缓边坡上的水流速度，利用植物根系固结边坡表层土壤以减轻冲刷，从而达到保护边坡的目的。这对于一切适合种植的土质边坡都是应当首先选用的防治措施。植被防护还可以绿化环境，和周围景观协调，也是一种符合环保要求的防护办法。

（1）植草、植草皮、植树。植草、植草皮适用于边坡稳定、坡面冲刷轻微、且宜于草类植物生长的土质边坡，它包括种草籽、植草皮和三维植草；植树适用于土质边坡及严重风化的岩石边坡和裂隙黏土边坡。

（2）喷播生态混凝土、铺设绿化植生带。主要适用于岩质边坡不具备植物生长的土壤，无法直接在坡面上栽种护坡植物。

1）喷播生态混凝土。生态混凝土即生态种植基，是由固体、液体、气体三相物质组成的具有一定强度的多孔人工材料，如图 1-34 所示。固体物质包括粗细不同的土壤矿物质颗粒、胶结材料、肥料和有机质、成孔材料、保水剂以及

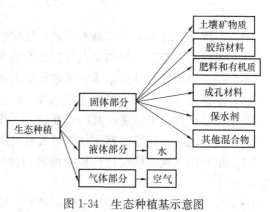

图 1-34 生态种植基示意图

其他混合物。其中，土壤是植物生长的基体，有机质和肥料为草种日后的生长提供肥力，胶结材料用于土壤颗粒之间以及与岩体表面的胶结，保水剂能吸收和保持水分供植物生长，成孔材料能提高种植基的透水性和透气性，一般采用稻草秸秆，经济方便，还可根据需要添加其他特定作用的混合物。为了使生态混凝土能牢固固定在岩体表面上，在喷播之前一般都在坡面上挂网。施工步骤是：平整边坡表面→钻孔、打入锚杆→挂网→喷播生态混凝土。

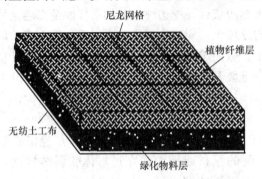

尼龙网格
植物纤维层
无纺土工布
绿化物料层

图 1-35　植生带分层示意图

2) 铺设绿化植生带。一个典型的绿化植生带从底往上由无纺土工布、绿化物料层、植物纤维层和尼龙网格等几层组成，如图 1-35 所示。无纺土工布与地表吸附作用强，有利于保持湿度，且能够自然降解，腐烂后可转化为肥料；绿化物料层是最重要的部分，由种子、保水剂、肥料及改良剂组成，主要为植物今后生长提供肥料；植物纤维层由稻草秸秆、麦秆等植物纤维组成，主要作用是在铺设完工初期防止绿化物料层的物质遭受雨水冲刷及遮阴保湿，后期则腐烂后为植物提供肥料；最上层的尼龙绳网主要起固定的作用。事实上，植生带铺几层、各层之间的顺序应根据具体情况确定，没有固定的形式。若条件允许，铺设绿化植生带之前可以平铺一层土壤，以便为固坡植物提供充分的养分，否则，只有加厚植生带了。

（3）栽藤。栽藤主要用于土石夹杂难以种草植树的段落，通过藤草的爬附作用将坡面进行覆盖，从而和周围环境协调一致。

（4）框架内植草护坡。在坡度较陡且易受冲刷的土质和强风化的岩质堑坡上，采用框架内植草护坡。框架有多种做法，例如：①浆砌片石框架成 45°方格形，净距 2～4m，条宽 0.3～0.5m，嵌入坡面 0.3m 左右；②锚杆框架护坡，预制混凝土框架梁断面为 12～16cm，长 1.5m，用 4 根直径 6～8mm 钢筋，两头露出 5cm，另在杆件的接头处伸入一根 $\phi 4mm \times 3m$ 锚杆，灌注混凝土将接头固定，锚杆的作用是将框架固定在坡面上，框架尺寸和形状由具体工程而定，其形状可设计为正方形、六边形、拱形等，框架内再种植草类植物。

## 复习思考题

1-1　基坑支护结构有哪些基本形式？试比较说明各种结构形式的特点。

1-2　简述基坑支护工程的特点及常见的基坑事故原因。

1-3　预应力锚杆有哪些形式？试述预应力锚杆技术的工艺原理及施工工艺。

1-4　土钉墙支护结构由哪些部分组成？简述土钉墙支护结构的工作机理。

1-5　什么是复合土钉墙？其构成要素及工作机理如何？

1-6　简述复合土钉墙的基本结构形式及其施工工艺。

1-7　组合内支撑结构设计计算的内容包括哪些？简述组合内支撑技术施工工艺及其技术要点。

1-8　什么是型钢水泥土搅拌墙支护技术？简述其技术原理、施工工艺及施工程序。

1-9　何谓 TRD 工法？简述采用 3 循环方法时的施工顺序。

1-10　什么是冻结排桩法？简述其技术原理及施工工艺。

1-11　分析说明影响边坡稳定的因素，并简述边坡防护的原则。

1-12　简述高边坡防护技术的主要技术内容。

# 第二章　地基处理及桩基新技术

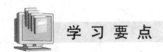

学 习 要 点

　　本章主要介绍了新近开发的地基处理及桩基新技术的工程原理、技术特点、适用范围、施工设计、施工工艺及其施工要点等内容。通过本章的学习，了解各种地基处理新技术及桩基新技术的适用范围和技术指标，理解掌握其基本概念、施工设计，重点掌握技术原理及施工工艺。

　　地基处理技术在我国历史悠久，秦汉以前采用灰土垫层就是典型案例。随着土木工程的发展，地基处理及桩基技术日趋完善。近年来，在工程实践中发展起来了许多新的地基处理及桩基技术，如真空预压法、爆破挤淤法、大块石高填方、挤扩支盘桩、灌注桩后注浆技术等。

　　地基处理的方法按其原理可归纳为：置换、排水固结、振密、挤密、灌浆加固、加筋、冷热处理、托换、纠倾和迁移等。在工程的实际应用中，往往将各种处理方法联合起来应用，以取得最佳地基处理效果。

## 第一节　真空预压法加固软土地基技术

**一、概述**

　　真空预压法是在需要加固的饱和软黏土地基上铺设砂垫层，打设一定间距的塑料排水板或袋装砂井，在砂垫层中布设滤管，其上铺设不透气密封膜，利用抽真空装置（射流泵）抽真空，使膜下形成负压，并通过砂垫层传递到设在饱和软黏土层中的排水通道内，促使排水通道及边界孔隙水压力降低与土中的孔隙水压力形成压差和水力梯度，发生由土中向边界的渗流，从而使土体排水固结的一种地基加固方法，属排水固结法。

　　真空预压法适用于加固淤泥、淤泥质土和其他能够排水固结而且能形成负超静水压力边界条件的软黏土，特别适于进行大面积的地基处理工程。

**二、基本原理**

1. 真空预压法基本原理

　　真空预压作用下土体的固结过程，是在总应力基本保持不变的情况下，孔隙水压力降低，有效应力增长的过程。

　　真空预压法如图 2-1（a）所示。由于塑料密封膜使被加固土体得到密封并与大气压隔离，当采用抽真空设备抽真空时，砂垫层和垂直排水通道内的孔隙水压力迅速降低。土体内的孔隙水压力随着排水通道内孔隙压力的降低（形成压力梯度）而逐渐降低。根据太沙基有效应力原理，当总应力不变时，孔隙水压力的降低值全部转化为有效应力的增加值。如图 2-1（b）所示，孔隙水压力从图中原孔隙水压力线变为抽真空后降低的孔隙水压力线，其孔隙水压力的降低量全部转化为有效应力的增加值。所以，地基土体在新增加的有效应力作用下，促使土体排水固结，从而达到加固地基的目的。

因抽真空设备理论上最大只能降低一个大气压（绝对压力零点），所以真空预压工程上的等效预压荷载理论极限值为 100kPa，现在的工艺水平一般能达到 80~95kPa。

2. 真空联合堆载预压法基本原理

真空联合堆载预压法，是当预压荷载要求大于 80kPa 而真空预压工艺技术水平无法达到时，在真空预压的同时给膜上堆载，以补足大于 80kPa 的部分荷载，是真空预压法和堆载预压法在地基加固中的联合使用，如图 2-2（a）所示。堆载预压时，在地基中产生的附加应力和真空预压时降低地基的孔隙水应力，两者均转化为新增的有效应力并且可以叠加，如图 2-2（b）所示。这样，既有真空预压的作用又有堆载的作用。其结果：地基土体由于抽真空而发生向内收缩变形，因而，堆载荷重可以迅速施加，而不会引起土体向外挤压破坏；同时，由于真空荷载代替一部分荷重，降低了堆载的高度，减少了堆载的工作量。

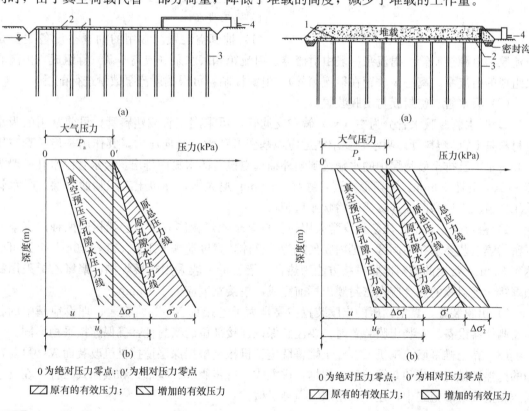

图 2-1　真空预压原理图　　　　　　　　　图 2-2　真空联合堆载预压原理图
1—密封膜；2—垫层；3—垂直排水通道；4—真空泵　　　1—密封膜；2—垫层；3—垂直排水通道；4—真空泵

真空联合堆载预压法加固前后土体内的总应力发生了变化，既增加了外荷（总应力），又降低了原孔隙水压力中的大气压力。

3. 水下真空预压法基本原理

水下真空预压法实质上仍属于排水固结法，是真空预压法在水下的应用，其加固机理同陆上真空预压的加固机理相似。它是靠降低原孔隙水压力中由上覆水压力和大气压力组成的

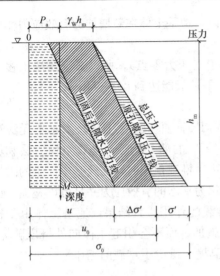

图 2-3　水下真空预压原理图

初始孔隙水压力使土体排水固结，以达到加固地基的目的，如图 2-3 所示。水下真空预压法加固前后土体内的总应力没有发生变化。

### 三、真空预压法设计

真空预压法属于排水固结法，设计方法采用排水固结原理进行，但它又与堆载预压不完全相同，设计应严格按照国家及行业有关的规范、规程进行。真空预压法设计的主要内容包括设计勘察、设计参数选取、排水系统设计、抽气系统设计、验证满足设计荷载所需强度、固结时间、工后沉降等。

### 四、真空预压法施工技术

1. 施工设备

（1）抽真空装置。常用的抽真空设备主要是射流泵和电源控制箱。射流泵一般由射流器、射流箱和潜水泵（或离心泵）等组成（由离心泵组成的射流泵，离心泵放置在射流箱外）；电源控制箱可根据射流泵数量进行配置。

（2）吸水管、密封膜与出膜装置。

1）吸水管。吸水管分为主（干）管和支滤管，可采用钢管或塑料管，目前常用的吸水管材料是 PVC 塑料管。吸水管要求能适应地基变形和承受径向压力，其作用是传递真空压力和将土中已排至砂垫层中的水输送到膜外抽真空设备的水箱内排出。吸水管滤水孔一般为 $\phi 8 \sim \phi 10$，间距 50mm，三角形排列，缠绕 $3 \sim 5$mm 尼龙绳，外包土工织物滤水层。吸水管采用二通、三通和四通连接成网格状或鱼刺状。

2）密封膜。真空预压密封膜常采用的材料有聚乙烯树脂和聚氯乙烯树脂两种。真空预压密封膜工艺要求在加固区范围内膜最好为一整体，宽度通常要求在 $100 \sim 200$m，个别可以达到 300m。常用的塑料薄膜拼接方法为热合，聚乙烯一般采用热板焊接，聚氯乙烯采用高频焊接。密封膜的热合应在密封膜出厂前完成，搭接宽度应大于 15mm。

3）出膜装置。真空预压的出膜装置主要是为了连接真空泵、真空表、埋设地基中的各类监测仪器设备。安装出膜装置时，要注意保证连接部位的密封性，确保连接平稳牢固。

（3）黏土帷幕墙施工机械。黏土帷幕墙施工机械是根据深层搅拌桩机改装而成，目前常用的搅拌机械有单管和双管两种，根据行进方式，有步履式、履带式和滚筒式三种。在真空预压黏土帷幕墙施工中，建议采用双管搅拌机械。

2. 施工工序

真空预压法施工工序为：场地平整→铺设砂垫层→打设塑料排水板→开挖密封沟→布设吸水管→铺设密封膜→真空泵安装→抽真空→停泵卸载。

3. 施工工艺

真空预压法施工主要工艺如下。

（1）砂垫层施工。铺设砂垫层之前对加固区的范围内进行场地平整，清除障碍物，整平后铺设 20cm 砾石砂垫层，打设塑料排水板，再铺设 20cm 砾石砂垫层，砾石砂采用自然级配，最大粒径＜5cm；砾石砂上铺设中粗砂，含泥量＜3％，其厚度≥10cm。整个场地铺满并平整砂垫层后，其表面高差应在 $\pm 10\text{mm}$。

（2）排水板施工。在铺设好砂垫层后，可以进行排水板施工，排水板需要专门的机械插设。排水板垂直下插打入至设计标高（淤泥或淤泥质黏土底层面以上 $0.5\text{m}$ 处），垂直度偏差应 $\leqslant \pm 1.5\%$，排水板间距 $1.2\text{m}$ 左右，上端应在砂垫层 $20\sim30\text{cm}$ 处。为了确保插板质量，应按规定在每台插板机上安装排水板打设自动检测记录仪。

（3）真空预压施工。

1）密封沟开挖。密封沟布置在加固区的周围，在真空预压施工中它主要起周边密封的作用，密封沟深度要在 $1.5\text{m}$ 以上。密封沟采用人工配合挖土机开挖，在铺设密封膜后，密封沟用淤泥或黏土回填，将膜边垂直插入软土中，并在沟内覆水，以确保膜周边的密封。

2）布设吸水管。主（干）管和支滤管间采用变径三通、四通连接，同管径的对接采用钢丝吸水胶管连接，全部吸水管均需埋入砂层中，并通过出膜器及吸水管与真空泵连接。在挖密封沟的同时，可进行主（干）管和支滤管的连接、安装和埋设。

3）铺设密封膜。铺膜前应捡除砂垫层表面的尖棱小石子、贝壳等杂物，并人工细平垫层表面。待埋设完真空表测头及其他观测仪器后，首先铺设第一层土工布，然后将两层聚氯乙烯薄膜铺放覆盖整个预压区，密封膜采用两层专用土工膜，按先后顺序铺设，铺好一层后，及时粘补膜面破损部位，确保膜面密封性，并将膜体四周埋入密封沟内，用淤泥或黏土回填密实。

4）出膜连接与真空泵系统安装。真空主管通过出膜器及吸水管与真空泵连接。出膜器的连接必须牢固，密封可靠。排水管与真空泵的连接要保证其通水、通气畅通。真空泵运转良好，及时检查其运转情况。

5）在加固区设置一些真空表测头，以检测膜下真空度。

**五、技术特点**

（1）真空预压法是利用大气来加固软土地基的，因此和堆载预压法相比，不需要大量的预压材料及实物，可避免材料运入、运出而造成的运输紧张、周转困难与施工干扰。

（2）由于真空预压法加固软土地基的过程中，作用于土体的总应力并没有增加，降低的仅是土中孔隙水压力，而孔隙水压力是中性应力，是一个球应力，所以不会产生剪切变形，发生的只是收缩变形，不会产生侧向挤出情况，仅有侧向收缩，因此真空预压荷载无须分级施加，可以一次快速施加到 $80\text{kPa}$ 以上而不会引起地基失稳，与堆载预压法相比明显地具有加载快的优点。同时，因为其加荷是靠抽气来实现的，所以卸荷时也只要停止抽气就可以了，这比堆载预压法要简单容易得多。

（3）真空预压法在加固土体的过程中，在真空吸力的作用下易使土中的封闭气泡排除，从而使土的渗透性提高、固结过程加快。

（4）真空预压法在加固软土地基时，地基周围的土体是向着加固区内移动的，而堆载预压法则相反，土体是向着加固区外移动的，所以二者发生同样的垂直变形时，真空排水预压加固的土体的密实度要高；另外，由于真空预压是通过垂直排水通道向土体传递真空度的，而真空度在整个加固区范围内是均匀分布，因此加固后的土体，其垂直度变形在全区比堆载预压加固的要均匀，而且平均沉降量要大。

（5）真空预压法的强度增长是在等向固结过程中实现的，抗剪强度提高的同时不会伴随剪应力的增大，从而不会产生剪切蠕动现象，也就不会导致抗剪强度的衰减，经真空预压法加固的地基其抗剪强度增长率，同样情况下比堆载预压法的要大。

（6）真空预压法施工机具和设备简单，便于操作，施工方便，作业效率高，无噪声、无振动、无污染，特别适合在不影响业主生产及周边环境污染要求高的地区施工。

## 第二节　爆破挤淤法地基处理技术

### 一、概述

爆破挤淤法地基处理技术是利用炸药爆破释放的能量，通过置换、密实、搬移等手段，达到改良地基承载性能和形成堤坝型体的一种方法，主要可分为爆破排淤填石法和爆破振夯密实法。

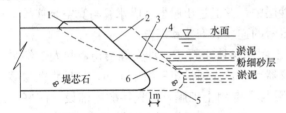

图 2-4　爆破挤淤填石示意图
1—超高填石；2—爆前剖面；3—爆后剖面；
4—补填石料；5—石舌；6—药包

爆破排淤填石法（简称爆填法）是排除淤泥质软土、填入块石的一种置换方法，即在抛石体前沿淤泥中适当位置埋置药包，堆石体在爆炸冲击波、爆炸高压气团及其重力作用下向淤泥内塌落，形成一定范围和厚度的落在下卧硬土层上的"石舌"（图 2-4），继而在爆炸后的堤头再抛填石料，形成新的堆石体。新的抛填体将"石舌"上部及其前方一定范围的浮泥挤开并达到沉底效果。一般情况下，在淤泥层较高、水浅的地方采用爆破排淤填石法更为有效。

爆破振夯密实法（简称爆夯法）是通过爆炸使块石或砾石地基基础振动密实的方法，即把炸药以点阵式放置在已堆好的堆石体上，堆石体在爆炸荷载作用下，一方面石块之间引起错位使空隙减少，得到密实；另一方面整个堆石体向淤泥中运动，将淤泥从堆石体外泥面挤出，并成型为设计要求的坝体形状。

爆破挤淤法与机械开挖至设计标高后抛石相比，节约投资，缩短工期，经济效益显著。该技术主要适用于淤泥等软基上的抛石体基础处理。

### 二、爆破挤淤法施工技术

1. 方案设计

施工方案设计包括抛填断面设计和布药参数的设计两方面。

（1）抛填断面设计。抛填的宽度主要取决于抛石体的落底宽度，一般从落底宽度向上按1:1的坡度延伸到抛填标高，即为抛填宽度。抛填顶标高是指每一个循环的爆前抛石体顶标高，其确定首先要能保证抛石体有足够的方量去置换淤泥，达到落底的效果；其次，要尽量减少后期削坡方量；最后，要考虑方便施工。一般抛石自然挤淤的深度为4m左右（根据淤泥的性状、抛填速度不同会有1~2m的上下浮动），从自然抛石的底标高到设计底标高之间的抛石体方量视为"置换方量"，一般按照"置换方量"的90%考虑泥面以上的抛石体方量，以此确定抛填顶标高，这是因为泥石置换不是在一个抛填、爆破循环中完成的，而是经过很多次循环，抛石体不断地沉降、补抛才能达到理想效果。

（2）布药参数的设计。布药参数的设计包括布药深度、药包间距、单药包重量、布药宽度等。一般首先确定布药宽度，堤头端部爆破布药宽度一般根据自然挤淤的石舌宽度确定，药包间距端爆一般为 2m，侧爆为 3m。用布药宽度除以药包间距，就可得出药孔数。

2. 爆破技术

(1) "微差爆破"技术。在爆炸挤淤施工中最常用的是"微差爆破"技术，它的原理是通过使用毫秒电雷管，使不同的药孔以相同的毫秒级时差依次起爆，以减少一次起爆的炸药量，从而有效降低爆破震动速度。

(2) "气幕"技术。该技术主要应用在水中有较重要的构筑物，为了降低水冲击波对构筑物的损害而采用。在构筑物前面对起爆点布设一条气幕。方法是在水底铺设一排或多排无缝钢管，事先在钢管上钻出细密均匀的小孔，用空压机通过出气管连接到钢管上，起爆前开动空压机，在水中形成一个由繁密气泡组成的"气幕"，爆破冲击波经过"气幕"后（不同介质中波传播速度不同），震动速度降低，从而达到保护构筑物的目的。

3. 爆破施工流程

爆破施工的主要设备为水上布药船或陆上装药机。爆破挤淤施工的主要流程如下：

(1) 用汽车与推土机抛填石料达到爆炸处理的堤顶高程和拟抛填断面宽度。

(2) 在堤头抛填体前方"泥—石"交界面一定距离处，利用装药机械按设计位置将群药包埋于淤泥中。

(3) 引爆炸药，堤头抛石体向前方滑移跨落，形成"爆炸石舌"。

(4) 马上进行下循环抛填，此时由于淤泥被强烈扰动后，强度大大降低，可出现多次"抛填—定向滑移下沉"循环。当抛填达到设计断面时，进行下循环装药放炮。以后的过程就是"抛填—装药—引爆"的重复循环，一次循环进尺为 5～7m，依淤泥性质和现场试验而定。

(5) 在抛石堤进尺达到 50m 以上时，进行两侧埋药爆炸处理。经两侧爆炸处理后，堤宽达到设计宽度，两侧抛石堤落底宽度增加，达到设计断面，并基本落底于下卧持力层上，日趋稳定。

4. 质量检查

在施工期和竣工期均应进行检查。可选用以下检查方法：

(1) 体积平衡法。根据实测方量及断面测量资料推算置换范围及深度。一般在施工期采用，适用于具备抛填计算条件，抛填石料流失量较小的工程。

(2) 钻孔探测法。在抛石堤横断面上布置钻孔，断面间距宜取 $100～500m$，不少于 3 个断面；每断面布置钻孔 1～3 个，全断面布置 3 个钻孔的断面数不少于总断面的一半。钻孔应揭示抛填体厚度、混合层厚度，并深入下卧层不少于 2m。适用于一般性工程。

(3) 物探法。应与钻孔探测法配合使用，适用于一般性工程。

5. 爆破震动安全

根据《爆破安全规程》（GB 6722—2011）规定：在重要建（构）筑物附近进行爆破时，必须进行爆破震动监测。依《爆破安全规程》（GB 6722—2011），爆破震动速度的预测式为

$$v = K\left(\frac{\sqrt[3]{Q}}{R}\right)^{\alpha} \tag{2-1}$$

式中　$v$——爆破震动速度，cm/s；

$K$，$\alpha$——与爆破地形、地质条件有关的系数和衰减指数；

$R$——爆源距测点间距离，m；

Q——爆破药量，kg。

通过对测试数据进行分析，回归出符合当地地形地质条件的震动速度公式进行预测。缺乏实测数据时，可按表 2-1 进行 $K$、$\alpha$ 值的选取。

表 2-1　　　　　　　　　　　　　　　　　$K$、$\alpha$ 值

| 岩性 | $K$ | $\alpha$ |
| --- | --- | --- |
| 坚硬岩石 | 50～150 | 1.3～1.5 |
| 中硬岩石 | 150～250 | 1.5～1.8 |
| 软岩石 | 250～1350 | 1.8～2.0 |

### 三、技术特点

（1）施工工期短、后期沉降小、适应范围广。

（2）不需要机械挖泥清淤，简化了施工程序。

（3）在整个施工过程中，能确保海堤抛填体的稳定与安全，弥补了在深厚淤泥条件下自重抛石挤淤法和超高填抛石挤淤法的不足。

（4）爆炸挤淤法的施工速度主要取决于抛填速度和埋药时间，比之加载速度由堤身稳定控制的排水固结法，抛填作业完成的时间明显缩短，减少了施工周期，加快了工程进度。

（5）采用爆破挤淤法施工时，堤面沉降量小，沉降稳定快，可缩短后续施工的作业间歇时间，有利于加快整个工程进度。

## 第三节　强夯法处理大块石高填方地基技术

### 一、概述

强夯法又称动力压实法或动力固结法，20 世纪 60 年代由法国梅纳公司首创。它是将大吨位的夯锤提升到一定高度，使其自由下落，通过机械能到势能、势能到动能、动能到夯击能的转化，对待加固土体作用，改变土体本身的状态和性质，以提高地基承载力的一种地基处理方法。它依靠夯锤下落产生的巨大夯击能，给地基土体以巨大冲击波和动应力，从而提高土体的强度，降低土体的压缩性，改善土体的抗振动液化能力，提高地基承载力。

强夯法具有加固地基效果显著、设备简单、经济、施工快捷等特点，适用于处理碎石土、砂土、低饱和度粉土和黏性土、湿陷性黄土、素填土和杂填土等地基。

强夯法处理大块石高填方地基技术是在强夯法处理抛石填海技术的启示下，实验研究而成的一项新型的强夯法处理地基技术。在强夯巨大的冲击力和振动作用下，疏松的大块石填筑地基，通过"大块石填筑骨架强制压缩→冲切挤密→振动填隙（振密）"过程得以加固。

强夯法处理大块石高填方地基技术与传统的碾压法相比，具有地基加固效果明显、缩短工期、节省工程投资等诸多优点。

（1）填料粒径及分层填筑厚度均大于碾压填料粒径和厚度的要求，填料粒径大可节省石方爆破费用，填筑厚度大可缩短工程工期，特别是南方多雨气候，其优点更为明显。

（2）地基加固效果显著，由于强夯的冲击力和振动波能作用，使大块石高填方地基不但得到加密效果，同时还能使高填方地基达到整体均匀和稳定，由此可减少基础垫层厚度及填方的坡比。

（3）根据工程实践综合分析，强夯法较碾压法可节省工程投资约 20％～30％，工程工期可缩短 30％～40％，地基强度和变形模量指标可提高 30％～50％。

**二、主要技术内容**

强夯法处理大块石高填方地基技术，其核心是如何解决大块石高填方地基的稳定、均匀、密实问题。该项技术的主要内容包括：高填方基底的基岩面上覆土层处理、挖填交界处的处理、大块石高填方的填筑地基处理等。

*1. 高填方基底的基岩面上覆土层处理*

为保证高填方填筑体的稳定，减小基岩面上覆原地面土层的沉降，在大块石高填方的填筑前，应对基岩面上覆原地面软弱土层进行地基处理。山区高填方工程基岩面上覆原地面土基处理概括起来有以下内容：

（1）原地面整治。施工前，应修建施工中临时性排水沟（也可结合场地修建永久性排水工程），清除地表草皮、树根、耕植土、淤泥、软土，对有拆迁建（构）筑物的场地，应清除建筑垃圾和生活垃圾。

（2）原地面处理。根据场地的工程地质条件、填筑体自重施加给原地面土基的附加荷载以及建筑设计地基的要求、场地施工的可行性等，进行原地面土基的强夯处理。一般对场内的软土、淤泥、土洞、溶洞、溶沟、溶槽（宽度大于夯锤直径的），采用挖除换填块碎石料后进行强夯处理。强夯参数根据换填层的厚度和填料的性质确定。对一般可塑状态的土层，其厚度≥4m，采用置换强夯法或直接强夯法处理。

*2. 挖填交界处的处理*

山区高填方工程中，在控制原地面土基和填筑体的沉降变形量外，同时应注意建筑地基主要受力层内的填挖交界中的处理，特别是挖方区建筑地基为岩石时。对此类场地，传统的处理方法是将挖方区超挖 300～500mm，采用炉渣、中粗砂或碎石做填料，进行压实作为地基褥垫层，以消除或减少因上部建筑荷载对地基产生的应力集中，达到调整地基不均匀沉降目的。但对大面积、高填方、大填、大挖的工程场地，上述处理方法并不可靠。按目前国内在山区新建民用机场一般道面结构层设计经验可知，山区高填方对填挖交界面的挖方界面，可采用 1∶8 的斜坡开挖搭接填方区，按同填方同填料，分层填筑强夯的方法进行处理。

*3. 大块石高填方的填筑施工*

大块石高填方的填筑处理技术内容应包括填料级配、分层填筑施工方法及强夯施工参数的设计。

（1）填料级配施工设计。因不同地区地质结构和地层成因类型不同，山区高填方工程中的填料性质有很大差异。工程地基处理设计选料，应根据地基处理后的强度和变形要求，遵循因地制宜，就地就近取材的原则进行填料搭配及粒径、级配设计。

（2）分层填筑施工方法。在大块石填料级配良好、强夯施工参数相同的条件下，由于填筑施工方法不同，地基加固效果和填筑体的整体均匀性都有着明显的差异。分层填筑施工设计一般要求大块石填料分层填筑厚度为 4m，传统的填筑施工方法为抛填法，即 4m 厚的填筑层，由后向前推进抛填而成。新式的分层填筑施工方法采用堆填法，即将 4m 厚的填筑层分 3～4 个亚层（亚层厚度＜1.5m）堆填而成，而非传统的抛填法。工程实践证明，在填筑厚度和填筑粒料相近的条件下，用堆填法填筑而成的大块石填筑地基，无论颗粒组成的级配、地基加固效果还是填筑体的整体均匀性都明显好于传统的抛填法。

（3）强夯施工参数设计。

1）夯锤。宜用铸铁或铸钢的圆台形锤，锤底面直径 $D=2.2\sim2.6$m，锤重 $150\sim250$kN，锤底静压力可取 $40\sim50$kPa。

2）夯击次数。工程实践表明，夯击次数可取单点夯击试验的夯坑累计竖向压缩量占总压缩量 90% 所对应的次数。对填筑粒料级配良好、$C_u>10$ 的，夯击次数可取 $12\sim14$；一般 $5<C_u<10$ 的，夯击次数可取 $14\sim16$。对填筑层底层以下，若有厚度 $<2$m 的黏性土，宜用最后夯击 2 次的平均夯沉量 $<5$cm 控制夯击次数。

3）夯击点间距及夯击遍数。夯击点间距及夯击遍数应视具体工程设计要求确定。对分层填筑厚度 $<5$m 的，可采用单遍夯，夯击点间距可选用 $1.5D\sim2D$。在填筑层的顶面，考虑主夯后的夯坑是用推土机推填整平，用低能级的单击夯击能（$500\sim1000$kN·m）满夯一遍，夯击次数可取 $2\sim4$。

4）地基有效加固深度。根据不同夯击次数的小区试验结果表明，单击夯击能量 3000kN·m，夯击 $12\sim16$ 次，地基有效加固深度为 $4.0\sim4.2$m；夯击 $3\sim7$ 次，地基有效加固深度为 $2.5\sim3.0$m。在地基处理设计时，若提高地基有效加固深度，可增加单击夯击能及夯击次数。

### 三、强夯法大块石高填方地基设计要点

强夯法处理大块石高填方地基设计，其基本设计原则应遵照《建筑地基基础设计规范》（GB 50007—2011）、《建筑地基处理技术规范》（JGJ 79—2012）中有关标准和要求。鉴于目前国内现行有关技术规范中，对大块石高填方地基处理尚无明确的设计标准，因此，将强夯法处理大块石高填方地基设计要点归纳如下。

（1）填筑粒料的颗粒大小和填筑施工方法的比选。对石灰岩岩溶地区，在岩体及地质条件相近的情况下，按小于 1/3 倍的夯锤直径（$D$）控制填料最大粒径，颗粒组成按不均系数 $C_u>5$，曲率系数 $C_c>1$ 进行施工爆破设计，均可达到颗粒最大粒径 $\leqslant800$mm、$C_c>10$、$C_u>1$ 的良好级配粒料。对土多石少的地区，进行高填方填筑，应将石料尽可能集中到工程关键（地基强度和变形要求高）的部位填筑。

（2）大块石料（100% 石料）分层填筑厚度为 4m 的地基，采用强夯单击夯击能量 $2500\sim3000$kN·m，夯点间距为 $4.0\sim4.5$m，夯击 $12\sim16$ 次，主夯一遍，其地基的有效加固深度为 $4.0\sim4.5$m，地基干密度 $\rho_d\geqslant2.0$g/cm³，地基容许承载力 $f_k>700$kPa，变形模量 $E_0>300$MPa，回弹模量 $E_{回}>350$MPa，地基剩余沉降量 $s<10$mm。分层松填 4.0m 厚的填筑层平均夯沉量为 $50\sim60$cm，松填系数 $K=1.14\sim1.17$。

（3）大块石混合料（如 3∶7 土石混合料）土石填筑地基，分层填筑厚度为 4m，经 3000kN·m 单击夯击能量，主夯一遍，夯点间距 $4.0\sim4.5$m，夯击 $12\sim16$ 击，满夯 1000kN·m 单击夯击能量，夯击 3 击，强夯处理后，其地基容许承载力 $f_k>400$kPa，地基变形模量 $E_0>40$MPa，地基有效加固深度为 4.0m，地基干密度 $1.95\sim2.2$g/cm³。

### 四、施工要点及加固效果检测

1. 施工要点

（1）大块石高填方的分层填筑施工。

1）在施工中，应认真做好施工场地的临时排水，填挖交界处的施工搭接，以及清除填方区的耕植土和淤泥、淤泥质软土。

2）填料（石方）爆破时，应严格控制填料粒径、级配，对黏性土的填料，应控制填料的含水量不得超过最优含水量。

3）采用分层填筑，应严格控制填筑厚度，以及必须采用分层堆填的方式进行施工。

（2）强夯施工。

1）原地面直接强夯或置换强夯施工，在控制最后两击平均夯沉量的同时，应考虑遍夯之间的间歇时间，以及夯坑不得积水浸泡。

2）强夯施工机具必须满足强夯施工参数设计要求，特别是夯锤质量应达到《建筑地基处理技术规范》（JGJ 79—2012）有关要求。

2. 加固效果检测

根据现场对强夯法处理大块石及大块石混合料填筑地基的处理效果检测，表明采用相同的强夯施工参数，在填料相近、填筑厚度相等的条件下，对一般简单场地或采用分层填筑夯实的高填方工程，其地基加固效果检测，可采用分层密度试验（灌水法）和地面夯沉量测量的手段进行检测；对复杂场地和高填方以及重要的工程，在进行分层密度试验、地面夯沉量测量检测的同时，应在填筑层的底层和顶层加一定数量的荷载试验，以确定地基的强度和变形，并进行必要的地基沉降观测。

# 第四节 土工合成材料应用技术

## 一、概述

土工合成材料是土木工程中应用的各种合成材料的总称，它是以人工合成的高分子聚合物（如塑料、化纤、合成橡胶等）为原材料，制成的一类新型的岩土工程材料，将它们置于土体内部、表面或各种土体之间，发挥加强或保护土体的作用。

土工合成材料可分为土工织物、土工膜、特种土工合成材料和复合型土工合成材料四大主要类型。

土工合成材料是一种多功能材料，具有滤层、排水、隔离、加筋、保护、防渗等功能和作用。在实际工程中应用时，往往是一种功能起主导作用，而其他功能也相应地不同程度的在起作用。

## 二、主要应用技术

土工合成材料主要应用于滤层、加筋垫层、加筋挡墙、陡坡及码头岸坡、土工织物软体排充填袋、模袋混凝土、塑料排水板、土工膜防渗墙和防渗铺盖、软式透水管和排水盲沟、治理路基和路面病害以及三维网垫边坡防护等。

（一）土工织物滤层应用技术

1. 作用机理

土工织物的反滤机理主要是挡土和滤层作用。

2. 土工织物滤层的设计

（1）土工织物滤层设计方法。滤层设计主要需考虑土工织物的有效孔径，同时需考虑土体颗粒大小。因此，可用有效孔径、等效孔径以及表现孔径等，并以 $O_{90}$、$O_{95}$、$O_{98}$ 等来表示这些代表性的孔径。$O$ 代表通道孔径的等面积圆的直径，$O_{90}$ 代表小于该孔径的通道占总通道数的 90%。这些指标代表了土工织物最起码的挡土能力，即大于这些指标的土粒都不能通过土工织物。土工织物的淤堵是体现了土工织物长期效应问题。对于重要工程的结构设计，还需根据实际进行相应的渗透试验或模型试验进行验证。

（2）土工织物选择。选择时主要考虑土工织物指标，包括物理特性、力学特性、水力学特性和耐久性的要求等。

（3）土工织物滤层的构造。主要包括细部处理和保护措施，按国家及行业现行的有关规范、规程进行。

**（二）土工合成材料加筋垫层应用技术**

土工合成材料加筋垫层是通过铺设在堤底面的土工合成材料与砂、碎石共同组成的连续完整的垫层，能约束浅层地基软土的侧向变形，改善软基浅部的位移场和应力场，均化应力分布，从而提高地基承载力和稳定性，调整不均匀沉降。

1. 软土地基上加筋堤的破坏形式

软土地基上加筋堤与不加筋堤的区别在于破坏机理和破坏条件不同，其主要破坏形式有：滑动破坏、筋材断裂破坏、地基土塑性破坏、薄层挤出破坏、水平滑动破坏。

2. 土工合成材料加筋垫层设计

加筋垫层设计的主要内容包括：整体稳定性验算、加筋材料强度计算、加筋材料锚固长度计算。

**（三）土工合成材料加筋挡土墙、陡坡及码头岸壁应用技术**

土工合成材料加筋挡土墙、加筋码头岸壁均属于加筋支挡结构，由基础、墙面、加筋材料、墙后填土等部分组成。加筋支挡结构按照加筋材料的不同，分为条带式加筋挡墙、包裹式加筋挡墙两种。常见的条带式加筋结构如图 2-5 所示。加筋支挡结构的破坏失稳的形式，

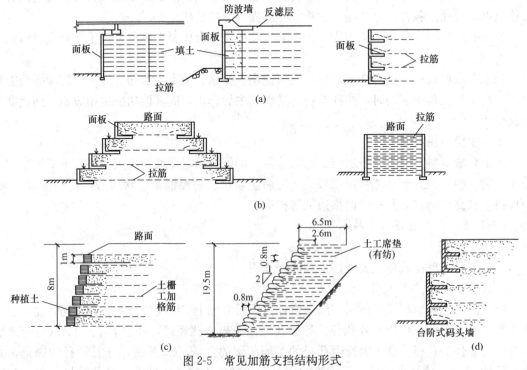

图 2-5　常见加筋支挡结构形式

（a）直立式有面板墙；（b）两面直立式面板墙；（c）无面板墙；（d）台阶式有面板墙

主要有整体产生滑动或是以楔形体形式沿折面滑动失稳、外部失稳及内部加筋失稳。

1. 加筋支挡结构计算模式

加筋支挡结构的设计有多种，但应用最广泛的是古典朗肯土压力理论结合墙背填土中的拉筋验算，先按经验初定一个断面，然后验算其外部和内部的稳定性。

2. 加筋土岸壁（挡墙）的设计

加筋陡坡、岸壁设计的内容主要包括加筋材料的铺设层数、铺设方式、铺设范围及坡面防护等。加筋材的铺设层数和铺设范围，应通过对加筋陡坡或路堤的稳定性计算（包括整体稳定、堤身稳定以及平面滑动稳定）和加筋材锚固长度计算确定。常用的断面形式如图 2-6 所示。

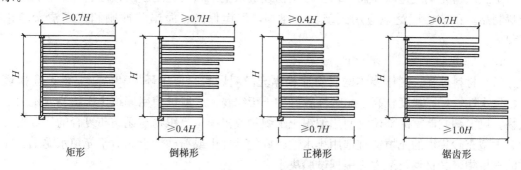

图 2-6 条带式加筋岸壁和挡墙常用断面

（四）土工织物软体排应用技术

土工织物软体排结构具有质量轻、强度高、整体连续性好、耐腐蚀性能高等特点，而且十分柔软，能适应各种地形，铺设后能始终紧贴地面。在平原粉砂、细砂土质的河床和潮汐河口修建工程或进行航道整治时，为防止水流冲刷河床或水流渗透作用而造成河床的局部变形破坏，可以采用铺设土工织物软体排的办法，对砂质河床的岸坡及水底进行"护底"和"固滩"。

1. 土工织物软体排的种类

土工织物软体排按其上部的压载形式可分为：散抛压载软体排、系结压载软体排、砂被式软体排。在实际工程中应根据河床或海岸的组成形式、河段或海岸的水文地质条件等选择合适的排体形式。一般情况，边坡较缓（如坡度不大于 1∶2.5）、水深较浅、流速不大的区域可采用散抛压载软体排；平原河流滩地"固滩"可采用系袋软体排、砂肋软体排；对于水深、流急和风浪较大的区域宜采用砂肋软体排、混凝土联锁块软体排或由砂肋软体排和混凝土联锁块软体排所组成的混合排。

2. 织物软体排设计

（1）排布材料的选择。编织、机织、无纺型土工织物和复合型土工织物均可用于制作软体排，目前用得较多的是聚丙烯编织型土工织物。对于加筋材料目前多用聚乙烯绳。

（2）软体排的设计。主要设计内容有：根据现场条件确定排体的结构形式、长度和宽度，进行各项核算，保证软体排在应用的条件下保持稳定。

3. 土工织物软体排施工

（1）软体排制作。土工织物软体排宜在工厂制作，其缝合缝宜采用"蝶缝"或"折叠缝"。

（2）软体排铺设方法。主要有水上沉排和水下沉排。

1）水上沉排。对散抛压载软体排，单片排布（垫）可用人工直接铺设，铺设后及时抛安块石等压重材料；对砂被式软体排，双片排布（垫）可用人工铺设，铺设后即可内冲砂料。

2）水下沉排。对散抛压载软体排，可采用人工沉排法，将之沉到设计位置，再进行压载保护；对砂肋软体排、混凝土联锁块软体排和砂被式软体排，宜采用专用沉排船进行沉排。

（五）土工织物充填袋应用技术

土工织物充填袋是以高强编织土工织物或机织土工织物缝制成的被形、枕形和长管形的袋状制品。目前已广泛地应用到筑堤、建坝，河岸保护、海岸防冲刷和内湖清淤净化等工程。

1. 土工织物充填袋筑堤设计

（1）材料选择。制作袋体的材料应根据充填料颗粒、使用环境和施工条件，选择透水性、保土性较好、强度较高、耐久性较好的土工织物。一般可使用编织土工织物或机织土工织物，风浪淘刷严重的部位宜使用编织土工织物或机织土工织物与无纺布复合的复合土工织物。大型充砂袋堤的充填料宜选用排水性较好的砂性土或粉砂性土。对于充填水泥土、固化土的充填袋，其材料及配方应根据试验决定。

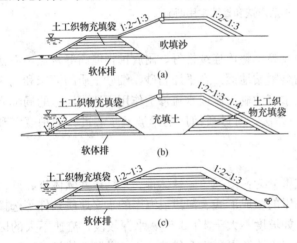

图 2-7　土工充填袋断面结构

(a) 单棱体；(b) 双棱体；(c) 全棱体

（2）充填袋堤断面选择。应根据工程的使用要求、当地水文地质条件、土料来源和施工方法选用双棱体、单棱体或全棱体等断面形式（图2-7）。

（3）土工织物充填袋筑堤的稳定验算。土工织物充填袋筑堤的稳定验算一般包括：堤身整体稳定验算、充填袋层间稳定性验算、土工织物充填袋筑堤的护底和护面的设计验算。

2. 土工织物充填袋筑堤施工

土工织物充填袋筑堤铺袋的施工方法主要有人工铺袋法、专用船牵引铺袋法和专用船抛（投）袋法等。陆上、浅水区或潮差段可采用人工铺袋充填、分层填筑；深水区域可根据施工条件选用专用船牵引铺袋法或抛（投）袋法；对于小型充填袋（如砂枕）可采用抛（投）袋法。

（六）模袋混凝土应用技术

土工模袋是一种特殊的土工织物充填袋，模袋是用化纤长丝直接机织成的，模袋内的充填料是混凝土或砂浆。

1. 模袋混凝土护坡设计

模袋混凝土护坡设计包括以下几方面的内容：

（1）模袋选型。可根据工程要求和当地土质、地形、水文与施工条件等参考表 2-2

选用。

**表 2-2**　　　　　　　　　　　　　　　模袋的类型和厚度及适用范围

| 模袋类型 | 充填厚度（mm） | 适用范围 |
| --- | --- | --- |
| 混凝土型 | 150～250 | 护岸、围堤护坡 |
| | 300～700 | 海堤防护 |
| 砂浆型 | 100～150 | 一般坡面、内河航道护坡 |

（2）模袋混凝土的厚度。可参考表 2-2 选择，但应考虑模袋混凝土板的抗弯曲应力、抵抗波浪力和冰推力的能力，其安全系数不宜低于 3。

（3）模袋混凝土在坡面的稳定性验算。根据现行标准的规定，其抗滑安全系数不宜小于 1.3。

（4）模袋混凝土边界处理。模袋混凝土边界处理一般按下列要求进行：

1）顶部。宜采用浆砌块石或填土覆盖保护。对于有地面径流的坡顶，应设置截水沟或其他防止地表水侵蚀模袋下部基土的措施。

2）底部。宜设置压脚棱体或护脚块体，对受冲刷的岸坡应采取防冲刷措施。

3）侧翼。护坡两端宜设置沟槽，以便将模袋护坡的侧翼埋入沟槽中，防止冲刷。

2. 模袋混凝土护坡施工

（1）铺设面处理。对于土坡，应按设计规定进行修坡或挖泥，坡面应平整、无杂物；对于抛石的坡面，埋坡后再用碎石整平。坡面修坡或整平的平整度偏差，水上不应大于 100mm，水下不应大于 150mm。

（2）铺设定位。为防止模袋在充灌混凝土过程中产生下滑，在坡顶应设定位桩及拉紧装置。对于水下模袋，铺设后应及时用砂袋或碎石袋临时压稳定位。

（3）铺设和充灌顺序。宜按"先上游、后下游，先深水、后浅水，先标准段、后异形段"的次序进行。

（4）混凝土的质量。除混凝土的一般要求外，应对骨料的最大粒径、混凝土的流动性进行重点控制。骨料的最大粒径，对厚度为 150～250mm 的，最大粒径不应大于 20mm；对厚度大于 250mm 的，最大粒径不应大于 40mm。混凝土的坍落度不宜小于 200mm。

（5）混凝土的充灌质量。要控制好充灌速度、充灌压力，防止中断。

对受潮水涨落影响的封闭围堰、护岸，在进行合拢段的模袋混凝土施工时，应考虑内外水头差及涨落潮的影响，并采取措施。

（七）塑料排水板应用技术

塑料排水板是一种可以替代袋装砂井并排水固结的新型材料，在软基中设置竖向排水体大大缩短排水距离，加速地基的固结过程。排水带是带复合型结构，中间是挤出成型的塑料芯板，是排水带的骨架和通道，其断面呈并联十字，由 35 条筋、34 条槽组成，宽 100mm，厚 3.5～6.0mm，芯板外部包覆化纤无纺布，它起着隔土滤膜作用。

它用于软基排水的优点主要是：滤水性好，排水畅通；其材料具有一定的强度和延伸率，适应地基变形能力强；插板时对地基扰动小；可在超软基上施工或水下插板施工；施工速度快，费用可比袋装砂井降低 30％以上。

1. 塑料排水板设计

（1）排水板选型。排水板在平面上一般采用正方形或正三角形布置，插设深度视软弱土层厚度、加固要求以及采用的处理方法确定，根据插入软基深度的不同，可选用 A、B、C 三种型号。A 型排水板适用于施打深度小于 15m，B 型排水板适用于施打深度小于 25m，C 型排水板适用于施打深度小于 35m。

（2）竖向排水板计算。塑料排水板当量换算直径计算式为

$$d_p = \frac{\alpha \times 2 \times (b+\delta)}{\pi} \tag{2-2}$$

式中　$d_p$——排水板当量换算直径；

　　　$\alpha$——换算系数，无试验资料时可取 0.75~1.0；

　　　$b$——排水板板宽；

　　　$\delta$——排水板板厚。

瞬时加荷条件下，按《港口工程地基规范》（JTS 147—1—2010），砂井地基的平均总固结度计算式为

$$U_{rz} = 1 - (1-U_Z)(1-U_R) \tag{2-3}$$

式中　$U_{rz}$——分级加载时地基的平均总固结度；

　　　$U_z$——地基竖向平均固结度；

　　　$U_R$——地基竖向平均固结度。

在分级加荷条件下，砂井地基在 $t$ 时的平均总固结度的计算式为

$$U_{rz} = \sum_{i=1}^{m} U_{rzi} \left( t - \frac{T_i^0 - T_i^f}{2} \right) \frac{P_i}{\sum P_i} \tag{2-4}$$

式中　$U_{rzi}$——第 $i$ 级荷载作用下地基的平均总固结度；

　　　$t$——固结时间；

　　　$T_i^0$——第 $i$ 级荷载起始时间；

　　　$T_i^f$——第 $i$ 级荷载终止时间；

　　　$m$——加荷级数；

　　　$P_i$——第 $i$ 级荷载作用下地基最终沉降量。

（3）水平排水板。水平排水板多用于软基水平方向排水，可辅助粉细砂垫层施工，按一定间距分层布置，再经振动碾压后可得到很好的地基处理效果。它充分利用排水板来缩短土中超静孔隙水的渗出路径，用振动碾施加预压荷载，使表层砂土局部液化，形成超静孔隙水，经排水板和地表排出，土体被压密。

2. 排水板施工

排水板施工分为陆上排水板施工、潮间带排水板施工和水上排水板施工。可考虑根据不同的地质特征选用液压插板机或振动插板机。对于水上施工的插板机，必须在船上施工，排水板需要预剪板。

（八）土工膜防渗（包括防渗铺盖和垂直防渗）应用技术

土工膜防渗的应用范围十分广泛，目前已应用到堤、坝、闸等建筑物的防渗，储液池、库防渗，房屋建筑防渗及环境岩土工程防渗，如垃圾填埋场防渗等。

1. 土工膜防渗层结构

土工膜防渗层结构一般包括土工膜、保护层、支持层和排水设施等部分。在渠道、蓄水

池支持层采用透水材料或置于级配良好的透水地基上，对于土石坝支持层，膜下应设置垫层和过渡层。膜上保护层对于渠道、蓄水池来说一般可用素土、砂砾石、混凝土板块、干砌块石和浆砌块石护面；对于土石坝采用垫层和面层，采用复合式土工膜不需做垫层，采用干、浆砌块石护面的均应设置垫层。土工膜防渗层分为单层土工膜防渗层、多层土工膜防渗层及土工膜复合防渗层。

2. 土工膜防渗设计

土工膜防渗设计主要包括：土工膜的选择、土工膜厚度的确定、支持层和保护层设计、稳定验算和锚固细部处理等。

3. 土工膜防渗施工

土工膜的拼接方法主要有热压硫化法、焊接法、胶接法、缝合并涂胶法和溶剂焊接法等五种。对于土工膜拼接，采用热压硫化法和焊接法所形成的接缝，其抗拉强度可达到与母材同样的强度；胶接法所形成的接缝，其抗拉强度只能达到母材强度的 $60\%\sim80\%$；缝合并涂胶法所形成的接缝，其抗拉强度只能达到母材强度的 $85\%\sim90\%$。在计算土工膜厚度时应考虑到接缝抗拉强度的降低，适当增加膜的厚度。

为防止土工膜拼接接缝发生渗漏，铺设前应对土工膜拼接接缝的质量进行检查。常用的检查方法有真空罐、火花试验、超声波探测和双线加压法等。

土工膜防渗铺盖要求铺设面整平，保证膜边搭接长度并按规定方法焊接，并注意锚固与其他防渗设施的连接，保护层及时施工，防止阳光照射或被风吹动撕破。

对于垂直防渗土工膜铺设需在坝体（基）内开出一定宽度和深度的连续沟槽，并同步在沟槽内铺设土工膜（塑料薄膜），填入设计要求的回填料，经过填料的湿陷固结，形成以土工膜（塑料薄膜）为主要幕体的复合防渗围幕。开沟造槽铺膜机有往复式、旋转式、刮板式、射水式、压入式、振动压入式等。开槽深度可达 $10\sim15\mathrm{m}$，造槽宽度 $16\sim30\mathrm{cm}$。

（九）软式透水管和土工合成材料排水盲沟应用技术

1. 土工合成材料排水盲沟的形式

土工合成材料排水盲沟的形式主要有土工织物包裹砂石、土工织物包裹透水管和软式透水管等（图2-8）。

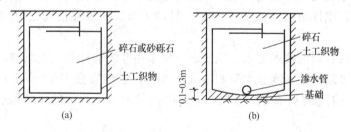

图 2-8 土工织物排水盲沟示意图
（a）土工织物包裹砂石盲沟；（b）软式透水管、塑料管盲沟

（1）土工织物包裹砂石盲沟。其主要材料为土工织物和洗净的砂和碎石。

（2）土工织物包裹透水管盲沟。其主要材料为土工织物和带有多孔的塑料管或混凝土管。

（3）软式透水管盲沟。其主要材料为软式透水管，或单独使用，或埋入透水垫层中。

2. 土工合成材料排水盲沟设计

(1) 排水盲沟形式的选择。用于截排地表水或地下水的渗沟时，可按下列原则：①当渗沟不长、渗水量不大时，可采用土工织物包裹砂石盲沟；②当渗沟较长、渗水量较大时，可在渗沟底部设置软式透水管或带孔的塑料渗水管，其渗沟和透水管应符合规范规定。用于路堑边坡或滑坡体内的地下水发育的路堑挡土墙，可设置多条软式透水管或塑料透水管；用于隧道衬砌排渗，可设置多条软式透水管或塑料透水管。

(2) 土工合成材料排水盲沟材料排水量和渗水量计算。土工织物可依据反滤准则和保土准则进行计算；软式透水管和塑料透水管可按有关规定进行计算。

(十) 土工织物治理路基和路面病害应用技术

1. 土工织物在公路路基排水中的应用

道路排水不良，将产生严重危害，如果不采取适当的措施进行排水，严重侵蚀、翻浆、管涌或土壤沉淀可能导致土木结构逐渐损坏失效。

(1) 利用土工合成材料的排水设计。将低压缩力的土工合成材料排水层安装进道路的边沟，土工合成材料排水沟可设在地基和底基之间，缩短地基的排水途径（相对路的宽度调整地基的厚度），这样可容纳更少的粉土含量高的精选地基材料。这种方法既能提高排水能力又能减少冻胀。

如果冰冻深度较深，土工网可以代替粒料层铺设在较浅的地方，作为毛细管障碍，在这种情况下，土工网系统可铺设入排水出口，使地下水位保持在这个深度或低于这个深度。

将土工合成材料用于治理冒泥翻浆或季节性冻融翻浆时，需在土工合成材料上铺设 10～20cm 中粗砂保护层，共同形成一组完善的过滤层。

(2) 排水土工合成材料的选用。可以根据工程反滤排水需要，合理选用土工织物、土工合成材料和土工管等。选择的土工材料应满足反滤准则并进行导水率的验算。

2. 路面裂缝防治技术

土工合成材料在道路路面工程中的应用主要是减少或延缓反射裂缝的数量，减少沥青路面车辙，在半刚性基层沥青路面中还可适当提高（底）基层的疲劳寿命。用于防治路面裂缝的土工合成材料主要为土工格栅和土工布；用于沥青路面加筋的土工格栅又可分为刚性格栅和柔性格栅两类，刚性格栅由高分子薄片材料加工而成，柔性格栅是由线材结合成的网状材料。

(1) 土工合成材料的技术要求。土工织物应采用非织造针刺土工织物，其单位质量不应大于 $200g/m^2$，极限抗拉强度宜大于 8kN/m，耐温度性能宜在 170℃ 以上；玻璃纤维网的孔眼尺寸宜为其上铺筑的沥青面层材料最大粒径的 0.5～1.0 倍，极限抗拉强度应大于 50N/m。

(2) 施工方法。有两种方法：①在半刚性基层上（纵向）全幅铺设土工合成材料，以此作为隔离层；②在半刚性基层上预切横缝，间距可根据实际情况或根据试验段确定，通常每隔 20～30m 切一道横缝，深度为其厚度的 1/3～1/2，然后在切缝上部加铺土工合成材料加筋层。

施工时，可采用机械或人工铺设。铺设前，先将一端用固定器固定好，然后用机械或人工拉紧，拉力适中，张拉伸长率不得大于 1.5%。不允许出现褶皱现象，最后用固定器固定另一端。铺设土工织物时，应先洒布粘层油，用量为 0.7～1.1kg/m²；土工织物铺放后，宜在表面用轻型工具碾压。

（十一）土工合成材料三维网垫边坡防护应用技术

土工合成材料三维网垫护坡，通常称生态护坡，主要用于环境边坡工程。土工合成材料三维网仅作固土措施，根据需要选取，因制造工艺简单，一般强度不大。对于强度要求较高的土工合成材料护坡，按高陡边坡加固进行设计，或采用土工布与土工格栅进行加固。

生态护坡的作用在于植被对边坡的力学作用和水文作用，其护坡原理为水土保持原理、加固原理、水平排水原理。

1. 生态护坡设计

三维网生态护坡的设计应考虑四个要素：斜面的力学稳定性、斜面覆盖表土的存在性、表土的保水性以及覆土植生能力。

2. 生态护坡施工

生态护坡施工准备包括进行土壤测定、不良土壤改造（或活性土壤塑造）、边坡整形、种子处理及植物材料选取；生态护坡施工典型施工技术主要是土工格网植草、喷播施工及喷混凝土施工。对于水岸边坡，浪溅区土壤易滑动，其岸坡坡脚宜采用固土防冲的植物及岸墙结合的措施。

**三、技术指标**

土工合成材料性能指标主要分为物理性指标、力学性指标、水力学指标和耐久性指标。在确定设计指标时，应考虑环境变化对参数的影响。一般在设计时，材料的抗拉强度、撕裂强度、握持强度、胀破强度、顶破强度及材料接缝强度应将试验强度进行折减，计算式为

$$T_a = \frac{T}{F_{id} \times F_{cr} \times F_{cd} \times F_{bd}} \tag{2-5}$$

式中　$T_a$——材料许可抗拉强度；

$T$——试验极限抗拉强度；

$F_{id}$——铺设时机械破坏影响系数；

$F_{cr}$——考虑材料蠕变影响系数；

$F_{cd}$——考虑化学剂破坏影响系数；

$F_{bd}$——考虑生物破坏影响系数。

各影响系数的取值参见表 2-3。

表 2-3　土工织物强度的最低影响系数

| 适用范围 | 影响系数 | | | |
| --- | --- | --- | --- | --- |
| | $F_{id}$ | $F_{cr}$ | $F_{cd}$ | $F_{bd}$ |
| 挡墙 | 1.1～2.0 | 2.0～4.0 | 1.0～1.5 | 1.0～1.3 |
| 堤坝 | 1.1～2.0 | 2.0～3.0 | 1.0～1.5 | 1.0～1.3 |
| 承载力 | 1.1～2.0 | 2.0～4.0 | 1.0～1.5 | 1.0～1.3 |
| 斜坡稳定 | 1.1～1.5 | 1.5～2.0 | 1.0～1.5 | 1.0～1.3 |

土工合成材料的主要技术指标根据产品种类可以分为土工布的性能指标、土工膜的性能指标、土工格栅的性能指标和软式透水管的性能指标等。有时为了特定工程常需对土工布要求其他特殊性能。

## 第五节　水泥粉煤灰碎石桩（CFG桩）复合地基技术

随着工程建设的飞速发展，地基处理手段也日趋多样化，复合地基由于其充分利用桩和桩间土共同作用的特有优势及其相对低廉的工程造价得到了越来越广泛的应用。水泥粉煤灰碎石桩（CFG桩）复合地基作为复合地基的代表，被广泛应用于高层和超高层建筑中。

### 一、概述

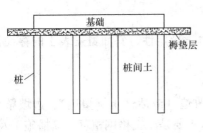

图2-9　CFG桩复合地基示意图

水泥粉煤灰碎石桩（Cement Fly-ash Gravel Pile，简称CFG桩）复合地基是通过在由水泥、粉煤灰、碎石、石屑或砂加水拌和形成的具有高黏结强度的CFG桩的桩顶和基础之间设置一定厚度的褥垫层（一般是由粒状材料组成的散体垫层），使荷载通过垫层传递到桩和桩间土上，桩和桩间土共同承受荷载，从而由桩、桩间土和褥垫层一起构成复合地基（图2-9）。

水泥粉煤灰碎石桩（CFG桩）复合地基技术提高地基承载力的机理可概括为：

（1）桩体的置换作用。桩体的置换作用主要表现在两个方面。

1）用强度和抗变形性能均优于地基土的CFG桩取代与桩体同体积的地基土，由于置换作用，使得复合地基的整体稳定性和抗变形能力提高，承载力比天然地基的承载力增大，沉降减小。

2）由于复合地基中CFG桩桩体的变形模量和强度较大，在荷载作用下，基础传递给地基的附加应力随桩和桩间土的等量变形而逐渐集中到桩体上，而桩体可将所承受的荷载传递给较深的土层，从而减小桩间土的负荷，提高地基承载力。

（2）褥垫层的调整均化作用。在竖向荷载作用下，CFG桩复合地基由于褥垫层的作用，桩体逐渐向褥垫层中刺入，桩顶上部垫层材料在受压缩的同时，向周围发生流动；垫层材料的流动补偿使得桩间土与基础底面始终保持接触并使得桩间土的压缩量增大，从而桩间土的承载力得以充分发挥，桩体承担的荷载相对减小；这样在褥垫层的作用下基底的接触压力得到了均化和调整，地基中的竖向应力分布得到均化，桩土共同作用得到保证，地基的变形状况明显改善，复合地基的承载力大大提高。

（3）挤密作用。在粉土、砂土和塑性指数较低的黏性土地基中，采用非排土法施工时，施工对土体的振动或挤压使土体得到挤密，提高了桩间土的强度和桩侧法向应力，使得桩侧摩阻力得到增加，桩体的承载力得到加强，进而提高了复合地基的承载力。

CFG桩复合地基技术与桩基相比，桩身不配筋并可以充分发挥桩间土的承载能力，因此处理费用远低于其他桩基础，具有较明显的技术、经济、施工优势。CFG桩复合地基技术适用于黏性土、粉土、砂土、已自重固结的素填土及湿陷性黄土地基中以提高地基承载力和减少地基变形为目的的地基处理，对淤泥质土应按当地经验或通过现场试验确定其适用性。就基础形式而言，既可用于条形基础、独立基础，又可用于箱形基础、筏形基础。

### 二、水泥粉煤灰碎石桩（CFG桩）复合地基设计计算

1. 承载力计算

（1）复合地基承载力是由桩间土承载力和增强体（桩）承载力共同组成，但不是两者的

简单叠加，需综合考虑以下一些因素：

1）施工时对桩间土是否产生扰动或挤密，桩间土承载力有无降低或提高。

2）复合地基中，桩承载能力的大小与桩距有关。

3）桩和桩间土承载力的发挥与变形有关，变形小时，桩和桩间土承载力的发挥都不充分。

4）复合地基桩间土承载力的发挥与褥垫层厚度有关。

（2）目前复合地基承载力计算公式比较普遍的有两种。其一是由天然地基承载力和单桩承载力，考虑它们与复合地基的桩间土和复合地基中桩承载力的差异及受力特性，进行组合叠加；其二是将复合地基承载力用天然地基承载力扩大一个倍数来表示。

综合考虑以上各因素，结合工程实践经验，CFG 桩复合地基承载力的计算式为

$$f_{spk} = m \frac{R_a}{A_p} + \beta(1-m)f_{sk} \tag{2-6}$$

式中　$f_{spk}$——复合地基承载力特征值，kPa；

$m$——面积置换率；

$R_a$——单桩竖向承载力特征值，kN；

$A_p$——桩的截面积，$m^2$；

$\beta$——桩间土承载力折减系数，宜按地区经验取值，如无经验时可取 $0.75 \sim 0.95$，天然地基承载力较高时可取大值；

$f_{sk}$——处理后桩间土承载力特征值，kPa，宜按当地经验取值，如无经验时，可取天然地基承载力特征值。

1）单桩竖向承载力特征值 $R_a$ 的取值，应符合以下规定：当采用单桩载荷试验时，应将单桩竖向极限承载力除以安全系数 2；当无单桩载荷试验资料时，估算式为

$$R_a = u_p \sum_{i=1}^{n} q_{si}L_i + q_p A_P \tag{2-7}$$

式中　$u_p$——桩的周长，m；

$n$——桩长范围内所划分的土层数；

$L_i$——桩侧第 $i$ 层土的厚度；

$A_p$——桩底面积；

$q_{si}$、$q_p$——桩周第 $i$ 层上的侧阻力、桩端端阻力特征值，kPa，可按现行《建筑地基基础设计规范》（GB 50007—2011）有关规定确定；

2）桩体试块抗压强度平均值应满足的要求为

$$f_{cu} \geqslant 3 \frac{R_a}{A_p} \tag{2-8}$$

式中　$f_{cu}$——桩体混合料试块（边长 150mm 立方体）标准养护 28d 抗压强度平均值，kPa。

2. 变形计算

目前，复合地基沉降计算理论与实践正处于不断发展之中，计算研究尚不够成熟。在工程中，CFG 桩复合地基变形计算可采用复合模量法。复合土层的分层与天然地基相同，各复合土层的压缩模量等于该层天然地基压缩模量的 ζ 倍，加固区和下卧土体内的应力分布采用各向同性均质的直线变形体理论。CFG 桩复合地基最终变形量的计算式为

$$S_c = \psi\left[\sum_{i=1}^{n_1} \frac{p_0}{\zeta E_{si}}(z_i \bar{\alpha}_i - z_{i-1}\bar{\alpha}_{i-1}) + \sum_{i=1}^{n_2} \frac{p_0}{E_{si}}(z_i \bar{\alpha}_i - z_{i-1}\bar{\alpha}_{i-1})\right] \tag{2-9}$$

$$\zeta = \frac{f_{spk}}{f_{ak}}$$

式中　$\psi$——沉降计算修正系数；

$n_1$——加固区范围土层分层数；

$n_2$——沉降计算深度范围内土层总的分层数；

$p_0$——对应于荷载标准值时的基础底面处的附加压力，kPa；

$E_{si}$——基础底面下第 $i$ 层土的压缩模量，MPa；

$z_i$，$z_{i-1}$——分别为基础底面至第 $i$ 层土、第 $i-1$ 层土底面的距离，m；

$\bar{\alpha}_i$，$\bar{\alpha}_{i-1}$——分别为基础底面计算点至第 $i$ 层土、第 $i-1$ 层土底面范围内平均附加应力系数；

$\zeta$——加固区土体模量提高系数；

$f_{ak}$——基础底面下天然地基承载力特征值，kPa。

地基变形计算深度应大于复合土层的厚度，并符合现行《建筑地基基础设计规范》（GB 50007—2011）中地基变形计算深度的有关规定。

**三、水泥粉煤灰碎石桩（CFG桩）复合地基施工技术**

1. 施工方法及工艺

CFG桩的施工应根据设计要求和现场地基土的性质、地下埋深、场地周边是否有居民、有无对震动反应敏感的设备等多种因素合理选用下列施工方法：

（1）钻孔灌注成桩法，即先钻成桩孔而后灌注桩身材料。这种方法适用于各种土层，属排土成桩工艺。该工艺具有穿透能力强、无振动、低噪声、适用地质条件广的优点，但施工效率低，质量难以控制。

（2）长螺旋钻孔、管内泵压混合料灌注成桩法。这种方法适用于黏性土、粉土、砂土，以及对噪声或泥浆污染要求严格的场地，属排土成桩工艺。该工艺不仅穿透能力强、无振动、低噪声、适用条件广，而且无泥浆污染，施工效率高，质量容易控制。

（3）振动沉管灌注成桩法。这种方法适用于粉土、黏性土、松散的饱和粉细砂土及素填土地基，属挤土成桩工艺，对桩间土具有挤密效应。此复合地基除置换外还具有一定的挤密作用。但该工艺难以穿透较厚的硬土层、卵石层，在饱和黏性土中成桩，易造成地表隆起，挤断已成桩，且振动、噪声污染严重。

2. 施工要点

（1）长螺旋钻孔、管内泵压混合料灌注成桩施工和振动沉管灌注成桩施工除应执行现行有关规定外，尚应符合下列要求：

1）施工前应按设计要求由试验室进行配合比试验，施工时按配合比配制混合料。长螺旋钻孔、管内泵压混合料成桩施工的坍落度宜为160~200mm；振动沉管灌注成桩施工的坍落度宜为30~50mm，且其成桩后桩顶浮浆厚度不宜超过200mm。

2）长螺旋钻孔、管内泵压混合料成桩施工，在钻至设计深度后，应准确掌握提拔钻杆时间，混合料泵送量应与拔管速度相配合，遇到饱和砂土或饱和粉土层，不得停泵待料；沉管灌注成桩施工时，拔管速度应匀速控制在1.2~1.5m/min左右，如遇淤泥或淤泥质土，拔管速度应适当放慢。

3）施工桩顶标高宜高出设计桩顶标高不少于 0.5m。

4）成桩过程中，抽样做混合料试块，每台机械一天应做一组（3 块）试块（边长为 150mm 的立方体），标准养护，测定其立方体抗压强度。

（2）冬季施工时混合料入孔温度不得低于 5℃，对桩头和桩间土应采取保温措施。

（3）清土和截桩时，不得造成桩顶标高以下桩身断裂和扰动桩间土。

（4）褥垫层铺设宜采用静力压实法，当基础底面下桩间土的含水量较小时，也可采用动力夯实法，夯填度（夯实后的褥垫层厚度与虚铺厚度的比值）不得大于 0.9。

（5）施工垂直度偏差不应大于 1‰；对满堂布桩基础，桩位偏差不应大于 0.4 倍桩径；对条形基础，桩位偏差不应大于 0.25 倍桩径，对单排布桩桩位偏差不应大于 60mm。

3. 施工质量检测

（1）施工质量检验主要检查施工记录、混合料坍落度、桩数、桩位偏差、褥垫层厚度、夯填度和桩体试块抗压强度等。

（2）水泥粉煤灰碎石桩施工完毕，一般 28d 后对水泥粉煤灰碎石桩和水泥粉煤灰碎石桩复合地基进行检测，检测内容包括低应变对桩身质量的检测和静载荷试验对承载力的检测。

（3）检测数量。静荷载试验数量取水泥粉煤灰碎石桩总桩数的 0.5%～1.0%，但不少于 3 点；低应变检测数量一般取水泥粉煤灰碎石桩总桩数的 10%。

**四、技术指标**

CFG 桩复合地基主要技术指标见表 2-4。

表 2-4　　　　　　　　水泥粉煤灰碎石桩复合地基主要技术指标

| 参　数 | 指　标 | 参　数 | 指　标 |
|---|---|---|---|
| 地基承载力 | 设计要求 | 桩间距 | 按设计要求的复合地基承载力、土性、施工工艺等确定，宜取 3～5 倍桩径 |
| 桩径 | 宜取 350～600mm | | |
| 桩长 | 设计要求，桩端持力层应选择承载力相对较高的土层 | 桩垂直度 | ≤1.5% |
| | | 褥垫层 | 宜用中砂、粗砂、碎石或级配砂石等，不宜选用卵石，最大粒径不宜大于 30mm；厚度宜为 150～300mm，夯填度≤0.9 |
| 桩身强度 | 混凝土强度满足设计要求，通常≥C15 | | |

实际工程中，以上参数根据地质条件、基础类型、结构类型、地基承载力和变形要求等条件或现场试验确定。

# 第六节　夯实水泥土桩复合地基技术

**一、概述**

夯实水泥土桩复合地基技术是近年来发展起来的地基处理新技术，它是利用工程用土料和水泥拌和而成混合料，通过各种成孔方法在土中成孔并填入混合料分层夯实，形成桩体，并设置褥垫层，从而形成复合地基，提高地基承载力，减小地基变形。

夯实水泥土桩复合地基具有桩身强度均匀、施工机具简单、施工速度快、不受场地的影响、造价低、无污染等特点。

夯实水泥土桩提高地基承载力的机理：一是成桩夯实过程中挤密桩间土，使桩周土强度有一定程度提高；二是水泥土本身夯实成桩，且水泥与土混合后可产生离子交换等一系列物理化学反应，使桩体本身有较高强度，具有水硬性。

夯实水泥土桩与搅拌水泥土桩（浆喷、粉喷桩）不同。搅拌水泥土桩桩体强度与现场的含水量、土的类型密切相关，搅拌后桩体密度增加很少，桩体强度主要取决于水泥的胶结作用；而夯实水泥土桩水泥和土在孔外拌和，均匀性好，场地土岩性变化对桩体强度影响不大，桩体强度以水泥的胶结作用为主，桩体密度的增加也是构成桩体强度的重要分量。

夯实水泥土桩作为中等黏结强度桩，不仅适用于地下水位以上淤泥质土、素填土、粉土、粉质黏土等地基加固，对地下水位以下情况，在进行降水处理后，亦可采用夯实水泥土桩进行地基加固。

**二、夯实水泥土桩复合地基设计计算**

1. 承载力计算

综合考虑影响复合地基承载力的各种因素，结合工程实践，夯实水泥土桩复合地基承载力可采用的计算式为

$$f_{sp} = m\frac{R_k}{A_p} + \alpha\beta(1-m)f_a \tag{2-10}$$

或
$$f_{sp} = [1+m(n-1)]\alpha\beta f_a \tag{2-11}$$

式中　$f_{sp}$——复合地基承载力特征值；

　　　$m$——面积置换率；

　　　$A_p$——桩的断面面积；

　　　$\alpha$——桩间土强度提高系数；

　　　$\beta$——桩间土强度发挥度，$\beta=0.9\sim1.0$；

　　　$f_a$——天然地基承载力特征值；

　　　$n$——桩、土应力比；

　　　$R_k$——单桩承载力特征值。

$R_k$的计算式为（取其较小者）

$$R_k = \eta R_{28} \cdot A_b \tag{2-12}$$

或
$$R_k = (U_p\sum q_{si}L_i + q_b \cdot A_p)/k \tag{2-13}$$

式中　$\eta$——取$0.30\sim0.35$；

　　　$R_{28}$——桩体28d立方体试块强度（15m×15m×15cm）；

　　　$U_p$——桩的周长；

　　　$q_{si}$——第$i$层土与土性和施工工艺有关的极限侧阻力；

　　　$q_b$——与土性和施工工艺有关的极限端阻力；

　　　$L_i$——第$i$层土厚度；

　　　$k$——安全系数，一般取2.0。

当用单桩静载试验求得单桩极限承载力$R_u$后，$R_k$的计算式为

$$R_k = \frac{R_u}{k} \tag{2-14}$$

按上述公式进行复合地基承载力设计，当加固土体下存在软弱土层时，应对软弱下卧承

载力进行复核验算。

2. 沉降计算

目前，夯实水泥土桩复合地基的沉降多采用复合模量法进行计算。

假定加固区的复合土体为与天然地基分层相同的若干层均质地基，不同的是压缩模量都相应扩大ζ倍。这样，加固区和下卧层均按分层总和法进行沉降计算。

当荷载 $p$ 不大于复合地基承载力时，总沉降量 $S$ 为

$$S = s_1 + s_2 = \psi \Big( \sum_{i=1}^{n_1} \frac{\Delta p_i}{\zeta E_{si}} h_i + \sum_{i=n_1+1}^{n_2} \frac{\Delta p_i}{E_{si}} h_i \Big) \tag{2-15}$$

式中　$n_1$——加固区的分层数；

　　　$n_2$——总的分层数；

　　　$\Delta p_i$——荷载 $p$ 在第 $i$ 层土产生的平均附加应力，

　　　$E_{si}$——第 $i$ 层土的压缩模量；

　　　$h_i$——第 $i$ 层分层厚度；

　　　$\zeta$——模量提高系数，经推导可知 $\zeta = f_{sh}/f_a$；

　　　$\psi$——沉降计算经验系数，参照《建筑地基基础设计规范》(GB 50007—2011)取值。

计算深度一定要大于加固区的深度，即必须计算到下卧层的某一深度。

### 三、夯实水泥土复合地基施工技术

1. 施工机具

(1) 成孔机具。目前常采用的成孔机有以下几种：

1) 排土法成孔机具。所谓排土法是指在成孔过程中把土排出孔外的方法，该法没有挤土效应，多用于原土已经固结、没有湿陷性和振陷性的土。排土法成孔机具有人工洛阳铲和长螺旋钻孔机。

2) 挤土法成孔机具。所谓挤土法成孔是在成孔过程中把原桩位的土体挤到桩间土中去，使桩间土干密度增加，孔隙比减少，承载力提高的一种方法。此工艺的成孔方法有锤击成孔法和振动沉管法成孔。

(2) 夯实机械。夯实水泥土桩的夯实机可借用灰土和土桩夯实机，也可以根据实际情况进行研制或改制。目前我国夯实水泥土桩除人工夯实外主要采用以下三种夯实机：吊锤式夯实机、夹板锤式夯实机和SH30型地质钻改装式夯实机。

(3) 夯锤。人工夯锤一般重 0.25kN，对于不产生挤土效应的机械夯锤一般重 1～1.5kN 为宜，对于产生挤土效应的机械夯锤重要大于 2kN，且下部为尖形，使其夯实时产生水平挤土力，挤密桩间土；一般锤孔比（锤径与孔径的比值）宜采用 0.78～0.9，锤孔比越大，夯实效果越佳。

2. 施工工艺

夯实水泥土桩施工的程序分为成孔、制备水泥土、夯填成桩三步。成桩示意图如图2-10所示。

(1) 成孔。根据成孔过程中取土与否，成孔可分为排土法成孔和挤土法成孔两种。排土成孔在成孔过程中对桩间土没有扰动，而挤土成孔对桩间土有一定挤密和振密作用。对于处理地下水位以上，有振密和挤密效应的土宜选用挤土成孔；而含水量超过 24%，呈流塑状，

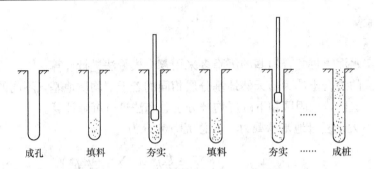

成孔　　填料　　夯实　　填料　　夯实……成桩

图 2-10　夯实水泥土桩成桩示意图

或含水量低于 14%，呈坚硬状态的地基宜选用排土成孔。

（2）制备水泥土。水泥一般采用 32.5 级普通硅酸盐或矿渣水泥，土料可就地取材，基坑（槽）挖出的粉细砂、粉质土均可用作水泥土的原料。水泥土拌和可采用人工拌和或机械拌和，人工拌和不得少于三遍，机械拌和可用强制式混凝土搅拌机，搅拌时间不低于 1min。

（3）夯填成桩。桩孔夯填可用机械夯实，也可用人工夯实，夯锤提升高度不少于 900mm。桩孔填料前，应清除孔底虚土并夯实，然后根据确定的分层回填厚度和夯击次数逐次填料夯实。

3. 施工要点

（1）夯填桩孔时，宜选用机械夯实。分段夯填时，夯锤的落距和填料厚度应根据现场试验确定。

（2）淤泥、耕土、冻土、膨胀土及有机物含量超过 5% 的土不得使用，土料应过 10～20mm 筛。

（3）混合料含水量应满足土料的最优含水量，其允许偏差不得大于 ±2%；土料与水泥应拌和均匀，水泥用量不得少于按配合比试验确定的重量。

（4）向孔内填料前孔底必须夯实，桩顶夯填高度应大于设计桩顶标高 200～300mm。

（5）垫层材料应级配良好，不含植物残体、垃圾等杂质。

（6）垫层施工时应将多余桩体凿除，使桩顶面水平；铺设时应压（夯）密实，严禁采用使基底土层扰动的施工方法。

（7）雨期或冬季施工时，应采取防雨、防冻措施，防止土料和水泥受雨水淋湿或冻结。

（8）施工过程中，应有专人监测成孔及回填夯实的质量，并作好施工记录，发现地基土质与勘察资料不符时，应查明情况，采取有效处理措施。

4. 施工质量检验

（1）施工质量检验。施工过程中，对夯实水泥土桩的成桩质量应及时进行抽样检验。抽样检验的数量不应少于总桩数的 2%。对一般工程，可检查桩的干密度和施工记录。干密度的检验方法可在 24h 内采用取土样测定或采用轻型动力触探击数与现场试验确定的干密度进行对比，以检验桩身质量。

（2）竣工承载力检测。竣工验收应采用单桩复合地基荷载试验进行检验，数量为总桩数的 0.5%～1%，并不应少于 3 点。对重要或大型工程，必要时尚应进行多桩复合地基荷载试验。

**四、技术指标**

根据工程实际情况，夯实水泥土桩成孔可采用机械成孔（挤土、不挤土）或人工成孔，混合料夯填可采用人工夯填和机械夯填。夯实水泥土复合地基主要技术指标见表2-5。

表 2-5　　　　　　　　　　　　夯实水泥土复合地基主要技术指标

| 参　数 | 指　标 | 参　数 | 指　标 |
|---|---|---|---|
| 地基承载力 | 设计要求 | 桩体干密度 | 设计要求 |
| 桩径 | 宜为 300～600mm | 混合料配比 | 设计要求 |
| 桩长 | 设计要求，人工成孔，深度不宜超过 6m | 混合料含水率 | 人工夯实土料最优含水率 $\omega_{op}$ ＋（1～2)%，机械夯实土料最优含水率 $\omega_{op}$ －（1～2)% |
| 桩距 | 宜为 2～4 倍桩径 | 混合料压实系数 | ≥0.93 |
| 桩垂直度 | ≤1.5% | 褥垫层 | 宜用中砂、粗砂、碎石等，最大粒径不宜大于 20mm；厚度宜为 100～300mm，夯填度≤0.9 |

注　实际工程中，以上参数根据地质条件、基础类型、结构类型、地基承载力和变形要求等条件或现场试验确定。

## 第七节　长螺旋水下灌注桩技术

### 一、概述

桩基是深基础的主要形式。桩的作用是将上部结构荷载传递到下部较坚硬、压缩性小的土层或岩层。由于桩基具有承载力高、稳定性好、沉降及差异变形小、沉降稳定快、抗震能力强以及能适应各种复杂地质条件等特点而得到广泛使用。

目前，国内外对有地下水的灌注桩施工主要采用"振动沉管灌注桩"、"泥浆护壁钻孔灌注桩"及"长螺旋钻孔无砂混凝土灌注桩"等施工方法。

1. 振动沉管灌注桩施工工艺

（1）启动振动锤振动沉管至预定标高。

（2）将预制好的钢筋笼通过桩管下放至设计标高。

（3）向桩管中浇筑混凝土。

（4）边振动、边浇筑、边拔管，直至成桩完毕。

2. 泥浆护壁钻孔灌注桩施工工艺

（1）通过泥浆护壁钻孔至设计深度。

（2）下放钢筋笼至泥浆护壁桩孔。

（3）下放水下混凝土灌注导管至一定深度。

（4）灌注水下混凝土。

3. 长螺旋钻孔无砂混凝土灌注桩施工工艺

（1）长螺旋钻孔机钻孔至设计标高。

（2）采用水泥浆护壁，通过桩管向钻头底端注水泥浆，边注浆边拔管。

（3）在水泥浆护壁的桩孔内下放绑扎有水泥补浆管的钢筋笼，并向孔内倒入碎石。

（4）通过绑扎在钢筋笼上的水泥补浆管补浆，将桩身和桩底的杂质排出桩身。

以上三种灌注桩施工方法均存在着效率低、成本高、噪声大、泥浆或水泥浆污染严重、成桩质量不够稳定等问题。而新发明的长螺旋水下成桩技术正好解决了以上问题。

## 二、长螺旋水下灌注桩施工

### 1. 施工工艺

长螺旋水下灌注桩施工工艺流程如图 2-11 所示。其步骤为：

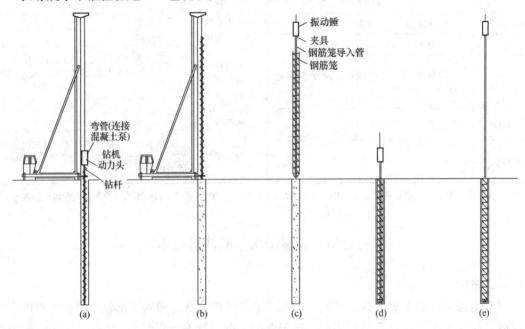

图 2-11　长螺旋水下灌注桩施工工艺流程

（a）长螺旋钻机成孔至设计标高；（b）边拔钻边泵入混凝土成素混凝土桩；（c）钢筋笼就位；
（d）钢筋笼送至设计标高；（e）拔出钢筋导入管成桩

（1）螺旋钻机就位。

（2）钻孔至预定标高。

（3）利用混凝土泵将搅拌好的混凝土通过钻杆内管压至钻头底端，边压混凝土边拔管，直至成素混凝土桩。

（4）利用专门的钢筋笼送放装置（导入管）将制作好的钢筋笼送放至设计标高。

（5）边振动边提拔钢筋笼导入管，并使桩身混凝土振捣密实。

### 2. 技术特点

长螺旋水下灌注桩技术与泥浆护壁钻孔灌注桩技术相比，施工便捷、无泥浆或水泥浆污染、噪声小、效率高（施工效率可提高 4～5 倍）、成本低（施工费用可降低 30％左右）、钢筋与混凝土的握裹力强、单桩承载力提高、成桩质量稳定，是一套高效、经济、环保的施工工艺。

## 三、技术指标

长螺旋水下灌注桩技术指标见表 2-6。

表 2-6　　　　　　　　　　　长螺旋水下灌注桩主要技术指标

| 参　数 | 指　标 | 参　数 | 指　标 |
|---|---|---|---|
| 基桩承载力 | 按设计要求 | 混凝土强度 | 按设计要求，但不小于 C25 |
| 桩径 | 400～1000mm | 混凝土坍落度 | 200～240mm |
| 桩长 | ≤30m | 提钻速度 | 1.2～2.5m/min |
| 桩垂直度 | ≤1% | 钢筋笼 | 按设计要求，保护层厚度≥5cm |

# 第八节　灌注桩后注浆技术

**一、概述**

近年来,随着土木工程的大型化、群体化,城市建筑向高层、超高层发展,对地基承载力的要求越来越高,由此,各种类型灌注桩也得到了越来越多的使用。但单一工艺的灌注桩往往满足不了上述发展的要求。以泥浆护壁法钻、冲孔灌注桩为例,由于成孔工艺的固有缺陷(桩底沉渣、桩侧泥膜的存在和成孔过程中孔壁土体松动与软化),导致桩端阻力和桩侧摩阻力显著降低,从而使灌注桩无法很好地发挥其承载能力。由此,灌注桩后注浆(Cast-in-situ Pile Post Grouting,PPG)技术应运而生,并得到了广泛的应用与发展,取得了显著的技术经济效益。

灌注桩后注浆技术是将土体加固技术与桩基技术相结合的一项创新技术,即在灌注桩桩身混凝土达到预定强度后,用注浆泵将水泥浆或水泥与其他材料的混合浆液,通过预设在桩身内的注浆导管及与之相连的桩端、桩侧注浆阀注入桩端、桩侧的土体(包括沉渣和泥皮)中,使桩间土界面的几何和力学条件得以改善,从而提高桩基承载力,减小沉降。

灌注桩后注浆提高承载力的机理如下:

(1)沉渣和泥皮的固化效应。对于粗颗粒沉渣被水泥浆固化为中低强度混凝土,对于细颗粒沉渣、虚土被固化为网状结石复合土体,从而桩端阻力得以提高;桩身表面泥皮因水泥浆的物理化学作用而固化,桩侧阻力也因此提高。

(2)渗入胶结效应。当桩底桩侧为粗粒土、卵石、砾石、粗中砂时,因水泥浆的渗入胶结而使其强度提高。

(3)劈裂加筋效应。当桩底桩侧为细粒土、黏性土、粉土、粉细土时,因水泥浆的劈裂注入,形成强度和刚度较高的网状加筋复合土体,从而提高灌注桩承载能力。

(4)扩底扩径效应。由于水泥浆的注入,桩底沉渣和桩侧泥皮固化,在桩底形成扩大头,桩侧形成紧固于桩体的一层较厚的水泥结石层,起到扩底扩径作用。

灌注桩后注浆技术是一种提高桩基承载力的辅助措施,而不是成桩方法。对于桩长超过15m且承载力增幅要求较高者,宜采用桩底、桩侧复式注浆。

灌注桩后注浆技术适用性较强,适用于各类泥浆护壁和干作业的钻、挖、冲孔灌注桩。对大直径超长大型桩,其技术经济效益更为显著。

**二、灌注桩后注浆施工技术**

1. 施工工序

灌注桩后注浆技术主要施工工序:成孔→清孔、制作钢筋笼并装配注浆设备→下钢筋笼→二次清孔→灌注桩身混凝土→养护2d→注浆→养护→检测、验收。

2. 施工要点

(1)后注浆导管应采用无缝钢管,与钢筋笼加劲筋焊接或绑扎固定后可取代等承载力桩身纵向钢筋;管阀应能承受1MPa以上静水压力且具备逆止功能,其外部保护层还应能抵抗砂石等硬质物的刮撞而不致使管阀受损。

(2)桩底后注浆导管及注浆阀数量宜根据桩径大小设置。对于$d \leqslant 600\text{mm}$的桩,可设置1根;对于$600\text{mm} < d \leqslant 1000\text{mm}$的桩,宜沿钢筋笼圆周对称设置2根;对于$1000\text{mm} <$

$d \leqslant 2000$mm的桩，宜对称设置3～4根。

（3）钢质后注浆导管与钢筋笼加劲筋焊接或绑扎固定，然后随钢筋笼一起吊入孔中。钢筋笼应沉放到底，不得悬吊，下笼受阻时不得撞笼、墩笼、扭笼；注浆管顶端要高于自然地面，并用管子闷头封好，以免杂质漏入。

（4）浆液的水灰比应根据土的饱和度、渗透性确定。对于饱和土宜为0.5～0.7，对于非饱和土宜为0.7～0.9（松散碎石土、砂砾宜为0.5～0.6）。另外，低水灰比浆液宜掺入减水剂，有流动地下水时，浆液应掺入速凝剂。

（5）单桩注浆量$G_c$（以水泥重量吨为单位）应依据桩的直径、长度、桩底桩侧岩土性状、沉渣量、单桩承载力增幅、是否复式注浆等因素确定，估算式为

$$G_c = \alpha_p d + \alpha_s n d \tag{2-16}$$

式中　$\alpha_p$、$\alpha_s$——分别为桩底、桩侧注浆量经验系数，$\alpha_p = 1.5 \sim 1.8$，$\alpha_s = 0.5 \sim 0.7$；对于卵、砾石、中粗砂取较高值；

　　　　$n$——桩侧注浆断面数；

　　　　$d$——桩直径，m。

独立单桩、桩距大于$6d$的群桩和群桩初始注浆的部分基桩的注浆量，应按上述估算值乘以1.2的增大系数。

（6）注浆作业。采用注浆泵将严格按照浆液配合比拌制的浆液在成桩$2d$或桩身混凝土初凝后注入灌注桩桩底或桩侧。对于饱和土中的复式注浆顺序宜先桩侧，后桩底；对于非饱和土宜先桩底，后桩侧；多断面桩侧注浆宜先上后下；对于桩群注浆宜先外围，后内部；桩底注浆宜对同一根桩的各注浆导管依次实施等量注浆。此外，桩侧、桩底注浆间隔时间不宜少于2h，注浆作业离成孔作业点的距离不宜小于8～10m。

（7）注浆作业开始前，宜进行试注浆，优化并最终确定注浆参数。在注浆过程中，注浆流量不宜超过75L/min，若发生异常现象（如注浆泵压力表指针越来越高、地面冒浆及地下窜浆等）时，应暂停注浆，查明原因后再继续注浆。

（8）桩底注浆的终止工作压力应根据土层性质、注浆点深度确定。对于风化岩、非饱和黏性土、粉土，宜为5～10MPa；对于饱和土层宜为1.5～6MPa，软土取低值，密实黏性土取高值；桩侧注浆终止压力宜为桩底注浆终止压力的1/2。当注浆总量和注浆压力均达到设计要求或注浆总量已达到设计值的75%，且注浆压力超过设计值时，可终止注浆。当注浆压力长时间低于正常值、地面出现冒浆或周围桩孔串浆时，应改为间歇注浆，间歇时间以30～60min为宜，或调低浆液水灰比。

### 三、工程质量检查和验收及承载力估算

**1. 质量检查和验收**

（1）后注浆施工完成后应提供：水泥材质检验报告、压力表检定证书、试注浆记录、设计工艺参数、后注浆作业记录、特殊情况处理记录等资料。

（2）承载力检验应在后注浆$20d$后进行，浆液中掺入早强剂时可适当提前进行。

（3）对于注浆量等主要参数达不到设计要求时，应根据工程具体情况采取相应措施。

**2. 承载力估算**

（1）灌注桩经后注浆处理后的单桩极限承载力应通过静载试验确定，在没有地方试验的情况下，可根据《建筑桩基技术规范》（JGJ 94—2008）中式5.3.10预估单桩竖向极限承载

力标准值 $Q_{uk}$，估算式为

$$Q_{uk} = u \sum q_{sjk} l_j + u \sum \beta_{si} q_{sik} l_{gi} + \beta_p q_{pk} A_p \qquad (2-17)$$

式中　　　　$u$——桩身周长；

$q_{sjk}$、$q_{sik}$、$p_{pk}$——后注浆非竖向增强段第 $j$ 土层初始极限侧阻力标准值、竖向增强段第 $i$ 土层初始极限侧阻力标准值、初始极限端阻力标准值，按规范取值；

　　　　$l_j$——后注浆非竖向增强段第 $j$ 层土厚度；

　　　　$l_{gi}$——后注浆竖向增强段内第 $i$ 层土厚度；

　　　　$A_p$——桩底面积；

　　$\beta_{si}$、$\beta_p$——后注浆侧阻力、端阻力增强系数，按规范取值。

（2）在确定单桩承载力设计值时，应验算桩身承载力。

**四、技术特点**

（1）设备构造简单，操作方便，安全可靠。

（2）广泛适用于各种成孔工艺的灌注桩。

（3）经济效益显著。与普通灌注桩相比，对于承载力设计值为 5000～10 000kN 的单桩，采用后注浆技术，每根桩可节约造价 2000～8000 元，而且在投入相同设备能力条件下，可大大缩短工期。

# 第九节　挤扩支盘灌注桩技术

**一、概述**

1. 基本概念

挤扩支盘灌注桩又称"多级扩盘桩"、"多支盘钻孔灌注桩"、"挤扩多支盘 DX 灌注桩"或简称"DX"桩，它是在原有等截面钻孔灌注桩基础上，使用专用液压挤扩设备，在桩底和桩身挤扩成为支盘状，然后浇灌混凝土形成桩身、承力盘（岔）和分支共同承载的一种新型桩。由于承力盘增大了桩身的有效承载面积，如桩身直径 600mm 的桩体，其承力盘直径可达 1500～1600mm。同时挤扩设备对周围土体有一定的挤密作用，因此 DX 桩可较大幅度提高单桩承载力。作为变截面新桩型的代表，近年来得到了迅速的发展。DX 桩不仅可作为高层建筑、多层建筑、一般工业建筑及高耸构筑物的桩基础，还可作为电厂、机场、港口、石油化工、公路与铁路桥涵等建（构）筑物的桩基础。其组成示意图如图 2-12 所示。

挤扩支盘桩的雏形源自 20 世纪 50 年代后期，印度开始在膨胀土中采用的多节扩孔桩，随后，印度、英国和前苏联在黑棉土、黄土、亚黏土、黏土和砂土中采用多节扩孔桩，20 世纪 70 年代末在北京开始试用。经过 30 多年的探索试验和研究已表明，多节扩孔桩和直桩相比，承载力大大提高，沉降小，技术经济效果显著。近年来随着装备制造业的发展和扩孔设备的进步，挤扩支盘灌注桩取得了很好的效果，具有很大的推

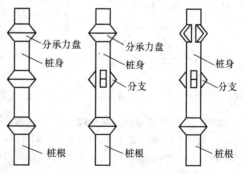

图 2-12　DX 挤扩灌注桩组成示意图

广价值。

2. 技术原理

挤扩支盘灌注桩是在钻（冲）孔后，向孔内下入专用的液压挤扩成型机，通过地面液压站控制该机弓压臂的扩张和收缩，按承载力要求和地层土质条件，在桩身不同部位挤压出扩大支腔或近似圆锥盘状的扩大头腔后，放入钢筋笼，灌注混凝土，形成由桩身、分支、分承力盘和桩根共同承载的桩型。

挤扩支盘灌注桩根据土层分部特性，将多个分承力盘或分支设置在不同深度的承载力较高的土层中，形成多层端阻及多段侧阻的共同作用，改变了传统摩擦桩的受力模式。部分荷载通过分承力盘以类似端承桩的模式传递到承载力较好土层，充分利用了土体自身的承载性能，减少了桩端荷载，扩大了承力面积，从而大幅度提高承载力。由于是挤压成型，对腔体的土体进行了挤密作用，提高了土体的内摩擦角和压缩模量，其物理力学性能必然优于原状土。由于承力盘周边土体预先受到压密，类似于"预应力"作用，减少了土体承载后的压缩量，使得土体的竖向承载力和抗拔力大幅度提高，减小了桩体的沉降。另外，在挤扩过程中，依据挤扩压力值验证土层的承载力，当设计挤扩的位置土层承载力不能满足设计要求时，可及时进行调整，达到动态控制。

3. 适用范围

挤扩支盘灌注桩适用于黏性土、粉土和砂土以及砾石、碎石、强风化岩、回填土、湿陷土、膨胀土等等能被挤扩的地基土。地下水位上下均可选择适用工法进行施工。

**二、挤扩支盘灌注桩设计计算**

1. 承力盘与分支的设置原则

（1）承力盘应设置在较坚硬的土层中。

（2）个别盘间距应留有余地，一是在两盘之间可加设分支，二是满足支改盘时的技术措施，但均必须满足最小间距的原则。

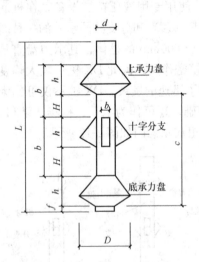

图 2-13　挤扩多支盘桩桩身构造
d—主桩径；D—承力盘（分支）直径；
L—桩长；b—支盘间距；H—支盘净距；
h—支盘高度；c—盘间距；f—桩根长度

（3）遇到地层由硬变软时，可适当增加支、盘的数量，也可由支改盘；试桩阶段根据地层变化，支、盘位置允许进行调整。

（4）分支以十字分支为主，作为单桩承载力的补充，设于不易成盘而承载力较高的土层中，如遇特殊情况，可将它改为承力盘用以增加承载力或安全度。

（5）在桩上部的硬土或较硬土中设置十字分支（或盘），可增加桩的水平承载力。

（6）一字分支一般作为增加桩的整体刚度而设，也可替代在黏性土中很难成形的十字分支，在设置时，上、下层一字分支应十字交叉。

（7）分支与盘的竖向最小间距控制原则：①盘与盘或支与盘的最小间距：黏性土、粉土 ≥2D，砂土 ≥1.5D，D 为支盘直径，如图 2-13 所示；②分支最小间距：黏性土、粉土 ≥1D，砂土 ≥1.5D。

2. 承载力计算

由于该技术是一种新型的桩基技术，理论方面还有待研究。现有的承载力计算方法比较多。

（1）单桩竖向承载力标准值的确定。

1）单桩竖向承载力与水平承载力在设计前应通过现场静荷载试验确定，数量 1‰ 且不少于 3 根。

2）原则上按较软弱土层的钻孔位置确定试桩位置，从而确定单桩承载力。

3）计算公式如下：

按《建筑桩基技术规范》（JCJ 94—2008），单桩竖向承载力标准值 $Q_{uk}$ 计算式为

$$Q_{uk} = Q_{sk} + Q_{pk} = u \sum \psi_{si} q_{sik} l_{si} + \psi_p q_{pk} A_p \tag{2-18}$$

式中　　$Q_{uk}$——单桩竖向承载力标准值，kN；

$u$——桩身周长，m，$u = \pi d$，$d$ 为桩径，m；

$q_{sik}$——桩侧第 $i$ 层土的极限侧阻力标准值，kPa；

$l_{si}$——桩穿越第 $i$ 层土的厚度，m；

$q_{pk}$——各承力盘极限端阻力标准值，kPa；

$A_p$——各承力盘平面投影面积，$m^2$，$A_p = \pi/4 \, D_f^2$，$D_f$ 为计算盘径，m；

$\psi_{si} \psi_p$——桩身侧阻、承力盘端阻尺寸效应系数，均按规范取值。

软土地区单桩竖向极限承载力标准值 $Q_{sik}$ 的经验计算式为

$$Q_{sik} = \sum_{i=1}^{n} \alpha_i Q_{ski} + \sum_{j=1}^{m} \beta_j Q_{pkj} \tag{2-19}$$

式中　　$Q_{sik}$——单桩竖向极限承载力标准值，kN；

$\alpha_i$——第 $i$ 层土侧阻力修正系数；

$\beta_j$——第 $j$ 个支盘端阻力修正系数；

$Q_{ski}$——第 $i$ 层土极限侧阻力标准值，kN，暂按普通灌注桩的 0.8～0.9 计算；

$Q_{pkj}$——第 $j$ 个支盘极限端阻力际准值，kN，暂按混凝土预制桩标准计算；

$n$——桩有效深度范围内土的层数；

$m$——除底盘外的承力盘与十字分支个数。

（2）单桩竖向承载力设计值 $R$ 计算式为

$$R = \frac{Q_{uk}}{\gamma_{sp}} \tag{2-20}$$

式中　　$R$——单桩竖向承载力设计值，kN；

$Q_{uk}$——单桩竖向极限承载力标准值，kN；

$\gamma_{sp}$——综合阻抗力分项系数，取 1.62。

①当桩基埋入深度 $\leqslant 6m$ 时，不计侧摩阻力；

②地下水位以下取高值，水位以上取低值。

在承台中同时满足：

$Y_0 N_{max} \leqslant 1.2R$（偏心竖向力时）；$N_{max} \leqslant 1.5R$（偏心竖向力及地震作用效应组合时）；详见《建筑桩基技术规范》（JCJ 94—2008）。

（3）支盘桩的单桩抗拔极限承载力标准值 $U_k$ 的经验估算式为

$$U_k = \frac{\lambda \eta_1 U}{K_1} \sum_{i=1}^{n} (L_i \overline{N_i}) + \sum_{j=1}^{m} A_{pbj} \frac{\eta_{2j} \overline{N_j}}{K_{2j}} + \eta_3 \frac{\overline{N}}{K_3} A_p + W \qquad (2\text{-}21)$$

式中    $U_k$ ——基桩抗拔极限承载力标准值，kN；

$\lambda$ ——抗拔系数，取 $0.6 \sim 0.8$；

$W$ ——支盘桩自重（水下部分取浮容重），kB。

（4）桩身混凝土强度的验算。

支盘桩的混凝土等级一般为 C25～C35，桩身强度满足的要求为

$$Y_0 N \leqslant 0.8 f_c A \qquad (2\text{-}22)$$

其中，常数 0.8 为水下灌注施工工艺折减系数，其他参数详见《建筑桩基技术规范》（JCJ 94—2008）。

（5）钢筋应满足《建筑桩基技术规范》（JCJ 94—2008）要求，且钢筋端部宜延伸至附近支盘下。

3. 沉降计算

近年来，随着 DX 桩使用范围的越来越广，已有学者对 DX 桩沉降方面进行了一些可行性的研究，但是由于 DX 桩的承力盘的存在使得沉降问题变得极为复杂，使得无论是 DX 桩单桩还是群桩的沉降，目前业内都没有形成统一的计算标准。在《挤扩灌注桩设计规程》（JCJ 171—2009）中，对于 DX 单桩沉降采用直径桩的计算方法，乘以 0.6～0.8 的经验系数。桩基承台的沉降按整个实体基础及用分层总和法估算。

4. 桩的最小中心距

桩的最小中心距要求见表 2-7。

表 2-7                              桩最小中心距要求

| 成孔工艺 | | 桩的最小中心距 | 备注 |
|---|---|---|---|
| 钻、挖、冲孔支盘桩 | | ≥3d 且≥1.5D | d—桩径（沉管外径） |
| 冲击沉管支盘桩 | 穿越非饱和土 | ≥3d | D—承力盘直径 |
| | 穿越饱和土 | ≥3.5d 且≥1.75D | 双控指标取大值 |

### 三、DX 挤扩灌注桩施工

1. 成型设备

夯击式挤扩支盘成型机是正式实现支盘桩挤扩技术的最初形式。随着液压式挤扩支盘成型机的出现，工作效率和施工水平都有了实质性的提高。液压式挤扩支盘成型机主要由液压站和成型主机两大部分组成。目前国内挤扩支盘灌注桩成型设备主要有两弓臂和三弓臂两种类型（图 2-14）。目前两弓臂的 YZJ 液压挤扩支盘成型机最大挤扩直径可达 3m，三弓臂的 DX 挤扩成型机最大挤压直径可达 2.5m。

2. 基本施工工艺

挤扩支盘灌注桩的成桩工艺分为四种：泥浆护壁成孔工艺、干作业成孔工艺、水泥注浆

挤扩机（二支）          DX桩机（三支）

图 2-14  挤扩支盘成型设备主机图

护壁成孔工艺及重锤捣扩成孔工艺。其基本施工过程如图 2-15 和图 2-16 所示，具体流程如图 2-17 所示。

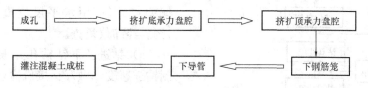

图 2-15　挤扩支盘灌注桩基本施工过程

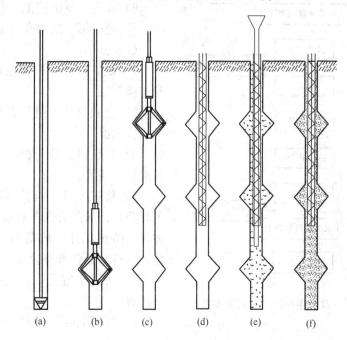

图 2-16　挤扩支盘灌注桩施工工艺示意图
（a）成孔；（b）成盘；（c）多组成盘；（d）下钢筋笼；（e）灌注；（f）成桩

由于挤扩支盘灌注桩是在钻孔灌注桩的基础上衍生而成的一种新桩型，所以其施工工序与钻孔灌注桩基本相同，只是在钻孔灌注桩施工工艺中增加了一道"挤扩支、盘"的工序。因此，各种工艺的核心，都必须把支盘成型作业中的盘腔做好，如图 2-18 所示。

3. 泥浆护壁成孔 DX 挤扩灌注桩施工工艺流程及要求

泥浆护壁成孔 DX 挤扩灌注桩施工流程（正循环钻孔）如图 2-17 所示，其具体施工步骤及要求如下。

（1）成孔。

1）桩定位放线：放线定位偏差＜50mm。

2）挖泥浆池，配泥浆（泥浆的主要性能指标：密度宜控制在 $1.10\sim1.15\text{g/cm}^3$，黏度 $10\sim25\text{s}$，含砂率＜6%）。

3）在桩位处埋设护筒：护筒与桩位中心线的偏差不得大于 50mm；护筒的埋设深度，在黏性土中不宜小于 1m，在砂土中不宜小于 1.5m；其顶面应高出地面，并应使孔内泥浆高出地下水位 1m 以上，在护筒顶部还开有两个溢浆口；护筒外壁与土之间的空隙，应用黏土

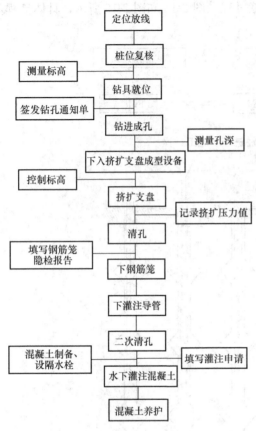

图 2-17　挤扩支盘灌注桩施工工艺流程图

允许偏差－4％。

（3）放钢筋笼。

填实。

4）钻机定位：用水平尺对机座找平，偏差＜1％；用水平尺校直钻杆，偏差＜1％。经纬仪复查。

5）钻进：下钻钻孔并根据土层情况控制钻进速度。做好交接班检查记录，保证成孔质量。

6）排污：挖沉淀池，及时外运泥浆。

7）进行第一次清孔（沉渣≤30mm）。

（2）挤扩。

1）设备检查：检查电路、油管、油路及连接部位。

2）空载试机：进行孔外挤扩，检查设备工作状况。

3）起重机就位，机具吊中入孔，遇堵采取回转清孔。

4）挤扩盘腔：挤扩顺序由下而上，均匀转角，记录压力值，观察孔口，及时补充泥浆，防止塌孔。成盘时如遇地质条件变化，应进行盘位调整。

5）挤扩装置出孔，理顺油管，宜地整齐摆放。

6）检测盘腔：用 DX 盘径检测器抽检，

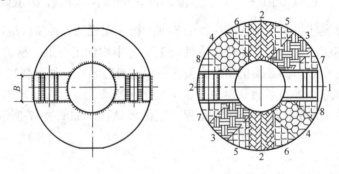

图 2-18　盘腔成型示意图

1）吊车就位，支撑机腿，找平稳固。

2）钢筋笼加工：材料检验、试件制作、检验按设计要求，钢筋笼制作符合设计要求。

3）钢筋笼安保护层垫块，钢筋搭焊≥200mm，钢筋骨架的设计长度，一般为桩长的1/3～1/2，当钢筋骨架长度超过 12m 时，宜分段制成钢筋笼，分段吊放，上下段钢筋笼连接宜采用焊接连接，且对正垂直，同一截面的接头面积不应超过总面积的50%。

4）钢筋笼运输：平稳运输，防止颠簸变形；按要求摆放。

5）钢筋笼吊放：平稳起吊，垂直吊中放下，不碰孔壁。

（4）下导管。

1）检查导管：对导管进行连接，过阀（塞）和冲水试验。

2）起吊设备按安全要求稳定就位。

3）制作和安放隔水塞（栓），隔水塞（栓）表面应光滑。

4）安放导管：导管缓缓居中下放，防止碰撞钢筋笼。

5）检查导管放置深度，导管底口距孔底300～500mm。

6）放置漏斗：漏斗应有足够的容量。

（5）灌混凝土。

1）二次清孔：吊放浇筑混凝土的导管之后，在浇筑混凝土之前，应对桩孔的孔底进行第二次清孔。（泥浆的主要性能指标：孔底500mm以内的泥浆密度应小于$1.25g/cm^3$，黏度≤28s，含砂率≤8%。孔底沉渣厚度：端承桩≤50mm；摩擦端承桩、端承摩擦桩≤100mm；摩擦桩≤300mm）。

2）边灌注边提卸导管：控制导管埋入混凝土深度>3m。

3）根据桩顶标高控制混凝土灌注总量：每根桩混凝土灌注的最终高程应比桩顶标高按设计要求高出一定高度，以确保桩上泛浆凿除后，暴露的桩顶混凝土达到强度设计值。

4）填写混凝土灌注记录，冲洗导管并摆放整齐。

4. 施工控制要点

施工中挤扩支盘灌注桩的质量控制要求除满足普通灌注桩外，还应注意以下几点：

（1）DX挤扩灌注桩的承力盘（岔）挤扩成形必须采用DX挤扩灌注桩专用DX挤扩装置［以保证直孔不被破坏和承力盘（岔）的成形质量］。

（2）为核对地质资料、检验设备、成孔和挤扩工艺以及技术要求是否适宜，桩在施工前，宜进行试成孔、试挤扩承力盘（岔）腔，了解各土层的挤扩压力变化，检验承力盘（岔）腔的成形情况，并应详细记录成孔、挤扩成腔和灌注混凝土的各项数据，并作为施工控制的依据。支盘挤扩成型的首次压力值。支盘机最初张开需要最大压力，该压力预估值应由勘察报告的土层情况、施工人员的经验和试桩成孔的数据综合确定。要求：实际挤扩压力值≥0.8×预估压力值。

（3）挤扩成支盘过程中泥浆的体积下降，一定程度上反映成支盘的质量与体积，要求泥浆面有明显下降。挤扩成盘后，应及时补充泥浆并维持水头压力。

（4）桩的中心距小于1.5倍孔径时，施工时应采取间隔跳打。

（5）DX挤扩灌注桩成孔的平面位置和垂直度允许偏差应满足《建筑地基基础工程施工质量验收规范》（GB 50202—2013）表5.1.4的要求。钢筋笼制作除符合设计要求外，尚应符合相关规范的规定。成直孔的控制深度必须保证设计桩长及桩端进入持力层的深度。

（6）承力盘（岔）应确保设置于设计要求的土层。当土层变化时需要调整承力盘（岔）的位置，调整后应确保竖向承力盘（岔）间距的设计要求。

（7）支盘挤扩结束后，检查成孔、成腔质量合格后要立即投放钢筋笼、二次清孔、灌注混凝土，不得中途停顿，防止塌孔。

5. 干作业成孔 DX 挤扩灌注桩施工流程

钻机就位→钻进成直孔→检查成孔质量→第一次孔底处理→挤扩装置就位→按设计盘位自上而下挤扩成腔→检查成腔质量→第二次孔底处理→移走钻机及挤扩装置→放入护孔漏斗→下放钢筋笼→放入串筒→灌注混凝土→拔出串筒→拔出漏斗，成桩。

**四、DX 桩的特点与应用前景**

（1）能充分利用桩身上下各部位的硬土层，从而改变了普通等直径钻孔灌注桩（以下简称直孔桩）的受力机理。将摩擦桩变摩擦端承桩，会使建筑结构稳定耐震，沉降变形更小。一般说来，直孔桩的破坏形式为剪切刺入型，而挤扩多支盘桩则为渐进压缩型。

（2）多支盘桩是一种较好的桩型。与直孔桩相比，有显著的技术经济效益。其单方混凝土承载力为相应的直孔桩的 2 倍以上。

（3）成桩工艺适用范围广。即适用于泥浆护壁成孔工艺、干作业成孔工艺、水泥注浆护壁成孔工艺和重锤捣扩成孔工艺等。

（4）适应性强。可在多种土层中成桩，不受地下水位高低限制，可根据承载力的需要，充分利用硬土层，采用增加分支和承力盘数量以提高单桩承载力（竖向抗压承载力、水平承载力、抗拔承载力）、桩身稳定性以及抗震性能；挤扩支盘桩在内陆冲积、洪积平原及沿海河口部位的海陆交替沉积三角洲平原下的硬塑黏性土、密实粉土、粉细砂层均适合作支盘桩基的高层建筑最适合使用支盘桩基。大型工业厂房、水塔、烟囱、电厂冷却塔、水厂清水池、市政立交桥、复合地基、基坑支护等均可采用支盘桩基。

（5）具有显著的低公害性能。与打入式预制桩相比，施工低噪声、低振动；与普通泥浆护壁直孔桩完成的等值承载力相比，成孔后排泥（土）即泥浆排放量显著减少。

（6）产生显著的经济效益。挤扩支盘桩单方承载力是普通灌注桩的 2 倍以上。且由于单桩承载力大，在荷载相同的情况下，可比普通灌注桩缩短桩长、减小桩径或者减少桩数，乃至减小承台尺寸，因此能节省投资、缩短工期。通常可以节约基础费用约 20%，缩短工期 25% 左右。

当前是我国基础建设的高潮期，高速铁路、城市轨道交通、城市化进程以及各种港口、桥梁建筑等重大项目不断开工建设，工程中涉及的桩基础不计其数，每年灌注桩的混凝土方量超过亿万吨。如此重要和巨大的工程量，十分有必要积极采用先进的技术和理念，建设更安全、更经济、更具社会效益的基础。DX 桩通过旋挖挤扩技术，将传统的直孔桩转变为多点支撑的新型桩，充分利用了土体端阻力远远大于摩擦力这一天然特性，充分挖掘了土体的潜力，从而有更高的竖向抗压和抗拔能力。DX 桩技术走出了传统桩基技术靠增加桩长或桩径来提高承载力的做法，通过横向挤扩，将二维的桩基技术扩展到了三维空间。大量的工程实践证明这一技术具备安全、可靠、效率高、节能减排的特点，能为工程提供更高的安全性并具备良好的经济性，同时可以大量节约混凝土和钢筋量，具有很好的经济效益和社会效益。

另外，充分利用挤扩支盘灌注桩在沉降方面的特性，采用小直径支盘桩渐变过渡段来解决软基地区桥头差异沉积产生的桥头跳车问题，直接应用于软基处理也有很大的利用空间。

# 复习思考题

2-1　简述真空预压法的基本原理、技术特点及适用范围，并比较说明真空联合堆载预压法与水下真空预压法的作用原理有何不同。

2-2　试述真空预压法的施工工序及主要施工工艺。

2-3　试述爆破挤淤法的技术原理、特点及适用范围。

2-4　试述强夯法的技术原理。强夯法处理大块石高填方地基的主要技术内容包括哪些？

2-5　土工合成材料有哪些基本类型？其主要功能如何？简述土工合成材料应用技术。

2-6　复合地基承载力由哪几部分组成？简述水泥粉煤灰碎石桩（CFG 桩）复合地基技术提高地基承载力的机理。

2-7　比较说明水泥粉煤灰碎石桩（CFG 桩）复合地基几种施工方法的优缺点及适用条件。

2-8　与搅拌水泥土桩相比，夯实水泥土桩有何不同？其提高地基承载力的机理是什么？试述夯实水泥土桩复合地基的主要施工技术。

2-9　简述灌注桩后注浆提高承载力的机理和施工过程。如何保证注浆质量？

2-10　挤扩支盘灌注桩与一般灌注桩施工有何不同？其提高地基承载力的机理是什么？

# 第三章　地下空间施工新技术

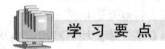 学 习 要 点

本章主要介绍了各种新型地下空间施工技术的基本概念、主要技术原理、施工工艺、技术特点及适用范围。通过本章的学习，了解各种地下空间施工新技术的特点和应用范围，理解掌握其基本概念、工艺过程和技术原理，重点掌握其施工工艺及其施工要点。

随着我国城市化进程的加快，城市建设快速发展，城市规模不断扩大，城市人口急剧膨胀，许多城市都不同程度地出现了建筑用地紧张、生存空间拥挤、交通阻塞、基础设施落后、生态失衡、环境恶化等城市病，给人们居住生活带来很大影响，也严重制约城市经济与社会的进一步发展，成为我国现代城市可持续发展的障碍。因此，地下空间在城市可持续发展中的作用与地位日益凸显，越来越得到人们的重视。在国际上，1991年，《东京宣言》提出"21世纪是人类地下空间开发利用的世纪"，国际隧协也提出了"为了城市的可持续发展，更好地利用地下空间"的口号。

目前，我国已经开始大规模地利用地下空间进行地下铁道、地下停车场、地下仓库、地下商场等地下结构的建设及热力管道、电力管道、通信电缆、给排水管道、燃气管道等各种管道的铺设。

在地下空间的开发利用过程中，地下结构和施工技术也得到了长足的发展。其中具有代表性的是：

（1）明挖技术。明挖技术即各种形式的基坑支护开挖技术。

（2）暗挖技术。暗挖技术是与明挖法相对的、各种非敞开或小部分敞开的地下开挖技术。

（3）托换技术。托换技术是解决对原有建筑的地基需要处理、基础需要加固，在原有建筑基础下需要修建地下工程，以及邻近需要建造新工程而影响到原有建筑物的安全等问题的技术总称。

## 第一节　暗　挖　法

### 一、新奥法

#### （一）概述

所谓新奥法，即"新奥地利隧道施工法"（New Austrian Tunneling Method），国际上简称为NATM，是一种在岩质、土砂质介质中开挖隧道，以使围岩形成一个中空筒状支撑环结构为目的的隧道设计施工方法。新奥法采用的主要支护手段是喷射混凝土结构和打锚杆。

新奥法基本原理：施工过程中充分发挥围岩本身具有的自承能力，即洞室开挖后，利用

围岩的自稳能力及时进行喷锚支护（初期），使之与围岩密贴，减小围岩松动范围，提高自承能力，使支护与围岩联合受力共同作用。

新奥法适用于具有较长自稳时间的中等岩体、弱胶结的砂和砾石以及不稳定的砾岩、强风化的岩石、刚塑性的黏土泥质灰岩和泥质灰岩、坚硬黏土及在很高的初应力场条件下的坚硬和可变坚硬的岩石。

新奥法与传统施工方法的区别：传统方法认为巷道围岩是一种荷载，应用厚壁混凝土加以支护松动围岩；而新奥法认为围岩是一种承载机构，构筑薄壁、柔性、与围岩紧贴的支护结构（以喷射混凝土、锚杆为主要手段）并使围岩与支护结构共同形成支撑环，来承受压力，并最大限度地保持围岩稳定，而不致松动破坏。

（二）新奥法施工技术

1. 施工工序

新奥法施工工序可以概括为：开挖→一次支护→二次支护。

（1）开挖作业的内容依次包括：钻孔、装药、爆破、通风、出渣等。

（2）开挖作业的方法有：①全断面开挖法，即一次完成设计断面开挖，再修筑衬砌，是在稳定的围岩中采用的方法；②台阶开挖法，即将设计开挖断面分上半部断面和下半部断面两次进行开挖，或采用上弧形导坑超前开挖和中核开挖及下部开挖；③侧壁导坑环型开挖法，多用于不良地质条件下，也是城市隧道抑制下沉时常用的方法。

（3）第一次支护作业包括：一次喷射混凝土、打锚杆、联网、立钢拱架、复喷混凝土。

2. 技术要点

（1）开挖作业宜多采用光面爆破和预裂爆破，并尽量采用大断面或较大断面开挖，以减少对围岩的扰动。

（2）隧道开挖后，尽量利用围岩的自承能力，充分发挥围岩自身的支护作用。

（3）根据围岩特征采用不同的支护类型和参数，及时施作密贴于围岩的柔性喷射混凝土和锚杆初期支护，以控制围岩的变形和松弛。

（4）适时进行衬砌，衬砌要薄，以防止产生弯矩，用钢筋网、锚杆加强衬砌而不要增加厚度。

（5）在软弱破碎围岩地段，使断面及早闭合，以有效地发挥支护体系的作用，保证隧道稳定。

（6）二次衬砌原则上是在围岩与初期支护变形基本稳定的条件下修筑的，围岩与支护结构形成一个整体，因而提高了支护体系的安全度。

（7）尽量使隧道断面周边轮廓圆顺，避免棱角突变处应力集中。

（8）通过施工中对围岩和支护的动态观察、量测，合理安排施工程序，进行设计变更及日常施工管理。

（9）采用排水的方法降低岩体中水的渗透压力。

（三）技术特点

新奥法施工具有以下特点：

（1）及时性。新奥法施工采用喷锚支护为主要手段，可以最大限度地紧跟开挖作业面施工，及时支护，有效地限制支护前的变形发展，阻止围岩松动。在必要的情况下可以进行超前支护，加之喷射混凝土的早强和全面黏结性，因而保证了支护的及时性和有效性。

（2）封闭性。由于喷锚支护能及时施工，而且是全面密粘的支护，因此能及时有效地防止因水和风化作用造成围岩的破坏和剥落，制止膨胀岩体的潮解和膨胀，保护原有岩体强度。巷道开挖后，围岩由于爆破作用产生新的裂缝，加上原有地质构造上的裂缝，随时都有可能产生变形或塌落。当喷射混凝土支护以较高的速度射向岩面，很好的充填围岩的裂隙、节理和凹穴，大大提高了围岩的强度（提高围岩的黏结力 $C$ 和内摩擦角）。同时喷锚支护起到了封闭围岩的作用，隔绝了水和空气同岩层的接触，使裂隙充填物不致软化、解体而使裂隙张开，导致围岩失去稳定。

（3）黏结性。喷锚支护同围岩能全面黏结，这种黏结作用可以产生三种作用：

1）联锁作用。联锁作用即将被裂隙分割的岩块黏结在一起。若围岩的某块危岩、活石发生滑移坠落，则引起临近岩块的连锁反应，相继丧失稳定，从而造成较大范围的冒顶或片帮。开巷后如能及时进行喷锚支护，利用喷锚支护的黏结力和抗剪强度抵抗围岩的局部破坏，防止个别危岩、活石滑移和坠落，从而保持围岩的稳定性。

2）复合作用。喷锚支护结构在提高围岩的稳定性和自身的支撑能力的同时，与围岩形成了一个共同工作的力学系统，共同支护围岩。

3）增强作用。开巷后及时进行喷锚支护，一方面将围岩表面的凹凸不平处填平，消除因岩面不平引起的应力集中现象，避免过大的应力集中所造成的围岩破坏；另一方面，使巷道周边围岩呈双方向受力状态，提高了围岩的黏结力和内摩擦角，也就是提高了围岩的强度。

（4）柔性。喷锚支护属于柔性支护，能够和围岩紧黏在一起共同作用，可以和围岩共同产生变形，在围岩中形成一定范围的非弹性变形区，并能有效控制允许围岩塑性区有适度的发展，使围岩的自承能力得以充分发挥。另一方面，喷锚支护在与围岩共同变形中受到压缩，对围岩产生越来越大的支护反力，能够抑制围岩产生过大变形，防止围岩发生松动破坏。

**二、浅埋暗挖法**

（一）概述

浅埋暗挖法是以加固和处理软弱地层为前提，采用足够刚性复合衬砌（由初期支护和二次衬砌及中间防水层所组成）为基本支护结构的一种用于软土地层近地表修建各种类型地下洞室的暗挖施工方法。

浅埋暗挖法沿用了新奥法的基本原理，创建了信息化量测反馈设计和施工的新理念。采用先柔后刚复合式衬砌新型支护结构体系，初期支护按承担全部基本荷载设计，二次衬砌作为安全储备，初期支护和二次衬砌共同承担特殊荷载；采用多种辅助工法，超前支护，改善加固围岩，调动部分围岩的自承能力；采用不同的开挖方法及时支护、封闭成环，使其与围岩共同作用形成联合支护体系；在施工过程中应用监控量测、信息反馈和优化设计，实现不塌方、少沉陷、安全生产与施工。

浅埋暗挖法是在软弱围岩浅埋地层中修建山岭隧道洞口段、城区地下铁道及其他浅埋结构物的施工方法。它主要适用于不宜明挖施工的土质或软弱无胶结的砂、卵石等第四纪地层，修建覆跨比大于 0.2 的浅埋地下洞室。对于高水位的类似地层，采用堵水或降水、排水等措施后也适用。

（二）浅埋暗挖法施工技术

1. 施工条件

（1）浅埋暗挖法不允许带水作业，如果含水地层达不到疏干，带水作业会使开挖面的稳定性受到威胁，甚至塌方。

（2）采用浅埋暗挖法要求开挖面具有一定的自立性和稳定性，以保证施工安全。

2. 施工步骤

浅埋暗挖法施工通常包括以下步骤:

(1) 如遇含水地层,首先施工降水;否则,先将钢管打入地层,然后注入水泥浆或化学浆液,使地层加固。

(2) 地层加固后,进行短进尺开挖。通常每循环在 0.5~1m,随后即做初期支护。

(3) 施做防水层。开挖面的稳定时刻受水的威胁,严重时可导致塌方,因此处理好地下水是浅埋暗挖法施工非常关键的环节。

(4) 进行二次衬砌。

3. 施工要点

浅埋暗挖法的施工要点可以概括为十八个字:管超前、严注浆、短开挖、强支护、快封闭、勤量测。

此外,应根据地层情况、地面建筑物的特点及机械配备情况,选择对底层扰动小、经济、快速的开挖方法。若断面大或地层较差,可采用经济合理的辅助工法和相应的分部正台阶开挖法;若断面大或地层较好,可采用全断面开挖法。

(三) 技术特点

浅埋暗挖法具有以下技术特点:

(1) 动态设计、动态施工的信息化施工方法,建立了一整套变位、应力监测系统。

(2) 强调小导管超前支护在稳定工作面中的作用。

(3) 研究、创新了劈裂注浆方法加固地层。

(4) 发展了复合式衬砌技术,并开创性地设计应用了钢筋网构拱架支护。

(5) 施工速度慢,施工工艺受施工队伍的技术水平限制。

**三、管幕法**

(一) 概述

管幕法系以单管顶进为基础,各单管间依靠锁口在钢管侧面相接形成管排,并在锁口空隙注入止水剂或砂浆达到注水要求,待管排顶进完成后,形成密封的止水管幕。然后对管幕内的土体进行加固处理,随后在内部边开挖边支撑,直至管幕段贯通再浇筑结构体;或在两侧工作井内现浇箱涵,然后边开挖土体边牵引对拉箱涵。

管幕是指用小口径顶管机构筑的从推进井延伸至接收井形成的隔水挡土的钢管围幕,如图 3-1 所示。管幕是一种刚性的临时挡土结构,减少开挖时对邻近土体的扰动并相应减少周围土体的变形,达到开挖时不影响地面活动,并维持上部建(构)筑物与管线正常使用功能的目的。管幕形状有多种,包括半圆形、圆形、门字形、口字形等。

管幕法适用范围较广,从目前已有的国内外工程实例来看,适用于回填土、砂土、黏

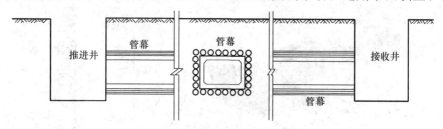

图 3-1　管幕法

土、岩层等各种地层。

**（二）管幕法施工技术**

管幕法的施工分为两大部分：钢管幕的施工及在管幕保护下地下结构体的施工。管幕法的施工工序和施工方法如下：

（1）构筑顶管推进井和接收井。

（2）将钢管分节依次顶入土层中，使钢管彼此搭接，形成管幕。

（3）在钢管接头处注入树脂止水剂，使浆液沿纵向流动并充满接头处的间隙，防止开挖时地下水渗入。

（4）在钢管内进行压力注浆或注入混凝土并进行养护，以提高管幕的刚度，减小开挖时管幕的向内变形。

（5）在管幕内进行全断面开挖，边掘进边支承，形成从推进井至接收井的通道。

（6）依次逐段构筑混凝土内衬，并逐步拆除管幕内支撑，最终形成完整的地下通道。

**（三）技术特点**

管幕法具有如下技术特点：

（1）施工时无噪声和振动，对周围环境的影响较小。

（2）不必进行大范围开挖，不影响城市道路正常交通。

（3）不需降低地下水位，地面沉降较小。

（4）在建筑物附近施工，但不对建筑物产生不良影响，故无需加固房屋地基和桩基。

（5）使用小型顶管机进行施工，要求顶管机具有较高的顶进精度和顶进速度。

（6）作为管幕的钢管埋入土体后不能回收，造成了资源浪费，成本较高。

**四、TBM 法**

**（一）概述**

TBM（Tunnel Boring Machine）法是利用岩石隧道掘进机在岩石地层中暗挖隧道的一种施工方法。施工时利用回转刀盘并借助推进装置的作用力使刀盘上的滚刀切割（或破碎）岩面，刀盘上的铲斗齿拾起石碴，落入主机皮带机上向后输送，再通过牵引矿渣车或隧洞连续皮带机运渣到洞外，通过掘进、支护、出碴等施工工序并行连续作业来破岩开挖隧道。

TBM 机由切削破碎装置、行走推进装置、出碴运输装置、驱动装置、机器方位调整机构、机架和机尾，以及液压、电气、润滑、除尘系统等组成，如图 3-2 所示。有敞开式 TBM、双护盾式 TBM、单护盾式 TBM 等不同类型。

**（二）TBM 机施工技术要点**

TBM 法施工大体上可分为开挖、支撑、推进和排土等几个部分，其施工方法如下：

（1）开挖时以一定间距安设在刀盘（有球面和平面刀盘，如图 3-3 所示）上的滚刀（图

图 3-2　TBM 机

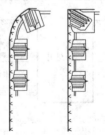

图 3-3　刀盘轮廓

3-4）向岩层挤压，将岩石压碎。

（2）推进时由支撑靴（有单支撑靴和双支撑靴，如图 3-5 所示）提供所需的反力。为提供充分的反力和不损伤隧道壁面，应加大支撑靴接触面积，以减小接地压力。通常接地压力取 3.0～5.0MPa。

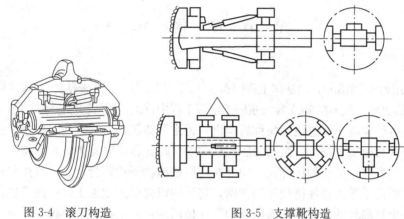

图 3-4　滚刀构造　　　　　图 3-5　支撑靴构造

（3）主要使用千斤顶推进，推进时先扩张支撑靴，固定机体在隧道壁上，然后回转刀盘，开动千斤顶前进，推进一个行程后，缩回支撑靴，把支撑靴移到前方，如此反复进行，如图 3-6 所示。

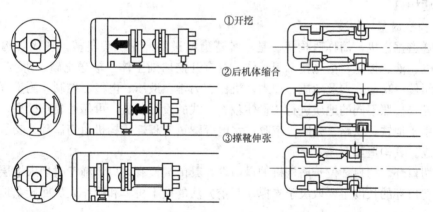

①开挖

②后机体缩合

③撑靴伸张

图 3-6　TBM 机推进过程

（4）TBM 机施工时还有运输、集尘、通风、排水、给水及喷射等辅助设备。隧道掘进过程中，为了控制断层和涌水事故，还会用洞内超前钻孔设备进行地质钻孔调查。

（三）技术特点

TBM 法具有如下技术特点：

（1）掘进效率高。在稳定的围岩中长距离施工时能够保证破岩、出碴、支护一条龙连续作业。

（2）开挖施工质量好。超挖量少，内壁光滑，不存在凹凸现象，减少支护工程量，降低工程费用。

（3）对岩石的扰动小，施工安全。可在防护棚内进行刀具的更换，采用密闭式操纵室和高性能的集尘机，改善了开挖面的施工条件，保证了施工人员的健康和安全。

（4）对多变的地质条件（断层、破碎带、挤压带、涌水及坚硬岩石等）的适应性较差。

（5）TBM结构复杂，对材料、零部件的耐久性要求高，制造的价格较高，不适用于短隧道。

（6）施工中不能改变开挖直径及断面的大小、形状，在应用上受到一定的制约。

# 第二节　盾　构　法

## 一、概述

盾构法应用始于1818年，由法国工程师布鲁诺尔（M. I. Brunel）研究发明并取得专利，至今已有180多年的历史。我国在1957年北京的下水道工程中首次使用盾构法修建地下工程。

盾构法是以盾构隧道掘进机，简称盾构机，为主要施工机具，在地层中修建隧道和大型管道的一种暗挖式施工方法。它是利用盾构机的切口环充作临时支护，在保持开挖面及围岩的稳定的条件下，进行隧道掘进开挖，同时在盾尾的掩护下拼装管片、壁后注浆；在衬砌施作完成后，用盾构千斤顶顶住拼装好的衬砌，将盾构机向前方挖去土的空间推进，当盾构推进距离达到一个衬砌环的宽度后，缩回盾构千斤顶活塞杆，进行新的衬砌和开挖作业。如此交替循环直至工程完成。

盾构法中，"盾"是指保持开挖面稳定性的刀盘和压力舱、支护围岩的盾型钢壳，"构"是指构成衬砌的管片和壁后注浆体。

## 二、盾构机

### 1. 盾构机的基本构造

盾构隧道掘进机，简称盾构机。是一种隧道掘进的专用工程机械，现代盾构掘进机集光、机、电、液、传感、信息技术于一体，具有开挖切削土体、输送土碴、拼装隧道衬砌、测量导向纠偏等功能，涉及地质、土木、机械、力学、液压、电气、控制、测量等多门学科技术，而且要按照不同的地质进行"量体裁衣"式的设计制造，可靠性要求极高。盾构掘进机已广泛用于地铁、铁路、公路、市政、水电等隧道工程。盾构机由切口环、支承环及盾尾三部分组成。其构造如图3-7所示。

（1）切口环。切口环位于盾构机的最前端，其前端设有刃口，施工时切入地层，掩护开挖作业。切口环的长度主要取决于支撑、开挖方法的挖土机具和操作人员回旋余地大小。

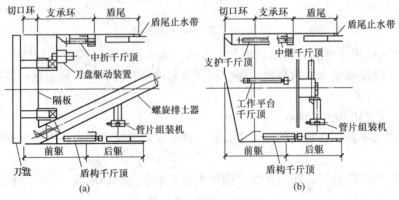

图 3-7　盾构机构造示意图

（a）闭胸式盾构；（b）敞开式盾构

（2）支承环。支承环紧接于切口环后，位于盾构机的中部，是一个刚性较好的圆形结构，其外沿布置有盾构推进千斤顶。地层土压力、所有千斤顶的顶力以及切口、盾尾、衬砌拼装时传来的施工荷载均由支承环承担。

（3）盾尾。盾尾一般由盾构外壳钢板延长构成，主要用于掩护隧道衬砌的安装工作。盾尾末端设有密封装置，以防止水、土及注浆材料从盾尾与衬砌之间进入盾构机内。

2. 盾构机的分类

根据盾构机头部的结构，可将其大致分为闭胸式和敞开式。闭胸式盾构机又可分为土压平衡式盾构机和泥水加压式盾构机；敞开式盾构机又可分为全面敞开式盾构机和部分敞开式盾构机。其分类见表 3-1。

表 3-1　　　　　　　　　　　　　　　盾构机分类

| | 头部结构 | 开挖方式 | | 开挖面稳定原理 |
|---|---|---|---|---|
| 盾构机 | 闭胸式 | 土压平衡式 | 土压式 | 开挖土＋面板 |
| | | | | 开挖土＋搅拌翼 |
| | | | 泥土压式 | 开挖土＋添加剂＋面板 |
| | | | | 开挖土＋添加剂＋搅拌翼 |
| | | 泥水加压式 | | 泥水＋面板 |
| | | | | 泥水＋搅拌翼 |
| | 敞开式 | 部分敞开式 | 挤压式 | 胸板 |
| | | 全面敞开式 | 手掘式 | 突檐 |
| | | | | 支护装置 |
| | | | 半机械式 | 突檐 |
| | | | | 支护装置 |
| | | | 机械式 | 面板 |
| | | | | 搅拌翼 |

（1）闭胸式盾构机。闭胸式盾构机是通过密封隔板在隔板和开挖面之间形成压力舱，保持充满泥沙或泥水的压力舱内的压力，以保证开挖面稳定性的机械式盾构机形式。

1）土压平衡式盾构机，将开挖的泥沙进行泥土化，通过控制泥土的压力以保证开挖面的稳定性，是由切削围岩的开挖机械、搅拌开挖土砂使其泥土化的搅拌机械、渣土的排出机械和保证开挖土具有一定压力的控制机械组成的盾构机形式。

2）泥水加压式盾构机，给泥浆以一定的压力以保持开挖面的稳定性，并通过循环泥浆将切削土砂以流体方式输送运出，是由切削围岩的开挖机械、进行泥浆循环并给泥浆施加一定压力的送排泥机械、将运出的泥浆进行分离、调整、处理以保证泥浆性能的调泥、泥水处理机械组成的盾构机形式。

（2）敞开式盾构机。

1）全断面敞开式盾构机，是指开挖面全部或大部分敞开的盾构机形式，以开挖面能够自立稳定作为前提。对于不能自立稳定的开挖面，要通过辅助施工方法，使其能够满足自立稳定条件。

2）部分敞开式盾构机，是指开挖面的大部分是封闭的，只在一部分设置取土口并通过调节土的流出来维持开挖面的稳定性。

3. 盾构机的选型

盾构机选型的关键是要以保持开挖面的稳定为基点,然后充分考虑施工区段的围岩条件、地面情况、断面尺寸、隧道(或管道)长度、设计线路、工期要求及施工作业的安全性和经济性等条件,选择合适的盾构断面形状、刀盘刀具、工作面支承、开挖运输设施等。

### 三、盾构法施工技术

1. 施工工序

盾构法施工主要工序:

(1) 测量放线。

(2) 建造竖井或基坑,作为盾构施工的工作井。

(3) 盾构机安装就位。

(4) 盾构工作井洞口的土体加固处理。

(5) 初推段盾构掘进施工,包括推进、出土、运土、衬砌拼装、盾尾注浆、轴线测量等。

(6) 盾构掘进机设备转换,即增加装有动力、电器、辅助工艺设备的后车驾。

(7) 连续掘进施工。

(8) 盾构接收井洞口的土体加固处理。

(9) 盾构机进入接收井,并运出地面。

2. 施工工艺

盾构法施工的主要工艺有土层开挖、盾构推进操纵与纠偏、衬砌拼装、衬砌壁后压浆等。

(1) 土层开挖。在盾构开挖土层的过程中,为了安全并减小对地层的扰动,一般先将盾构机前面的切口贯入土体,然后在其内进行土体的开挖。开挖的方式有:

1) 敞开式开挖。由顶部开始逐层向下开挖,可按每环衬砌的宽度分数次完成,适用于地质条件好、开挖面在掘进中能维持稳定或在有辅助措施时能维持稳定的地层。

2) 机械切削式开挖。用安装有全断面切削大刀盘的盾构机开挖地层的方式,大刀盘可分为刀间架有封板和无封板两种,分别在土质较好和土质较差的条件下使用。在含水不稳定的地层中,可采取用泥水加压式盾构机和土压平衡式盾构机进行开挖。

3) 挤压式开挖。使用挤压式盾构机的开挖方式,有全挤压和局部挤压之分。前者由于在掘进过程中不出土或有少量出土,对地层的扰动较大,使地表隆起,此种工法仅适用于江河、湖底或郊外空旷地区的盾构土层开挖,不适用于城市道路和街坊下的施工;后者在施工时要严格控制出土量,最大限度地减小对地层的扰动。

4) 网格式开挖。开挖面由网格梁与格板分成许多格子,当盾构机推进时,克服网格厚度范围内的阻力(与主动土压相等),土体就从格子里呈条状挤出来。由于网格对开挖面起支撑作用,因此,采用这种开挖方式时要严格控制网格的开孔面积,开孔面积过大会丧失支撑作用,过小则会对土层产生挤压扰动。

(2) 推进操纵与纠偏。推进过程中,主要采取编组调整千斤顶的推力、调整开挖面压力以及控制盾构机推进的纵坡等方法,来控制盾构机的位置和顶进方向。一般按照测量结果提供的偏离设计轴线的高程和平面位置数据,确定下一次推进时推力的大小及方向,用以纠偏。此外，纠偏的方法也随盾构机开挖方式有所不同，如：敞开式开挖，可用超挖或欠挖来调整；机械切削式开挖，可用超挖刀进行局部超挖来调整；挤压式开挖，可通过改变土孔的位置和开孔率来调整。

（3）衬砌拼装。常用液压传动拼装机进行衬砌（管片或砌块）拼装。衬砌拼装方法可进行如下分类：

1）根据结构受力要求，可分为通缝拼装和错缝拼装。通缝拼装是使管片的纵缝环环对齐，拼装方便、定位容易、衬砌圆环的施工应力较小，但是由环面不平整引起的误差容易积累；错缝拼装是将相邻衬砌圆环的纵缝错开管片长度的 $1/3\sim1/2$，衬砌整体性好，但当环面不平整时，容易引起较大的施工应力，防水材料也常因压密不够而渗漏水。

2）根据拼装顺序，可分为先环后纵法和先纵后环法。先环后纵法是先将管片（或砌块）拼成圆环，然后用盾构机千斤顶将衬砌圆环纵向顶进；先纵后环法是先将管片（或砌块）逐渐与上一环管片（或砌块）拼接好，然后封顶成环。先纵后环法可轮流缩回和伸出千斤顶活塞杆以防止盾构机后退，减小对开挖面土体的扰动；而先环后纵法在拼装时千斤顶的活塞杆必须全部缩回，极易产生盾构机后退，故不宜采用。

（4）衬砌壁后压浆。为了防止控制地层变形、减小地表沉降、加强衬砌防水性能、改善衬砌受力状态（保持管片衬砌拼装后的早期稳定），必须将盾尾和衬砌之间的空隙及时压浆充填。压浆有以下两种方法，应根据地层情况选用。

1）二次压注法。这种方法是当盾构机推进一环后，立即用风动压注机通过管片的压注孔向衬砌壁后的空隙注入豆粒砂，然后继续推进数环后，再用压浆泵将水泥浆体灌入砂间空隙，使之固结。二次压注法施工繁琐，豆粒砂难以压注密实，水泥浆体也难以填充饱满，后期还常需进行补充压浆，目前较少使用这种方法。

2）一次压注法。这种方法是随着盾构机的推进，当盾尾和衬砌之间出现孔隙时，立即通过预留压注孔注入水泥浆体，并保持一定压力，使之充满孔隙。压浆时要对称进行，并尽量避免单点超压注浆，以减少衬砌不均匀施工荷载。一旦压浆出现故障，应立即暂停盾构机的推进。

盾构法施工时，还必须配备垂直运输、水平运输、供电、通风、给水、排水等辅助设施，以保证工程质量和施工进度，同时还必须配备安全设施和相应设备。

**四、技术特点**

盾构法之所以能被广泛地应用，因其具有明显地优越性：

（1）在盾构机的掩护下进行开挖和衬砌作业，施工作业安全。

（2）施工不受风雨等气候条件的影响。

（3）产生的振动、噪声等环境危害较小。

（4）对地面建筑物和地下管线的影响较小。

（5）地下施工不影响地面交通，穿越河道时不影响航运。

（6）机械化程度高，劳动强度低，施工速度快。

盾构法施工也存在以下缺点：

（1）施工设备投入费用较高。

（2）覆土较浅时，地表沉降较难控制。

（3）施作小曲率半径隧道或管道时掘进困难。

（4）衬砌和接缝渗漏水，隧道或管道后期沉降过大。

# 第三节 顶 管 法

## 一、概述

顶管法是继盾构法之后发展起来的一种地下通道暗挖施工方法。它主要是采用液压千斤顶或是具有顶进、牵引功能的设备，以顶管工作井作承压壁，在地层土体开挖的同时，将预制好的地下管道（或隧道）一起沿着设计路线分节向前推进，直达目的地。

顶管法一般用于修建排水管、敷设煤气管、输油管、动力电缆和通信电缆的管道、地下交通隧道及桥梁的墩台等。

## 二、顶管法施工技术

### 1. 施工原理

顶管法施工通常都是分段进行的。施工时，先在管道或地下通道设计路线上施作一定数量的小基坑作为顶管工作井；然后，将预制好的管道卸入工作井中，以工作井为出发点，通过传力顶铁和导轨，用支承于基坑后座墙上的液压千斤顶将顶进管顶入土层中，同时挖除并运走管道正面的土体；当第一节管道全部顶入土层后，继续进行第二节管道的顶进施工，在千斤顶能克服足够阻力的前提下，整个顶进过程可以重复循环进行，直至下一个工作井。顶管法施工如图 3-8 所示。

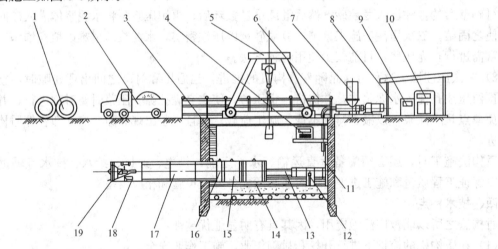

图 3-8 顶管法施工示意图

1—混凝土管；2—运输车；3—扶梯；4—主顶油泵；5—行车；6—安全扶栏；
7—润滑注浆系统；8—操纵房；9—配电系统；10—操作系统；11—后座；
12—测量系统；13—主顶油缸；14—导轨；15—弧形钉铁；16—环形顶铁；
17—混凝土管；18—运土车；19—机头

### 2. 施工设备

顶管法施工的主要设备有顶管机、主顶装置、基坑导轨、输土装置、测量装置、注浆系统和中继站等。

（1）顶管机。顶管机是顶管掘进机械，也称顶管掘进机或掘进机，安放在所顶管道的最前端，其作用是导向、掘进、出土。它有各种形式，是决定顶管成败的关键。

（2）主顶装置。主顶装置由主顶油缸、主顶油泵和操纵台及高压油管等四部分构成。主顶油缸是管道推进的动力，它多呈对称状布置在管壁周边；主顶油泵通过高压油管提供压力油给主顶油缸；操纵台控制主顶油缸的推进和回缩。

（3）基坑导轨。基坑导轨由两根平行的箱形钢结构焊接在轨枕上制成，其主要作用是为管道提供一个稳定的导向，并使管道沿该导向稳定进入地层土体，同时让环形、弧形顶铁工作时能有一个可靠的托架。

（4）输土装置。输土装置因不同的推进方式而不同。在手掘式顶管施工中，大多采用人力劳动车出土；在土压平衡式顶管中，有蓄电池拖车、土砂泵等方式出土；在泥水平衡式顶管中，大都采用泥浆泵和管道输送泥水。

（5）测量装置。最普遍的测量装置是置于基坑后部的经纬仪和水准仪，使用经纬仪来测量管子的左右偏差，使用水准仪来测量管子的高低偏差。在机械式顶管中，大多使用激光经纬仪，在复杂的顶管中也用自动测量装置进行测量。

（6）注浆系统。注浆系统由拌浆、注浆和管道三部分组成。拌浆是把注浆材料加水搅拌成所需的浆液；注浆是通过注浆泵来进行的，它可以控制注浆的压力和注浆量。管道分为总管和支管，总管安装在管道内的一侧，支管则把总管内压送过来的浆液输送到每个注浆孔去。

（7）中继站。中继站也称中继间，它是长距离顶管中不可缺少的设备。其内均匀地安装有许多台油缸，这些油缸把它们前面的一段管子推进一定长度以后，再让它后面的中继站或主顶油缸把该中继站油缸缩回，这样就可以实现将一段很长的管道分几段顶，最终依次把由前到后的中继站油缸拆除，个个合拢即可。

顶管法施工还用到供电、照明、给水、排水、通风等一些辅助设备。

3. 施工整体流程

顶管法施工的整体流程主要有：测量放线→施作顶管工作井→设置平台→施作后座墙→铺设导轨→顶管机、顶铁、主顶装置就位→复测高程及中心线→安装顶进管道→开挖管前土方→第一节管道顶进施工→复测、纠偏→第二节管道安装、连接、顶进→浆体压注→复测、纠偏、连接、顶进、压浆循环作业→工作坑回填。

4. 主要施工工序

顶管法施工的主要工序有管道顶进、管道连接、浆体压注、纠偏等。

（1）管道顶进。按顶进土体开挖方式的不同，顶进方式可分为机械开挖顶进、挤压顶进、水利机械开挖顶进和人工开挖顶进。在长管道的顶进施工中，通常将管道分成数段，在段与段之间设置中继站，分先后次序逐个启动，使管道分段顶进。

（2）管道连接。钢管在顶进施工中的连接，采用永久性的焊接，于顶进前在工作井内进行，焊接合格后，应补做焊口处的防腐层及保护层后再顶进；混凝土管在顶进施工过程中的连接，通常采用企口形、T形和F形等接口形式进行连接。

（3）浆体压注。在顶进施工过程中，在顶进范围内，要不断地压注膨胀性浆体，并使其均匀地分布在管壁周围，通常通过在管壁四周均匀布置压浆嘴来实现。为了避免浆体流入工作面，一般在切削环后部第二节管道处开始压浆。由于在顶进中浆体会随管道一起向前移动，常常会使后部产生空隙，因此在施工中每隔一定距离还应留设压浆孔进行中间补浆。

（4）纠偏。偏差在 1～2m 范围内时，可采用超挖或欠挖的方法来调整；偏差大于 2m

时，采用顶木纠偏法，这种方法通过将圆木或方木的一端顶在管道偏向的另一侧内管壁上，另一端斜撑在垫有钢板或木板的管前土体上，然后边顶边支，利用顶进时斜支撑分力产生的阻力，使顶管向阻力小的一侧校正，在顶进中可配合使用超挖或欠挖纠偏法。

### 三、技术特点

顶管法和盾构法在施工工艺上有许多相同或相似之处，因此它们在技术特点上也有许多共同之处，如地面作业少，因振动、噪声引起的环境影响较小，施工不影响地面交通和水面航道，也不受天气气候影响等。

与盾构法相比，顶管法还具有以下特点：

（1）顶进管体制作、养护在工厂完成，强度和防水密闭性能良好。

（2）接缝减少，接缝处的密闭防水容易保证。

（3）管道纵向受力性能较好，能适应地层的变形。

（4）衬砌工序简单。

# 第四节　沉　井　法

### 一、概述

沉井法是修筑地下结构的一种方法，最初多用作桥梁墩台或重型工业建筑物的深基础，后来逐渐发展成为利用其内部空间供生产使用或其他用途的地下建筑物，如各种泵房、地下沉淀池、水池、储存槽、各种地下厂房或车间和仓库（包括地下热电站、地下油库）、地下人防工程以及地下铁道或水底隧道的通风井、盾构拼装和拆卸井等。

沉井法施工一般先在建筑地点平整地面或筑岛（当地下水位高或在岸滩、浅水中制作沉井时，用砂或土包修筑土岛，土岛的顶面标高通常比沉井施工期间的最高水位高出 0.5m，顶面尺寸至少要使沉井周围有 2m 宽的护道），分节（或一次）制作井筒；然后从井内不断取土，随着土体的挖深，沉井因自重作用克服井壁和土体之间的摩擦力和刃脚下土的阻力而逐渐下沉；达到设计标高后，用混凝土封底，并按使用要求修筑内部结构；最后修筑顶盖和出入口。

### 二、沉井的基本构造及分类

#### 1. 基本构造

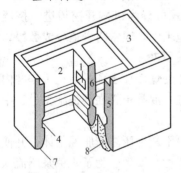

图 3-9　沉井构造

1—人孔；2—取土井；3—顶盖；4—凹槽；
5—井壁；6—内隔墙；7—刃脚；8—封底

沉井一般由刃脚、井壁、内隔墙、凹槽、封底及顶盖等部分组成（图 3-9），有时沉井还配有射水管系及探测管等其他部分。这里仅介绍常用的钢筋混凝土沉井的基本构造。

（1）井壁。井壁即沉井的外壁，是沉井的主要部分。它应有足够的强度，以便承受沉井下沉过程中及使用时作用的荷载；同时还要求有足够的重量，使沉井在自重作用下能顺利下沉。井壁厚度一般为 0.8～1.5m，为便于绑扎钢筋及浇筑混凝土，其厚度不宜小于 0.4m。

（2）刃脚。刃脚是位于沉井井壁最下端的尖角部分，如图 3-10 所示，其作用是在沉井下沉时切入土中，是沉井受力最集中的部分，必须有足够的强度，以免产生挠度或被破坏。刃脚底平面称为踏面，其宽度视所遇土层的软硬及井壁重量、厚度等而定，一般不大于 15cm。当通过坚硬土层或达到岩层时，踏面直接用钢板或角钢保护。为了利于切土下沉，刃脚的内侧面倾角应大于 45°，其高度的确定应考虑便于抽取刃脚下的垫木及挖土施工。

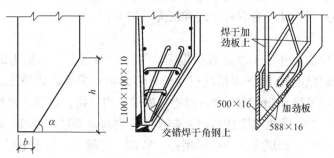

图 3-10　沉井的刃脚

（3）内隔墙。内隔墙又称内壁，其作用在于把整个沉井空腔根据使用需要分割成多个井孔，同时加强沉井的刚度。内隔墙间距一般要求不超过 5～6m，厚度一般为 0.5～1.2m，其底面应比刃脚踏面高出 0.5m 以上，以免妨碍沉井下沉。施工时，井孔作为取土井，以便于沉井下沉时掌握挖土的位置以控制下沉方向，防止或纠正沉井倾斜和偏移。

（4）凹槽。凹槽位于刃脚内侧上方，主要作用在于沉井封底时使井壁封底混凝土更好的连接在一起。

（5）封底。下沉到设计标高后，在沉井底面用素混凝土封底，作为地下建筑物的基础，然后在凹槽处浇筑钢筋混凝土底板。

（6）顶盖。作为地下建筑物，在修筑好满足内部使用要求的各种结构后，还要修筑顶盖。

2. 基本类型

按沉井横截面形状进行分类，可分为单孔沉井、单排孔沉井和多排孔沉井；按沉井竖直截面形状进行分类，可分为柱形沉井、阶梯形沉井和锥形沉井。

**三、沉井法施工技术**

1. 施工方案

沉井的施工，根据不同情况和条件（如沉井高度、地基承载力、施工机械设备等），可采用一次制作一次下沉，分节制作、接高一次下沉，或制作与下沉交替进行。

（1）一次制作一次下沉。在一般中小型沉井，井高不大，地基情况良好时采用。

（2）分节制作、接高一次下沉。即在沉井下沉处，分节制作井身，待沉井全部浇筑完毕并达到所要求的强度（第一节沉井混凝土或砌体砂浆达到设计强度的 100%，其上各节达到强度的 70%）后，连续不断地挖土下沉，直至达到设计标高。这种方案的优点：可消除工种交叉作业和施工现场拥挤混乱的现象，浇筑沉井混凝土的脚手架、模板不必每节拆除，可连续接高到沉井全高，避免多次安装和拆除，缩短工期；缺点：沉井地面以上的重量大，对地基土的承载要求高，提高时易产生倾斜，而且高空作业多，作业难度大。一般施工大型沉井时多采用此法。

（3）制作与下沉交替进行。即将井身沿高度方向分成几节（一般规定地面以上沉井的高度不超过 6~7m)，当第一节井身混凝土浇筑完成并强度达到设计要求时，挖土下沉；待沉井顶面露出地面尚有 0.8~2m 左右时，停止下沉，浇筑下一节井身；当井身混凝土达到一定强度后，再继续挖土下沉；如此制作一节，下沉一节，循环进行。这种方法的优点是沉井分节高度小，对地基承载力要求不高，施工操作方便；其缺点是工序多，工期长，在下沉过程中要浇制和接高井身，使井身容易倾斜和沉降不均匀。

2. 施工准备

沉井施工前，应在沉井施工地点进行勘测，了解地质情况（包括土的力学指标、摩阻力、地层情况、分层情况）、地下水情况以及地下障碍物情况等，此外还应做好现场勘察工作，查清和排除地面及地面 3m 以内的障碍物（如房屋构筑物、管道、树根、电缆线路等）。

（1）地基处理。在松软地基上进行沉井制作，应先对地基进行处理，以防止由于地基不均匀下沉引起井身裂缝。处理方法一般采用砂、砂粒、混凝土、灰土垫层或人工夯实、机械碾压等措施加固。

（2）平整场地和修建临时设施。按施工平面图布置平整场地，做好临时排水沟、截水沟，修筑道路，修建临时设施，安装施工设备，水电线路，并试水试电。

（3）测量控制和沉降控制。按沉井平面设置测量控制网，进行抄平放线，并布置水准基点和沉降观测点。在原有建筑物附近下沉的沉井，应在原建筑物上设沉降观测点，进行定期沉降观测。

3. 施工工序

沉井法施工的主要工序为：测量放线、开挖基坑和搭设工作台→铺砂垫层、承垫木→沉井制作→抽取垫木→挖土下沉→封底、回填、浇筑其他部分结构。沉井法施工过程如图 3-11 所示。

4. 施工工艺

沉井法施工主要工艺如下：

（1）测量放线和基坑开挖。沉井施工，首先根据设计图纸进行定位放线工作，即在地面上定出沉井纵横两个方向的中心轴线、基坑的轮廓线以及水准标高等，作为沉井施工的依据；然后进行基坑开挖，基坑的平面尺寸要大于沉井的平面尺寸，即在沉井四周各加一根垫木长的宽度，以保证垫木能向外抽出，同时还需要考虑支模、搭设脚手架及排水等工作的需要。

（2）铺设砂垫层、承垫木。当沉井制作高度较大时，重量会增大，为避免在制作沉井时产生过大的不均匀沉降，基坑上应铺设一定厚度（不小于 0.6m）的砂垫层。铺设砂垫层后，即可在其上部（刃脚处）铺设垫木和浇筑素混凝土垫板，以加大刃脚的支承面积，保证沉井的制作质量。

铺设垫木时，应用水平仪进行抄平，使刃脚踏面在同一水平面上。垫木的布置应均匀对称，每根垫木的长度中心应与刃脚踏面中线相重合，以便把沉井的重量较均匀地传到砂垫层上。垫木可以单根或几根编成一组铺设，但组与组之间最少留出 20~30cm 的间隙，便于工具能伸进间隙中把垫木抽出。

为便于抽除刃脚的垫木，应设置一定数量的定位垫木，使沉井最后有对称的着力点，如图 3-12 所示。确定定位垫木的位置时，以使井壁在抽除垫木时所产生的正负弯矩绝对值接近相等和较小为原则。对于圆形沉井的定位垫木，一般对称设置在互成的四个支点上；对于

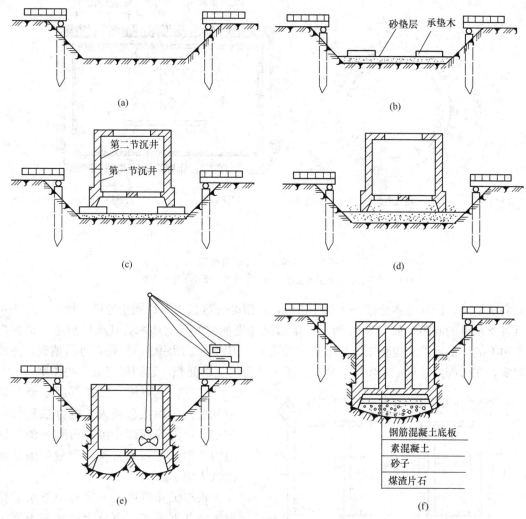

图 3-11　沉井法施工主要工序示意图

（a）打桩、开挖、搭台；（b）铺砂垫层、承垫木；（c）沉井制作；

（d）抽取承垫木后；（e）挖上下沉；（f）封底、回填、浇注其他部分结构

矩形沉井的定位垫木，一般设置在两长边，每边 2 个。当沉井长边与短边之比，为 $2 > \dfrac{l}{b} \geqslant 1.5$

时，两个定位点之间的距离为 0.71；当 $\dfrac{l}{b} \geqslant 2$ 时，则为 0.61。

（3）沉井制作。沉井井身制作过程包括：拼装和就位刃脚角钢、支模和绑扎钢筋、浇筑混凝土。拼装刃脚角钢时，应准确测量刃脚位置，放出刃脚的中线和边线，将准备好的角钢拼放就位，经校核无误后焊接固定。井身浇制同一般现浇钢筋混凝土工程的施工工艺。应该注意的是：①模板支好后，应检查其位置、刃脚标高和井壁垂直度；②浇筑井身混凝土时，应沿井壁四周均匀对称进行，避免高度悬殊、压力不均，产生地基不均匀沉降而造成沉井断裂；③井壁分节处的施工缝（对防水有要求的结构）要处理好，以防漏水。

（4）抽除垫木。垫木的抽除应保证沉井均匀下沉，不产生垫木折断而无法抽除或沉井严

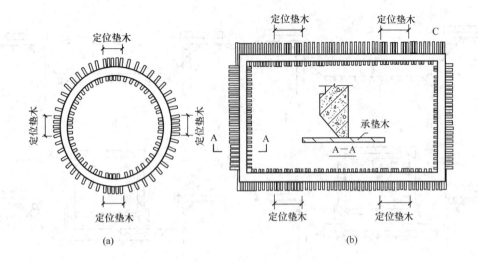

图 3-12　承垫木的平面布置

(a) 圆井承垫木平面布置图；(b) 矩形沉井承垫木平面布置图

重倾斜等情况。抽除垫木应按一定顺序进行，一般是分区依次对称同步地进行抽除，逐步扩大沉井支承点的间距，如图 3-13 所示。矩形沉井先抽内壁下的垫木，其次抽短边下的，再抽长边下的，最后抽定位垫木。每根垫木抽除后，刃脚下立即用砂或砂砾石进行填充，并洒水夯实，在刃脚内外堆成坚实的砂堤，以扩大井身的支承面积，起到稳定沉井的作用。

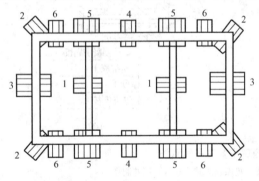

图 3-13　沉井垫木抽除顺序

（5）挖土下沉。沉井下沉主要是通过从沉井内用机械或人工的办法对称均匀挖土，消除或减小沉井刃脚下的正面阻力，使沉井依靠自身的重量逐渐从地面沉入地下。

根据沉井所通过土层和地下水的情况，沉井下沉施工可分为排水挖土下沉和不排水挖土下沉。

1）排水挖土下沉。当沉井所穿过的土层透水性较差，涌水量不大，排水时不致产生流砂现象，可采用排水挖土下沉。

2）不排水挖土下沉。若沉井穿过的土层中有较厚的亚砂土和粉砂土，地下水丰富，土层不稳定，有产生流砂的可能性时，沉井就宜采用不排水挖土下沉。下沉中要使井内水面高出井外水面 12m，以防流砂。

沉井在下沉过程中，应编制施工组织设计，并进行分阶段下沉系数的计算，作为确定下沉方法和采取技术措施的依据。下沉系数是指沉井自重和全部侧面摩阻力及刃脚、隔墙、低梁下土反力之和的比值，目的是控制沉井发生突沉和超沉而造成质量和安全事故。分阶段的下沉系数是指当时的沉井重量，与盖入土深度的摩阻力及相应的刃脚、隔墙、底梁下土反力之和的比值。

（6）沉井的封底。沉井下沉至标高，应进行沉降观测，当 8h 内下沉量不大于 10mm

时，方可封底。封底分干封底和湿封底两种。

1) 干封底。干封底时，开挖基底土面至设计标高，并修正使之成为锅底形，排除井内积水。封底前应平整锅底、清洗刃脚，超挖部分（锅底）可填充石块；然后在其上做垫层，浇筑垫层时应先沿刃脚填筑一周，防止沉井不均匀下沉；再在垫层上做防水层、绑扎钢筋和浇筑钢筋混凝土底板，封底混凝土由刃脚向锅底中部分层浇灌，每层厚约 50cm。为避免地下水的渗透压力渗水冲蚀新浇灌的混凝土，在封底前应在板底以下设置集水井，用水泵抽水至混凝土达到规定强度后为止，然后再将集水井封掉。

2) 湿封底。湿封底即不排水封底，要求将井底浮泥清除干净，并铺碎石垫层。若沉井锅底较深亦可抛填块石，再在上面铺碎石垫层。封底混凝土用导管法灌注，当封底面积较大时，宜用多根导管同时浇筑，以使混凝土能充满其底部全部面积，各根导管的有效扩散半径（作用半径一般可取 3～4m），应互相搭接并能盖满井底全部范围。为防止水进入导管内，并获得比较平缓的混凝土表面坡度，导管下端插入混凝土内的深度不宜小于 1m。

**四、沉井纠偏**

沉井下沉过程中，会经常发生偏差，主要是倾斜和位移两种。产生偏差的原因很多，客观上的主要原因是土质不均匀或出现个别障碍物造成的，主观上则是施工过程中管理不严等人为因素造成的。

沉井纠偏的方法主要有以下几种：

（1）当沉井向某侧倾斜时，可在下沉少的一侧多挖土，使沉井恢复水平，然后再均匀挖土。

（2）当沉井长边产生偏心逆差时，可采用偏心压重进行纠偏，如图 3-14 所示。

（3）小沉井或矩形沉井短边方向产生偏差时，应在下沉少的一侧外部用高压水冲井壁附近的土，并加偏心压重；在下沉多的一侧加一水平推力，以纠正倾斜，如图 3-15 所示。

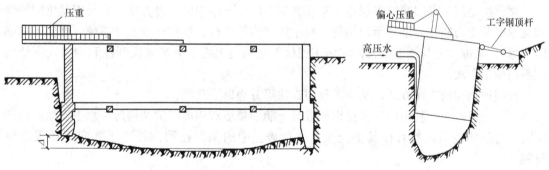

图 3-14　偏心压重纠偏示意图　　　　　　图 3-15　沉井纠偏示意图

（4）当直径相对其高度来说较小且为圆形沉井出现倾斜时，应在下沉多的方向挖土，下沉少的一侧加重，并用钢绳从横向给沉井一定拉力，以纠正沉井倾斜。

（5）当采用触变泥浆润滑套时，可采用导向木法纠偏。

（6）沉井位移的纠正方法如图 3-16 所示。当沉井中心线与设计中心线不重合，可先一侧挖土，使沉井倾斜，然后均匀挖土，使沉井倾斜方向下沉到沉井底面中心线位置时，再纠正倾斜。

**五、技术特点**

沉井法施工具有以下技术特点：

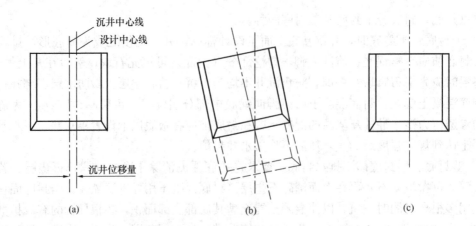

图 3-16　沉井位移纠正方法示意图

(a) 沉井位移；(b) 纠正过程；(c) 纠正完毕

（1）沉井下沉过程中不需要设置坑壁支撑或板桩围壁，与明挖法相比，简化了施工。

（2）沉井可就地制作，所需机械设备简单。

（3）主体部分的混凝土在地面上浇筑，质量较易保证，整体刚度也较大。

（4）作为地下结构使用，其单体造价较低。

（5）防水可靠，且对邻近建筑物的影响较明挖法少。

# 第五节　逆　作　法

## 一、概述

逆作法是施工高层建筑多层地下室和其他多层地下结构的一种方法，它是以基坑围护墙和支承桩及受力柱作为垂直承重构件，将主体结构的顶板、楼板作为支撑系统（必要时加临时支撑），采取地上与地下结构同时施工或地下结构由上而下分步依次开挖和构筑地下结构体系的施工方法。

按围护结构的支撑方式，基坑工程逆作法可分为以下几类：

（1）全逆作法。利用地下各层钢筋混凝土肋形楼板对四周围护结构形成水平支撑。楼盖混凝土为整体浇筑，然后在其下挖土，通过楼盖中的预留孔洞向外运土并向下运入建筑材料。

（2）半逆作法。利用地下各层钢筋混凝土肋形楼板中先期浇筑的交叉格形肋梁，对围护结构形成框格式水平支撑，待土方开挖完成后再二次浇筑肋形楼板。

（3）部分逆作法。用基坑内四周暂时保留的局部土方对四周围护结构形成水平抵挡，抵消侧向压力所产生的一部分位移。在基坑中部按正作法施工，基坑边四周用逆作法。

（4）分层逆作法。此方法主要是针对四周围护结构，是采用分层逆作，而不是先一次整体施工完成。分层逆作四周的围护结构采用土钉墙。

逆作法适用于建筑群密集，相邻建筑物较近，地下水位较高，地下室埋深大和施工场地狭小的高（多）层地上、地下建筑工程，如地铁站、地下车库、地下厂房、地下贮库、地下变电站等。

**二、逆作法施工技术**

1. 工艺原理

先沿建筑物地下结构轴线或周围施工地下连续墙或其他支护结构，同时在建筑物内部的有关位置浇筑或打下中间支承桩和柱，作为施工期间于底板封底之前承受上部结构自重和施工荷载的垂直支撑；然后施工地面一层楼面结构即地下结构的顶板，作为地下连续墙刚度很大的第一道水平支撑，随后逐层向下开挖土方和浇筑各层地下结构，直至底板封底，如图3-17所示。

采用逆作法施工地下结构，在地面一层的楼面结构施工完成后，地下结构进入封闭施工，因此，地上与地下结构可同时进行施工，直至工程结束。

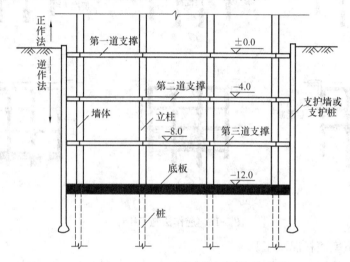

图 3-17  逆作法示意图

2. 施工工序

逆作法的施工主要包括地下支护体系（地下连续墙或排桩支护）、中间支承桩和地下结构的施工。如图3-18所示，以某一三层地下室结构为例，说明逆作法的施工工序。

（1）按基础外围面积，施工四周的支护结构。支护体系采用地下连续墙或排桩支护，排桩采用冲孔桩、钻孔桩或挖孔桩等。

（2）按设计图施工中间支承柱和基础。中间支承柱目前在逆作法施工时大部分是采用临时钢管柱或型钢柱（宽翼面工字钢）支承，挖土完成后再作外包混凝土；当采用挖孔桩时，可支模采用钢筋混凝土柱。基础若是天然地基可采用挖孔墩，基础若是桩基可采用冲孔、挖孔、钻孔等成桩方法，若有地下水，可作降水处理后再施工挖孔桩。

（3）利用地下室一层的土方夯实修正后作地模，浇筑地下室±0.000处的钢筋混凝土梁和板，并在此层预留出挖土方的出土洞若干个。

（4）进行地下室一层土方的开挖及外运。

（5）进行地下室二层梁板混凝土的浇筑，在楼板中预留出土洞。

（6）进行地下室二层土方的开挖及外运。

（7）进行地下三层的梁板混凝土的浇筑，在楼板中预留出土洞。

（8）进行地下室三层土方的开挖及外运。

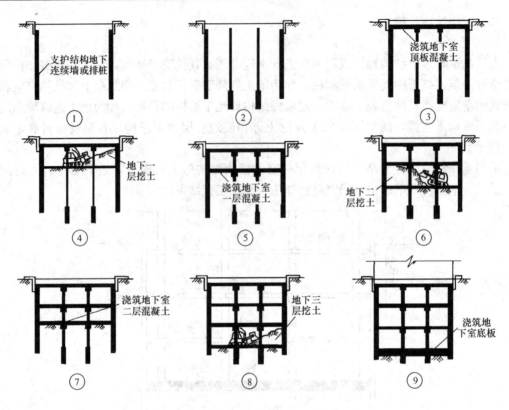

图 3-18　逆作法施工工序

（9）浇筑地下室底板混凝土。

在上述各程序施工中一定要预埋或预留出逆作法施工的特殊预埋件和预留孔。

**三、技术特点**

逆作法具有以下技术优点：

（1）一层结构平面可作为工作平台，不必另外架设开挖工作平台与内撑，这样大幅度削减了支撑和工作平台等大型临时设施，减少了施工费用。

（2）由于开挖和施工的交错进行，逆作结构的自身荷载由立柱直接承担并传递至地基，减少了大开挖时卸载对持力层的影响，降低了基坑内地基回弹量。

（3）由地下连续墙和内衬墙组成的复合式支护结构具有结构自防水功能，从而节省地下室外墙建筑防水层费用。

（4）可使建筑物上部结构的施工和地下基础结构施工平行立体作业，施工进度快，缩短工期。

（5）加强了地下室结构对高层、超高层建筑嵌固约束，从而有利于结构抵抗水平风力和地震作用。

（6）受力良好合理，围护结构变形量小，对邻近建筑的影响较小，安全性较高。

（7）施工在封闭的地下进行，少受风雨等天气影响，且对周围环境噪声影响较小。

逆作法存在的不足：

（1）逆作法支撑位置受地下室层高的限制，无法调整高度，如遇较大层高的地下室，有时需另设临时水平支撑或加大围护墙的断面及配筋。

（2）由于挖土是在顶部封闭状态下进行，基坑中还分布有一定数量的中间支承柱和降水用井点管，挖土难度大。

（3）垂直构件续接处理困难，特别在强度与止水性方面。

# 第六节 盖 挖 法

## 一、概述

### （一）盖挖法的概念

盖挖法是穿越拥挤公路、建筑等障碍物的新型地下工程施工方法。它先由地面向下开挖至一定深度后就将顶部封闭，其余的下部工程在封闭的顶盖下进行施工。地下主体结构可以顺作，也可以逆作。在城市繁忙地带修建地铁车站时，往往占用道路，影响交通。当地铁车站设在主干道上，而交通不能中断，且需要确保一定交通流量要求时，可选用盖挖法。

在隧道施工中，明挖法具有施工简单、快捷、经济、安全的优点，其缺点是对周围环境的影响较大。而暗挖法工期长。因此常用的方式是半明挖法，较常见的半明挖法是盖挖法。

最早运用盖挖法的工程是 20 世纪 60 年代西班牙马德里的隧道，后来在很多国家隧道建设中得到应用，其在国外已经是成熟的技术，但我国的应用发展比较晚。

### （二）盖挖法的优缺点

1. 优点

（1）结构的水平位移小，安全系数高。

（2）对地面影响小，可以最低程度影响交通，对居民生活影响小。

（3）施工受外界气候影响小。

2. 缺点

（1）由于竖向出口少，需水平运输，后期开挖出土不方便。

（2）作业空间小，施工速度较明挖法慢，工期长。

（3）和基坑开挖、支挡开挖相比费用较高。

### （三）盖挖法施工类型

盖挖法有逆作和顺作两种施工方法。两种盖挖法的主要不同点如下。

1. 施工顺序不同

顺作法是在挡土墙施工完毕后，对挡土墙进行必要的支撑，再着手开挖到设计标高，并开始浇筑基础底板，接着依次由下而上，一边浇筑地下结构本体，一边拆除临时支撑；而逆作法是由上而下进行施工的。

2. 所采用的支撑不同

在顺作法中需增设单独的支撑，常见的支撑有钢管支撑、钢筋混凝土支撑、型钢支撑以及预应力锚杆等；而逆作法中则可利用建筑物本体的梁和板作为逆作结构的支撑。

## 二、盖挖顺作法

盖挖顺作法是在地表作业完成挡土结构后，以定型的预制标准覆盖结构（包括纵、横梁和路面板）置于挡土结构上维持交通，往下反复进行开挖和架设横撑，直至挖至设计底标高。然后依序由下而上施工主体结构和防水措施，回填土并恢复管线路或埋设新的管线路。最后，视需要拆除挡土结构外露部分并恢复道路。在道路交通不能长期中断的情况下修建车站主体时，可考虑采用盖挖顺作法。如深圳地铁一期工程华强路站，其地铁车站位于深圳市最繁华的深南中路与华强路交叉口西侧，深南中路行车道下。该地区市政道路密集，车流量大，最高车流量达3865辆/h。车站主体为单柱双层双跨结构，车站全长224.3m，标准断面宽18.9m，基坑深约18.9m，西端盾构井处宽22.5m，基坑深约18.7m。南侧绿地内东西端各布置一个风道。主体结构施工工期为2年，其中围护结构及临时路面施工期为7个月。为保证深南中路在地铁站施工期间的正常行车，该路段主体结构施工采用盖挖顺作法施工方案。

盖挖顺作法中的挡土结构是非常重要的，要求具有较高的强度、刚度和较高的止水性。根据现场条件、地下水位高低、开挖深度及周围建筑的临近程度，挡土墙结构可选择钢筋混凝土钻孔灌注桩或地下连续墙。刚度大、变形小、防水性好的地下连续墙是饱和软弱地层的首选。

开挖的宽度很大时，为了防止横撑失稳，控制横撑的自由长度，并承受横撑倾斜时产生的垂直分力以及行驶于覆盖结构上的车辆荷载和挂于覆盖结构下的管线重量，在建造挡土结构的同时建造中间桩柱以支承横撑。中间桩一般为临时结构，在主体结构完成时将其拆除。为了增加中间桩的承载力或减少其入土深度，可以采用底部扩孔桩或挤扩桩。

定型的预制覆盖结构一般由型钢纵、横梁和钢-混凝土复合路面板组成。为了便于安装拆卸，路面板上均有吊装孔。

### 三、盖挖逆作法

#### 1. 概述

盖挖逆作法是先在地表面向下做基坑的维护结构和中间桩柱，和盖挖顺作法一样，基坑维护结构多采用地下连续墙或帷幕桩，中间支撑多利用主体结构本身的中间立柱以降低工程造价。随后即可开挖表层土体至主体结构顶板地面标高，利用未开挖的土体作为土模浇筑顶板。顶板可以作为一道强有力的横撑，以防止维护结构向基坑内变形，待回填土后将道路复原，恢复交通。以后的工作都是在顶板覆盖下进行，即自上而下逐层开挖并建造主体结构直至底板。如果开挖面积较大、覆土较浅、周围沿线建筑物过于靠近，为尽量防止因开挖基坑而引起临近建筑物的沉陷，或需及早恢复路面交通，但又缺乏定型覆盖结构，常采用盖挖逆作法施工。如南京地铁南北线一期工程的区间隧道选择了全线区间施工方法。其中，三山街站，位于秦淮河古河道部位，位于粉土、粉细砂、淤泥质黏土土层中。因为是第1个车站，又位于十字路口，因此采用地下连续墙作围护结构。除入口结构采用顺作法外，其余均为盖挖逆作法。

盖挖逆作法多用在深层开挖、软弱地层开挖、靠近建筑物施工等情况下。逆作法能做到地上和地下同时施工，合理、安全、有效缩短工期，提高经济效益。该法在地下建筑结构施工时以结构本身既做挡土墙又作内支撑，不架设临时支撑。施工顺序和顺作法相反，从上往下依次开挖和构筑结构本体。盖挖逆作法又分全逆作法和半逆作法。

所谓全逆作法就是从地面开始，地上和地下同时进行立体交叉施工的方法。

半逆作法是将地下结构自地面往下逐层施工，地面以上结构在地下结构完成后再进行施工。

#### 2. 盖挖逆作法的特点

(1) 优点：

1) 结构本身用来作为支撑，具有相当高的刚度，使挡墙的应力、变形减小，提高了工程的安全性，能有效控制周围土体的变形和地表的沉降，减小了对周边环境的影响。

2）适用于任何不规则形状的平面或大平面的地下工程。

3）可以早期展开地上结构的施工。同时进行地上和地下结构的施工，缩短了工程的施工总工期。

4）不必另外架设开挖工作平台，大大削减支撑和工作平台等大型临时设施，减少费用。

5）由于开挖和施工的交错进行，逆作结构的自身荷载由立柱直接承担并传递给地基，减少了大开挖时的卸载对持力层的影响，减小了基坑内地基回弹量。

（2）缺点：

1）设置的中间支撑立柱和立柱桩要承受地下结构及同步施工的上部结构的全部荷载，而且土方开挖引起的土体隆起易产生立柱不均匀沉降，对结构影响不利。

2）所设立柱内钢骨和原设计中的梁主筋、基础梁主筋冲突，致使节点构造复杂，加大施工难度。

3）为搬运开挖出的土方和施工材料，需在顶板多处设置临时施工孔，必须对顶板采取加强措施。

4）地下工程在楼板的覆盖下进行施工，闭锁的空间使大型的设备难以进场，给施工带来不便。

5）混凝土的浇筑在各阶段都分有先浇和后浇两种，产生交接缝，不仅给施工带来不便，而且带来结构防水的问题，对施工计划和质量管理提出较高的要求。

3. 盖挖逆作法施工步骤

其施工步骤可简称为：一柱、二盖、三板、四墙、五底。

一柱：先施作边柱（桩）护壁（摩擦桩或条形基础桩），同时施作结构钢管柱（或混凝土柱）。

二盖：将盖板置于边桩和中柱之上。为了使边桩连成一体，边桩上设冠梁。也即盖板是由周边梁结构和柱上纵横梁结构及盖板结构（均置于边桩之上）组成的梁板结构。

三板：开挖负一层土方后，施作中隔板地膜，在地膜上绑扎中隔板钢筋（梁板结构），浇注中隔板混凝土（注：利用出入口或风道位置，紧贴车站结构设置竖井，破桩开马头门进入车站负一层）。

四墙：用不带动力的移动式边墙支架（专门设计）逐层浇筑边墙混凝土（注：此时，作用于边桩上的部分荷载转移至边墙）。

五底：在完成负一层土方、中板、边墙后施作车站的负二层土方、底板及边墙。

其具体施工步骤如图 3-19 和图 3-20 所示。

4. 工艺过程及施工要求

（1）施工准备。

1）完成地质补勘专项工作。

2）基坑范围内地表建筑物已清除，地下管线已进行迁改或采取了保护措施，作业面已具备施工条件。

3）相应方案已编制并审批完毕，手续齐全。

4）已按照施工方案，合理安排了施工人员、材料、机械设备等。

（2）测量放样。依据甲方提供的平面、高程控制点（经复核无误）进行本工程的平面及高程控制网的布设，布设完毕后即开始进行施工放样，放样结果须经监理及第三方测量单位复核。

1）施工放样前将施工测量方案报告监理审批。内容包括施测方法、操作规程、观测仪器设备的配置和测量专业人员的配备等。

2）固定专用测量仪器和工具设备，建立专业测量组，专人观测和成果整理。

3）建立测量复核制度，按"三级复核制"的原则进行施测。每次施测后，须经测量工程师及技术主管复核。

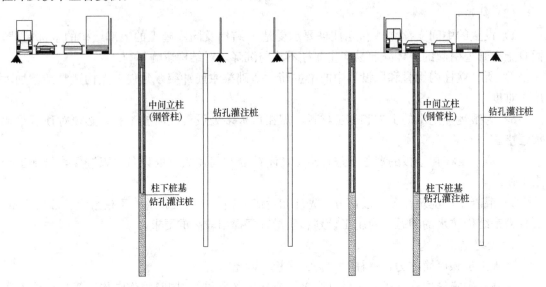

第一步：占用半幅路面，施做基坑维护结构，中间立柱下桩基及中间立柱

第二步：占用半幅路面，施做另一侧基坑维护结构，中间立柱下桩基及中间立柱

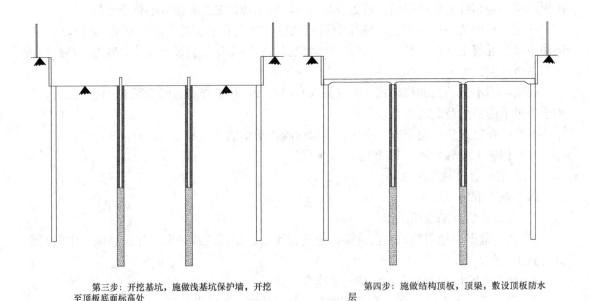

第三步：开挖基坑，施做浅基坑保护墙，开挖至顶板底面标高处

第四步：施做结构顶板，顶梁，敷设顶板防水层

图 3-19　盖挖逆作法施工步骤示意（一）

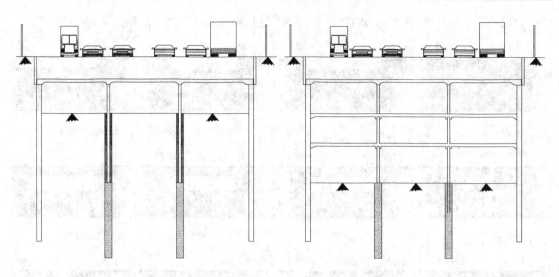

第五步：回填顶板覆土，恢复地面交通，开挖基坑至中楼板底面标高处

第六步：施做中楼板、纵梁及内衬墙，继续开挖基坑至基坑底设计标高处

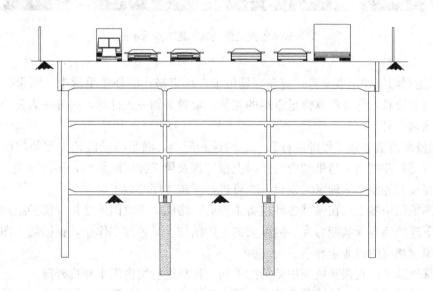

第七步：施做底板垫层，防水层，底板及纵梁，施作内衬墙，完成主体结构

图 3-19　盖挖逆作法施工步骤示意（二）

4）施工所用的导线点、水准点、轴线点要设置在工程施工影响范围之外、坚固稳定、不易受破坏且通视良好的地方。定期对上述各桩点进行检测，测量标志旁要有明显持久的标记或说明。定期对导线点、水准点进行复核。

5）用于本工程的测量仪器和设备，应按照规定的日期、方法送到具有检定资格的部门检定和校准，合格后方可投入使用。

6）用于测量的图纸资料，测量技术人员必须认真核对，必要时应到现场核对，确认无误无疑后，方可使用，如发现疑问做好记录并及时上报，待得到答复后，才能按图进行测量

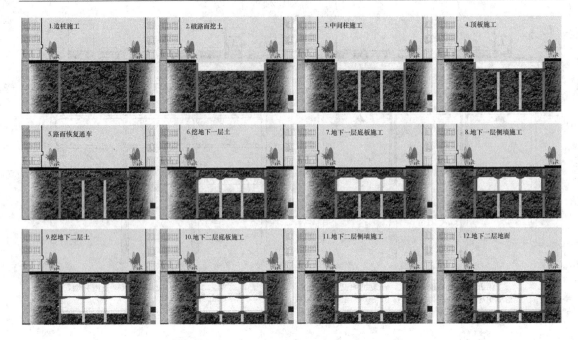

图 3-20　盖挖逆作法具体施工步骤示意

放样。

7) 原始观测值和记事项目，应在现场记录在规定格式的外业手簿中。测量技术人员要认真整理内业资料，保证所有测量资料的完整。资料必须一人计算，另外一人复核。抄录资料，亦须认真核对。

8) 积极和测量监理工程师进行联系、沟通和配合，满足测量监理工程师提出的测量技术要求及意见，并把测量结果和资料及时上报监理及第三方监测单位，测量监理工程师经过内业资料复核和外业实测确定无误后，方可进行下步工序的施工。

(3) 围护结构施工。在做好各种准备工作后，将施工基坑围护结构。围护结构有钻孔灌注桩、地下连续墙等承载能力大、刚度大的支护结构。具体施工作业，根据施工图的围护结构类型，编制相应的作业指导书。

(4) 基坑降水。根据基坑围护结构的不同，选择进行坑内降水和坑外降水。

降水方法适用条件：开挖基底低于地下水位的基坑，如果环境条件允许，应根据基坑地质条件及工程特点，采取措施降低地下水位至开挖面下 500～2500mm，然后才能开挖。基坑降水的主要方法有管井降水、轻型井点降水、喷射井点降水、电渗井点降水。电渗井点降水一般用于淤泥或淤泥质黏土等渗透系数非常小的地层；喷射井点降水深度大，但需要双层井点管，安装工艺复杂，造价高；轻型井点设备简单，安装快捷，是常用方法，但降水速度慢，影响半径小；管井降水深度大，降水速度快。

管井降水一般布置在基坑开挖范围外或基坑内部边坡平台上，分为疏干井和降压井。疏干井用于降低潜水水位，降压井用于降低承压水位。基坑开挖中一般采用管井疏干井降水，并可以先开挖地下水位 1250mm 以上的土方，然后形成边坡平台，在基坑内部边坡平台上进行井点降水，降低造价。

(5) 中间柱施工。中间柱是盖挖逆作法施工的地下车站的重要的工程构件。中间柱由中柱及基础中桩两部分组成，一般为永久立柱，为主体结构的承载结构。

为了减少围护结构及中间桩柱的入土深度，可以在做围护结构和中间桩柱之前，用暗挖法预先做好它们下面的底纵梁，以扩大承载面积。当然，这必须在工程地质条件允许暗挖施工时才可能实现，而且在开挖最下一层土和浇注底板前，由于围护结构和中间桩柱都无入土深度，故必须采取措施，如设置横撑以增加它们的稳定性。

（6）施工顶板及顶板回填恢复路面。顶板回填碾压密实度应满足地面工程设计要求。每层回填做成不少于2‰的横坡和向未填方向形成纵下坡，以利雨期排水。回填时集中力量，取、运、填、平、压各环节紧跟作业，抓紧晴天突击作业。

（7）基坑开挖。基坑开挖在降水施工完毕并降水20d后，进行土方施工。由于盖挖法施工时已经限定了出土口的位置，土方开挖必须根据出土口的位置，向下、左右单方向推进开挖，基坑开挖竖向分层、对称平衡开挖。

开挖过程中应充分发挥机械的施工效率。一个工作面上，采用小型挖掘机进行作业，并配置小型的出土车进行出土作业，每台挖机均设专人指挥。

1）基坑顶有动载时，坑顶缘与动载间应留有1m的护道，如地质、水文条件不良，或动载过大，应进行基坑开挖边坡验算，根据验算结果确定采用增宽护道或其他加固措施。

2）土方开挖过程中注意保护坑内降水井，确保降水、排水系统的正常运转。

3）开挖中须遵循"在完成上步支护前不得继续开挖"的原则，开挖一段后及时网喷支护，然后进行下一段的开挖，直至支护完毕。

4）基坑开挖过程中严禁超挖，基坑纵向放坡不得大于安全坡度，严防纵向滑坡〔安全坡度须按照设计图纸规定取值，无规定时，参照《建筑边坡工程技术规范》（GB 50330—2002）进行计算〕。

5）加强基坑稳定的观察和监控量测工作，以便发现施工安全隐患，并通过监测反馈及时调整开挖程序。

6）为防止超欠挖，基坑内设计坡面0.3m范围内的土方采用人工开挖。

（8）出土口。出土口的主要工程是出土、下料和调运设备，应根据地质情况、基坑大小、施工工期等布置出土口。为了便于安装提升设备（龙门吊、电动葫芦、汽车吊）和堆土等，出土口靠近地面运输道路设置，布置在基坑端头或侧边。出土口结构施工应预留钢筋，出土完成后进行封闭。

（9）上下人口。在施工初期，由于各个工作面还没有连通，一般出土口兼作上下人口，当各个工作面扩大连通之后，应设置专门的上下人口，深基坑的上下人口应安装步梯，一般情况下，根据上下人的多少，确定步梯的宽度，一般不宜小于3m，对于深度超过20m的基坑除安装步梯外，应安装电梯。一般情况下，一个出土口宜对应一个上下人口，上下人口可同时兼作消防口、通风口、排水口等。

（10）基坑清理。基坑开挖后，采用人工清除坑底松土，铲平凸起部分，修正边坡。以铲为主，超挖部分须报告监理、设计单位等共同研究处理。

基坑底预留300mm厚土方采用人工开挖，人工开挖期间测量组跟班进行标高测量，确保基坑底开挖标高符合设计要求，严禁超挖。

（11）基坑检查。

1）基坑开挖到基坑底高程后，必须进行基底检验，方可进行下道工序施工。基坑检验合格后，应尽快进行下道工序施工，尽量缩短暴露时间。

2）利用测量控制系统，对基底进行放样，测设基础底面中心十字线、轮廓线和基坑底高程。桩点应设置牢固，并挂线以备检查。

（12）基底处理。当基底以下地质不符合地基承载力要求时，应通过变更设计采取处理措施，处理方法随地基土质不同而异。

如遇到地基软硬不均、溶洞、裂隙、泉眼等特殊情况，应采用换土法、土桩法、砂桩法、重锤夯实法、强夯法、旋喷法、塑料排水法、振动水冲法、化学液体加固法等特殊的处理方法。对于粉质土、黄土、砂土、小粒径等基底，也可采用旋喷桩加固。

（13）监控量测反馈程序。地铁车站沉降变形监测资料均采用计算机配专业技术软件进行自动化分析、处理。根据实测数据分析、绘制各种表格及曲线，当曲线趋于平衡时推算最终值。

监测人员按时向施工监理、设计单位提交监控量测周报和月报，并综合分析监测成果，对当月的施工情况进行评价并提出施工建议，及时反馈指导信息，调整施工参数，保证安全施工。

（14）基坑监测。为了基坑开挖施工的安全，保证工程质量，为使周围已有建筑物、市政设施、地下管线等不受损伤、少受干扰，必须对基坑开挖全过程进行系统监测。

基坑放坡开挖监测工作主要为：地表沉降值、坡面位移值、地下水位监测值。通过监测，随时掌握边坡的稳定状态、安全程度，为设计和施工提供信息。

1）基坑土体、地表建筑物及地下管线沉降观测：采用精密的水准仪进行量测。主要采用精密水准测量方法进行，沉降观测点直接设置在被观测对象的特征点上，并在远离基坑或稳定的位置设置基准点。施工初期每天观测1~2次，施工后期可每隔7d观测1次。

2）降水观测：利用井点降水井作为水位观察井，采用水位仪进行监测，施工出去每天观测1次，后期可1~2d观测一次。根据水位变化情况调整抽水泵的开闭。

3）在基坑开挖支护施工过程中，每次监测结果及时向项目部和监理工程师报告。提交阶段成果资料包括：沉降观测成果表、水平位移观测成果表、水位监测成果表，当基坑变形出现异常情况时，加密监测次数，对监测数据进行分析研究，提出基坑安全的合理化建议。

5. 盖挖逆作法的关键技术与注意事项

（1）盖挖逆作法是由若干简单原始的技术，经过巧妙有机的组合所形成的一套完整的甚至于是完美的施工工法，需要精心组织与协调才能完成。

（2）确保整个车站防水系统和钢筋混凝土结构的完整和连续是第一个关键技术。

1）地模：盖板、中板不需支架和模板而是就地将土体作成结构裸露形状，地膜表层结构应确保易于脱模和确保结构表面光滑。

2）结构保护问题：梁板结构、边墙的外露面和迎水面都必须确保规范要求的保护层厚度。

3）重视后浇带的预留和浇筑。

4）边墙顶部刹尖（封顶）时在边墙支架模板上预留漏斗，待混凝土初凝前及时修凿补平。

（3）钢管柱的加工、运输、吊装、就位要求精度极高，不论是旋挖桩钢管基础或条形基础都有一套完整的工艺流程。

（4）确保深基坑开挖安全而必须采取的横向支撑或桩锚加固技术。

1）导墙必须与地板同时施作。

2）因施工是在顶板之下作业，作业环境差，故要充分注意施工的顺序、方法和安全。

3）开挖要在短期内进行、把范围限制在最小限度内，不要过度开挖。

4）考虑主体结构以外的支撑：当层高较高或地梁较高时，必须设置结构以外的支撑。在封闭的空间里，如何架设和拆除这些支撑。避免引起施工事故的发生。当斜支撑中有较大轴力时，轴力的垂直分量将会影响逆作结构及其立柱，必须对此进行验算。

（5）时间效应、降水效应、群洞效应对结构不均匀沉降有较大影响，所以必须做好沉降缝，使结构在不均匀下沉时不会使结构受到内伤。

（6）认真解决好盖挖逆作出土较慢的问题。

6. 盖挖逆作法适用范围

（1）接近开挖地点有重要结构物时。当在重要结构旁施工时，要求挡土墙变形量很小，运用逆作法施工，多采用高刚度挡土墙，逆作结构作为结构本体，本身具有很大的刚度，能有效控制变形。

（2）有强大土压或其他水平力作用，挡土支撑不稳定，需要强度和刚度都很大的支撑。

（3）开挖深度大，开挖或修筑主体需要较长时间，特别是需要保证施工安全情况下。

（4）因进度上的原因，需要在地板施工前修筑顶板，以便进行上部回填和开放路面。采用逆作法，能做到地上和地下同时施工，合理、安全、有效缩短工期，提高经济效益。

## 复 习 思 考 题

3-1　试述新奥法的技术原理、施工工艺及技术特点。与传统的施工方法相比，新奥法有何不同？

3-2　什么是浅埋暗挖法？简述其技术原理及施工工艺。

3-3　简述管幕法施工技术的主要内容。

3-4　什么是 TBM 法？简述其施工技术的主要内容。

3-5　什么是盾构法？盾构的基本组成和主要类型有哪些？试述盾构法的施工工序、施工工艺及其工艺特点。

3-6　什么是顶管法？简述其技术原理、施工工序及施工工艺。比较说明顶管法和盾构法施工工艺之异同。

3-7　沉井的基本构造包括哪些？简述沉井法施工的施工工序及施工工艺。

3-8　沉井施工方案有哪些？试述沉井纠偏方法。

3-9　什么是逆作法？简述其工艺原理及施工工序。

3-10　何谓盖挖法？其施工类型有哪两种？简述各自的特点。

3-11　简述盖挖逆作法的施工步骤与关键技术。

# 第四章　高效钢筋与新型预应力技术

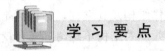 学习要点

　　本章介绍了新近开发的高效钢筋和新型预应力应用技术。通过本章学习，掌握新型钢筋的性能特点，钢筋焊接网应用技术、粗钢筋直螺纹连接及植筋技术、三种新型预应力技术的原理及施工作业工艺等技术内容，熟悉其应用范围及技术特点，了解各种新工艺的发展概况。

　　对于高效钢筋，目前尚未有一个统一、明确的定义。著者认为，所谓高效钢筋应是指具有良好的材料性能（较高的屈服强度、良好的延性和可焊性等）、工作性能（如抗震性能）和高效施工性能的钢筋，具有提高资源利用率、减少能源消耗和环境污染等特点。目前，推广采用的高效钢筋技术包括新型钢筋技术、钢筋焊接网技术、粗钢筋直螺纹连接及植筋技术。

## 第一节　新　型　钢　筋

### 一、新型钢筋

　　目前，我国推广的新型钢筋主要有 HRB400 级钢筋（新Ⅲ级钢筋）、500MPa 级钢筋和冷轧带肋钢筋三种。新型钢筋的推广应用，大大改善了 HRB335 级钢筋在多年应用实践中反映出的强度偏低、综合性能指标欠佳、不能有效地利用自然资源等缺陷。

　　(1) HRB400 级钢筋。HRB400 级钢筋也称新Ⅲ级钢筋，是指屈服强度为 400MPa 的热轧带肋钢筋，由于其化学成分中含有微量的 V、Nb、Ti 合金，故亦称 HRB400 级钢筋为微合金热轧带肋钢筋。它包含 20MnSiV、20MnSiNb 和 20MnTi 三个品种。由于微量合金元素 V、Nb 或 Ti 的加入使其晶粒细化、延性改善、碳含量降低、屈服强度提高，并具有良好的可焊性。

　　(2) 500MPa 级钢筋是指屈服强度为 500N/mm$^2$ 的热轧带肋钢筋，主要包括 HRB500、HRBF500 两个品种。HRB500 为普通热轧钢筋，多采用 V、Nb 或 Ti 等微合金化工艺进行生产，其工艺成熟、产品质量稳定，但生产成本稍高。HRBF500 为细晶粒热轧钢筋，生产工艺为通过控轧控冷工艺获得超细组织，从而在不增加合金含量的基础上提高钢材的性能。细晶粒热轧钢筋相对于传统普通热轧钢筋，具有生产成本低、低温、疲劳性能好等优点，但其焊接工艺要求高于普通热轧钢筋，应用中应予以注意。经过多年的研究和产品开发，我国钢铁企业已基本具备 HRB500 钢筋的批量生产能力，HRBF500 钢筋仅有少量企业可以生产。

　　(3) 冷轧带肋钢筋。冷轧带肋钢筋是以普通低碳钢或低合金钢热轧圆盘条为母材，经冷轧减径后在表面冷轧成具有三面或二面月牙形横肋的钢筋。冷轧带肋钢筋与混凝土的黏结强

度相当于光面钢筋的三倍以上，可用于现浇钢筋混凝土结构、板类构件中的受力主筋、箍筋和构造钢筋，以及中小预应力混凝土构件中的受力钢筋。

## 二、新型钢筋应用技术

（一）HRB400 级钢筋应用技术

1. HRB400 级钢筋的技术指标

（1）化学成分。为了保证钢筋力学性能和工艺性能，HRB400 级钢筋的化学成分应满足表 4-1 的要求。

表 4-1　　　　　　　　　　　HRB400 级钢筋的化学成分指标

| 化学成分 | 指　标 | 化学成分 | 指　标 |
|---|---|---|---|
| C | $\leqslant 0.25\%$ | P | $\leqslant 0.045\%$ |
| Si | $\leqslant 0.80\%$ | S | $\leqslant 0.045\%$ |
| Mn | $\leqslant 1.60\%$ | $C_{eq}$ | $\leqslant 0.54\%$ |

根据需要，钢中可加入 V、Nb、Ti 等元素，碳当量的允许偏差定为 +0.03%。

（2）力学性能和工艺性能。HRB400 级钢筋的力学性能和工艺性能应符合表 4-2 的规定。

表 4-2　　　　　　　　　　　钢筋的力学性能和工艺性能

| 牌　号 | 公称直径 (mm) | $\sigma_s$（或 $\sigma_{p0.2}$）MPa | $\sigma_b$ MPa | $\delta_5$ % | 弯曲试验 弯心直径 |
|---|---|---|---|---|---|
| HRB400 | 6～25 | $\geqslant 400$ | $\geqslant 570$ | $\geqslant 14$ | $4a$ |
|  | 28～50 |  |  |  | $5a$ |

注　$a$ 为试样直径。

当在有抗震设防要求的构件中使用 HRB400 级钢筋时，对于抗震等级为一、二级的框架结构，尚应满足下列要求：①钢筋实测抗拉强度与实测屈服强度之比值不应小于 1.25；②钢筋的屈服强度实测值与强度标准值之比不应大于 1.30。

（3）设计参数。热轧钢筋的强度标准值是根据屈服强度确定，HRB400 级钢筋的强度标准值取 400MPa，强度设计值定为 360MPa，钢筋直径范围为 6～50mm。需要指出的是直径 6mm、8mm、10mm 的小直径盘卷供应的 HRB400 级钢筋，有时没有明显的屈服点，其应力—应变曲线如同冷加工钢筋，因此在进行结构设计时应按有关规定执行。同时由于钢筋两面带有纵肋，表面不对称、圆度差，给开盘矫直造成一定困难，并应防止开盘矫直过程中表面严重擦伤和扭曲，且钢筋的弯曲度应满足标准要求。

2. HRB400 级钢筋的技术特点与适用范围

HRB400 级钢筋具有以下技术特点：

（1）采用 HRB400 级钢筋是适当提高混凝土结构可靠度水准的有力措施。通过设计比较指出，利用提高钢筋设计强度而不是增加用钢量来提高建筑结构的安全储备是一项经济合理的选择。

（2）在一般钢筋混凝土结构设计中，在钢材强度得到充分利用的情况下，采用 HRB400 级钢筋与Ⅱ级钢筋相比，可节约钢材 10%～15%。

（3）由于加入微合金元素（V、Nb、Ti 等），使钢筋性能稳定、碳当量低，焊接性能好，具有良好的工艺性能。虽然钢筋强度提高，仍有较好的延性，其拉断伸长率（$\delta_5$）一般可在 18%～26% 范围，且具有较高的最大平均伸长率，满足抗震要求。

HRB400 级热轧带肋钢筋可应用于非抗震和抗震设防地区的民用与工业建筑和一般构筑物，可用作钢筋混凝土结构构件的纵向受力钢筋和预应力混凝土构件的非预应力钢筋以及用作箍筋和构造钢筋等。

（二）500MPa 级钢筋应用技术及技术指标

500MPa 级钢筋应用技术主要有设计应用技术、钢筋加工及连接锚固技术等，详见新修订的混凝土结构设计、施工规范。

500MPa 级钢筋的技术指标应符合国家标准《钢筋混凝土用钢　第 2 部分：热轧带肋钢筋》（GB 1499.2—2007）的规定，设计应用指标应符合修订后的《混凝土结构设计规范》（GB 50010—2010）、《混凝土结构工程施工质量验收规范》（GB 50204—2002）、新编的《混凝土结构工程施工规范》（GB 50666—2011）及其他相关标准。钢筋直径为 6～50mm，钢筋的强度标准值为 500N/mm²，强度设计值为 415N/mm²。对有抗震设防要求的结构，其纵向受力钢筋的性能尚应满足特别规定（抗拉强度实测值与屈服强度实测值的比值不应小于 1.25，屈服强度实测值与屈服强度标准值的比值不应大于 1.30，最大力下总伸长率不得小于 9%），并建议采用 HRB500E、HRBF500E 钢筋。

500MPa 级钢筋可应用于非抗震和抗震设防地区的民用与工业建筑和一般构筑物，可用作钢筋混凝土结构构件的纵向受力钢筋和预应力混凝土构件的非预应力钢筋，以及用作箍筋和构造钢筋等。

（三）冷轧带肋钢筋应用技术

1. 冷轧带肋钢筋的技术要求

（1）冷轧带肋钢筋规格。我国冷轧带肋钢筋直径为 4～12mm，三面肋和二面肋钢筋的尺寸、重量及允许偏差必须符合有关规定。

（2）冷轧带肋钢筋的盘条。根据新修订的标准《冷轧带肋钢筋》（GB 13788—2008）规定，对于 CRB550 级、CRB650 级、CRB800 级和 CRB970 级冷轧带肋钢筋用盘条的参考牌号和化学成分见表 4-3。

表 4-3　　　　冷扎带肋钢筋用盘条的参考牌号和化学成分

| 钢筋牌号 | 盘条牌号 | 化学成分（质量分数）（%） | | | | | |
|---|---|---|---|---|---|---|---|
| | | C | Si | Mn | V. Ti | S | P |
| CRB550 CRB650 | Q215 | 0.09～0.15 | ≤0.30 | 0.25～0.55 | — | ≤0.050 | ≤0.045 |
| | Q235 | 0.14～0.22 | ≤0.30 | 0.30～0.65 | | ≤0.050 | ≤0.045 |
| CRB800 | 24MnTi | 0.19～0.27 | 0.17～0.37 | 1.20～1.60 | Ti：0.01～0.05 | ≤0.045 | ≤0.045 |
| | 20MnSi | 0.17～0.25 | 0.40～0.80 | 1.20～1.60 | | ≤0.045 | ≤0.045 |
| CRB970 | 41MnSiV | 0.37～0.45 | 0.60～1.10 | 1.00～1.40 | V：0.05～0.12 | ≤0.045 | ≤0.045 |
| | 60 | 0.57～0.65 | 1.17～1.37 | 0.50～0.80 | | ≤0.035 | ≤0.035 |

（3）冷轧带肋钢筋的力学性能和工艺性能。我国冷轧带肋钢筋按强度级别分为：550N/mm²、650N/mm²、800N/mm² 和 970N/mm²。CRB550 级钢筋主要用于钢筋混凝土结构中的受力主筋及预应力混凝土结构中的非预应力钢筋，特别适于板类构件的配筋，可采用绑扎、焊接骨架或焊接网形式，也可用作箍筋和构造钢筋；CRB650 级直径为 4～6mm，适用于中小预应力构件的受力主筋，可替代光面冷拔低碳钢丝；CRB800 级直径为 5mm，由热轧低合金钢盘条轧制；CRB970 级用高碳钢盘条轧制，用作预应力构件的主筋。冷轧带肋钢筋力学性能和工艺性能见表 4-4。

表 4-4　　　　　　　　　　　　冷轧带肋钢筋力学性能和工艺性能

| 牌号 | $R_{P0.2}$（MPa）不小于 | $R_m$（MPa）不小于 | 伸长率（%）不小于 | | 弯曲试验 180° | 反复弯曲次数 | 应力松弛 初始应力应相当于 公称抗拉强度的 70% |
|---|---|---|---|---|---|---|---|
| | | | $A_{11.3}$ | $A_{100}$ | | | 1000h 松弛率（%）不大于 |
| CRB550 | 500 | 550 | 8.0 | — | $D=3d$ | — | — |
| CRB650 | 585 | 650 | 4.0 | | — | 3 | 8 |
| CRB800 | 720 | 800 | — | | — | 3 | 8 |
| CRB970 | 875 | 970 | 4.0 | | — | 3 | 8 |

注　表中 $D$ 为弯心直径，$d$ 为钢筋公称直径。

2. 冷轧带肋钢筋的技术特点

冷轧带肋钢筋在预应力混凝土构件中是冷拔低碳钢丝的更新换代产品，在现浇混凝土结构中可代换 HPB300 级钢筋以节约钢材，是同类冷加工钢材中较好的一种。其特点如下。

（1）钢材强度较高。CRB550 级冷轧带肋钢筋与光面 HPB300 级钢筋相比，用在现浇混凝土楼、屋盖中，由于其设计强度提高了 71%，当考虑一些构造要求后，仍可节约钢材35%～40%。如考虑不用弯钩，钢材节约量还要多一些。CRB650 级钢筋的强度与甲级Ⅰ组冷拔低碳钢丝相当，与甲级Ⅱ组冷拔低碳钢丝相比，尚可节约一定量钢材。若用于预应力空心板，与甲级Ⅱ组冷拔低碳钢丝配筋的空心板比较，平均节约预应力钢筋 13% 左右，且每立方米混凝土构件可节省水泥 40kg，这是因为黏结锚固强度提高，混凝土强度等级可适当降低，节省水泥。综合考虑，每立方米构件大约节省生产费用 15 元左右；用 CRB800 级冷轧带肋钢筋代替冷拉 HRB335 级钢筋制作 180mm 空心板，平均节约预应力主筋 25%，水泥用量相同，每立方米混凝土构件可节省生产费用 35 元左右。

（2）钢筋的黏结锚固性能良好。冷轧带肋钢筋用于构件中杜绝了冷拔钢丝的沾油滑丝问题，且提高了构件端部的承载能力和抗裂能力；尤其在挤压机成型空心板时，避免了构件端部预应力冷拔钢丝的回缩现象；在钢筋混凝土结构中，可改善构件的裂缝状态，裂缝变得细而密，裂缝宽度比光面钢筋小，甚至比热轧螺纹钢筋还小。

（3）钢筋伸长率较大。冷轧带肋钢筋与冷拔低碳钢丝同属冷加工钢筋，原材料相同，且强度级别相当，按理其伸长率也应差不多。但是，由于冷轧带肋钢筋对原材料有所选择，即选用牌号与直径适宜的高速线材，且冷加工工艺不同，因此其伸长率较其他冷加工钢筋高。如行业标准规定甲级冷拔低碳钢丝 $\phi5$ 的伸长率 $\delta_{100}$ 为 3％，而 650 级和 800 级冷轧带肋钢筋的伸长率 $\delta_{100}$ 不低于 4％，从而改善了预应力构件的延性和抗冲击性能。根据试验结果表明，550 级冷轧带肋钢筋最大均匀伸长率在 2.5％以上，试验平均值分别达到 2.9％、3.74％和 5.22％，表明它具有良好的塑性，在混凝土连续板的设计中，可以考虑塑性内力重分布。

## 第二节　钢筋焊接网应用技术

钢筋焊接网既是一种新型、高性能结构材料，也是一种高效施工技术，是钢筋施工由手工操作向工厂化、商品化的根本转变。我国冷拔带肋钢筋、热轧 HRB400 级钢筋广泛快速的推广应用为焊接网发展提供了良好的物质基础。焊接网产品标准及使用规程的正式施行，对于提高产品质量、加速推广应用也起到了积极作用。

### 一、基本概念及分类

钢筋焊接网是在工厂制造，用专门的焊网机采用电阻点焊（低电压、高电流、焊接接触时间很短）焊接成型的网状钢筋制品。其纵向钢筋和横向钢筋分别以一定间距排列且互成直角，全部交叉点均用电阻点焊在一起。

钢筋焊接网一般分为定型焊接网和定制焊接网两种。定型焊接网也称为标准网，其焊接钢筋在网片的两个方向上的间距和直径可不同，但在同一方向上应采用同一牌号的钢筋及相同的直径、间距和长度，网格尺寸为正方形或矩形，网片的宽度和长度可根据设备生产能力或由工程设计人员确定。定型焊接网通用性较强，一般可在工厂提前预制，可大量库存待用。定制钢筋焊接网也称为非标准网，采用的钢筋直径、间距和长度可根据具体工程情况由供需双方确定，并以设计图表示。

钢筋焊接网可用于多层和高层住宅、办公楼、商店、医院、厂房和仓库等建（构）筑物的楼（屋面）板、地坪、墙体等的配筋，也可用作市政桥梁和公路桥梁的桥面铺装、旧桥面改造、桥墩防裂等。钢筋焊接网在水工、港工结构、隧洞衬砌、特殊构筑物及护栏网等方面也有很多应用。

### 二、钢筋焊接网的材料及规格

#### 1. 钢筋焊接网的材料

钢筋焊接网宜采用 CRB550 级冷轧带肋钢筋或 HRB400 级热轧带肋钢筋制作，也可采用 CPB550 级冷拔光面钢筋制作。

（1）冷轧带肋钢筋。冷轧带肋钢筋三面带肋、圆度好，开盘矫直方便、容易，焊接质量好，价格偏低，技术成熟，使用经验丰富，是目前国内外主要焊接网品种。

（2）热轧带肋钢筋。热轧带肋钢筋延性好，但二面带肋圆度较差，给矫直增加一定困难，且易扭曲、表面擦伤。为了增加二面肋热轧钢筋的圆度，减少矫直难度，增加焊点强度，根据现行国家标准《钢筋混凝土用钢筋焊接网》（GB/T 1499.3—2002）的规定，只要力学性能满足要求，征得用户同意，对于 HRB400 级钢筋可以取消纵肋。

（3）冷拔光面钢筋。由于冷拔光面钢筋与混凝土的黏结锚固性能较差，近些年很少采用。

焊接网钢筋的强度指标见表 4-5。

**表 4-5**　　　　　　　　　　　　　　　　焊接网钢筋的强度指标

| 焊接网钢筋 | 直　径<br>（mm） | 强度标准值<br>（N/mm²） | 强度设计值<br>（N/mm²） |
|---|---|---|---|
| 冷轧带肋钢筋 CRB550 | 5～12 | 550 | 360 |
| 热轧带肋钢筋 HRB400 | 6～16 | 400 | 360 |
| 冷拔光面钢筋 CPB550 | 5～12 | 550 | 360 |

2. 钢筋焊接网的规格

钢筋焊接网的规格宜符合下列规定：

（1）冷轧带肋钢筋直径范围为 4～12mm，且在 4～12mm 范围内可采用 0.5mm 进级，受力钢筋宜采用 5～12mm；热轧带肋钢筋宜采用 6～16mm。

（2）焊接网长度不宜超过 12m，宽度不宜超过 3.3m，主要考虑焊网机的能力及运输条件的限制。

（3）焊接网制作方向的钢筋间距宜为 100mm、150mm 或 200mm，与制作方向垂直的钢筋间距宜为 100～400mm，且宜为 10mm 的整倍数。当双向板采用双层配筋时，非受力方向钢筋间距可适当增大。

### 三、钢筋焊接网的设计计算

1. 一般规定

钢筋焊接网混凝土结构构件设计时，其基本设计假定、承载能力极限状态计算、正常使用极限状态验算以及构件的抗震设计等，基本上与普通钢筋混凝土结构构件的设计计算相同。除应符合焊接网使用规程的要求外，尚应满足现行国家标准的有关规定。

钢筋焊接网混凝土结构构件的最大裂缝宽度限值按环境类别规定：一类环境为 0.3mm；二、三类环境为 0.2mm。在其他类环境或使用条件下的结构构件，其裂缝控制要求应符合专门规定。

冷轧带肋钢筋焊接网配筋的混凝土连续板的内力计算可考虑塑性内力重分布，其支座弯矩调幅值不应大于按弹性体系计算值的 15%。热轧带肋钢筋焊接网混凝土连续板的内力重分布计算，可参照现行工程标准的有关规定。

2. 承载力计算

焊接网配筋的混凝土结构构件计算与普通钢筋混凝土构件相同。相对界限受压区高度 $\xi_b$ 的取值如下：当混凝土强度等级不超过 C50 时，对 CRB550 级钢筋，取 $\xi_b = 0.37$；对 HRB400 级钢筋，取 $\xi_b = 0.52$。但是，国内有些钢厂生产的小直径 HRB400 级钢筋，往往没有明显的屈服点，对于这种钢筋，当混凝土强度等级不超过 C50 时，取 $\xi_b = 0.37$。

斜截面受剪承载力计算时，焊接网片或箍筋笼中带肋钢筋的抗拉强度设计值按 360N/mm² 取值。试验表明，用变形钢筋网片作箍筋，对斜裂缝的约束明显优于光面钢筋，试件破坏时箍筋可达到较高应力，其高强作用在抗剪计算时得到充分发挥，提高构件斜截面抗裂性能。

3. 裂缝计算

钢筋焊接网配筋的混凝土受弯构件，在正常使用状态下，一般应验算裂缝宽度。按荷载效应的标准组合并考虑长期作用影响计算的最大裂缝宽度不应超过规程的限值。为简化计算，对在一类环境（室内正常环境）下带肋钢筋焊接网板类构件，当混凝土强度等级不低于 C20、纵向受力钢筋直径不大于 10mm 且混凝土保护层厚度不大于 20mm 时，可不作最大裂缝宽度验算。

试验结果表明，焊接网横筋可有效提高纵筋与混凝土间的黏结锚固性能，且横筋间距越小，提高的效果越大，从而可有效地抑制使用阶段裂缝的开展。

**四、钢筋焊接网施工技术**

1. 施工工序

钢筋焊接网的施工应与电气及水道预埋、预留等工种密切配合，一般流程为：模板架设→框架梁筋绑扎→铺设底层钢筋焊接网→电气管线预埋→面层钢筋焊接网铺设→水道预留洞→补加强钢筋。

2. 施工工艺

钢筋焊接网施工的关键工艺是焊接网的锚固与搭接。

（1）焊接网的锚固。带肋钢筋焊接网的锚固长度与钢筋强度、焊点抗剪力、混凝土强度、钢筋外形以及截面单位长度锚固钢筋的配筋量等因素有关。通常以锚固拔出试验结果得出的临界锚固长度为基础，考虑 1.8～2.2 倍的安全储备系数，作为设计上采用的最小锚固长度值。当焊接网在锚固长度内有一根横向钢筋且此横向钢筋至计算截面的距离不小于 50mm 时，由于横向钢筋的锚固作用，使单根带肋钢筋的锚固长度减少 25% 左右。当锚固区内无横筋时，锚固长度按单根钢筋锚固长度取值。

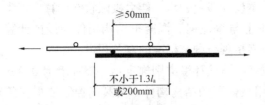

图 4-1 带肋钢筋焊接网搭接接头

（2）焊接网的搭接。焊接网的搭接均是由两张网片上的所有钢筋在同一搭接处完成的。由于焊接网搭接处受力比较复杂，试验表明试件破坏时绝大部分发生在搭接区域，特别是当钢筋直径较大时，表现得更明显，因此，布网设计时必须避开在受力较大处设置搭接接头。焊接网的搭接方法主要有叠接法、扣接法、平接法。采用叠接法时，要求在搭接区内每张网片至少有一根横向钢筋，两网片最外一根横向钢筋间的距离不应小于 50mm，钢筋末端（对带肋钢筋）之间的搭接长度不应小于 1.3 倍最小锚固长度，且不小于 200mm，如图 4-1 所示；采用平搭法时，只允许搭接区内一张网片无横向钢筋，另一张网片在搭接区内必须有横向钢筋。平搭法的搭接长度比叠搭法约增加 30%，但可以有效减少钢筋所占的厚度。考虑地震作用的焊接网构件，规程按不同抗震等级给出了增加钢筋受拉锚固长度 5%～15% 的规定，在此基础上乘以 1.3 倍增大系数，得出考虑抗震要求的受拉钢筋搭接长度。

**五、钢筋焊接网结构构造**

1. 板的构造

（1）网片配筋。板的焊接网配筋应按板的梁系区格布置。板伸入支座的下部纵向受力钢筋，其间距不应大于 400mm，截面面积不应小于跨中受力钢筋截面面积的 1/2，伸入支座的锚固长度不宜小于 10d，且不宜小于 100mm。网片最外侧钢筋距梁边的距离不应大于该方向钢筋间距的 1/2，且不宜大于 100mm。

（2）网片布网与搭接。板的焊接网配筋应尽量减少搭接。单向板底网的受力主筋不宜设置搭接，双向板长跨方向底网搭接宜布置在梁边 1/3 净跨区段内，满铺面网的搭接宜设置在梁边 1/4 净跨区段以外且面网与底网的搭接宜错开，不宜在同一断面搭接。目前。双向板底网的布网方式主要有两种：①将双向板的纵向钢筋和横向钢筋分别与非受力筋焊成纵向网和横向网，安装时分别插入相应的梁中［图 4-2（a）］；②将纵向钢筋和横向钢筋分别采用 2 倍原配筋间距焊成纵向底网和横向底网，安装时分别插入相应的梁中［图 4-2（b）］，此种布网，长跨方向搭接宜采用平搭法。

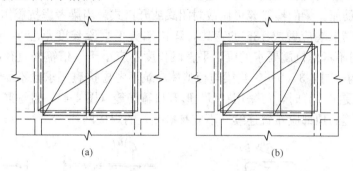

图 4-2　双向板底网的双层布置

2. 墙的构造

焊接网可用作钢筋混凝土房屋结构剪力墙中的分布筋，其适用范围应符合下列规定。

（1）可用于无抗震设防要求的钢筋混凝土房屋的剪力墙，以及抗震设防烈度为 6 度、7 度和 8 度的丙类钢筋混凝土房屋中的框架—剪力墙结构、剪力墙结构、部分框支剪力墙结构和筒体结构中的剪力墙。

（2）关于抗震房屋的最大高度应满足：当采用热轧带肋钢筋焊接网时，应符合《混凝土结构设计规范》（GB 50010—2010）（以下简称《规范》）中的现浇混凝土房屋适用的最大高度的规定；当采用冷轧带肋钢筋焊接网时，应比《规范》规定的适用最大高度低 20m。

（3）筒体结构中的核心筒以及一级抗震等级剪力墙底部加强区的分布筋，宜优先采用热轧带肋钢筋焊接网。采用冷轧带肋钢筋焊接网时，对一、二、三级抗震等级的剪力墙的竖向和水平分布钢筋，配筋率均不应小于 0.25%，四级抗震等级不应小于 0.2%。当钢筋直径为 6mm 时，分布钢筋间距不应大于 150mm；当分布钢筋直径不小于 8mm 时，其间距不应大于 300mm。

为慎重起见，对抗震等级为一、二级的冷轧带肋钢筋焊接网剪力墙，底部加强部位及相邻上一层墙两端及洞口两侧边缘构件沿墙肢的长度及其配箍特征值应作适当的加强处理。

剪力墙的分布筋为热轧（HRB400）钢筋焊接网、约束边缘构件纵筋为热轧带肋钢筋、约束边缘构件的长度和配箍特征值均符合《规范》规定的剪力墙，试验结果表明，墙体的破坏形态为钢筋受拉屈服、压区混凝土压坏，呈现以弯曲破坏为主的弯剪型破坏。因此，热轧钢筋焊接网可积极用于抗震设防烈度不大于 8 度的丙类钢筋混凝土房屋剪力墙的分布筋。

3. 梁、柱构造

钢筋焊接网在建筑工程梁、柱构件中主要是焊接箍筋笼的应用。箍筋笼的生产制作，通常是将钢筋与几根较细直径的连接钢筋先焊接成平面网片，然后用网片弯折机弯折成设计尺寸的焊接箍筋骨架。采用焊接箍筋笼可免去现场绑扎钢筋，显著提高施工进度，减少现场钢筋工数量。

梁、柱的箍筋笼宜采用带肋钢筋制作，钢筋的间距应符合《规范》的有关规定。

（1）柱的箍筋笼。柱的箍筋笼应做成封闭式并在箍筋末端做成135°的弯钩，弯钩末端平直段长度不应小于5倍箍筋直径。当有抗震要求时，平直段长度不应小于10倍箍筋直径，箍筋间距不应大于400mm及构件截面的短边尺寸且不应大于15d，箍筋直径不应小于$d/4$（$d$为纵向受力钢筋的最大直径）且不应小于5mm。箍筋笼长度应根据柱高可采用一段或分成多段，并应考虑焊网机和弯折机的工艺参数。

（2）梁的箍筋笼。梁的箍筋笼可做成封闭式或开口式。当梁考虑抗震作用时，箍筋笼应做成封闭式，箍筋末端应做成135°的弯钩，弯钩端头平直段长度不应小于10倍箍筋直径[图4-3（a）]；对不考虑抗震要求的梁，平直段长度不应小于5倍箍筋直径，并在角部弯成稍大于90°的弯钩[图4-3（b）]。当梁与板整体浇筑不考虑抗震要求且不需计算要求的受压钢筋亦不需进行受扭计算时，可采用"U"形开口箍筋笼（图4-4），且箍筋应尽量靠近构件周边位置，开口箍的顶部应布置连续（不应有搭接）的焊接网片。

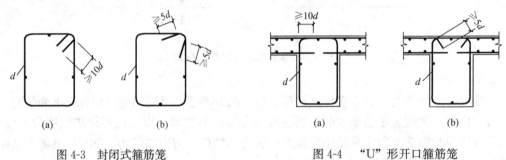

图4-3 封闭式箍筋笼　　　　　　　　　图4-4 "U"形开口箍筋笼

**六、技术特点**

钢筋焊接网作为一种高效的施工技术，具有显著的技术特点：

（1）钢筋工程的现场工作量大部分转到专业化工厂进行，可大量降低钢筋安装工时，比绑扎网少用人工50%～70%，大大提高施工速度。

（2）焊接网的焊点不仅能承受拉力，还能承受剪力，纵横向钢筋形成网状结构共同起黏结锚固作用，增强了混凝土的抗裂性能，有利于减少或防止混凝土裂缝的产生与发展。

（3）焊接网的网格尺寸非常规则，远超过手工绑扎网，网片刚度大，弹性好，浇灌混凝土时钢筋不易局部弯折，混凝土保护层厚度易于控制、均匀，明显提高钢筋工程质量。

（4）焊接网具有较好的综合经济效益，虽然焊接网的单价高于散支钢筋，但是焊接网钢筋的设计强度比Ⅰ级钢筋高50%～70%，考虑一些构造要求后，仍可节省钢筋30%左右。综合考虑（与Ⅰ级钢筋相比）可降低钢筋工程造价5%左右，国外可降低钢筋工程造价10%左右。

## 第三节　粗钢筋直螺纹连接及植筋技术

粗钢筋的连接技术是土建工程中一项量大而面广的重要施工技术，它直接影响工程结构的安全、质量、速度和效益，历来受建设单位、设计单位和施工单位的重视。

粗钢筋的连接方法有机械连接法和焊接法。钢筋直螺纹连接技术是一种新型高效的机械连接方法。

钢筋直螺纹连接技术是指在热轧带肋钢筋的端部制作出直螺纹，利用带内螺纹的连接套筒对接钢筋，达到传递钢筋拉力和压力的一种钢筋机械连接技术。

根据直螺纹制作工艺的不同，钢筋直螺纹连接技术分为镦粗直螺纹钢筋连接技术、滚轧直螺纹钢筋连接技术、精轧螺纹钢筋连接技术等。对于目前我国普通混凝土结构中所用的HRB335 和 HRB400 级钢筋，采用的主要连接方式是镦粗直螺纹钢筋连接技术和滚轧直螺纹钢筋连接技术，精轧螺纹钢筋连接技术主要是针对预应力混凝土结构用的高强度（屈服强度为 785～930MPa 级）钢筋的连接。

**一、镦粗直螺纹钢筋连接技术**

1. 基本原理及连接形式

镦粗直螺纹钢筋连接技术是先将钢筋端部镦粗，在镦粗段上制作直螺纹，再用带内螺纹的套筒对接钢筋，通过螺纹和螺纹套筒的咬合形成整体，以达到连接的目的。

钢筋的镦粗方式可分为热镦和冷镦两种形式。热镦是通过电磁波产生 900℃以上高温使钢筋端头加热，再用模具镦压，从而使接头变粗；冷镦是在常温下通过机械模具的挤压而使钢筋端头变粗。由于热镦工艺需在室内环境下进行，电力消耗大、工艺复杂、加工成本高，而冷镦工艺则只需在常温下进行，工艺简单，不受环境影响，因此已在国内被广泛采用。冷镦粗直螺纹套筒连接标准型钢筋接头如图 4-5 所示。

2. 主要技术内容

本技术主要包括钢筋镦粗技术和直螺纹制作技术。

（1）钢筋的镦粗技术。钢筋的镦粗是采用专用的钢筋镦头机来实现的，镦头机为液压设备，由高压油泵作为动力源。

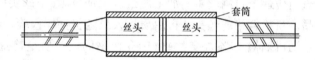

图 4-5　冷镦粗直螺纹标准型钢筋接头

（2）钢筋的直螺纹制作技术。在钢筋镦粗段上制作直螺纹的方法有两种：

1）切削螺纹。用专用钢筋直螺纹套丝机对钢筋镦粗段加工直螺纹。

2）剥肋滚轧直螺纹。用专用钢筋直螺纹滚丝机对钢筋镦粗段加工直螺纹。

3. 工艺流程

镦粗直螺纹钢筋连接技术流程为：钢筋下料→切头→镦粗→套丝加保护套→机械加工→套筒加保护套→工地连接。

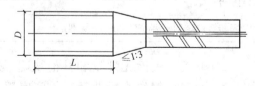

图 4-6　镦粗头外形尺寸

4. 技术要求

丝头的加工（包括切头、镦粗和套丝）和套筒的制作均在加工场制作完成，施工现场仅需用套筒将丝头连接。

（1）下料时，必须保证钢筋端头切口与钢筋轴线垂直，不允许有马蹄形或挠曲，端头部分不直应调直后下料。

（2）采用钢筋镦粗机将钢筋端头镦粗，镦粗段与钢筋轴线同心度≤4°，且镦粗后外观不得有明显的裂纹、凹陷和影响钢筋强度的其他缺陷；镦粗头的基圆直径 $D$ 大于丝头螺纹外径，长度 $L$ 大于 1/2 套筒长度，过渡段坡度≤1：3，如图 4-6 所示，镦粗外形尺寸见表 4-6，钢筋镦粗套丝后加塑料保护套防止损坏丝口。

（3）不合格的镦粗头，应切去后重新镦粗，不得对镦粗头做二次镦粗。

表 4-6　　　　　　　　　　　　　　　　钢筋镦粗头外形尺寸

| 钢筋直径（mm） | 外径 $D\pm0.2$（mm） | 长度 $L\pm0.5$（mm） |
|---|---|---|
| 22 | 25.6 | 25 |
| 25 | 29.6 | 28 |
| 28 | 32.6 | 31 |
| 32 | 36.6 | 35 |
| 36 | 40.6 | 39 |

（4）加工钢筋丝头时应采用水溶性切削润滑液，当气温低于 0℃时应有防冻措施，不得在无润滑液的情况下套丝。

（5）钢筋丝头的螺纹应与连接套筒的螺纹相匹配，具体要求应符合表 4-7 规定，丝头长度偏差一般不宜超过 $+1P$（$P$ 为螺距）。

5. 质量要求和检验

镦粗直螺纹钢筋连接的外观质量要求：

（1）丝头。钢筋丝头应按表 4-7 的质量要求进行检验，外形尺寸、螺纹直径及丝头长度应满足图纸要求。丝头检验为加工现场检验，检查项目、方法及要求见表 4-7 和图 4-7。加工人员应逐个目测丝头的加工质量。每加工 10 个丝头应用螺纹环检查 1 次，并剔出不合格产品。自检合格的丝头，再由质检人员随机抽样检验，以一个工作班生产的丝头为一个检验批，随机抽检 10%，按表 4-7 中 3 作钢筋丝头质量检查。当合格率小于 95% 时，应加倍抽检，复检的合格率仍小于 95% 时，应再对全部钢筋丝头逐个检验，并切去不合格的丝头，重新镦粗和加工螺纹。丝头检验合格后用塑料帽或连接套筒和保护塞加以保护。

表 4-7　　　　　　　　　　　　　　　　钢筋丝头质量检验要求

| 序号 | 检验项目 | 量具名称 | 检　验　要　求 |
|---|---|---|---|
| 1 | 外观质量 | 目测 | 牙形饱满，牙顶宽度超过 0.6mm，秃牙部分累计长度不应超过一个螺纹周长 |
| 2 | 外形尺寸 | 卡尺或专用量具 | 丝头长度应满足设计要求，标准型接头的丝头长度公差为 $+1P$ |
| 3 | 螺纹大径 | 光面轴用量规 | 通端量规应能通过螺纹大径，而止端量规不应通过螺纹大径 |
| 4 | 螺纹中径及小径 | 通端螺纹环规 | 能顺利旋入螺纹并达到旋合长度 |
| | | 止端螺纹环规 | 允许环规与端部螺纹部分旋合，旋入度不应超过 $3P$（$P$ 为螺距） |

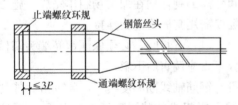

图 4-7　钢筋丝头质量检验示意图

（2）套筒。表面无裂纹和其他缺陷，外形尺寸、套筒内螺纹直径及套筒长度应满足产品设计要求，套筒两端应加塑料保护塞。

6. 技术特点

（1）强度高。镦粗段钢筋切削螺纹后所得截面面积大于钢筋原截面面积，即螺纹不削弱截面，从而确保接头强度大于钢筋母材强度。

（2）连接速度快。直螺纹套筒短，螺纹丝扣数少，连接时将套筒套在钢筋上用普通扳手拧紧即可，大大降低劳动强度，节约时间。

（3）应用范围广。可用于弯曲钢筋、钢筋笼等不能转动钢筋的场合，在狭小的场地施工或钢筋排列较密集处也能灵活操作。

（4）适应性强。施工连接时，不用电、不用气，无名火作业，无漏油、空气污染，现场施工时，雨、雪、低温状态等均可施工，并适用于水下、易燃、超高等特殊施工环境。

（5）性能稳定。套筒的生产和钢筋镦粗套丝均在加工场进行，现场仅进行套筒和钢筋连接，排除了现场施工条件对接头性能的影响。

**二、滚轧直螺纹钢筋连接技术**

1. 基本原理

滚轧直螺纹钢筋连接技术的基本原理与镦粗直螺纹钢筋连接技术的基本原理相同，只是它们接头的制作原理有所不同。滚轧直螺纹钢筋接头是利用钢筋的冷作硬化原理，在滚轧螺纹过程中提高钢筋材料的强度，用来补偿钢筋净截面面积减小给钢筋强度带来的不利影响，使滚轧后的钢筋接头能基本保持与钢筋母材等强。

2. 主要技术内容

滚轧直螺纹钢筋接头分直接滚轧和剥肋滚轧两种工艺：

（1）直接滚轧工艺，主要工艺包括：①钢筋端部切平；②专用滚丝机对端部滚丝；③用连接套筒对接钢筋。

（2）剥肋滚轧工艺，主要工艺包括：①钢筋端部切平；②专用剥肋滚丝机对端部剥肋、滚丝；③用连接套筒对接钢筋。

3. 工艺流程

钢筋滚轧直螺纹连接的工艺流程为：钢筋下料→切头→机械加工（丝头加工）→套丝加保护套→工地连接。

4. 质量要求

（1）连接套筒及锁母的质量要求。

1）外观质量。螺纹的牙形应饱满，连接套筒的表面不得有裂纹，连接套筒及锁母的表面不得有严重的锈蚀及其他肉眼可见的缺陷。

2）内螺纹尺寸的检验。用专用的螺纹塞规检验，其要求是螺纹塞规应能顺利旋入，塞规旋入的长度不得超过 $3P$（$P$ 为螺距）。

（2）钢筋丝头的质量要求。

1）外观质量。丝头的表面不得有影响接头性能的损坏或锈蚀。

2）外形质量。丝头有效螺纹数量不得少于设计规定，牙形宽度大于 $0.3P$ 的不完整螺纹累计长度不得超过螺纹的周长，标准型接头的有效螺纹长度应不小于 $1/2$ 连接套筒长度，允许误差为$+2P$；其他连接形式应符合设计要求。

3）丝头尺寸的检验。用专用的螺纹环规检验，其要求是环规应能顺利地旋入，但环规旋入的长度不得超过 $3P$。

（3）钢筋连接接头的质量要求。

1）接头钢筋连接完成后，标准型接头连接套筒外应有外路有效螺纹，且连接套筒单边外路的有效螺纹长度不得超过 $2P$，其他连接形式应符合设计要求。

2）钢筋连接完成后，拧紧扭矩值应符合表 4-8 的要求。

表 4-8                                                拧紧力矩值要求

| 钢筋直径（mm） | ≤16 | 18～20 | 22～25 | 28～32 | 36～40 |
|---|---|---|---|---|---|
| 拧紧扭矩值（N·m） | 100 | 200 | 260 | 320 | 360 |

（4）钢筋连接接头的力学性能。

1）钢筋连接接头现场拉伸试验的结果，应符合现行行业标准《钢筋机械连接通用技术规程》（JGJ 107—2010）中的有关规定。

2）用于直接承受动力荷载的结构中受力钢筋的连接接头，应根据现行行业标准《钢筋机械连接通用技术规程》（JGJ 107—2010）中的有关疲劳性能的规定进行试验。

5. 技术特点及适用范围

滚轧直螺纹连接技术具有以下技术特点：

（1）滚轧直螺纹连接技术将钢筋端头一次滚轧成形为直螺纹，由于钢筋端头材料在冷作硬化作用下，强度得到提高，实现了接头与钢筋等强度连接的目的。

（2）克服了其他钢筋机械连接技术存在的螺纹精度差、尺寸偏差大、易产生虚假螺纹、滚丝轮寿命低、附加成本高等缺点，具有较大的创新性。

（3）钢筋滚轧直螺纹连接技术具有接头强度高、连接速度快、设备操作简单、性能稳定可靠、施工方便等特点。

滚轧直螺纹连接技术适用于直径为 $\phi14～\phi40$ 的 HRB335、HRB400 级钢筋在任意方向和位置的同径或异径钢筋的连接。

**三、直螺纹钢筋接头的类型及应用**

按照行业标准《钢筋机械连接通用技术规程》（JGJ 107—2010）中的有关规定，直螺纹钢筋接头分为六种接头形式，分类如图 4-8～图 4-13 所示，应用见表 4-9。

表 4-9                                                直螺纹钢筋接头类型

| 序号 | 形式 | 使 用 场 合 |
|---|---|---|
| 1 | 标准型 | 用于正常情况下连接钢筋 |
| 2 | 加长丝头型 | 用于转动钢筋较困难的场合，通过转动套筒连接钢筋 |
| 3 | 扩口型 | 用于钢筋较难对中和钢筋笼整体对接的场合 |
| 4 | 异径型 | 用于连接直径不同的钢筋 |
| 5 | 正反丝扣型 | 用于钢筋转动困难但可以轴向移动的场合 |
| 6 | 加锁母型 | 用于钢筋完全不能转动的场合，通过转动套筒连接钢筋，用锁母锁定套筒 |

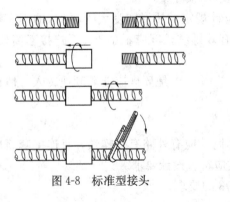

图 4-8　标准型接头

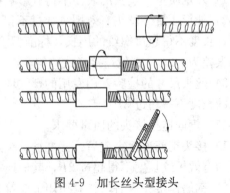

图 4-9　加长丝头型接头

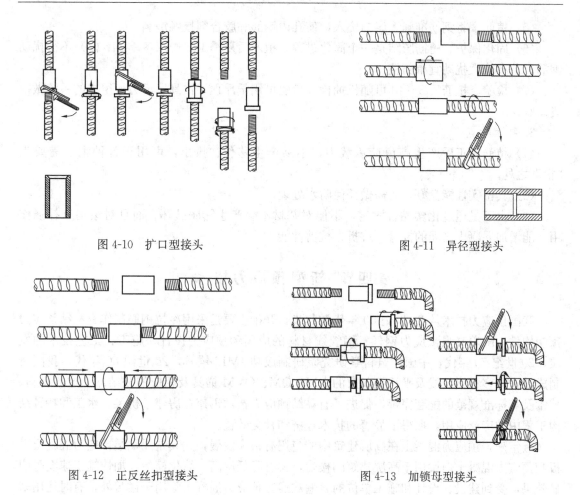

图 4-10 扩口型接头　　　　　　　　　　　图 4-11 异径型接头

图 4-12 正反丝扣型接头　　　　　　　　　图 4-13 加锁母型接头

**四、植筋技术**

1. 概述

所谓植筋技术，就是在结构加固、补强、新老结构连接、补埋钢筋、后埋钢构件等工程中，在已有混凝土结构或构件上根据工程设计所用钢筋（通常称为植筋）直径，以适当的钻孔直径和深度钻孔，并采用建筑用化学胶黏剂使新增的设计直径钢筋与原混凝土黏结牢固，并使设计钢筋与原混凝土的黏结强度达到设计要求，从而使作用在植筋上的拉力通过化学黏结剂向混凝土中传递。

植筋技术可用于各类建筑结构增建变更等预留钢筋的固定，横梁、柱头、楼板、剪力墙加固钢筋的锚定及钢结构、机械设备支架等的螺杆锚定等。

2. 植筋施工

植筋施工通常包括以下工艺：

（1）定位。确定钻孔位。

（2）钻孔。在定位点按施工规范标准进行钻孔，同时对钢筋进行去污除锈处理并标记植入深度。

（3）清孔。将已钻好的孔进行清洗以确保孔壁具有良好的黏结性。

（4）注胶。用注胶枪从孔底部注入胶合剂，注胶量不得少于孔深的 3/4。

（5）植筋。将钢筋准确无误的旋入，使孔内钢筋和胶合剂接触饱满。

（6）固化保护。植筋胶结是一个固化过程，植筋后夏季 12h 内（冬季 24h 内）不得扰动钢筋，若有较大扰动宜重新植。

（7）检验。植筋后 3～4d 可随机抽检，检验可用千斤顶、锚具、反力架组成的系统做拉拔试验。

3. 技术特点

（1）植筋施工后产生高负荷承载力，不易产生移位、拔出，可用于各种钢筋需要生"根"之处。

（2）其密实性能良好，无需做任何防水处理。

（3）由于是通过化学黏合固定，不但对基材不会产生膨胀破坏，而且对结构有补强作用，能增加混凝土之间的抗弯、抗折、抗剪性能。

# 第四节　新型预应力技术

我国预应力技术从 20 世纪 50 年代初起步，开始主要是采用冷拉钢筋制作有黏结预应力预制构件，随着高强预应力钢丝、钢绞线材料的应用和预应力设计、施工、工艺技术的发展，20 世纪 70 年代，中国建筑科学研究院研制成功 JM12 锚具，20 世纪 80 年代，我国研制成功锚固多根钢绞线及平行钢丝束的 XM、QM、OVM 锚具及相应的联结器，这些材料、技术及其标准规范的配套完善，促进了有黏结预应力技术迅速在房建、桥梁、水工和特种结构工程中的广泛应用，取得了显著的技术经济和社会效益。

近年来，预应力混凝土在高层建筑中的应用有很大发展，尤其是无黏结预应力混凝土平板和预应力混凝土扁梁用于高层建筑的楼盖，具有降低层高、简化模板、加快施工速度等明显效果，受到建设、设计和施工单位的普遍欢迎。预应力混凝土除用于楼盖外，有时还用来解决大跨度、大空间部位柱网转换时的转换梁、转换桁架，以及复杂柱网情况下的转换板。此外 8～18m 跨度的预应力混凝土空心板，外墙用的装饰保温复合预应力混凝土墙板在高层建筑中的应用前景也很广阔。

## 一、预应力技术概述

预应力技术是在混凝土的受拉区内，用人工的方法将钢筋进行张拉，利用钢筋的回缩使混凝土预先承受压力，限制混凝土的变形开裂。预应力混凝土与普通混凝土相比，除能提高结构构件的抗裂度和刚度外，还可以提高构件的耐久性、节约材料、减小构件截面、减轻结构自重，但施工较为复杂，需要专门的材料和设备、特殊的工艺。

（一）预应力技术的类型

按预应力施加方法的不同，预应力技术可以分为先张法预应力技术和后张法预应力技术。在后张法预应力技术中，按预应力筋的黏结状态又可分为无黏结预应力技术和有黏结预应力技术。

（1）先张法。先张法是将钢筋张拉至设计控制应力，用夹具临时固定在台座或钢模上，然后浇筑混凝土，待混凝土凝结硬化达到一定强度（一般不低于设计混凝土立方体抗压强度标准值的 75%）后，放松钢筋，靠钢筋和混凝土之间的黏结力，使混凝土构件获得预压应力。先张法适用于预制厂或现场集中成批生产各种中、小型预制构件，如楼板、屋面板、檩条、吊车梁、屋架等。

（2）后张法。后张法是先制作混凝土构件或块体，并在预应力筋的位置留出相应的孔道，待混凝土强度达到设计规定的数值后，穿预应力筋（束），用张拉设备进行张拉，并用锚具把预应力筋（束）锚固在构件的两端，锚具将张拉力传递给混凝土构件而使之产生预压应力。有黏结预应力筋在张拉完毕后在孔道内灌浆。后张法适用于现场或预制厂生产用Ⅱ、Ⅲ、Ⅳ级粗钢筋及钢筋束作为预应力筋（束）的较大型构件，如屋架、屋面梁、吊车梁、托架等。

（二）材料

1. 预应力筋

在预应力混凝土结构中，用于建立预应力的单根或成束的预应力钢丝、钢绞线和钢筋统称为预应力筋。预应力筋是预应力混凝土结构最重要的原材料，其质量均应符合各自现行国家有关标准及规范的要求。

2. 混凝土和孔道灌浆材料

对于先张法和部分预应力结构，混凝土的强度等级一般大于 C30；对于后张法，混凝土的强度等级一般大于 C40。孔道灌浆材料用水泥应采用普通硅酸盐水泥。用于预应力混凝土和孔道灌浆的水泥和外加剂严禁含有氯化物。

（三）张拉设备和锚、夹具

1. 张拉设备

（1）液压张拉设备。由千斤顶、高压油泵和外接油管组成。

（2）冷拔低碳钢丝张拉机具。包括用于规模较小的预制厂台座上张拉冷拔低碳钢丝的 SL1 型手动螺杆张拉器、用于预制厂长线台座上张拉冷拔低碳钢丝的 DL1 型电动螺杆张拉机和 LYZ-1 型电动卷扬张拉机。

（3）测力仪表。有油压表、荷载表、传感器、数字显示表和弹簧测力计等。

施工时，应根据预应力筋的种类及其张拉锚固工艺情况选用张拉设备。预应力筋的张拉力不应大于设备的额定张拉力，预应力筋的一次张拉伸长值不应超过设备的最大张拉行程。当一次张拉力不足时，可采用分级重复张拉的方法，但所有的锚具、夹具应适应重复张拉的要求。

2. 锚具、夹具和连接器

（1）锚具。锚具是在后张法中为保持预应力筋拉力并将其传递到混凝土结构或构件上所用的永久性锚固装置。

（2）夹具。先张法施工时保持预应力筋的拉力并将其固定在张拉台座（或设备）上的临时性锚固装置和后张法施工时能将千斤顶（或其他张拉设备）的张拉力传递到预应力筋的临时性锚固装置。

（3）连接器。连接器是用于连接预应力筋的装置。

预应力筋用锚具、夹具和连接器按锚固方式不同可分为：夹片式（单孔夹片锚具、多孔夹片锚具、JM 锚具等）、支承式（镦头锚具、螺纹端杆锚具等）、锥塞式（钢质锥形锚具、槽销锚具等）和握裹式（压花锚具、挤压锚具等）。

**二、无黏结预应力技术**

无黏结预应力技术是在混凝土施工时，将由单根钢绞线涂抹建筑油脂外包塑料套管组成的无黏结预应力筋同非预应力筋一道按设计要求铺放入模板中，然后浇筑混凝土，待混凝土硬化达到一定强度后，利用无黏结预应力筋与周围混凝土的无黏结性进行张拉，并采用专用锚具系统将张拉力永久锚固在混凝土结构构件中的一种预应力混凝土施工技术。

无黏结预应力技术可用于多、高层房屋建筑的楼盖结构、基础底板、地下室墙板等，以抵抗大跨度或超长度混凝土结构在荷载、温度或收缩等效应下产生的裂缝，提高结构、构件的性能，降低造价。无黏结预应力技术用于混凝土楼盖结构时，对平板结构适用跨度为 7～12m，高跨比为 1/50～1/40；对密肋楼盖或扁梁楼盖适用跨度为 8～18m，高跨比为 1/28～1/20。国内多项工程实践表明，采用大跨度无黏结预应力楼盖结构与普通钢筋混凝土楼盖相比，节省混凝土 8%～30%，节省钢材 20%～30%，经济效益显著。无黏结预应力技术也可用于筒仓、水池等承受拉应力的特种工程结构。

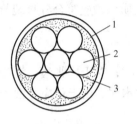

图 4-14　无黏结筋组成
1—塑料套管；2—钢绞线；
3—防腐润滑油脂

（一）材料与设备

1. 无黏结预应力筋

无黏结预应力混凝土采用的无黏结预应力筋，简称无黏结筋，系由高强度低松弛钢绞线通过专用设备涂包防腐润滑脂和塑料套管而构成的一种新型预应力筋，如图 4-14 所示。

无黏结筋主要规格与性能应符合我国现行行业标准《无黏结预应力钢绞线》（JG 161—2004）。无黏结筋主要规格与性能见表 4-10。

表 4-10　　　　　　　　　　　无黏结预应力筋的主要规格与性能

| 项　目 | 钢绞线规格和性能 | |
|---|---|---|
| | $\phi12.7$ | $\phi15.2$ |
| 产品标记 | UPS-12.7-1860 | UPS-15.2-1860 |
| 抗拉强度（N/mm²） | 1860 | 1860 |
| 伸长率（%） | 3.5 | 3.5 |
| 弹性模量（N/mm²） | $1.95\times10^5$ | $1.95\times10^5$ |
| 截面积（mm²） | 98.7 | 140 |
| 重量（kg/m） | 0.85 | 1.22 |
| 防腐润滑脂重量（g/m）大于 | 43 | 50 |
| 高密度聚乙烯护套厚度（mm）不小于 | 1.0 | 1.0 |
| 无黏结预应筋与壁之间的摩擦系数 $\mu$ | 0.04～0.10 | 0.04～0.10 |
| 考虑无黏结预应力筋壁每米长度局部偏差对摩擦的影响系数 $\kappa$ | 0.003～0.004 | 0.003～0.004 |

2. 锚具系统

无黏结预应力筋锚具系统应按设计图纸的要求选用，其锚固性能的质量检验和合格验收应符合现行国家标准《预应力筋用锚具、夹具和连接器》（GB/T 14370—2007）、《混凝土结构工程施工质量验收规范》（GB 50204—2002）及国家现行标准《预应力筋用锚具、夹具和连接器应用技术规程》（JGJ 85—2002）的有关规定。

锚具的选用，应考虑无黏结预应力筋的品种及工程应用的环境类别。对常用的单根钢绞线无黏结预应力筋，其张拉端宜采用夹片锚具，即圆套筒式或垫板连体式夹片锚具；埋入式固定端宜采用挤压锚具或经预紧的垫板连体式夹片锚具。常用张拉端锚具构造如图 4-15 所示。锚固区保护构造如图 4-16 所示。

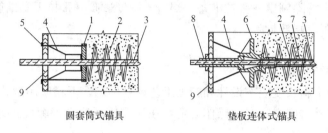

圆套筒式锚具　　　　　　　　　垫板连体式锚具

图 4-15　张拉端锚固系统构造

1—承压板；2—螺旋筋；3—无黏结预应力筋；4—穴模；5—钩螺丝和螺母；6—连体锚板；
7—塑料保护套；8—安装金属封堵和螺母；9—端横板

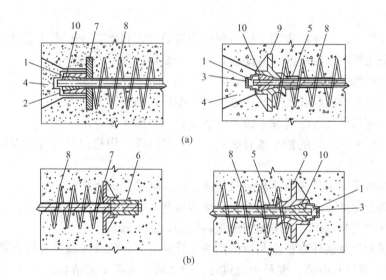

(a)

(b)

图 4-16　锚固区保护措施

（a）张拉端封锚后状态；（b）固定端封锚后状态

1—涂专用防腐油脂或环氧树脂；2—塑料帽；3—封闭盖；4—微膨胀混凝土或专用密封砂浆；
5—塑料密封套；6—挤压锚具；7—承压板；8—螺旋筋；9—连体锚板；10—夹片

3. 常用制作与安装设备

无黏结预应力钢绞线一般为工厂生产，施工安装制作可在工厂或现场进行，采用 305mm 砂轮切割机按要求的下料长度切断，如采用埋入式固定端，则可用 JY-45 等型号挤压机及其配套油泵制作挤压锚或组装整体锚。

预应力筋张拉一般采用小型千斤顶及配套油泵，常用千斤顶如 YCQ-20 型前置内卡式千斤顶，自重约 20kg，油泵采用 ZB0.6-630 型或 STDB 型小油泵。

（二）施工技术

1. 工艺流程

无黏结预应力混凝土施工工艺流程为：安装梁或楼板模板→放线→下部非预应力钢筋铺放、绑扎→铺放暗管、预埋件→安装无黏结筋张拉端模板（包括打眼、钉焊预埋承压板、螺旋筋、穴模及各部位马凳筋等）→铺放无黏结筋→修补破损的护套→上部非预应力钢筋铺放、绑扎→自检无黏结筋的矢高、位置及端部状况→隐蔽工程检查验收→浇灌混凝土→混凝土养护→松动穴模、拆除侧模→张拉准备→混凝土强度试验→张拉无黏结筋→切除超长的无黏结筋→安放封端罩、端部封闭。

2. 施工要点

（1）预应力筋的制作。

1）无黏结筋的下料长度应按设计和施工工艺计算确定，下料应用砂轮锯切割。

2）制作挤压锚具时应遵守专项操作规定，在完成挤压后，护套应正好与挤压锚具头贴紧靠拢。

3）在使用连体锚作为张拉端锚具时，必须加套颈管，并切断护套，安装定心穴模。

（2）模板。底模板在建筑物周边宜外挑出去，以便早拆侧模，侧模应便于可靠固定锚具垫板。

（3）铺筋。

1）底模安装后，应在模板面上标出预应力筋的位置和走向，以便核查根数并留下标记。

2）为保证无黏结筋的曲线矢高要求，应合理编排非预应力底筋。

3）无黏结筋的曲率可用马凳控制，间距为 0.8～1.2m。

4）无黏结筋为双向曲线配置时，必须事先编序，制定铺放顺序。

5）无黏结筋与预埋电线管发生位置矛盾时，后者应予避让。

6）在施工中无黏结筋的护套如有破损，应对破损部位用塑料胶带包缠修补。

（4）端部节点安装。

1）固定端挤压式锚具的承压板应与挤压锚固头贴紧并固定牢靠。

2）张拉端无黏结筋应与承压板垂直，承压板和穴模应与端模紧密固定。

3）穴模外端面与端模之间应加泡沫塑料垫片，防止漏浆。

4）张拉端无黏结筋外露长度与所使用的千斤顶有关，应具体核定并适当留有余量。

（5）混凝土浇筑及振捣。混凝土浇筑时，严禁踏压撞碰无黏结筋、支撑架以及端部预埋部件；张拉端、固定端混凝土必须振捣密实，以确保张拉操作的顺利进行。

（6）张拉。张拉依据和要求。

1）设计单位应向施工单位提出无黏结筋的张拉顺序、张拉值及伸长值。

2）张拉时混凝土强度设计无要求时，不应低于设计强度的 75%，并应有试验报告单。

3）张拉前必须对各种机具、设备及仪表进行校核及标定。

4）无黏结筋张拉顺序应按设计要求进行，如设计无特殊要求时，可依次张拉。

5）为减少无黏结筋松弛、摩擦等损失，可采用超张拉法。

6）张拉后，按设计要求拆除模板及支撑。

张拉操作：

1）张拉千斤顶前端的附件配置与锚具形式有关，应具体处置。

2）张拉时要控制给油速度。

3）无黏结筋曲线配置或长度超过 40m 时，宜采取两端张拉。

4）张拉前后，均应认真测量无黏结筋外露尺寸，并做好记录。

5）张拉程序宜采用从应力为零开始张拉，直至达到 1.03 倍预应力筋的张拉控制应力后直接锚固。

6）同时校核伸长值，实际伸长值对计算伸长值的偏差应在±6％之间。

7）无黏结筋张拉时，应逐根填写张拉记录，经整理签署验收存档。

（7）端部处理。张拉后，应采用液压切筋器或砂轮锯切断超长部分的无黏结筋，严禁采用电弧切断。将外露无黏结筋切至约 30mm 后，涂专用防腐油脂，并加盖塑料封端罩，最后浇筑混凝土。当采用穴模时，应用微膨胀细石混凝土或高标号砂浆将构件凹槽堵平。

（三）技术特点

无黏结预应力技术具有以下技术特点：

（1）提供了使用灵活的空间，为发展大跨度、大柱网、大开间楼盖体系创造了条件。

（2）在高层或超高层楼盖建筑中采用该技术可在保证净空间的条件下显著降低层高，从而降低总建筑高度，节省材料和造价。

（3）在多层大面积楼盖中采用该技术可提高结构整体性能和刚度、简化梁板施工工艺、加快施工速度、降低建筑造价。

（4）无黏结筋可曲线配置，其形状与外荷载弯矩图相适应，可充分发挥预应力筋的强度。

（5）设备管道及电气管线在楼板下可通行无阻，减少了建筑、结构、设备的布局矛盾。

（6）无黏结筋成型采用挤出成型工艺，产品质量稳定，摩阻损失小，便于工厂化生产。

**三、有黏结预应力成套技术**

有黏结预应力混凝土技术采用在结构或构件设计配筋位置预留孔道，待混凝土硬化达到设计强度后，穿入预应力筋，施加预应力，并通过专用锚具将预应力锚固在结构中，然后在孔道中灌入水泥浆的一种预应力混凝土施工技术。

该技术可用于多、高层房屋建筑的楼板、转换层和框架结构等，以抵抗大跨度或重荷载在混凝土结构中产生的效应，提高结构、构件的性能，降低造价；也可用于电视塔、核电站安全壳、水泥仓等特种工程结构。在各类大跨度混凝土桥梁结构中，该技术也得到了广泛的使用。

扁管有黏结预应力技术用于平板混凝土楼盖结构，适用跨度为 8～15m，高跨比为 1/50～1/40；圆管有黏结预应力技术用于单向或双向框架梁结构，适用跨度为 12～40m，高跨比为 1/18～1/25。

（一）材料与设备

1. 钢材

（1）消除应力钢丝的规格与力学性能应符合国家现行标准《预应力混凝土用钢丝》（GB/T 5223—2002）的有关规定，常用规格见表 4-11。

（2）钢绞线的规格和力学性能应符合国家现行标准《预应力混凝土用钢绞线》（GB/T 5224—2003）的有关规定，见表 4-12。

表 4-11　　　　　　　　　　　　消除应力钢丝的力学性能

| 公称直径 (mm) | 抗拉强度 $\sigma_b$ (MPa) | 屈服强度 $\sigma_{0.2}$ (MPa) | 伸长率 (%) $L=100$ | 弯曲次数 | | 松　弛 | | |
|---|---|---|---|---|---|---|---|---|
| | | | | 次数 (180°) | 弯曲半径 (mm) | 初始应力相当于公称抗拉强度的百分数（%） | 1000h 应力损失（%）不大于 | |
| | | | | | | | Ⅰ级松弛 | Ⅱ级松弛 |
| | 不小于 | | | | | | | |
| 5.00 | 1470 1570 1670 1770 | 1250 1330 1420 1500 | 4 | 4 | 15 | 70 | 8.0 | 2.5 |
| 7.00 | 1470 1570 | 1250 1330 | | | 20 | 80 | 12.0 | 4.5 |

注　1. Ⅰ级松弛即普通松弛，Ⅱ级松弛即低松弛；
　　2. 屈服强度 $\sigma_{0.2}$ 值不小于公称抗拉强度的 85%；
　　3. 弹性模量为 $(2.05+0.1)\times10^5$ N/mm²，但不作为交货条件。

表 4-12　　　　　　　　　　　　预应力钢绞线的力学性能

| 钢绞线公称直径 (mm) | 强度级别 (MPa) | 整根钢绞线的最大负荷 (kN) | 屈服负荷 (kN) | 伸长率 (%) | 1000h 松弛率，不大于（%） | | | |
|---|---|---|---|---|---|---|---|---|
| | | | | | Ⅰ级松弛 | | Ⅱ级松弛 | |
| | | | | | 初始负荷 | | | |
| | | | | | 70%公称最大负荷 | 80%公称最大负荷 | 70%公称最大负荷 | 80%公称最大负荷 |
| | | 不小于 | | | | | | |
| 12.70 | 1860 | 184 | 156 | 3.5 | 8.0 | 12 | 2.5 | 4.5 |
| 15.20 | 1720 | 240.8 | 203 | | | | | |
| | 1860 | 260.4 | 220 | | | | | |

（3）精轧螺纹钢筋的外形尺寸与力学性能见表 4-13。

表 4-13　　　　　　　　　　　　精轧螺纹钢筋的力学性能

| 直径 (mm) | 牌号 | 屈服点 (N/mm²) | 抗拉强度 (N/mm²) | 伸长率 $\sigma_5$ (%) | 冷弯 | 100h 松弛值不大于 |
|---|---|---|---|---|---|---|
| | | | 不 小 于 | | | |
| 25 | 40Si2MnV | 735 | 885 | 8 | $90°d=6a$ | 3% |
| 32 | 15Mn2SiB | 930 | 1080 | 8 | $90°d=8a$ | |
| | 40Si2MnV | 735 | 885 | 7 | $90°d=7a$ | |

注　弹性模量为 $1.95\times10^5 \sim 2.05\times10^5$ N/mm²。

2. 波纹管

波纹管按波纹的数量分为单波纹和双波纹，按照截面形状分为圆形和扁形，按照径向刚度分为标准型和增强型，按照钢带表面状况分为镀锌波纹管和不镀锌波纹管。

一般工程选用标准型、圆形、镀锌的波纹管，扁形波纹管仅用于板类构件，增强型波纹管可代替钢管用于竖向预应力筋孔道或核电站安全壳等工程，镀锌波纹管可用于有腐蚀性介质的环境或使用期较长的情况。

3. 锚具系统

（1）多孔夹片锚固体系。主要有 QM、XM、OVM 型等锚固体系。

（2）挤压锚具。适用于固定多根有黏结钢绞线。

（3）镦头锚具。适用于锚固多根 $\phi^s 5$ 与 $\phi^s 7$ 钢丝束。

（4）压花锚具。压花锚具是利用压花机将钢绞线端头压成梨形散花头的一种黏结式锚具。

（5）精轧螺纹钢筋锚具。包括螺母与垫板，螺母分为平面螺母和锥面螺母两种，垫板相应地分为平面垫板与锥面垫板两种。

4. 制作设备及机具

制作设备有 JY-45 型挤压机、L13-10 型钢丝镦头器。机具包括下料用放线盘架及砂轮切割锯；张拉后切割外露余筋用的角向磨光机，需配小型切割砂轮片使用。灌浆设备包括砂浆搅拌机、灌浆泵、贮浆桶、过滤器、橡胶管和喷浆嘴等。

5. 张拉设备及机具

配套张拉设备有油泵及千斤顶。群锚千斤顶主要用于张拉大吨位钢绞线束；配上撑脚与拉杆后也可用作拉杆式穿心千斤顶；YCQ20 型前置内卡式千斤顶是将工具锚安装在千斤顶前部的一种穿心式千斤顶，在后张预应力施工中，用于扁管张拉单根钢绞线及在群锚体系的单根张拉工艺中应用。

（二）施工技术

1. 工艺流程

有黏结预应力施工工艺流程如图 4-17 所示。

2. 施工要点

（1）预应力筋制作。钢绞线下料时，应将钢绞线盘卷装在铁笼内，且应从盘卷中央逐步抽出。钢绞线下料应用砂轮切割机切割，不得采用电弧切割。钢绞线编束时，应先将钢绞线理顺，再用 20 号钢丝绑扎，间距 1～1.5m，并尽量使各根钢绞线松紧一致。

（2）留孔。预应力筋的预留孔道可采用预埋管、钢管抽芯和胶管抽芯等方法成型。在现浇预应力混凝土结构中，扁管一般采用镀锌金属波纹管制作，圆管采用镀锌金属波纹管或塑料波纹管制作，预埋钢管一般用于竖向预留孔道，钢管或胶管抽芯用于 30m 以下长度的预制预应力构件。对孔道的基本要求是孔道的尺寸和位置正确、孔道平顺、接头不漏浆、端部预埋垫板应垂直于孔道中心线等。

对连续结构中的多波曲线束，且高差较大时，应在孔道的每个峰顶处设置泌水孔；起伏较大的曲线孔道，应在弯曲的低点处设置排水孔；对于较长的直线孔道，应每隔 12～15m 左右设置排气孔。泌水孔、排水孔、排气孔及灌浆孔的制作方法如下：在波纹管上开洞，然后将一块特别的带嘴塑料弧形接头板用钢丝同管子绑在一起，再用塑料管插在嘴上，并将其引出构件顶面，一般应高出混凝土顶面至少 500mm。接头板的周边可用宽塑料胶带缠绕数层封严，或在接头板与波纹管之间垫海绵垫片（图 4-18）。泌水孔、排气孔必要时可考虑作为灌浆孔用。

波纹管的连接可采用大一号的同型波纹管；接头管的长度：管径为 40～65mm 时取 200mm；管径为 70～85mm 时取 250mm；管径为 90～100mm 时取 300mm；管两端用密封胶带或塑料热缩管封口。

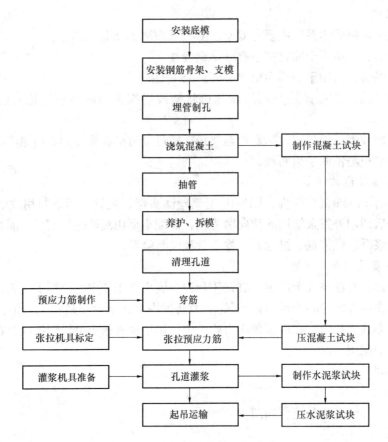

图 4-17　有黏结预应力施工工艺流程

注　对于块体拼装构件，还应增加块体验收、拼装、立缝灌浆和连接板焊接等工序。

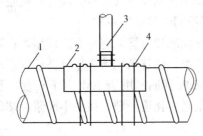

图 4-18　波纹管上开孔示意图

1—波纹管；2—带嘴的塑料弧形压板与海绵垫；
3—塑料管；4—铁丝绑扎

波纹管安装过程中应尽量避免反复弯曲，以防管壁开裂，同时还应防止电焊火花烧伤管壁。波纹管安装后，管壁如有破损，应及时用粘胶带修补。

（3）穿束。穿束方法可采用先穿束和后穿束两种方法。先穿束分为三种情况：先装管后穿束；先装束后装管；束与管组装后放入。后穿束法是在浇筑混凝土之后穿束。钢丝束应整束穿，钢绞线优先采用整束穿，也可用单根穿。整束穿时，束的前端应装有特制牵引头或穿束网套；单根穿时，钢绞线前头应套上一个子弹头形的壳帽。

（4）张拉。张拉作业时宜按下列要求进行：

1）张拉方式应根据设计要求进行选择，预应力筋张拉方式有一端张拉、两端张拉、其他张拉等方式。

2）张拉时混凝土强度若设计无要求时，不应低于设计强度的 75%，并应有试验报告单；立缝处混凝土或砂浆强度若设计无要求时，不应低于块体混凝土强度等级的 40%，且不得低于 15N/mm²。

3) 张拉前对构件（或块体）的几何尺寸、混凝土浇筑质量、孔道位置及孔道是否畅通、灌浆孔和排气孔是否符合要求、构件端部预埋铁件位置等进行全面检查。

4) 张拉前必须对各种机具、设备及仪表进行校核及标定。

5) 安装锚具时应注意工作锚环或锚板对中，夹片均匀打紧并外露一致；千斤顶上的工具锚孔位与构件端部工作锚的孔位排列要一致，以防钢绞线在千斤顶穿心孔内打叉。

6) 为减少预应力束松弛损失，可采用超张拉法，但张拉应力不得大于预应力束抗拉强度的 80%。

7) 多根钢绞线或钢丝同时张拉时，构件截面中断丝和滑脱钢丝的数量不得大于钢绞线或钢丝总数的 3%，但一束钢丝只允许一根。

8) 实测伸长值与计算伸长值相差若超出 ±6%，应暂停张拉，在采取措施予以调整后，方可继续张拉。

（5）孔道灌浆。

1) 预应力筋张拉后，孔道应尽早灌浆，以免预应力筋锈蚀。

2) 孔道灌浆一般采用水泥浆，空隙大的孔道，水泥浆中可掺入适量的细砂；水泥应采用普通硅酸盐水泥，水泥的强度等级不宜低于 32.5 级，配制的水泥浆或砂浆其强度均不应低于 $30\text{N/mm}^2$，拌制后 3h 泌水率不宜大于 2%，且不应大于 3%，拌制后 3h 内流动度在 12～18s 之间，水灰比不应大于 0.45，掺入适量减水剂时，水灰比可减小到 0.35；水及减水剂必须对预应力筋无腐蚀作用。

3) 灌浆可采用电动或手动灌浆泵，不得使用压缩空气，灌浆压力应均匀连续。

4) 灌浆前，对孔道应进行检查，如有积水应用吹风机吹干排除；灌浆顺序宜先灌注下层孔道，后灌注上层孔道；灌浆工作应缓慢均匀地进行，不得中断，并应排气通顺。

5) 灌浆应缓慢、均匀地进行，比较集中和邻近的孔道，宜尽量连续灌浆完成，以免串到邻孔的水泥浆凝固、堵塞孔道。不能连续灌浆时，后灌浆的孔道应在灌浆前用压力水冲洗通畅。

（6）端部处理。预应力筋张拉锚固完毕后应进行端部处理。

1) 每根构件张拉完毕后，应检查端部和其他部位是否有裂缝，并填写张拉记录表。

2) 预应力筋锚固后的外露长度，不宜小于 30mm；对于外露的锚具，需涂刷防锈油漆，并用混凝土封裹，以防腐蚀。

3) 在桥梁结构中，锚头外要加锚罩，用水泥浆将锚头封死，并认真地灌封混凝土，在封端混凝土以外再加防水膜防水，以防止侵蚀介质从锚头部分侵入预应力筋。

（三）技术特点

有黏结预应力技术具有以下特点：

（1）施加预应力能控制构件的裂缝，提高结构的整体性能和刚度、减小挠度，发挥高强材料的特性，因而使构件小而轻，恒载和活载的比值得以减小，为发展重载、大跨度、大开间结构体系创造了条件。

（2）在高层楼盖建筑中采用扁管技术可在保证净空的条件下显著降低层高，从而降低总建筑高度，节省材料和造价；在多层、大面积框架结构中采用有黏结技术可提高结构性能、节省钢筋和混凝土材料，降低建筑造价。

（3）后张预应力筋可曲线配置，其形状和外荷载弯矩图形状相适应，可充分发挥预应力筋的强度。

（4）与钢结构相比，维修费用低、耐久性好、节约钢材和木材。

**四、缓黏结预应力技术**

缓黏结预应力技术是在有黏结预应力技术和无黏结预应力技术之后发展起来的一种新的预应力技术。缓黏结预应力技术具有无黏结预应力技术施工方便、造价低和有黏结预应力技术所具有的结构延性好、抗震性能优等特点，缓黏结预应力技术采用专用的缓凝材料，完全有别于无黏结预应力钢筋的专用润滑油脂，也与有黏结钢筋的后注灌浆料不尽相同，其独到的缓凝作用机理保证了缓黏结预应力钢筋在张拉前不凝结，张拉后逐渐凝结硬化达到与有黏结预应力钢筋相似的力学效果。

**（一）材料与设备**

1. 缓凝材料

目前缓凝材料主要有两类：一类为缓凝砂浆，另一类为缓凝胶黏剂。缓凝砂浆主要是由水、水泥、砂和复合缓凝添加剂按照一定比例拌制而成。其缓凝机理是通过阻碍正常水化作用和钙钒石结晶的快速生成而达到缓凝效果。

采用缓凝胶黏剂作为缓凝材料的，其作用机理是在预应力钢筋的外侧周围、高密度聚乙烯护套的内部涂装一定厚度的缓凝材料，前期具有一定的流动性及对钢材良好的附着性，随着时间的推移缓凝胶黏剂逐渐固化，与预应力钢筋、外包护套之间产生黏结力。外包裹的高强度护套材料表面压有波纹，与有黏结预应力钢筋的波纹管接近，从而与混凝土良好黏结，形成与有黏结预应力钢筋相同的力学效果。

2. 缓黏结预应力钢筋

缓黏结预应力钢筋由钢筋、高密度聚乙烯塑料波纹管护套或塑料布、内充缓凝砂浆或缓凝胶黏剂组成。我国生产的缓黏结预应力钢筋分两种：一种为塑料布包裹缓凝砂浆，另一种为聚乙烯护套内充缓凝胶黏剂或缓凝涂料，如图 4-19 所示。

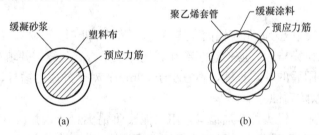

图 4-19　缓黏结预应力钢筋剖面
（a）塑料布包裹缓凝砂浆；（b）聚乙烯套管内充缓凝胶黏剂或缓凝涂料

**（二）施工技术**

1. 工艺流程

缓黏结预应力钢筋的施工工艺流程为：加工缓黏结预应力钢筋、锚具→安装底模板→绑扎下层普通钢筋→在模板或钢筋上定好缓黏结预应力钢筋的分布间距→铺设缓黏结预应力钢筋→安装张拉端穴模、承压板及螺旋筋，并用铁丝将张拉端组合件同模板固定→绑扎上层普通钢筋→调整缓黏结预应力钢筋顺直→检查缓黏结预应力钢筋有无破皮，如有，修补→浇筑混凝土→清理张拉端承压板前混凝土→安装锚具，混凝土达到设计强度时且在缓凝胶黏剂合理的施工周期内进行张拉→张拉完毕后进行切筋、张拉端锚具防腐处理。

2. 施工要点

（1）缓黏结预应力筋的制作。根据缓凝胶黏剂的材料属性及缓黏结预应力钢筋的使用特性，确定出缓黏结预应力钢筋生产的工艺流程，如图 4-20 所示。

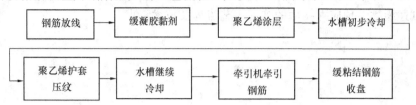

图 4-20　缓黏结预应力钢筋生产工艺流程

（2）缓黏结钢筋的固化时间。缓黏结预应力施工中最关键的是预应力筋张拉时间和缓凝胶黏剂固化时间的确定。在预应力施工前必须根据整个工程的施工进度和预应力的施工进度确定预应力张拉时间，根据张拉时间确定缓黏结预应力钢筋的固化时间。

采用缓凝砂浆时，由于缓凝砂浆随时间逐渐硬化，经过一定时间后其流变性降低从而与预应力筋形成较强的黏结强度，使摩擦损失增大，因而施工时张拉预应力筋的时机应掌握在一定的时间内，一般须在自配制缓凝砂浆之日起 10d 内进行张拉，当缓凝剂掺量较大时，可酌量延长张拉时间，若超过这一时间应根据需要加大预应力施加值。

采用缓凝涂料时，与缓凝砂浆相同，用缓凝涂料制成的预应力筋由于经过一定时间后才将固化，从而与预应力筋间产生极强的黏结力，因而应在缓凝涂料固化前进行张拉。

（3）缓凝结钢筋的张拉。在混凝土强度达到设计强度后，对缓黏结预应力钢筋进行张拉，张拉采用张拉力控制，并用钢筋伸长值进行校核。为保证结构整体受力均匀，预应力钢筋张拉按对称顺序进行，即由两侧向中间逐跨推进。

（三）技术特点

缓黏结预应力技术具有以下特点：

（1）缓黏结预应力技术是汲取了无黏结预应力技术与有黏结预应力技术优点的一种新的预应力技术，它具有无黏结预应力钢筋的布置自由、无需设置孔道及灌浆的优点，又具有有黏结预应力技术受力好的特点。

（2）以缓凝涂料为介质制成的缓黏结预应力筋的制作工作是在工厂里完成的，适合流水作业，可大批量生产。

（3）以缓凝涂料为介质制成的缓黏结预应力筋可以用于超长结构，并可布置成曲线的形式。

## 复习思考题

4-1　何谓高效钢筋？目前常用的高效钢筋有哪些？其各自有何技术特点？

4-2　何谓钢筋焊接网？其如何分类？简述钢筋焊接网的施工工序及施工工艺。

4-3　简述镦粗直螺纹钢筋连接技术和滚轧直螺纹钢筋连接技术的技术原理、主要技术内容及工艺流程。

4-4　直螺纹钢筋接头的类型有哪些？各自适用于何种情况？

4-5　何谓植筋技术？简述其施工工艺及技术特点。

4-6　比较说明先张法和后张法的基本原理。

4-7　试述无黏结预应力技术和有黏结预应力技术的技术原理、施工工艺及技术特点。

4-8　试述缓黏结预应力技术的施工工艺流程及技术特点。

# 第五章　新型模板及脚手架应用技术

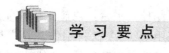

学 习 要 点

　　本章主要介绍了几种新型模板和脚手架的构造、技术原理和特点、施工安拆方法和适用范围等技术内容。通过本章的学习，了解各种新技术的技术特点和应用范围，掌握其基本构造和技术原理，重点掌握安装和拆卸的施工工艺及方法。

　　模板和脚手架是钢筋混凝土结构建筑施工中量大面广的重要施工工具。模板工程一般占钢筋混凝土结构工程费用的 20%～30%，占劳动量的 30%～40%，占工期的 50%左右。因此，促进模板与脚手架技术的进步，是节省劳动力、缩短工期、降低混凝土结构工程费用的重要途径。

## 第一节　模板技术概述

### 一、模板结构构造及分类

　　模板结构构造一般由面板、大小楞及支撑三部分组成。由于，模板面板的一个面是朝向现浇混凝土表面的，因此，这个面的质量要求必须达到混凝土表面的质量要求。小楞有时也称带或背楞，是支撑面板的构件，垂直于面板方向布置，其间距视模板厚度而定，一般为 400～500mm，小楞的截面尺寸一般为 50mm×50mm 或 50mm×(60～80)mm；大楞是支撑小楞的构件，一般垂直于小楞的方向布置，其间距视大楞的截面面积而定，大楞的截面一般采用 100mm×50mm、100mm×80mm 或 100mm×100mm。模板的支撑构件有垂直支撑、斜撑、剪刀撑和水平拉杆等，其作用是保证支撑和支撑系统的稳定。

　　浇筑混凝土模板有许多种，按材质分有木模板、钢模板、塑料模板、铸铝模板、钢筋网水泥模板和混凝土模板；按混凝土浇筑方法分有现浇混凝土结构模板、现场预制结构模板和工厂化预制构件模板；按模板的施工工艺不同分为大模板、台型模板、滑升模板、爬升模板、筒模等。

### 二、几种常用的模板技术

1. 大模板

　　大模板是大型模板或大块模板的简称，其结构由面板、骨架、支撑系统、操作平台、钢吊环和连接件组成，主要适用于内浇外板工程、内浇外砌工程、内外墙全现浇工程和大开间大楼板工程。

　　(1) 面板。应选用厚度不小于 5mm 的钢板制作，材质不应低于 Q235A 的性能要求。模板的肋和背楞宜采用型钢、冷弯薄壁型钢等制作，材质宜与面板材质同一牌号，以保证焊接性能和结构性能。

（2）骨架。从受力角度说，骨架要承受来自板面的荷载，应具有一定的刚度和强度。钢制大模板的骨架由主肋和次肋组成。主肋材料为[8～[10 槽钢，间距一般为 1000～1200mm；次肋材料为[6.5～[8 槽钢，间距一般为 300～400mm。

（3）支撑系统。大模板的支撑系统应能保持大模板竖向放置的安全可靠和在风荷载作用下的自身稳定性。

（4）操作平台。一般用型钢制成侧挂式平台，供施工操作使用。

（5）钢吊环。大模板钢吊环应采用 Q235A 材料制作，并应具有足够的安全储备，不得使用冷加工钢筋。焊接式钢吊环应合理选择焊条型号，焊缝尺寸和高度应符合设计要求；装配式吊环与大模板螺栓连接时必须采用双螺母连接。

（6）连接件。连接件包括角模对拉螺栓、窗门口卡模、对拉螺栓、夹具等，属大模板工艺的辅助配件。

大模板按其结构形式的不同可分为以下几种：

（1）整体式大模板。模板高度等于建筑物的层高，长度等于房间的进深，一块大模板为房间一面墙大小。其特点是拆模后墙面平整光滑，没有接缝。但墙面尺寸不同时，就不能重复利用，模板利用率低。

（2）拼装式大模板。用组合钢模板根据所需模板尺寸和形状，在现场拼装成大模板。其特点是大模板可以重新组装，适应不同模板尺寸的要求，提高模板的利用率。

（3）模数式大模板。模板根据一定模数进行设计，用骨架和面板组成各种不同尺寸的模板，在现场可按墙面尺寸大小组合成大模板。其特点是能适应不同建筑结构的要求，提高模板的利用率。

大模板施工工艺流程：抄平放线→绑扎墙体钢筋→内墙模板组装→外墙模板组装→模板校正→检查验收→浇筑墙体混凝土→拆卸模板→清理模板。

由于可以采用机械代替人工进行大模板的安装、拆除和搬运，用流水法进行施工，因此，采用大模板施工具有施工工效高，节省劳动力，缩短施工工期等优点。

我国大模板施工的发展趋势主要有以下几个方面：

（1）大模板材料。国外的大模板材料，主要是由钢框与胶合板面板组合的。我国的大模板材料过去一直采用全钢结构，1994 年以来，在许多工程中曾大量应用钢框竹（木）胶合板大模板，并且在工程应用中取得较好效果，由于存在一些技术和管理问题没有解决，这种模板的推广应用受到一定挫折，因而，近几年全钢大模板又得到大量应用。随着钢框胶合板模板的技术和管理问题得到解决，这种模板将得到很快发展。

（2）模板结构。过去大多数采用整体式大模板，模板应用不灵活，周转使用率低。目前已发展到采用拼装式大模板和模数式大模板，模数制的钢框胶合板大模板将是今后的发展方向。

（3）施工方法。过去主要采用"外挂内浇"施工方法，即外墙采用预制混凝土挂板，内墙采用大模板浇筑混凝土。后来，发展到采用"外砌内浇"施工方法，即外墙采用砌砖，内墙采用大模板浇筑混凝土。近年来，又发展到采用"内、外墙全现浇"的大模板施工方法，这种方法也将是今后的发展方向。

2. 台型模板

台型模板简称台模，也称飞模，它由面板和支架两部分组成，可以整体安装、脱模和转运，利用起重设备在施工中层层向上转运使用。台模施工方法适用于大开间、大柱网、大进深的高层现浇钢筋混凝土楼盖施工，尤其适用于无梁楼盖结构。台模施工可以一次组装，多次重复使用，节省装拆时间，施工操作简便，具有很显著的优越性。

自 20 世纪 80 年代中期，我国台模施工方法得到较快的发展，出现了各种形式的台模，主要有以下几种：

（1）立柱式台模。立柱式台模是由传统的满堂支模形式演变而来，其面板主要采用组合钢模板，支架的主次梁和立柱采用钢管。立柱式台模结构简单，加工容易，应用范围较广，可适用于各种结构体系的楼板施工。

（2）桁架式台模。桁架式台模的面板可以选用组合钢模板或胶合板，支架由桁架、模条和可调底座组成，桁架可采用型钢或铝合金型材组装。桁架式台模可以整体脱模和转运，承载力强、装拆速度快、台模面积大，尤其适用于大开间、大进深、无柱帽的现浇无梁楼盖结构。

（3）悬架式台模。悬架式台模没有立柱，其面板可采用组合钢模板或胶合板，支架由桁架檩条、翻转翼板和剪刀支撑等组成。悬架式台模自重和上部荷载不是传递到下层楼面，而是将台模支撑在混凝土柱或墙体的托架上，这样可以加速台模周转，缩短施工周期。这种台模尤其适用于框架结构和剪力墙结构体系。

（4）门架式台模。门架式台模的支架是由门架、交叉斜撑、水平架和可调底座等组成。其特点是可以利用施工企业已有的门式脚手架进行组装，拼装简便，拆除后仍可用作脚手架，节省施工费用，可用于各种结构体系的楼板施工。

（5）构架式台模。构架式台模支架是由碗扣式脚手架等各种承插式脚手架、主梁、横条（格栅）等组成，其特点和适用范围与门架式台模相同。

（6）整体式台模。整体式台模，即将台模和柱模系统组合成一个整体，台模及其上部荷载均由柱模系统承担，这种台模施工不受楼板和柱子的混凝土强度影响，可以加快模板周转，提高施工效率。

3. 滑升模板

滑升模板简称滑模（图 5-1），由模板系统、操作平台系统、提升系统、施工控制测量系统等组成，在液压控制装置的控制下，千斤顶带着模板和操作平台沿爬杆连续或间断自动向上爬升。主要用于筒塔、烟囱和高层建筑，也可以水平横向滑动，用于隧道、地沟等工程。

（1）模板系统，包括模板、围圈、提升架、模板截面和倾斜度调节装置等。

（2）操作平台系统，包括操作平台、料台、吊脚手架，以及随升垂直运输设施的支承结构等。

（3）液压提升系统，包括液压控制台、油管、千斤顶、支承杆等。

（4）施工精度控制系统，包括千斤顶同步、建筑物轴线和垂直度等的观测与控制设施等。

滑模装置的组装工序：安装提升架→安装内外围圈→绑扎竖向钢筋和提升架横梁以下钢筋、安设预埋件及预留孔洞的胎模→安装模板→安装操作平台的桁架、支撑和平台铺板→安装外操作平台的支架、铺板和安全栏杆等→安装液压提升系统、垂直运输系统及精度控制和观测装置→插入支承杆→安装内外吊脚手架及挂安全网。

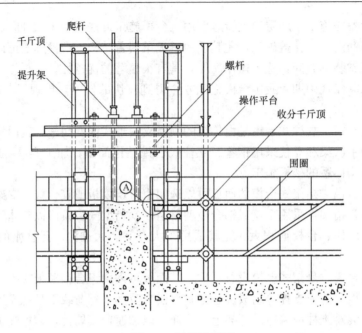

图 5-1　滑模示意图

　　液压滑模的施工工艺，多年来得到迅速推广应用和发展，应用范围越来越广，由原来的等截面结构发展到变截面结构，由简单框架发展到大型多层复杂框架结构，由整体结构发展到成排单层厂房柱，由工业建筑发展到民用高层建筑。液压千斤顶由滚珠式发展到楔块式、颚片式，由爬升式发展到升降式，由小吨位千斤顶发展到中吨位和大吨位千斤顶。精度控制由手动控制向激光和自动控制发展。

　　滑模施工目前还存在以下问题：

　　(1) 施工时，模板要贴紧混凝土面进行滑升，对正在初凝的混凝土容易产生扰动，混凝土表面提前脱模，也不利于混凝土的养护。

　　(2) 滑模施工需要工人有熟练的操作和控制经验，要有专业队伍进行施工，才会熟能生巧，滑模设施也才能得到充分利用，而目前我国有不少工程公司虽都置备了滑模设施，却没有形成熟练的施工队伍，出现了许多工程质量事故。

　　4. 爬升模板

　　爬升模板，由大模板、爬升系统和爬升设备三部分组成，以钢筋混凝土墙体为支承点，利用爬升设备自下而上地逐层爬升施工，不需要落地脚手架。这种模板吸收了滑模和大模板两者的优点，所有墙体模板能像滑模一样，不依赖起吊设备自行向上爬升，模板的支模形式又与大模板相似，能得到大面积支模的效果。爬升模板主要适用于桥墩、筒仓、烟囱和高层建筑等形状比较简单，高度较大，墙壁较厚的模板工程。

　　爬模与滑模的主要区别：滑模是在模板与混凝土保持接触互相摩擦的情况下逐步整体上升的。滑模上升时，模板高度范围内上部的混凝土刚浇灌，下部的混凝土接近初凝状态，而刚脱模的混凝土强度仅为 0.2～0.4MPa。爬模上升时，模板已脱开混凝土，此时混凝土强度已大于 1.2MPa，模板不与混凝土摩擦。滑模的模板高度一般为 900～1200mm，两面模板之间形成上口小、下口大的锥度。高层建筑爬模的高度一般为标准层层高，墙的两面模板平行安装，相互之间以穿墙螺栓紧固。

爬升模板工艺与滑升模板工艺相比有明显的优点:一是滑升模板必须在混凝土初期强度时滑升,需要连续滑升施工,要有熟练的操作工人,否则易产生质量和安全事故;而爬升模板不需要连续爬升施工,混凝土灌筑与大模板施工相似,工人较易操作;二是由于滑升模板是在混凝土初期强度时滑升,所以施工的混凝土质量受滑升的影响,容易产生微细裂纹或裂缝,使内部钢筋锈蚀,影响混凝土结构的使用寿命;而爬升模板施工是在混凝土达到一定强度后脱模,混凝土结构尺寸和表面质量都较好,施工也较安全可靠。

我国爬升模板起步较晚,从20世纪80年代初首先在烟囱、筒仓等工程中试用爬升模板并取得较好的效果。20世纪80年代中期,在上海一些建筑施工企业的高层建筑工程中相继采用爬升模板获得成功,并且很快推广到其他省市,应用越来越广,在施工技术上也不断创新。我国爬升模板发展趋势主要有以下几个方面:

(1)在爬升设备方面,从采用倒链葫芦的手动爬升发展到采用液压千斤顶或电动设备的自动爬升。

(2)在模板材料方面,从采用组合钢模板拼装成大模板,发展到采用按设计要求加工的大钢模板或钢框胶合板模板等。

(3)在爬升方法方面,从"架子爬架子",即以混凝土墙体为支承点,通过提升设备,使大爬架与小爬架交替爬升,不断循环,使固定在大爬架上的模板同步爬升,发展到"架子爬模板,模板爬架子",即爬架上升时,以模板为支点,通过提升设备,使爬架同步上升,到达位置后,固定在墙壁上,模板爬升时,以爬架为支点,通过提升设备,使模板同步上升,以及发展到"模板爬模板",即B模板借助螺栓固定在墙体上,以B模板为支点,通过提升设备带动A模板上升。反之,以A模板为支点,通过提升设备带动B模板上升。目前,有的模板公司采用与滑模相似的爬升方法,利用千斤顶爬升爬杆,带动提升架上模板一起上升。

(4)在爬升施工范围方面,从外墙爬升施工发展到内、外墙同时爬升施工。

5.筒模

筒模是将各面墙体的大模板组合而形成的筒形模板,由模板、角模和紧伸器等组成。

(1)模板。筒模的模板为四面模板,采用大型钢模板或钢框胶合板模板拼装而成。

(2)角模。筒模的角模有固定角模和活动角模两种。固定角模即为一般的阴角钢模板,如图5-2所示;活动角模有单铰链角模和三铰链角模等多种不同构造形式,单铰链角模,如图5-3所示,只在转角处设铰链,三铰链角模在转角和角模与平模相接处都设铰链,这种角模收合比较灵活方便。

(3)紧伸器。紧伸器有集中式和分散操作式等多种形式。集中操作式紧伸器是通过转动中央调节螺杆,带动四面拉杆伸缩,使支撑在拉杆上的四面模板内外移位,如图5-2所示。分散操作式紧伸器是各面模板的内外移位,均通过各自的调节螺杆来完成,其形式较多,如图5-3所示,连接相对模板的紧伸器,在脱模时,通过旋转调节螺杆,牵动两对面模板向外移动,使角模收缩,达到脱模的目的;支模时,反转调节螺杆,使两对面模板向外推移使角模伸张,达到支模的目的。连接相邻模板的紧伸器在脱模或支模时,通过旋转四角的调节螺杆,牵动相邻两面模板向内或向外移动,使角模板收缩或伸张。

筒模的提升一般采用塔吊,先将筒模工作平台吊装上升,待工作平台上的支腿上升到上一层预留洞时,自动弹入洞内,再将工作平台落实就位。然后将筒模吊运在平台上,调整紧伸器,使角模伸张至与平模成一个平面。为了解决在塔吊运输条件缺乏的情况下,进行筒模的安装、拆卸和搬运工作，已开发了自升筒模技术，即在原筒模和工作平台基础上，增加提升架和提升机，将提升机固定在提升架底座上，通过四个导轮、四根钢丝绳及其紧绳器，将筒模和提升架互为提升，完成筒模提升操作施工。

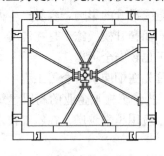
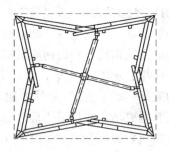

图 5-2　筒模示意图（一）　　　　　图 5-3　筒模示意图（二）

　　筒模主要适用于电梯井内模的支设，同时也可用于方形或矩形狭小建筑单间、建筑构筑物及筒仓结构。筒模具有结构简单、装拆方便、施工速度快、劳动工效高、整体性能好、使用安全可靠等特点。

# 第二节　清水混凝土模板技术

　　清水混凝土模板是指能确保混凝土表面质量和外观效果达到清水混凝土质量要求和设计效果的模板，可选择多种材质制作。清水混凝土模板必须做到表面平整光洁，模板分块、面板分割和穿墙螺栓孔眼排列规律整齐，几何尺寸准确，拼缝严密，周转使用次数多等要求。

## 一、清水混凝土模板的设计与选型

### （一）基本施工设计原则

1. 模板分块原则

（1）在机械设备起重力矩允许范围内，模板的分块力求定型化、整体化、模数化、通用化，按大模板工艺进行配模设计。

（2）外墙模板分块以轴线或窗口中线为对称中心线，做到对称、均匀布置。

（3）内墙模板分块以墙中线为对称中心线，做到对称、均匀布置，内墙面刮腻子、作涂料饰面的，不受限制。

（4）外墙模板上下接缝位置宜设于楼层标高位置，当明缝设在楼层标高位置时利用明缝作施工缝；明缝还可设在窗台标高、窗过梁底标高、框架梁底标高、窗间墙边线及其他分格线位置。

2. 面板分割原则

（1）以双面覆膜防水胶合板为面板的模板，其面板分割缝尺寸宜为 1800mm×900mm、2400mm×1200mm、2440mm×1220mm，面板宜竖向布置，也可横向布置，但不得双向布置。当整块胶合板排列后尺寸不足时，宜采用大于 600mm 宽胶合板补充，设于中心位置或对称位置。当采用整张排列后出现较小余数时，应调整胶合板规格或分割尺寸。

（2）以钢板为面板的模板，其面板分割缝宜竖向布置，一般不设横缝，当钢板需竖向接高时，其模板横缝应在同一高度。在一块大模板上的面板分割缝应做到均匀对称。

（3）在非标准层，当标准层模板高度不足时，应拼接同标准层模板等宽的接高模板，不得错缝排列。

（4）一个建筑物的明缝和蝉缝应水平交圈，竖缝垂直，如图 5-4 所示。

（5）圆柱模板的两道竖缝应设于轴线位置，竖缝方向各柱应一致。

（6）方柱或矩形柱模板一般不设竖缝，当柱宽较大时，其竖缝宜设于柱宽中心位置，作涂料装修的柱面不受此限制。

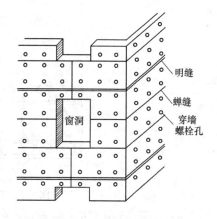

图 5-4　明缝、蝉缝横平竖直

（7）柱模板横缝应从楼面标高至梁柱节点位置作均匀布置，余数宜放在柱顶。

（8）阴角模与大模板面板之间不留调节余量，脱模后的效果同其他蝉缝。

（9）水平结构模板通常采用木胶合板作面板，应按均匀、对称、横平竖直的原则做排列设计，对于弧形平面宜沿径向辐射布置，如图 5-5 所示。

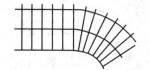

图 5-5　水平模板的面板分割

3. 穿墙螺栓的排列

（1）清水混凝土模板的穿墙螺栓除固定模板、承受混凝土侧压力外，还有重要的装饰作用，因此螺栓孔的排列最好整齐、匀称、横平、竖直。

（2）对于设计明确规定蝉缝、明缝和孔眼位置的工程，模板设计和穿墙螺栓孔位置均以工程图纸为准。木胶合板采用 900mm×1800mm 或 1200mm×2400mm 规格，孔眼间距一般为 450mm、600mm、900mm，边孔至板边间距一般为 150mm、225mm、300mm，孔眼的密度比其他模板高。对于无孔眼位置要求的工程，其孔距按大模板设置，一般为 900～1200mm，如图 5-6 所示。

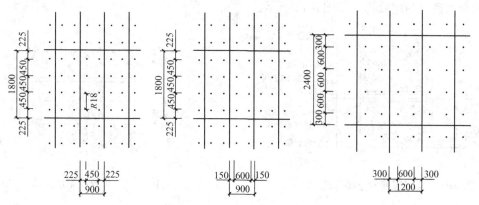

图 5-6　穿墙螺栓的排列

（3）外墙装饰性孔眼排列位置同丁字墙、阴角模等部位相对而不能设穿墙螺栓时，可单设锥形接头或锥形堵头，用螺栓紧固在面板上，以起到装饰效果，如图 5-7 所示。

（4）螺栓选型及孔眼封堵。

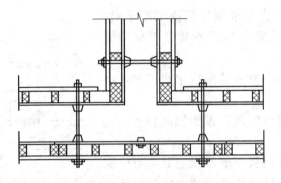

图 5-7　丁字墙位置螺栓孔位的处理

1）穿墙螺栓采用由 2 个锥型接头连接的三节式螺栓，如图 5-8 所示，螺栓宜选用 T16×6～T20×6 冷挤压螺栓，中间一节螺栓留在混凝土内，两端的锥形接头拆除后用水泥砂浆封堵，并用专用的封孔模具修饰，使修补的孔眼直径和孔眼深度一致，如图 5-9 所示。

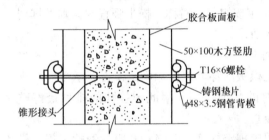

图 5-8　穿墙螺栓的连接方式（一）

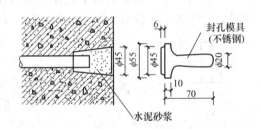

图 5-9　螺栓孔眼的封堵（一）

2）穿墙螺栓采用周转的对拉螺栓，如图 5-10 所示，在截面范围内螺栓采用塑料套管，两端为锥形堵头和胶粘海绵垫，拆模后孔眼封堵砂浆前，应在孔中放入遇水膨胀防水胶条，砂浆用专用模具封堵修饰，如图 5-11 所示。

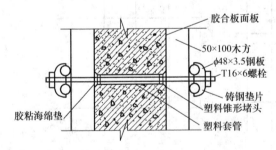

图 5-10　穿墙螺栓的连接方式（二）

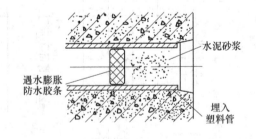

图 5-11　螺栓孔眼的封堵（二）

**（二）清水混凝土模板的选型**

清水混凝土模板的选型宜根据下列依据进行：

（1）工程设计要求和工程具体情况。

（2）施工流水段的划分和周转使用次数。

（3）施工质量目标、模板允许偏差和外观质量要求。

建议选择的模板类型，见表 5-1。

**表 5-1** 　　　　　　　　　　　　　　建议选择的模板类型

| 代号 | 清水混凝土分类 | 建议选择的模板类型 |
|---|---|---|
| Q1 | 普通清水混凝土 | 木梁（含铝梁）胶合板模板、钢框胶合板大模板、轻型钢木板、全钢大模板、木框胶合板模板等 |
| Q2 | 饰面清水混凝土 | 木梁（含铝梁）胶合板模板、钢框胶合板（面板不包边为主）大模板、不锈钢贴面模板等 |
| Q3 | 装饰清水混凝土 | 木梁（含铝梁）胶合板模板、50 厚木板、全钢装饰模板、铸铝装饰模板、木胶合板装饰模板 |

注　胶合板均为双面酚醛防水木胶合板。

### 二、清水混凝土模板施工工艺流程

清水混凝土模板施工技术的一般工艺流程：根据图纸结构形式设计计算模板强度和板块规格→结合留洞位置绘制模板组合展开图→按实际尺寸放大样→加工配制标准和非标准模板块→模板块检测验收→编排顺序号码、涂刷隔离剂→测量放线→钢筋绑扎、管线预理→排架搭设→焊定位筋→柱、墙模板组装校正、验收→浇筑柱、墙混凝土至梁底下 50mm→安装梁底模和一侧帮模→梁钢筋绑扎→拆除柱、墙下段模板、吊运保养→二次安装柱头、墙头接高模板→第二面梁帮模板安装、校正、验收→铺设平台模板→平台筋绑扎、管线敷设→浇筑混凝土、保养→模板拆除后保养待翻转使用。

### 三、清水混凝土模板主要节点做法

1. 胶合板模板的阴阳角

（1）胶合板模板在阴角部位宜设置角模，以利平模与角模的拆除。角模的边长可选 300mm×300mm、600mm×600mm 或 610mm×610mm，以内墙模板排列图为准。角模与平模的面板接缝处为蝉缝，边框之间可留有一定间隙，以利脱模。

（2）角模直角边的连接方式有两种：①角模棱角平口连接，其中外露端刨光并涂上防水涂料，连接端刨平并涂防水胶黏结；②角模棱角的两个边端都为略小 45°的斜口连接，斜口处涂防水胶黏结，如图 5-12 所示。

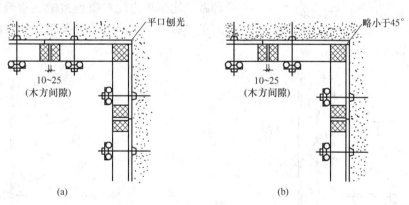

图 5-12　阴角部位设角模做法
（a）做法一；（b）做法二

（3）胶合板模板在阴角部位也可不设阴角模，平模之间可直接互相连接，这种做法大面上整体效果好，但拆除困难，不利于周转使用，仅适用于一次性支模，如图 5-13 所示。

（4）在阳角部分不设阳角模，采取一边平模包住另一边平模厚度的做法，连接处加海绵条防止漏浆，如图 5-14 所示。

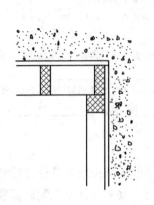

图 5-13　阴角部位不设角模做法

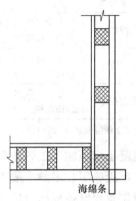

图 5-14　胶合板模板阳角

**2. 大模板阴阳角**

（1）清水混凝土工程采用全钢大模板或钢框木胶合板模板时，其阴角模的设置方法同全钢大模板，所不同的是：①在阴角模与大模板之间为蝉缝，不留设调节缝；②角模与大模板连接的拉钩螺栓宜采用双根，以确保角模的两个直角边与大模板能连接紧密不错台，如图 5-15 所示。

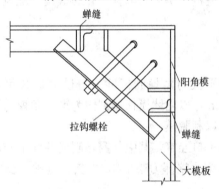

图 5-15　大模板阴角

（2）在阳角部位根据蝉缝、明缝和穿墙孔眼的布置情况，可选择两种做法：①采用阳角模，阳角模的直角边设于蝉缝位置，这种做法棱角整齐美观，如图 5-16 所示；②采用一块平模包另一垂直方向平模的厚度，连接处加海绵条堵漏。这种做法比模板边棱对模板边棱加角钢连接的做法简单可靠，不易产生错台漏浆现象，但大模板将出现零数，如图 5-17 所示。

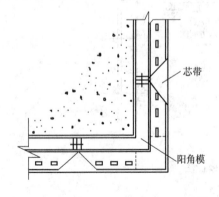

图 5-16　大模板阳角模

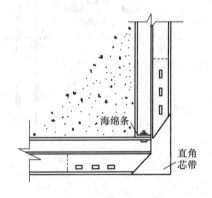

图 5-17　大模板垂直相交做法

3. 面板横竖缝的处理

（1）胶合板面板竖缝设在竖肋位置，面板边口刨子后，先固定一块，在接缝处涂透明胶，后一块紧贴前一块连接。根据竖肋材料的不同，其剖面形式如图 5-18 所示。

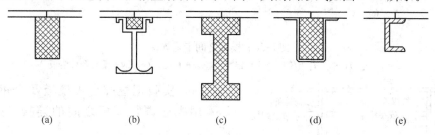

图 5-18 面板竖肋剖面形式

（a）木方；（b）铝梁；（c）木梁；（d）钢木肋；（e）钢模板槽钢肋

（2）胶合板面板水平缝位置一般无横肋（木框模板可加短木方），为防止面板拼缝位置漏浆，采取的措施为：接缝处涂透明胶黏结，面板背面贴海绵条和胶带防漏，如图 5-19 所示。

（3）钢框胶合板模板可在制作钢骨架时，在胶合板水平缝位置增加横向扁钢，面板边口之间及面板与扁钢之间涂胶黏结。

（4）全钢大模板在面板水平缝位置，加焊扁钢，并在扁钢与面板的缝隙处刮铁腻子，待铁腻子干硬后，模板背面再涂漆。

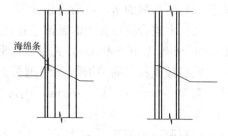

图 5-19 面板水平缝的处理

4. 模板之间的连接

（1）木梁胶合板模板之间可采取加连接角钢的做法，相互之间加海绵条，用螺栓连接；也可采用背楞加芯带的做法，面板边口刨光，木梁缩进 5～10mm，相互之间连接靠芯带、钢楔紧固，如图 5-20 所示。

（2）以木方作边框的胶合板模板，采用企口方式连接，一块模板的边口缩进 25mm，另一块模板边口伸出 35～45mm，连接后两木方之间留有 10～20mm 拆模间隙，模板背面以 φ48×3.5 钢管作背楞，如图 5-21 所示。

（3）铝梁胶合板模板及钢木胶合板模板，设专用空腹边框型材，同空腹钢框胶合板一样采用卡具连接，如图 5-22 所示。

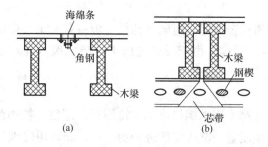

图 5-20 木梁胶合板模板之间的连接

（a）边口加角钢；（b）背楞加芯带

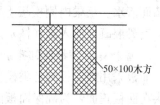

图 5-21 木方胶合板模板之间的连接

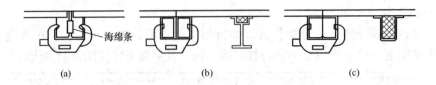

图 5-22　模板之间卡具连接

（a）空腹钢框胶合板模板；（b）铝梁木胶合板模板；（c）钢木梁胶合板模板

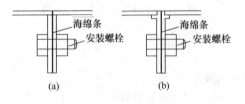

图 5-23　全钢及钢框胶合板模板之间的连接

（a）全钢大模板；（b）钢框钢胶合板模板

（4）实腹钢框胶合板模板及全钢大模板，均采用螺栓进行模板之间的连接，如图 5-23 所示。

5. 模板上下之间的连接

（1）混凝土浇筑施工缝的留设宜同建筑装饰的明缝相结合，即将施工缝设在明缝的凹槽内。清水混凝土模板接缝设计时，应将明缝装饰条同模板结合在一起。当模板上口的装饰线形成 $N$ 层墙体上口的凹槽，即作为 $N+1$ 层模板下口装饰线的卡座，为防止漏浆，在结合处贴密封条和海绵条，如图 5-24 所示。

（2）木胶合板面板上的装饰条宜选用铝合金、塑料或硬木制作，宽 20～30mm，厚 10～15mm，并做成梯形以利脱模。

钢模板面板上的装饰线条用钢板制作，可用螺栓连接也可塞焊连接，宽 30～60mm，厚 5～6mm，内边口刨成 45°。

6. 门窗洞口模板

门窗洞口模板可采用木板、胶合板和木方或全钢洞口模。当采用 50mm 厚木板或 12mm 厚胶合板和 50mm×100mm 木方时，在四角角钢连接处，采用海绵条防漏，模板表面钢木接缝处用胶条密封，使脱模后的混凝土表面平整无缝痕。

7. 梁与墙丁字形连接

连梁、过梁与墙呈丁字形连接处，不宜配门洞模板。在梁底以下，洞口一边按墙模连通配，其中一块模板插入洞口内；另一边按堵头板和阳角处理，在梁高范围阴角位置按阴角不设角模方法处理，如图 5-25 所示。

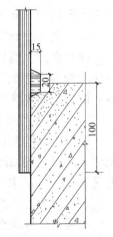

图 5-24　利用明缝作施工缝

8. 窗台反梁与楼板一次浇筑

当框架结构工程的边梁以反梁形式作为通长窗台时，应同其他梁、板一起施工，以确保外墙面清水。反梁内侧模板上下之间设塑料短支撑。由于反梁先施工，与山墙（柱）连接处，反梁混凝土插入墙（柱）内 25mm，如图 5-26 所示。

9. 面板螺钉、拉铆钉孔眼的处理

面板采用胶合板的各类模板，连接方法大都采用木螺钉或抽芯拉铆钉，螺钉、拉铆钉的沉头在面板正面，为确保面板的平整度和外观质量，沉头宜凹进板面 2～3mm，用修理汽车的铁腻子将凹坑刮平，腻子干燥后具有一定硬度，不影响墙面质量。腻子里还可掺入一些深棕色漆，使模板外观更好，如图 5-27 所示。

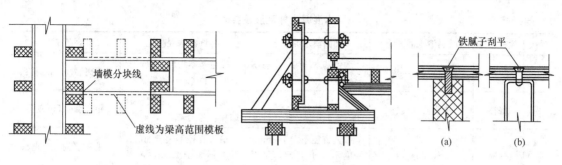

图 5-25　墙与梁丁字形连接　　　　图 5-26　窗台反梁与楼板　　　　图 5-27　面板钉孔眼的
　　　　　配模处理　　　　　　　　　　　　一次浇筑的配模　　　　　　　　　处理

### 四、主要技术指标与技术措施

1. 技术指标

（1）结构允许偏差，见表 5-2。

表 5-2　　　　　　　　　　　　　　　结构允许偏差表

| 项次 | 项　目 | | 允许偏差（mm） | | | 检查方法 |
|---|---|---|---|---|---|---|
| | | | 普通混凝土 | 饰面混凝土 | 装饰混凝土 | |
| 1 | 轴线位移 | 墙、柱、梁 | 5 | 5 | 5 | 尺量 |
| 2 | 截面尺寸 | 墙、柱、梁 | ±3 | ±3 | ±3 | 尺量 |
| 3 | 垂直度 | 层高 | 5 | 5 | 5 | 经纬仪、吊线、尺量 |
| | | 全高 | $H/1000$ 且≤30 | $H/1000$ 且≤30 | $H/1000$ 且≤30 | |
| 4 | 表面平整度 | | 4 | 3 | 3 | 2m 靠尺、塞尺 |
| 5 | 角线顺直 | | 4 | 3 | 3 | 拉线、尺量 |
| 6 | 预留洞口中心线位移 | | 10 | 10 | 10 | 拉线、尺量 |
| 7 | 标　高 | 层高 | ±8 | ±5 | ±5 | 水准仪、尺量 |
| | | 全高 | ±30 | ±30 | ±30 | |
| 8 | 阴阳角 | 方正 | 3 | 2 | 2 | 尺量 |
| | | 顺直 | 4 | 3 | 3 | |
| 9 | 阳台、雨罩位置 | | ±5 | ±3 | ±3 | 尺量 |
| 10 | 分格条（缝）直线度 | | 4 | 3 | 3 | 拉 5m 线，不足 5m 拉通线，钢尺检查 |
| 11 | 蝉缝错台 | | 3 | 2 | 2 | 尺量 |
| 12 | 蝉缝交圈 | | 10 | 5 | 5 | 拉 5m 线，不足 5m 拉通线，钢尺检查 |
| 13 | 楼梯踏步宽度、高度 | | ±3 | ±3 | ±3 | 尺量 |
| 14 | 保护层厚度 | | ±3 | ±3 | ±3 | 尺量 |

（2）清水混凝土外观质量要求，见表 5-3。

表 5-3　　　　　　　　　　　　　　　　清水混凝土外观质量要求

| 项次 | 检查项目 | 普通清水混凝土 | 饰面清水混凝土 | 装饰清水混凝土 | 检查方法 |
|---|---|---|---|---|---|
| 1 | 颜色 | 颜色基本一致 | 颜色基本均匀，没有明显色差 | 颜色基本均匀一致，没有明显色差 | 距离墙面 5m 观察 |
| 2 | 修补 | 少量修补痕迹 | 基本无修补 | 基本无修补，图案及装饰片整齐无缺陷 | 距离墙面 5m 观察 |
| 3 | 气泡 | 气泡分散 | 最大直径不大于 8mm，深度不大于 2mm，每平方米不大于 20mm² | 最大直径不大于 8mm，深度不大于 2mm，每平方米不大于 20mm² | 距离墙面 5m 观察，尺量 |
| 4 | 裂缝 | 宽度小于 0.2mm 且长度不大于 1000mm | 宽度小于 0.2mm 且长度不大于 1000mm | 宽度小于 0.2mm 且长度不大于 1000mm | 尺量、刻度放大镜 |
| 5 | 光洁度 | 无明显的漏浆、流淌及冲刷痕迹 | 无漏浆、流淌及冲刷痕迹，无油迹、墨迹及锈斑，无粉化物 | 无漏浆、流淌及冲刷痕迹，无油迹、墨迹及锈斑，无粉化物 | 观察 |
| 6 | 对拉螺栓孔眼 | | 排列整齐，孔洞封堵密实，颜色同墙面基本一致，凹孔棱角清晰圆滑 | 排列整齐，孔洞封堵密实，颜色同墙面基本一致，凹孔棱角清晰圆滑 | 观察，尺量 |
| 7 | 明缝 | | 位置规律、整齐，深度一致，水平交圈 | 位置规律、整齐，深度一致，水平交圈，图案及装饰片均匀一致 | 观察，尺量 |
| 8 | 蝉缝 | | 横平竖直，均匀一致，水平交圈，竖向成线 | 横平竖直，均匀一致，水平交圈，竖向成线，图案及装饰片均匀一致 | 观察，尺量 |

2. 施工技术措施

（1）以胶合板为面板的模板，应选择质地坚硬、表面平整光洁、色泽均匀、厚薄一致的优质胶合板。胶合板的表面覆膜质量≥120g/m²。模板的肋和背楞顺直整齐，模板总厚度控制准确。

（2）钢模板应选择 6mm 厚的原平板作面板，表面平整光洁，无凹凸、无伤痕、无修补痕迹，质量符合全钢大模板应用技术规程。

（3）模板运到现场后，应认真检查模板及配件的规格、数量、产品质量，做到管理有序对号入座。

（4）模板表面不得弹放墨线、油漆写字编号，防止污染混凝土表面。

（5）模板上除设计预留的穿墙螺栓孔眼外，不得随意打孔、开洞、刻划、敲钉。

（6）脱模剂应选用不对混凝土表面质量和颜色产生影响的优质水性脱模剂。

3. 模板拆除

（1）模板拆除要严格按照施工方案的拆除顺序进行，并加强对清水混凝土成品和对拉螺栓孔眼的保护。

（2）模板拆除时间应严格按照现行《混凝土结构工程施工质量验收规范》（GB 50204—2011）中的规定执行。

（3）拆除模板时，要按照程序进行，操作人员不得站在墙顶晃动、撬动模板，禁止用大锤敲击，防止混凝土墙面及门窗洞口等出现裂纹和损坏模板。

（4）拆除模板时，应先拆除模板之间的对拉螺栓及连接件，松动斜撑调节丝杠，使模板后倾与墙体脱开，在检查确认无误后，方可起吊大模板。

（5）拆除模板后，应立即清理，对变形与损坏的部位进行修整，并均匀涂刷脱模剂，吊至存放处备用。

4. 模板成品保护

（1）模板面板不得污染、磕碰；胶合板面板切口处必须涂刷两遍封边漆，避免因吸水翘曲变形；螺栓孔眼必须有保护垫圈。

（2）每次吊装前，应检查模板的吊钩是否符合要求，然后检查面板的几何尺寸、面板的拼缝是否严密，背后的龙骨及扣件是否松动，尤其注意检验面板与龙骨连接是否松动。

（3）成品模板存放于专门制作的钢管架上，且模板必须采用面对面的插板式存放，上面必须覆盖塑料布，存放区作好排水措施，注意防火防潮。

（4）模板入模前必须涂刷脱模剂，入模时，先用毛毯隔离钢筋和模板，避免钢筋刮碰面板。

（5）模板拆卸应与安装顺序相反，拆模时轻轻将模板撬离墙体，然后整体拆除，严禁直接用撬杠挤压，拆下的模板轻轻吊离墙体。

（6）模板拆后及时清理，木模板面板破损处用铁腻子修复，并在修复腻子上刮两遍清漆，以免在混凝土表面留下痕迹；钢模板用棉丝沾养护剂均匀涂擦表面，以便周转。穿墙螺栓、螺母等相关零件也应清理、保养。

# 第三节 早拆模板技术

## 一、概述

早拆模板技术是指支撑系统和模板能够分离，当混凝土浇筑 3～4d 后，强度达到设计强度的 50％以上时，可敲击早拆柱头，提前拆除横楞和模板，而柱头顶板仍然支顶着现浇楼板，直到混凝土强度达到符合规范允许拆模数值为止的模板施工技术。

现行《混凝土结构工程施工质量验收规范》（GB 50204—2011）中规定：现浇混凝土结构跨度不大于 2m 时，楼板混凝土强度达到设计强度的 50％以上（以试块试压强度为准），即可拆除模板。早拆模板技术就是利用早拆柱头、立柱和横梁等组成竖向支撑，使原设计的楼板跨度处于立柱间距小于 2m 的受力状态，当楼板混凝土强度达到设计强度的 50％以上时，保留部分早拆柱头和立柱支撑不动，拆除全部模板、横梁和部分立柱，当混凝土强度达到足以在全跨条件下承受自重和施工荷载时，拆除保留的早拆立柱。

早拆模板技术可适用于各种类型的公共建筑、住宅建筑的楼板和梁，剪力墙结构、框架剪力墙结构、框架结构等建筑的楼板和梁，以及桥、涵等市政工程的结构顶板模板施工。

## 二、早拆模板体系的基本构造

早拆模板体系由模板、支撑系统、早拆柱头、横梁和可调底座等组成。

1. 模板

（1）15～18mm 厚覆膜木胶合板。木胶合板厚度公差小，覆膜板表面平整光洁，板面尺寸大，拼缝少，适用于梁、板底面清水混凝土工程。

（2）12～15mm 厚覆膜竹胶合板。竹胶合板的厚度公差一般较大，适用于梁、板底面平整度要求不高、底面刮腻子的工程。表面复贴木单板的竹胶合板也可适用于清水混凝土工程。

（3）55 型和 75 型钢框胶合板模板。模板规格少、重量轻、刚度大，横梁的间距较大，用量少，装拆方便，能多次使用。

（4）55 型组合钢模板。以 600mm 宽钢模板为主，再配以 450mm、300mm、200mm、150mm、100mm 的模板调节，模板刚度大，装拆灵活，使用次数多。

2. 支撑系统

（1）扣件式钢管支架。可采用 $\phi48\times3.5$ 脚手钢管作支撑，一次投资少，缺点是装拆费工，楼层标高调整不方便。

（2）钢支柱。由插管和套管组成，插管采用 $\phi48\times3.5$ 钢管，套管采用 $\phi60\times3.5$ 钢管，套管上焊一节螺管，螺管外套上转盘或螺旋套管，可以微调支柱高度。钢支柱的结构形式有螺纹外露式和螺纹封闭式两种，如果再配上折叠三脚架，即可组成独立式钢支柱。

（3）承插式支架。可以根据工程需要及现场实际情况，选用碗扣式、模块式、插卡式和圆盘式等支架。其横杆的规格有 1.8m、1.5m、1.2m、0.9m、0.6m 或 1.6m、1.3m、1.0m 等几种系列。立杆规格有两个系列，一个系列为通用立杆 3.0m、2.4m、1.8m、1.2m 及顶杆 0.9m、0.6m 等，可以组成任意高度的大空间模板支架；另一个系列是 2.0m、2.1m 组成的专用立杆，适用于层高 2.6～3.0m 高度的模板支架。

3. 早拆柱头

早拆柱头是早拆模板体系中实现模板及横梁早拆的关键部件。按其结构形式可分为螺杆式早拆柱头、滑动式早拆柱头和螺杆与滑动相结合的早拆柱夹三种形式。按其使用范围可分为适用于 55 型组合钢模板和 55 型钢框胶合板模板的早拆柱头，适用于 12～18mm 厚竹（木）胶合板的早拆柱头，适用于塑料或玻璃模壳的柱头，以及适用于竹（木）胶合板、组合钢模板、钢框胶合板模板、塑料模板等的多功能柱头。

4. 横梁

横梁可以根据工程需要和现场实际情况，选用 $\phi48mm$ 钢管、[8 或 [10 槽钢、40～80mm 或 50～100mm 矩形钢管、箱形钢梁、木工字梁、木方、桁架等。

### 三、早拆模板施工技术

1. 施工工艺

早拆模板技术的主要施工工艺可概括为模板安装和模板拆除。

（1）模板安装。模板的安装通常按以下工序进行：

1）按照模板工程施工图放线，在放线的交点处安放独立式钢支柱或安放立杆，用所需长度的横杆将立杆互相连成整体支架。

2）支架安装完后，将早拆柱头、早拆托架或可调顶托的螺杆插入立杆顶部孔内，并使插销和托架就位，然后放上横梁，并将横梁调整到所需位置。

3）横梁就位后，从一侧开始铺设模板，模板与柱头板交接处，随铺模板随将柱头板调到所需高度。

4）铺完模板后，模板上涂刷脱模剂，板缝处贴胶带防止漏浆，并进行模板检查验收和质量评定工作。

（2）模板拆除。模板的拆除宜按下列要求进行：

1）拆模时，混凝土的强度已达到拆模强度要求。

2）按照模板工程施工图保留部分立杆和早拆柱头，其余早拆的立杆、横杆、横梁和模板等可同步拆除。

3）拆模时应从一侧或一端开始，拆除的模板、横梁和立杆应及时运走。

4）保留的立杆和早拆柱头应在混凝土强度达到正常拆模强度后再进行拆除。

5）如需提前拆除保留立杆时，拆除后，必须加设临时支撑。

6）拆模时，要做好防护，防止落物伤人。

2．技术措施

（1）各层设置的早拆立柱位置应尽量上下层对正，以保证传力合理和结构安全。

（2）早拆柱头螺杆插入立杆内的安全长度不得小于150mm。

（3）模板的起拱高度宜取用《混凝土结构工程施工质量验收规范》（GB 50204—2011）上限值3‰，以抵消模板中部下挠的影响。

（4）施工荷载尽可能设置于早拆柱头或横梁附近，以减少模板受力后产生过大的下挠。

（5）浇筑楼板混凝土时，应沿板四周边向板跨中方向对称进行。堆集料位置应选在早拆柱头附近，且堆集料高度应严格控制，以减少不均匀荷载影响。

（6）当气温较低或工期较紧时，可在混凝土内掺入早强减水剂，以确保混凝土在2～4d内能达到50％的设计强度标准值。

（7）拆除模板时，严禁将保留的立杆拆除后再支顶。

（8）当施工速度快，混凝土强度达不到《混凝土结构工程施工质量验收规范》（GB 50204—2011）允许的拆模条件时，或施工荷载较大时，尚应再多留设一层待拆层，并且该层保留的早拆立柱的数量可比上一待拆层适当减少。

3．质量措施

（1）支撑系统及附件要安装牢固，无松动现象，面板应拼缝严密，保证不变形，不漏浆。

（2）当同条件养护的混凝土试块强度达到设计强度的50％时，方可拆除模板和横梁。

（3）已拆除立柱的楼板在承受施工荷载时，必须进行强度验算，必要时应加设临时支撑。

（4）模板要认真刷脱模剂，以保护板面，增加周转次数。

（5）拆模时不能硬砸乱撬，不能随意扔抛，防止模板变形损坏。

（6）拆除后的模板要认真清理及时修复，并刷油防锈。

模板安装质量标准见表5-4。

表 5-4　　　　　　　　　　　　模板安装质量标准

| 项　次 | 项　目 | 允许偏差（mm） | 检验方法 |
|---|---|---|---|
| 1 | 模板上表面标高 | ±5 | 用尺量 |
| 2 | 相邻模板面高低差 | 2 | 用游标尺量 |
| 3 | 板面平整度 | 5 | 2m平尺检查 |

**四、技术特点**

（1）结构合理，施工安全可靠。早拆模板体系采用碗扣式支架、模块式支架和钢支柱等为支撑，其杆件构造及结点连接方式规范，减少了搭设时的随意性，避免出现不稳定状态，并能确保上下层支撑杆件受力准确传递，形成了可靠的刚度和强度，确保施工安全；使用早拆柱头在拆除模板时，还能两次控制模板和横梁的降落高度，从而避免拆模时发生整体坍落的现象，确保了施工过程中的安全，并可延长模板的使用寿命。

（2）构造简单，提高装拆工效。早拆模板体系的构造简单，操作灵活方便，施工工艺容易掌握，装拆速度快，与传统装拆施工工艺（扣件式脚手架）相比，一般可提高施工工效1～2倍，并可加快施工进度，缩短施工工期。

（3）操作简单，降低劳动强度。早拆模板体系操作简单，使用方便，施工过程中，完全避免了螺栓作业，且由于部件的规格小、重量轻、模板和支撑用量少，倒运量小，降低了工人劳动强度。

（4）减少用量，降低施工费用。施工企业在现有模板和支撑的条件下，只需购置早拆柱头，再配置一层模板和1.6～1.7层支撑。与传统支模配置三支三模相比，不仅可降低模板和支撑费用，而且可以减少人工费；另外，模板和支撑的运输费、丢失及损坏赔偿费、维修费等亦可相应减少，经济效益显著。

（5）减少运距，节约起吊费用。早拆模板体系只配备了一层模板和1.6～1.7层支撑及早拆柱头，垂直运输时，模板、横梁及部分支撑只需往上一层倒运，无需支设出料平台，可以从窗口、通风道、外架上直接传到上一层，减少对塔吊的依赖，而且还减轻了对楼梯间施工通道的压力。

（6）施工文明，利于现场管理。早拆模板体系在施工工程中，避免了周转材料的中间堆放环节，模板支撑整齐、规范，立柱、横梁用量少，施工人员通行方便，有利于文明施工和现场管理，对狭窄的施工现场更为适宜。

# 第四节　液压自动爬模技术

液压自动爬模技术是一种新型的爬模技术，它是将钢管支承杆设在结构体内、体外或结构顶部，以液压千斤顶或液压油缸为动力提升提升架、模板、操作平台及吊架等，爬升成套爬模。

液压自动爬模技术适用于高层建筑全剪力墙结构、框架结构核心筒、钢结构核心筒、高耸构筑物、桥墩、巨形柱等结构的施工。

这里重点介绍以液压千斤顶为动力的液压自动爬模技术。

**一、液压自动爬模的构造**

液压自动爬模主要由模板系统、液压提升系统和操作平台系统组成。

（1）模板系统。由定型组合大钢模板、全钢大模板或钢框胶合板模板、调节缝板、角模、钢背楞及穿墙螺栓、铸钢螺母、铸钢垫片等组成。

（2）液压提升系统。由提升架立柱、横梁、斜撑、活动支腿、滑道夹板、围圈、千斤顶、支承杆、液压控制台、各种孔径的油管及阀门、接头等组成。当支承杆设在结构顶部时，增加导轨、防坠装置、钢牛腿、挂钩等。

（3）操作平台系统。由操作平台、吊平台、中间平台、上操作平台、外挑梁、外架立柱、斜撑、栏杆、安全网等组成。

## 二、液压自动爬模施工技术

1. 施工工序

液压爬模施工工序如图 5-28 所示。

2. 施工工艺

液压自动爬模施工的主要工艺有爬模的安装、浇筑混凝土、脱模及爬升等。

（1）爬模的安装。液压自动爬模的安装一般按以下流程进行：放线→绑扎一层钢筋→安装门窗洞口模板→预埋管线→支设模板→提升架预拼装→安装提升架→安装围圈→安装外架→安装平台→铺板安装栏杆及安全网→安装液压系统→排油排气→插入支承杆→安装激光靶。另需说明的是，门窗洞口边框模板之间需加支撑稳固，防止变形。

（2）浇筑混凝土。混凝土的浇筑按常规方法操作，每个浇灌层高度 0.5～1m，分层浇筑，分层振捣，浇筑方向宜从中间向两端、从两端向中间交错进行，混凝土浇灌宜采用布料机。

（3）脱模。当混凝土强度能保证其表面及棱角不因拆除模板而受损坏后，方开始脱模，一般在强度达到 1.2MPa 后进行。脱模程序为：取出穿墙螺栓，松开调节缝板螺栓；大模板采取分段整体进行脱模，首先用脱模器伸缩丝杠，顶住混凝土脱模，然后用活动支腿伸缩丝杠使模板后退，墙模一般脱开混凝土 50～80mm；将角模脱模后，应将角模紧固于大模板上，以便于一起爬升。

（4）爬升。爬模的爬升通过液压提升系统实现。在爬升的同时绑扎上层钢筋，安装墙内的预埋铁件、预埋管线等。当模板下口爬升到达上层楼面标高时，支楼板底模板或铺设压型钢板，绑扎楼板钢筋，浇筑楼板混凝土。

此外，在劲性混凝土工程中，为了避免钢结构的钢梁与爬模提升架和模板相碰，通常将提升架设计成双根横梁。墙内钢梁与提升架交叉施工流程：浇注墙体混凝土→脱模、上横梁打开→提升，钢梁进入上下横梁之间→下横梁打开→钢梁通过。模板与钢梁交叉点示意图如图 5-29 所示。

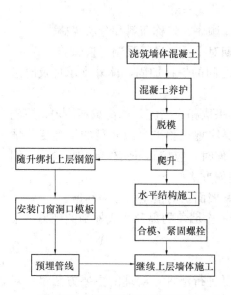

图 5-28　液压爬模施工工序图

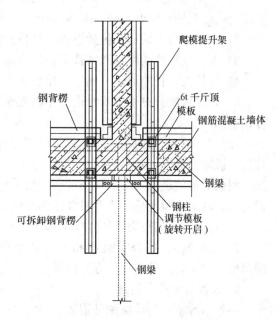

图 5-29　模板与钢梁交叉点示意图

### 三、技术指标与技术措施

1. 技术指标

爬模装置组装允许偏差，见表5-5。

表 5-5    爬模装置组装允许偏差

| 内　　容 | | 允许偏差（mm） | 检查方法 |
| --- | --- | --- | --- |
| 模板结构轴线与相应结构轴线位置 | | 3 | 吊线及尺量检查 |
| 组拼成大模板的边长偏差 | | −2～3 | 钢尺 |
| 组拼成大模板的对角线偏差 | | 5 | 钢尺 |
| 模板平整度 | | 3 | 尺及塞尺检查 |
| 模板垂直度 | | 3 | 吊线及尺量检查 |
| 背楞位置偏差 | 水平方向 | 3 | 吊线及尺量检查 |
| | 垂直方向 | 3 | 吊线及尺量检查 |
| 提升架垂直偏差 | 平面内 | 3 | 吊线及尺量检查 |
| | 平面外 | 3 | 吊线及尺量检查 |
| 提升架横梁相对标高差 | | 5 | 水平仪检查 |
| 千斤顶位置安装差 | 提升架平面内 | 5 | 吊线及尺量检查 |
| | 提升架平面外 | 5 | 吊线及尺量检查 |
| 支承杆垂直偏差 | | 3 | 2m靠尺检查 |

2. 防偏与纠偏

液压爬模在施工过程中应以防偏为主，纠偏为辅。

（1）防偏。具体的防偏措施如下：

1）严格控制支承杆标高、限位卡底部标高、千斤顶顶面标高，要使它们保持在同一水平面上，做到同步爬升，并每隔500mm调平一次。

2）操作平台上的荷载包括设备、材料及人流应保持均匀分布。

3）保持支承杆的稳定和垂直度，注意混凝土的浇灌顺序、匀称布料和分层浇捣。

4）保持支承杆的清洁，确保千斤顶正常工作，定期对千斤顶进行强制更换保养。

5）在模板爬升过程中及时进行体内支承杆与钢筋之间的焊接加固，体外支承杆及时进行钢管加固。

（2）纠偏。纠偏前应认真分析偏移或旋转的原因，采取相应措施。如荷载不均匀，应先分散或撤除荷载等，然后再进行纠偏。纠偏过程中，要注意观测平台激光靶的偏差变化情况，纠偏应徐缓进行，不能矫枉过正。当采用钢丝绳纠偏时，应控制好钢丝绳的松紧度，纠偏完成，浇筑混凝土后，要及时放松钢丝绳。具体的纠偏方法如下：

1）在偏差方向将提升架立柱下部调节丝杠滑轮顶紧墙面，向偏差反方向纠偏。

2）必要时采用3/8钢丝绳和5t手动葫芦，从外墙一个墙角的提升架或外围圈到另一个墙角的钢梁上，向偏差的反方向拉紧。

3. 模板的清理和润滑

一般情况下，当模板脱开混凝土50～80mm后即可进行清理，清理的主要方法是：对于模板上口的积垢，用铲刀除掉；对于板面采用模板除垢剂（M3强力除垢剂，用水1∶3～

1∶1稀释），从模板上口用滚动毛刷向下涂刷，然后用清水冲洗。为了便于清理，必要时，还可以将墙体模板向外退 400～500mm。其方法是拆除角模和平模的连接及分段背楞之间的连接，拆除提升架立柱与横梁的钢销和斜撑的连接螺栓，依靠立柱上端的滑轮，向外推动，或用平移丝杠向外顶动。此时，工人可以进入钢筋与模板之间进行清理。

对于模板上的脱模剂采用 M75 脱模油剂 M73 化学脱模剂，对于模板上的脱模器和支腿的调节丝杠应经常清理和注油润滑。

### 四、技术特点

液压爬模技术主要有以下特点：

（1）液压爬模可整体爬升，也可单榀爬升，爬升稳定性好。

（2）操作方便，安全性高，且可节省大量工时和材料。

（3）爬模系统一次组装后，一直到顶不落地，节省了施工场地。

（4）提供全方位的操作平台，施工单位不必为重新搭设操作平台而浪费材料和劳动力。

（5）结构施工误差小，纠偏简单，施工误差可逐层消除。

（6）爬升速度快，可以提高工程施工速度。

（7）模板自爬，原地清理，大大降低起重设备的吊次。

## 第五节　新型脚手架应用技术

我国长期以来普遍使用竹、木脚手架，20 世纪 60 年代以来，研究和开发了各种形式的钢脚手架。但是其技术水平低下，使用功能单调，安全保证较差，材料投入量大，使用周期长，施工成本高。随着高层和大规模的基础设施的建设，作为主体工程和外装饰工程必须的施工工具——模板支架和外脚手架也在不断进行改革，各种脚手架技术也有了新的发展。

### 一、碗扣式脚手架应用技术

（一）概述

碗扣式脚手架是采用定型钢管杆件和碗扣接头连接而成的一种承插式多立杆脚手架，是我国科技人员在 20 世纪 80 年代中期根据国外的经验开发出来的一种新型多功能脚手架。

碗扣式脚手架是靠碗扣节点的锁紧连接功能实现脚手架搭设的。碗扣节点由上碗扣、下碗扣、横杆接头和限位销组成，上碗扣套在立杆钢管上能灵活的滑动和转动，下碗扣与限位销相间固定尺寸成对地焊在立杆钢管上，横杆接头焊在横杆钢管上。锁紧连接时，先将横杆接头插入下碗扣内，再将上碗扣的销槽对准限位销使之向下移动，扣住横杆接头并顺时针旋转，此时上碗扣螺旋面与限位销顶紧，实现立杆与横杆的稳固连接，同时碗扣节点形成自锁，如图5-30 所示。

碗扣式脚手架可用做模板支撑架、外脚手架，也可做一般临时性的构筑物，如

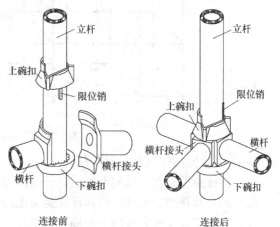

图 5-30　碗扣式脚手架碗扣节点

临时建筑物骨架、简易起重架、看台、灯塔、移动维护架等。

（二）主要构造

碗扣式脚手架主构件主要由立杆、横杆、斜杆组成，杆件材料采用 $\phi48 \times 3.5$ 钢管，通过主构件的搭设，可组成不同规格尺寸的脚手架架体。辅助构件主要由挑梁、架梯、脚手板、可调托撑及连墙撑等组成，可根据使用状况进行配置，以满足建筑施工时的不同功能的要求。

（1）立杆。钢管上安装有上、下碗扣及限位销，端部设有连接套管，长度按一定模数的碗扣式脚手架垂直受力杆件。

（2）横杆。钢管两端焊有横杆接头，长度按一定模数的碗扣式脚手架水平受力杆件。

（3）斜杆。钢管两端设有斜杆接头，长度按一定模数的碗扣式脚手架斜向受力杆件。

（三）构造措施

用碗扣式钢管脚手架可搭设双排外脚手架、单排外脚手架、内脚手架、模板支撑架、楼板支撑架、物料提升井架、悬挑脚手架等。

下面简单介绍双排外脚手架和模板支撑架的构造措施。

1. 双排外脚手架

双排外脚手架应根据使用条件及荷载要求选择结构设计尺寸，横杆步距宜选用 1.8m，廊道宽度宜选用 1.2m，立杆纵向间距可选择不同规格的系列尺寸。曲线布置的双排外脚手

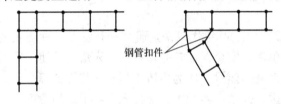

钢管扣件

图 5-31　拐角组架图

架组架时，应按曲率要求使用不同长度的内外横杆组架，曲率半径宜大于 2.4m。

双排外脚手架拐角为直角时，宜采用横杆直接组架；拐角为非直角时，可采用钢管扣件组架，如图 5-31 所示。

脚手架首层立杆应采用不同的长度交错布置，底部横杆（扫地杆）严禁拆除，立杆底部应配置可调底座，如图 5-32 所示。

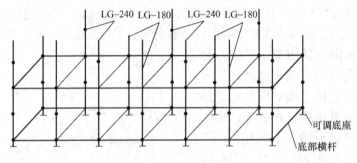

LG-240 LG-180　LG-240 LG-180

可调底座
底部横杆

图 5-32　首层立杆布置图

脚手架斜杆设置应符合下列要求：

（1）斜杆应设置在有纵向及廊道横杆的碗扣节点上。

（2）脚手架拐角处及端部必须设置竖向通高斜杆。

（3）脚手架高度≤20m 时，每隔 5 跨设置一组竖向通高斜杆；脚手架高度大于 20m 时，每隔 3 跨设置一组竖向通高斜杆；斜杆必须对称设置。

（4）斜杆临时拆除时，应调整斜杆位置，并严格控制同时拆除的根数，此外，脚手架底部严禁拆除斜杆。

当采用钢管扣件做斜杆时应符合下列要求：

（1）斜杆采用旋转扣件应每步与立杆扣接，必要时可与横杆扣接，扣接点距碗扣节点的距离宜≤150mm，扣接应牢固。

（2）斜杆应设置成剪刀形，斜杆水平倾角宜在 45°～60°之间。

（3）脚手架高度超过 20m 时，斜杆应在内外排对称设置。

连墙杆的设置应符合下列要求：

（1）连墙杆与脚手架立面及墙体应保持垂直，每层连墙杆应在同一水平面。

（2）连墙杆竖向间距应小于 4m，水平间距应不大于 4 跨。

（3）连墙杆应设置在有廊道横杆的碗扣节点处，采用钢管扣件做连墙杆时，连墙杆应采用直角扣件与立杆连接，连接点距碗扣节点距离应≤150mm。

（4）连墙杆必须采用可承受拉、压荷载的刚性结构。

脚手板设置应符合下列要求：

（1）钢脚手板的挂钩必须完全落在廊道横杆上，并带有自锁装置，严禁浮放。

（2）平放在横杆上的脚手板，必须与脚手架连接牢靠，并适当加设间横杆，脚手板探头长度应小于 150mm。

（3）作业层的脚手板框架外侧应设挡脚板及防身护栏，护栏应采用两道横杆。

人行坡道坡度可为 1∶3，并在坡道脚手板下增设横杆，坡道可折线上升。

人行梯架应设置在尺寸为 1.8m×1.8m 的脚手架框架内，梯子宽度为廊道宽度的 1/2，梯架可在一个框架高度内折线上升，梯架拐弯处应设置脚手板及扶手。

2. 模板支撑架

模板支撑架应根据施工荷载组配横杆及选择步距，根据支撑高度选择组配立杆、可调托撑及可调底座。

模板支撑架高宽比不得超过 5，否则应扩大下部架体尺寸，或者按有关规定计算，采取设置缆风绳等加固措施。

房屋建筑工程模板支撑架可采用楼板由立杆支撑，梁由横杆支撑的梁板合支方法。当梁的荷载超过横杆的设计承载力时，可采取独立支撑的方法，此独立支撑应与楼板支撑连成一体，如图 5-33 所示。

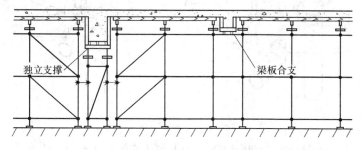

图 5-33 房屋建筑工程模板支架

### （四）技术特点

碗扣式脚手架具有以下技术特点：

（1）碗扣式脚手架可根据建筑施工的具体要求搭设成不同形状、尺寸及功能的脚手架组架形式，还可搭设临时棚架、灯塔、起重架、临时舞台看台等一般构筑物。

（2）碗扣式脚手架的搭设避免了螺栓作业，操作者用一把榔头即可完成全部搭设工作，安装拆卸快速省力。

（3）立杆与横杆轴线相交于一点，节点在框架平面内，且碗扣节点具有可靠的抗弯、抗剪及抗扭的力学性能，受力状态好，承载力大。

（4）碗扣节点具有可靠的自锁能力，节点连接稳定，安全可靠。

（5）采用量大面广的 $\phi48×3.5$ 钢管做碗扣式脚手架杆件，上、下碗扣及横杆接头采用铸造成型，生产效率高，组焊方便，可对现有的扣件式钢管脚手架进行改造。

（6）无零散易丢失零件，构件系列标准化，堆放整齐，运输方便，便于现场文明施工。

## 二、插销式脚手架应用技术

### （一）概述

插销式脚手架是立杆上的插座与横杆上的插头采用楔形插销连接的一种新型脚手架。由于它具有结构合理、连接牢固、技术成熟、装拆方便、周转率高、安全可靠等特点，是目前应用最多的新型脚手架类型。插销式脚手架的插座、插头和插销的种类和品种规格很多，通常有盘扣式钢管脚手架和插接式钢管脚手架两种。

### （二）主要构造

#### 1. 承插型盘扣式钢管脚手架

承插型盘扣式钢管脚手架由立杆、水平杆、斜杆、可调底座及可调托座等构配件构成。立杆采用套管或连接棒承插连接，立杆上焊有连接水平杆和斜杆的连接盘，水平杆和斜杆采用杆端扣接头卡入连接盘，用楔形插销快速连接，形成结构几何不变体系的钢管脚手架。

承插型盘扣式钢管脚手架盘扣节点构成由焊接于立杆上的连接盘、水平杆杆端扣接头和斜杆杆端扣接头组成，如图5-34所示。

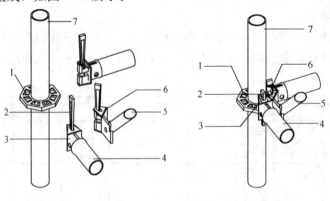

图 5-34　盘扣节点

1—连接盘；2—扣接头插销；3—水平杆杆端扣接头；4—水平杆；

5—斜杆；6—斜杆杆端扣接头；7—立杆

2. 插接式钢管脚手架

插接式钢管脚手架由可调底座、立杆、立杆连接头、横拉杆、斜拉杆、墙体拉杆、模板支撑头等部件及 V 形耳、U 形耳、插销等零件构成。

立杆与横杆之间采用预先焊接于立杆上的 U 型插接耳组与焊接于横杆端部的 C 型或 V 型卡以适当的形式相扣，再用楔形锁销穿插其间的连接形式；立杆与斜杆之间采用斜杆端部的销轴与立杆上的 U 型卡侧面的插孔相连接；根据管径不同，上下立杆之间可采用内插或外套两种连接方式，如图 5-35 所示。

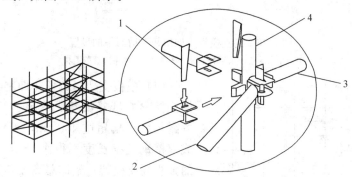

图 5-35　插接式脚手架节点
1—插楔；2—斜拉杆；3—拉杆；4—立杆

（三）插销式脚手架构造措施

插销式钢管脚手架及支撑架适应性强，除搭设一些常规脚手架和模板支撑架外，还可搭设悬挑结构、悬跨结构、整体移动、整体吊装架体等。

按照《建筑施工承插型盘扣式钢管支架安全技术规程》（JGJ 231—2010），插销式脚手架模板支架及双排外脚手架的基本构造要求及措施如下。

1. 模板支架

模板支架搭设高度不宜超过 24m；若超过 24m 时，需另行专门设计。

模板支架应根据施工方案计算得出的立杆排架尺寸选用定长的水平杆，并应根据支撑高度组合套插的立杆段、可调托座和可调底座。

模板支架的斜杆或剪刀撑设置应符合以下要求：

（1）当搭设高度不超过 8m 的满堂模板支架时，步距不宜超过 1.5m，支架架体四周外立面向内的第一跨每层均应设置竖向斜杆，架体整体底层以及顶层均应设置竖向斜杆，并应在架体内部区域每隔 5 跨由底至顶纵、横向均设置竖向斜杆或采用扣件钢管搭设的剪刀撑。架体高度超过 4 个步距时，应设置顶层水平斜杆或扣件钢管水平剪刀撑，如图 5-36 所示。

（2）当搭设高度超过 8m 的模板支架时，竖向斜杆应满布设置，水平杆的步距不得大于 1.5m，沿高度每隔 4～6 个标准步距应设置水平层斜杆或扣件钢管剪刀撑，周边有结构物时，最好与周边结构形成可靠拉结，如图 5-37 所示。

（3）当模板支架搭设成无侧向拉结的独立塔状支架时，架体每个侧面每步距均应设竖向斜杆。当有防扭转要求时，在顶层及每隔 3～4 个步距应增设水平层斜杆或钢管水平剪刀撑，如图 5-38 所示。

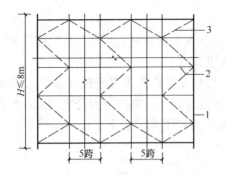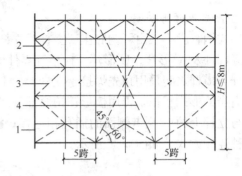

图 5-36　满堂模板支架斜杆及剪刀撑的设置

1—立杆；2—水平杆；3—斜杆；4—扣件钢管剪刀撑

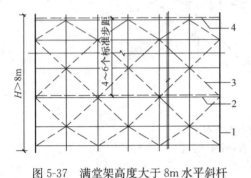

图 5-37　满堂架高度大于 8m 水平斜杆
设置立面图

1—立杆；2—水平杆；3—斜杆；4—水平层斜杆或
扣件钢管剪刀撑

（4）模板支架可调托座伸出顶层水平杆或双槽钢托梁的悬臂长度严禁超过 650mm，且丝杆外露长度严禁超过 400mm，可调托座插入立杆或双槽钢托梁长度不得小于 150mm；对长条状的独立高支模架，架体总高度与架体的宽度之比不宜大于 3。

（5）模板支架可调底座调节丝杆外露长度不应大于 300mm，作为扫地杆的最底层水平杆离地高度不应大于 550mm。当单肢立杆荷载设计值不大于 40kN 时，底层的水平杆步距可按标准步距设置，且应设置竖向斜杆；当单肢立杆荷载设计值大于 40kN 时，底层的水平杆应比标准步距缩小一个盘扣间距，且应设置竖向斜杆。

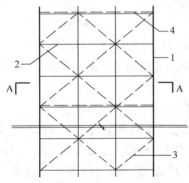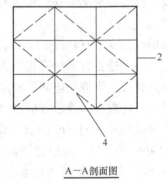

A—A剖面图

图 5-38　无侧向拉结塔状支模架

1—立杆；2—水平杆；3—斜杆；4—水平层斜杆

2. 双排外脚手架

承插型盘扣式钢管支架搭设双排脚手架时，搭设高度不宜大于 24m。可根据使用要求选择架体几何尺寸，相邻水平杆步距宜选用 2m，立杆纵距宜选用 1.5m 或 1.8m，且不宜大于 2.1m，立杆横距宜选用 0.9m 或 1.2m。

脚手架首层立杆宜采用不同长度的立杆交错布置，错开立杆竖向距离不应小于 500mm，当需设置人行通道时，立杆底部应配置可调底座。

双排脚手架的斜杆或剪刀撑设置应符合下列要求：

（1）沿架体外侧纵向每5跨每层应设置一根竖向斜杆，或每5跨间应设置扣件钢管剪刀撑，端跨的横向每层应设置竖向斜杆，如图5-39所示。

（2）承插型盘扣式钢管支架应由塔式单元扩大组合而成，拐角为直角的部位应设置立杆间的竖向斜杆。当作为外脚手架使用时，单跨立杆间可不设置斜杆。

（3）当设置双排脚手架人行通道时，应在通道上部架设支撑横梁，横梁截面大小应按跨度以及承受的荷载计算确定，通道两侧脚手架应加设斜杆；洞口顶部应铺设封闭的防护板，两侧应设置安全网；通行机动车的洞口，必须设置安全警示和防撞设施。

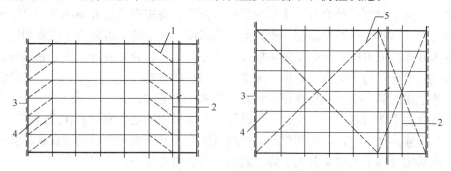

图5-39　斜杆及剪刀撑的设置
1—斜杆；2—立杆；3—两端竖向斜杆；4—水平杆；5—扣件钢管剪刀撑

（4）对双排脚手架的每步水平杆层，当无挂扣钢脚手架板加强水平层刚度时，应每5跨设置水平斜杆。

连墙件的设置应符合下列要求：

（1）连墙件必须采用可承受拉压荷载的刚性杆件，连墙件与脚手架立面及墙体应保持垂直，同一层连墙件宜在同一平面，水平间距不应大于3跨，与主体结构外侧面距离不宜大于300mm。

（2）连墙件应设置在有水平杆的盘扣节点旁，连接点至盘扣节点距离不应大于300mm；采用钢管扣件作连墙杆时，连墙杆应采用直角扣件与立杆连接。

（3）当脚手架下部暂不能搭设连墙件时，宜外扩搭设多排脚手架并设置斜杆形成外侧斜面状附加梯形架，待上部连墙件搭设后方可拆除附加梯形架。

脚手板设置应符合下列要求：

（1）钢脚手板的挂钩必须完全扣在水平杆上，挂钩必须处于锁住状态，作业层脚手板应满铺。

（2）作业层的脚手板架体外侧应设挡脚板、防护栏杆，并应在脚手架外侧立面满挂密目安全网；防护上栏杆宜设置在离作业层高度为1000mm处，防护中栏杆宜设置在离作业层高度为500mm处。

（3）当脚手架作业层与主体结构外侧面间间隙较大时，应设置挂扣在连接盘上的悬挑三脚架，并应铺放能形成脚手架内侧封闭的脚手板。

（四）插销式钢管脚手架主要技术特点

插销式钢管脚手架主要技术特点有：

（1）基本构件少，架设及拆卸作业方便、施工工效高，承载力强。

（2）高强度钢材设计制造的连接扣件，结构简单、受力稳定、安全可靠，插销具有自锁功能，完全避免了作业过程中的不安全因素。

（3）主要部件均采用内、外冷镀或热镀锌防腐工艺，既提高了产品的使用寿命，又为安全提供了进一步的保证，同时又做到美观、漂亮。

（4）用量少、重量轻，操作人员可方便组装，租赁费、运输费、搭拆费、维护费都相应节省。

### 三、附着升降脚手架应用技术

#### （一）概述

附着升降脚手架是一种附着于建筑物结构，依靠自身提升设备升降的悬空脚手架，搭设高度一般为建筑物四个标准层高加一步护生栏的高度，架体的宽可以沿建筑物周围一圈形成整体，整体升降。也可按开间的宽度形成一片一片的架体，分片升降。由于它沿建筑物结构爬升，所以附着升降脚手架也简称为"爬架"。当建筑物的高度大于 80m 时，其经济效益明显优于其他形式的脚手架，是超高层建筑脚手架的主要形式。

附着升降脚手架的基本原理是将专门设计的升降机构固定（附着）在建筑物上，将脚手架同升降机构连接在一起，但可相对运动，通过固定于升降机构上的动力设备将脚手架提升或下降，从而实现脚手架的爬升或下降。其具体作业原理如下：

首先将脚手架和升降机构分别固定（附着）在建筑结构上，当建筑物已浇筑混凝土的承载力达到一定要求时开始爬升，爬升前先将脚手架悬挂在升降机构上，解开脚手架同建筑物的连接，通过固定在升降机构上的升降动力设备将脚手架提升，提升到位（一般提升一层）后，再将脚手架固定在建筑物上，这时可进行上一层结构施工。当该层施工完毕，且新浇筑混凝土达到爬架要求的强度时，解除升降机构同下层建筑物的固定约束，将其安装在该层爬升所需的位置；再将脚手架悬挂其上准备下次爬升。这样通过脚手架和升降机构的相互支撑和交替附着即可实现爬架的爬升。爬架的下降作业同爬升基本相同，只是每次下降前先将升降机构固定在下一层位置。

#### （二）主要构造

附着升降脚手架主要由架体结构、附着支承结构和升降动力控制设备等三部分组成。

**1. 架体结构**

架体结构是附着升降脚手架的主要组成结构，由架体构架、架体竖向主框架和架体水平梁架等三部分组成。

（1）架体构架是一般采用普通脚手架杆件搭设的，与竖向主框架和水平梁架连接的附着升降脚手架架体结构部分。

（2）架体竖向主框架是用于构造附着升降脚手架架体、垂直于建筑物外立面、与附着支撑结构连接、主要承受和传递竖向和水平荷载的竖向框架。

（3）架体水平梁架是用于构造附着升降脚手架架体、主要承受架体竖向荷载、并将竖向荷载传递至竖向主框架和附着支承结构的水平结构。

**2. 附着支承结构**

附着支承结构是直接与工程结构连接，承受并传递脚手架荷载的支承结构，是附着升降脚手架的关键结构，由升降机构及其承力结构、固定架体承力结构、防倾覆装置和防坠落装置组成。其中升降机构是控制架体升降运行的机构，防倾覆装置是防止架体在升降和使用过程中发生倾覆的装置，防坠落装置是架体在升降或使用过程中发生意外坠落时的制动装置。

3. 升降动力控制设备

升降动力控制设备由升降动力设备及其控制系统组成。其中控制系统包括架体升降的同步性控制、荷载控制和动力设备的电器控制系统等。

（三）主要技术内容

1. 主体构造技术

附着升降脚手架的架体构造宜按下列要求进行：

（1）架体高度不应大于 5 倍楼层高。

（2）架体宽度不应大于 1.2m。

（3）直线布置的架体支承跨度不应大于 8m，折线或曲线布置的架体支承跨度不应大于 5.4m。

（4）整体式附着升降脚手架架体的悬挑长度不得大于 1/2 水平支承跨度，且不得大于 3m，单片式附着升降脚手架架体的悬挑长度不应大于 1/4 水平支承跨度。

（5）在升降和使用工况下，架体悬臂高度均不应大于 6.0m 和 2/5 架体高度。

（6）架体全高与支承跨度的乘积不应大于 110m²。

2. 附着支承构造技术

附着升降脚手架赖以悬空附着的关键就是附着支承结构。在架体处于升降工况时，承受提升或下降架体的荷载作用；在架体处于使用工况时，承受架体荷载作用，并将所用的荷载传递给建筑物主体结构。此外，升降机构、提升设备、防倾、防坠等装置都是通过附着支承结构实现其功能。

附着升降脚手架附着支承构造类型有：

（1）固定于楼面结构的悬挑梁（单梁、组合梁或桁架梁）式附着支承构造。

（2）附着于墙体结构的三脚架式附着支承构造。

（3）附着于墙体结构的、由斜吊拉杆和水平撑杆（梁）组成的附着支承构造。

（4）附着于墙体结构的导轨式附着支承构造。

（5）附着于墙体结构的导向支座式附着支承构造。

（6）附着于墙体结构的套管（框）式附着支承构造。

3. 附着支承点布置设计技术

脚手架与建筑物连接的点称为附着支承点。附着支承点的间距，也就是架体每跨或单元的宽度，也是布置提升设备的间距，按《附着升降脚手架设计和使用管理暂行规定》其跨度不得大于 8m。此外，附着支承点布点时，必须在拐角、凹凸处的最外一点布置一点，防止架体的重心外偏产生外倾力矩。

4. 同步性及荷载控制技术

控制附着升降脚手架能够同步升降，并且控制升降的荷载在设计荷载范围以内，是确保架体安全的重要环节。

附着升降脚手架传力机制是架体上的施工荷载通过立杆传递给底部承力桁架，再由底部桁架传递给架体主框架，最后通过主框架上的附着支承装置传给建筑物。风荷载通过防倾装置和附着支承点传给建筑物。设计时，结构施工按二层同时作业计算，使用工况时按每层 $3kN/m^2$ 计算，升降及坠落状况时按每层 $0.5kN/m^2$ 计算；装修施工按三层同时作业计算，使用工况时按每层 $2kN/m^2$ 计算。

5. 升降技术

附着升降脚手架通过升降动力设备实现升降。升降动力设备一般安装在主框架与附着点上，沿水平方向每隔 $5\sim8m$ 安装一个。附着升降脚手架的升降动力设备有 $5\sim10t$ 电动葫芦、液压千斤顶、卷扬机等。

6. 防倾覆控制技术

附着升降脚手架要设置防倾装置，以防止架体在使用或升降过程中受到风荷载或其他作用力时向内或向外倾覆。

一般的防倾装置采用型钢导轨和轨套。轨套与架体或建筑物连接固定，型钢导轨则相应与建筑物或架体相连。由于导轨需要穿在轨套内运行，每次运行的行程至少一个层高，所以导轨与建筑物或架体的连接间距至少也是一个层高。为了减小导轨在轨套内运行的摩擦，一般在轨套内安装有导轮。防倾装置使架体在升降时沿着轨套的导轮或导轨限定的方向保持与建筑物均等距离运行，因此，导轨和轨套装置沿架体高度方向设置两处。

7. 防坠落控制技术

为了防止爬架在升降过程中因附着点或升降机构出现问题时架体向下坠落，一般在附着升降脚手架架体主框架和附着支承系统上设置防坠装置。

(四) 技术特点

附着升降脚手架的出现为高层建筑外脚手架施工提供了更多的选择，同其他类型的脚手架相比，附着升降脚手架具有如下特点：

(1) 节省材料。由于无论建筑物有多少层，仅需搭设 $4\sim5$ 倍楼层高度的脚手架，同落地式脚手架相比可节约大量的脚手架材料。

(2) 节省人工。爬架是从地面或者较低的楼层开始一次性组装 $4\sim5$ 倍楼层高的脚手架，然后只需进行升降操作，最后到底拆除，中间不需倒运材料，可节省大量的人工。

(3) 独立性强。爬架组装完成后，依靠自身的升降设备进行升降，不需占用塔吊等垂直运输设备，升降操作具有很强的独立性。

(4) 保证工期。由于爬架独立升降，可节省塔吊的吊次；爬架爬升后底部即可进行回填作业；爬架爬升到顶后即可进行下降操作进行装修，屋面工程和装修可同时进行，不必像吊篮要等到屋面强度符合要求后才能安装进行装修作业。

(5) 防护到位。爬架的高度一般为 $4\sim5$ 倍楼层高，这一高度刚好覆盖结构施工时支模绑筋和拆模拆支撑的施工范围，解决了挂架遇阳台、窗洞和框架结构时拆模拆支撑无防护的问题。

(6) 安全可靠。爬架是在低处组装低处拆除，并配备防倾覆防坠落等安全装置，在架体防护内进行升降操作，施工安全可靠，而且避免了挑架反复搭拆可能造成的落物伤人和临空搭设给搭架人员带来的安全隐患。

(7) 管理规范。由于爬架设备化程度较高，可以按设备进行管理，而且，因其只有 $4\sim5$ 倍楼层高，附着支撑在固定位置，很规律，便于检查管理，避免了落地式脚手架因检查不到位、连墙撑可能被拆而带来的安全隐患。

（8）专业操作。因爬架不仅包含脚手架，而且含有机械、电器设备、起重设备等要求操作者须经专门培训，操作专业化提高了施工效率，保证了施工质量和施工安全。

（9）文明施工。爬架是经专门设计、专业施工，且管理规范，极易满足文明施工的要求。

**四、悬挑式脚手架应用技术**

（一）概述

悬挑式外脚手架（简称挑架）是通过在建筑结构上安装悬挑的承力结构，再利用此悬挑承力结构在其上搭设外脚手架，其脚手架传来的荷载通过承力结构传给建筑结构。高层建筑的外脚手架通过多次设悬挑承力架将超高的外脚手架分为多段的相对独立结构，从而提高了外脚手架结构的安全性。

高层建筑施工中的外脚手架不论采用何种管材，当搭设高度过高后，结构的自重增大，立杆垂直偏差增大，支架的稳定性下降，结构的不安全因素上升。

悬挑式脚手架的工作原理是通过悬挑承力结构，将整个高层外脚手架荷载多次分段传递到建筑结构上，分段的外脚手架结构自成体系，避免了外脚手架一次搭设过高而导致外脚手架结构承载力不够或稳定性能的下降。

（二）主要技术内容

悬挑式脚手架的主要技术包括两大部分，一是悬挑承力结构的制作安装技术；二是依靠悬挑承力结构向上搭设外脚手架的搭设技术。

1. 悬挑承力结构的制作安装技术

悬挑承力结构从结构承力形式上可分为挑梁式、挑拉式、挑撑式、撑拉结合式四类，如图 5-40 所示。

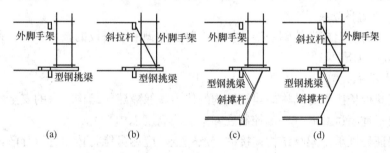

图 5-40 悬挑脚手架结构形式
（a）挑梁式；（b）挑拉式；（c）挑撑式；（d）撑拉结合式

（1）挑梁式。采用型钢挑梁作为向上搭设外脚手的承力结构。这种挑梁结构的受力如同悬臂梁，在梁的根部承受较大的弯矩和剪力，为了确保承力安全，型钢的规格往往较大，宜采用工字钢或双槽钢做挑梁较为合适。由于工字钢的腹板薄而高，在挑梁尾部的锚固点、中部搁置点及前部脚手架立杆搭设点应用加劲肋钢板加强。挑梁锚固于混凝土楼板时，应注意楼板的抗冲切能力，必要时增加配筋。挑梁式可应用于各类结构施工，在框架结构施工中应用更为便利。为增加外脚手架的安全性，可考虑在架体高度一半处的节点上设置钢丝绳，吊拉于混凝土结构的边缘构件进行卸载。

（2）挑拉式。采用型钢挑梁与斜拉杆构成的正三角承力结构承担上部的外脚手架荷载。

由于斜拉杆对比斜压杆而言没有压杆稳定性的问题，因而挑拉结构作为悬挑外脚手架的承力结构具有较高的承载力。型钢挑梁的设置间距同外脚手架立杆的柱距，挑梁与结构的连接一般设计成固接，也可设计成铰接。为保障斜拉杆与挑梁的共同工作，斜拉杆在构造上应设计成长度可调式。施工现场常用带麻芯的钢丝绳做拉杆，此时应注意三点：①钢丝绳的弹性模量较低，在受力后有较大的伸长量，会影响外脚手架的垂直度，安装位于脚手架底部的主承力架时，应预紧并适当调短斜拉钢丝绳；②调钢丝绳长短的花篮螺丝应选用正式厂家生产的有质保单的"OO"型，"OC"型或"CC"型花篮螺丝在脚手架荷载大时C形钩易拉直失效，故不建议使用；③注意吊拉处钢丝绳的弯曲半径不能过小，应避免钢丝绳散股、磨毛，避免钢丝绳直接与混凝土构件棱角摩擦。

（3）挑撑式。采用型钢挑梁与斜撑杆构成的倒三角承力结构（斜撑杆可采用普通钢管扣件搭设）承担部的外脚手架荷载，主要应用于剪力墙结构。当应用于框架结构时，三脚架的布置可结合梁柱位置或采取三脚架的高度为一个楼层层高的方法，设计时应确保斜撑杆的压杆稳定性。悬挑的钢梁可直接预埋入混凝土边缘构件或固定于楼板，为防止斜撑杆失稳，应增加具有双向约束的支点，可用扣件钢管搭设形成支点。

（4）撑拉结合式。采用型钢挑梁与斜拉杆及斜撑杆构成的承力结构承担上部的外脚手架荷载。由于结构的超静定次数增加，斜拉杆与斜压杆间的协同共作程度难以控制，因而设计时应以挑拉或挑撑中的一种结构形式承力为主，另外的撑或拉的方式为辅（作为第二道防线），以确保结构安全。

悬挑承力结构可在每道立杆下布置，也可间隔几道立杆布置。间隔几道立杆布置时需在悬挑承力结构上方增加横梁，作为脚手架荷载向悬挑承力架分配荷载的传力构件，此种形式在中心城市闹市区的临街面高层或超高层分段悬挑全封闭外脚手架中采用。

2. 外脚手架的搭设技术

依靠承力结构向上搭设外脚手架的技术与普通外脚手架搭设的技术要求一致，架体高度一般控制在25m以下。

（三）技术措施

（1）为了减少悬挑承力结构向建筑结构的传力，保障建筑结构本身的安全，分段悬挑搭设的外脚手架不宜超过25m（一般控制在6个楼层高度以内）。

（2）为保证悬挑承力架与结构连接的节点安全，应尽可能将传力进行分散，避免局部的受力破坏。

（3）在选用撑拉结合悬挑承力结构时，应采取措施确保斜拉杆与斜压杆的共同工作。

（四）技术特点及适用范围

悬挑式脚手架的主要技术特点和适用范围见表5-6。

表5-6 悬挑式脚手架的主要技术特点和适用范围

| 序号 | 悬挑脚手架形式 | 主 要 特 点 | 适 用 范 围 |
|---|---|---|---|
| 1 | 挑梁式 | 承力架采用挑梁；悬臂的挑梁支座固结与结构上，属静定结构，传力明确。由于挑梁为悬臂受力，型钢尺寸较大，悬臂长度不宜过大 | 普遍适用。应用于框架结构时挑梁的支座构造简单，因而常应用于框架结构 |

| 序号 | 悬挑脚手架形式 | 主　要　特　点 | 适　用　范　围 |
|---|---|---|---|
| 2 | 挑拉式 | 承力架采用挑梁与挑梁前端的斜拉杆构成的正三角结构；挑梁支座一般应设计成固结，此时承力架结构为一次超静定，应采取措施来满足斜拉杆的内力分配符合设计受力要求 | 普遍适用。<br>较挑梁式其上部可搭设更高的外脚手架；由于挑拉的承力架结构受力合理，承载力高，并可分散向结构传力，因而目前在高层建筑施工中广泛应用 |
| 3 | 挑撑式 | 承力架采用挑梁与斜撑杆构成的倒三角结构；斜撑杆可采用普通钢管扣件搭设，也可用型钢制作 | 普遍适用。<br>用型钢制作的挑撑承力架主要应用于剪力墙结构；采用普通钢管扣件搭设的斜撑杆承力架主要应用于框架结构 |
| 4 | 撑拉结合式 | 承力架采用挑梁及斜撑杆、斜拉杆共同构成的结构；挑梁支座设计成固结时，承力架结构为二次超静定，应采取措施确保斜拉杆及斜撑杆的内力分配符合设计的受力要求 | 普遍适用。<br>由于撑拉结合的承力架承载能力更高，且向结构分散传力，因而承力架上方可搭设更高的支架 |

## 复习思考题

5-1　简述模板结构构造及分类。

5-2　试述几种常用模板的主要技术内容。

5-3　清水混凝土模板的设计和选型有何技术要求？简述清水混凝土模板施工的主要工艺流程。

5-4　简述早拆模板技术的技术原理。早拆模板体系有哪些构造组成？试述其施工工艺。

5-5　液压自动爬模有哪些基本构造？试述其施工工序和施工工艺。

5-6　分别简述碗扣式脚手架、插销式脚手架及附着升降脚手架的技术原理和主要构造。

5-7　简述悬挑式技术的技术原理及主要技术内容。

# 第六章 新型混凝土技术

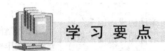 学 习 要 点

本章首先介绍了高性能混凝土概念、特征和一般高性能混凝土的工作原理、配合比设计及施工工艺要求等技术内容，接着专题介绍了自密实混凝土、抗氯盐高性能混凝土、清水混凝土、超高泵送混凝土、现浇混凝土空心楼盖、抗裂缝混凝土、智能混凝土等新型混凝土的技术原理、施工设计和施工要点。通过本章的学习，了解各种新型混凝土的性能特点，理解并掌握其工作机理，重点掌握其配合比设计及施工特点。

自19世纪20年代硅酸盐水泥发明以来，混凝土已有近200年的应用历史。由于普通混凝土与其他材料相比具有材料容易获得、有较高的强度、良好的可塑性和耐久性等优点，因此得到了快速发展，被广泛应用于工业与民用建筑、交通设施、水利水电建筑及基础工程中。

随着建筑物向着高层、超高层、深层地下及大柱网、大跨度、大开间、多功能方向的发展，传统的混凝土技术因其自身性能的一些限制已无法满足发展的需要，因此新型的混凝土技术应运而生，被大力开发使用。

新型混凝土技术的研究与开发应用，对传统混凝土的技术性能有了重大的突破，对节能、工程质量、工程经济、环境与劳动保护等方面都具有重大的意义。可以预期，新型混凝土技术在工程上的应用领域将迅速扩大，并取得更大、更多的技术经济和社会效益。

## 第一节 概 述

### 一、高性能混凝土技术基本概念

1. 高性能混凝土的发展概况

高性能混凝土是近期混凝土技术发展的主要方向，国外学者曾称之为21世纪混凝土，挪威于1986年首先对此进行了研究。1990年由美国国家标准与技术研究院（NIST）与美国混凝土学会（ACI）共同主办的一次研讨会上提出了HPC（High Performance Concrete，高性能混凝土）的概念。目前，由于各国认识与实践的不同，对高性能混凝土的定义和主要要求还尚未能统一。

我国自20世纪90年代以来开始高性能混凝土的研究与试验。在研制高强混凝土和高效减水剂的基础上，脱离单纯的对高强度的追求，向耐久性、大流动性、超高泵送、自密实免振捣等高性能方向发展。目前，高性能混凝土技术取得了很大的进展，在原料的选择、配合比设计、物理力学性能、耐久性、工作性、结构性能以及应用技术等方面都取得了一定的成果。

2. 高性能混凝土的概念

高性能混凝土（High Performance Concrete，简称 HPC）是一种新型的高技术混凝土，是在提高常规混凝土性能的基础上采用现代混凝土技术，选用优质原材料，掺入足够数量的活性细掺和料和高性能外加剂拌制而成的一种混凝土。它以耐久性作为设计的主要指标，针对不同用途要求，保证混凝土的适用性和强度并达到高耐久性、高工作性、高体积稳定性和经济性。

3. 高性能混凝土的特点

高性能混凝土是以耐久性为基本要求，能满足工业化拌制生产，机械化泵送施工的混凝土。在性能上，按混凝土龄期发展的三阶段具有以下特点：

（1）新拌的高性能混凝土拌和物具有良好的流变性能，不泌水，不离析，甚至可自流密实，不需振捣即可保证混凝土施工浇筑质量。

（2）高性能混凝土硬化过程中，体积稳定，水化热低，干燥收缩小，无裂缝或有少量微裂缝。

（3）高性能混凝土凝结硬化后，结构密实，孔隙率低，强度高，并且不易产生裂缝，具有优异的抗渗、抗冻及耐久性。

4. 高性能混凝土与高强度混凝土的关系

近些年来，由于在高强混凝土的配制过程中，不仅加入了超塑化剂，往往也掺入了一些活性磨细矿物掺和料，与高性能混凝土的组分材料相似。因此，国内外有些学者仍然将高性能混凝土与高强混凝土在概念上有所混淆。在欧洲一些国家常常把高性能混凝土与高强混凝土并提（HPC/HSC）。

高强混凝土仅仅是以强度的大小来表征或确定何谓普通混凝土、中强混凝土、高强混凝土与超高强混凝土，而且其强度指标随着混凝土技术的进步而不断变化和提高。而高性能混凝土则是由其良好的工作性（施工性）、体积稳定性、耐久性、物理力学性能等难以用定量的性能指标来表征的。

关于高性能混凝土和高强混凝土的关系，我国已故吴中伟院士在 1996 年指出："有人认为混凝土高强度必然是高耐久性，这是不全面的，因为高强混凝土会带来一些不利于耐久性的因素……高性能混凝土还应包括中等强度混凝土，如 C30 混凝土。"1999 年又提出："单纯的高强度不一定具有高性能。如果强调高性能混凝土必须在 C50 以上，大量处于严酷环境中的海工、水工建筑对混凝土强度要求并不高（C30 左右），但对耐久性要求却很高，而高性能混凝土恰能满足此要求。"

因此，可以认为：高强混凝土不一定是高性能混凝土，高性能混凝土也不只是高强混凝土，而是包括各种良好性能及各种强度等级的混凝土。

**二、高性能混凝土的结构特征**

材料的宏观物理力学性能主要取决于材料的成分和其结构特征。要了解高性能混凝土的结构特征，首先了解混凝土材料的结构特征。

1. 混凝土材料的结构特征

混凝土材料的结构特征可分为宏观结构、亚微观结构和微观结构。

（1）宏观结构。从宏观结构来看，混凝土是一种多孔（孔洞、毛细管）、多相（水泥石、粗骨料、细骨料、水和空气等）、非匀质的复杂体。通常在进行混凝土的配合比设计及原材料的选用时，都是通过改善混凝土的宏观结构来提高混凝土拌和物的性能和硬化后混凝土的各种物理力学性能。例如，影响混凝土强度和耐久性最主要的因素是混凝土的孔隙率，通常的做法是采用较小的水灰比，以尽量提高混凝土的密实度，减小混凝土的孔隙率来提高混凝土的强度和耐久性。

（2）亚微观结构。从亚微观结构来看，水泥石由水泥水化后的各种水化产物、未水化的水泥颗粒和各种凝胶孔组成。在这个层次上，也可以看到在混凝土集料和胶凝材料界面之间存在一个过渡层，这个过渡层的结构形态和水泥石有较大的区别，具有以下特点：

1）水灰比从集料到水泥石逐渐减小，直至与水泥石相同。

2）越近集料表面，$Ca(OH)_2$六方晶体越大且以层状平行于集料表面生长，其取向程度随距集料表面的距离而下降。

3）钙矾石结晶颗粒多而大。

4）孔隙率大，C-S-H（水化硅酸钙）凝胶少，强度低。

对水泥石亚微观结构的分析可知，影响混凝土宏观性能最重要的因素是混凝土的孔结构；对混凝土集料和胶凝材料界面之间的过渡层分析可知，要提高混凝土的性能必须改善混凝土界面的微结构。

（3）微观结构。从微观结构来看，混凝土由各种分子、原子和离子组成。在这个层次上研究如何改善混凝土材料的性能是今后混凝土材料研究的方向。

2. 高性能混凝土材料的结构特征

高性能混凝土的首要特征是具有良好的耐久性。良好的耐久性可以从高性能混凝土的孔隙率和水泥石孔结构、界面微结构加以表述。

从普通混凝土的宏观结构可以看出，影响混凝土强度和耐久性的主要因素是孔隙率；从普通混凝土水泥石亚微观结构可以看出，混凝土的强度、混凝土的体积稳定性都是由混凝土的孔结构和界面微结构决定的。因此，在配制高性能混凝土拌和物的过程中应严格控制水灰比，以取得最小孔隙率；在水泥石中应消灭或尽可能消灭 100nm 以上的有害孔，使水泥石的孔结构对混凝土的性能不造成负面影响；彻底改善混凝土的界面微结构，消除界面薄弱层，并使其界面黏结强度大于等于水泥石或集料母体的强度。

综上分析可知，高性能混凝土具有以下的结构特征：

（1）孔隙率低，有良好的孔分布，不存在或有极少量的 100nm 以上的有害孔。

（2）水化物中 C-S-H 和 Aft（石膏和铝相矿物水化反应的生成物，即水化硫铝酸钙）多，而 $Ca(OH)_2$ 少。

（3）包括矿物掺和料在内的未水化颗粒多，且具有最小孔隙率和最佳水泥结晶度。

（4）消除了集料和水泥石界面薄弱层，界面强度接近于水泥石或集料强度。

**三、高性能混凝土拌和物配合比设计**

由于高性能混凝土以耐久性为其主要性能指标，其他性能根据实际工程要求而设计，因此，目前世界上尚没有适合高性能混凝土配合比设计的统一方法，各国的研究人员都是在各自的试验基础上，粗略地计算具体的配合比，然后通过试配，确定最终配合比。

1. 高性能混凝土拌和物配合比设计的基本要求

高性能混凝土拌和物配合比设计的任务，就是要根据原材料的技术性能、工程要求及施工条件，合理地选择原材料，确定能满足工程要求和技术经济指标的各项组成材料的用量。

其配合比设计的基本要求如下：

（1）高耐久性。高性能混凝土配合比设计与普通混凝土不同，首先要保证耐久性要求。因此，设计时必须考虑抗渗性、抗冻性、抗化学侵蚀性、抗碳化性、体积稳定性、碱—集料反应等。

（2）适合强度。根据设计要求，配制出符合一定强度等级要求的混凝土。

（3）高工作性。一般新拌混凝土的施工性能用工作性评价，即混凝土在运输、浇筑以及成型中不离析、易于操作的程度，这是新拌混凝土的一项综合性能。

（4）经济性。混凝土配合比的经济性，是配合比设计时需要着重考虑的一个问题。在高性能混凝土中不能只考虑经济问题，应在满足性能要求的前提下考虑经济问题。

2. 高性能混凝土配合比设计法则

（1）水胶比定则。普通混凝土硬化后的强度是由水灰比决定的，同时水灰比也影响着混凝土硬化后的耐久性。混凝土的强度与水泥强度成正比，与水灰比成反比。在高性能混凝土中，"灰"包括所有的胶凝材料，因此水灰比也称为水胶比。与普通混凝土不同的是当水胶比低于0.4和超细掺和料的"微粒效应"共同作用下，水胶比与强度不再是一条直线，而是一条曲线，水胶比越小，曲线越陡，其斜率越大。

（2）绝对体积法则。绝对体积法则是以粗集料为骨架，其空隙由细集料来填充，而细集料的空隙由水泥浆体填充，并包裹其表面，以减小集料间的摩擦阻力，保证混凝土有足够的流动性。这样，可塑状态下的混凝土总体积为水、胶凝材料、砂、石的密实体积之和。混凝土拌和物配合比设计就是按这一法则来确定混凝土各组分的数量，从而得到满足强度、耐久性、施工性和经济性的混凝土配合比。

（3）最小用水量法则。最小用水量法则适用于普通混凝土，同样也适用于高性能混凝土。也就是说，要使混凝土拌和物流动性在满足施工要求的前提下，用水量尽量小，以求得最高的强度、密实度和最好的耐久性。

（4）最小水泥用量法则。对于高性能混凝土，最小水泥用量法则尤其重要，这是保证混凝土体积稳定性的一条重要技术措施。减少水泥用量不但可以减少水泥水化热，减小混凝土收缩，而且还能减少能源的消耗，使高性能混凝土成为可持续发展的绿色环保建材。

3. 确定高性能混凝土配合比的简易方法

确定高性能混凝土配合比的简易方法是在初步确定的配合比的基础上，进一步优化，最后检验确认是否满足设计要求的高性能。现将配合比优化的步骤简述如下：

（1）对原材料进行选择和优化。对外加剂、水泥、掺和料、砂、石子这些原材料进行选择和优化的目的是改善原有混凝土的性能缺陷，有针对性地选择和优化。

1）水泥。水泥应采用活性高、流变性能好、需水比低、碱含量低、水化热低、质量稳定的水泥，强度等级宜大于42.5，以硅酸盐水泥和普通硅酸盐水泥为主。

2）外加剂。外加剂的选择，首先要考虑外加剂和水泥的适应性，因为它影响混凝土拌和物的施工性能；其次是外加剂的性能，因为它在很大程度上决定混凝土性能的孔结构，从而决定混凝土的性能。要消灭100nm以上孔径的有害孔，一定要选择引气量低且引气质量好的外加剂。此外，对于高性能混凝土，选用的外加剂还必须有增强、增稠、减缩等功能。

3）粗集料。集料的选择是高性能混凝土的一个重要问题。集料的颗粒形状、粒径、表面结构与矿物成分对界面区的水泥石显微结构都有显著的影响。因此，在选择粗集料时，首先，应选用针片状含量少的或是最好不含针片状的集料，因为针片状集料阻碍混凝土流动且其内部缺陷多、强度低。其次，应选用小粒径的集料，因为其与水泥浆体的界面周长小，形成缺陷的几率就相对小。此外，在给定的水泥用量的情况下，减小石子粒径就可以提高界面强度，在水灰比相同的情况下，粒径越小，渗透系数也越小。再次，应选择表面较粗糙结构的石子，最好不用表面光滑的卵石；同时，还应注意集料是否有潜在的碱活性，如果控制不好混凝土中的碱含量，骨料有潜在活性的情况下，也有可能发生碱—集料反应。

　　4）细集料。细集料不是细度模量大于 2.6 就认为可以了，如果级配不好同样影响混凝土的性能。在可能和必要时也应像粗集料一样，用不同粒径的砂子混合，调整砂子的级配，使之达到最佳。

　　(2) 混凝土配合比优化。

　　1）砂率的优化。最佳砂率只有在石子最佳级配和砂子最佳级配的前提下才能获得。达到最大密实度的最佳砂率是使其砂石混合料的空隙率最小。最佳空隙率一般取为 20%～30%。

　　2）计算胶凝材料浆体体积。胶凝材料浆体体积 $V_j$ 等于砂石混合空隙体积 $\alpha$ 加上富余量 $\gamma$，计算式为

$$V_j = \alpha + \gamma \tag{6-1}$$

　　富余量取决于混凝土的工作性和外加剂掺量及其品质，由经验（或试验）确定一般坍落度为 180～200mm，估取为 8%～10%。

　　3）计算胶凝材料用量。首先，根据混凝土的强度等级和外加剂掺量，由经验确定水胶比 $W/(C+F)$，其次，根据水泥表观密度 $\rho_c$、掺和料表观密度 $\rho_h$ 及其掺量 $\beta$、水胶比 $W/(C+F)$，计算 $1m^3$ 浆体的密度 $\rho_j$，计算式为

$$\rho_j = \frac{[1+W/(C+F)]}{(1-\beta)/\rho_c + \beta/\rho_h + [W/(C+F)]/1000} \tag{6-2}$$

　　4）确定混凝土配合比。根据试验得到最佳砂率、砂石混合最佳空隙率 $\alpha$、富余系数 $\gamma$、石、砂的表观密度 $\rho_g$ 和 $\rho_s$、砂率等数据计算 $1m^3$ 混凝土中的浆体体积和重量、水泥用量、粉煤灰用量、水用量、砂用量、石用量等。

　　5）调整配合比。用 20L 试配混凝土，检验混凝土拌和物性能和硬化后混凝土的各种物理力学性能是否满足设计要求，如不满足要求，则调整浆体富余量、水灰比、砂率或外加剂用量等系数，直至满足要求为止。然后按标准方法测得混凝土拌和物的表观密度，对以上配比进行修正后作为正式混凝土配合比。

　　6）验证性试验。混凝土配合比确定后，应做批量较大的验证性试验，以验证混凝土拌和物以及硬化后混凝土各种物理力学性能是否稳定、可靠、满足设计要求。验证性试验的批量一般不少于 10 盘混凝土，用于验证各种性能的试验组数不少于 25 组。

　　**四、高性能混凝土的施工技术**

　　总体上来讲，高性能混凝土的生产和施工与普通混凝土相同。但是由于高性能混凝土的综合性能要求高，对混凝土生产和施工过程中的质量控制具有较严格的要求。

　　1. 原材料质量控制

　　混凝土是一种复杂的多组分的非均质材料，影响混凝土性能的影响因素也是非常复杂的。对于高性能混凝土来讲，由于需要掺较多掺量的活性掺和料及经复合的高效减水剂，其

材料组分比普通混凝土更为复杂。组分不同的高性能混凝土，其物理力学性能、工作性能及耐久性将会有较大的差异。

对于耐久性占主要地位的高性能混凝土，胶凝材料是影响其性能的主要因素。因此要严格保证水泥、掺和料的品质和质量，尤其是掺和料的质量稳定性。

配制高性能混凝土，应选用坚硬、密实而无孔隙和软弱杂质的优质骨料。对细骨料要求使用中粗砂，且级配良好、含泥量少。粗骨料在混凝土中起骨架作用，要优先采用抗压强度高的粗骨料，骨料应为表面粗糙利于与水泥浆界面黏结的碎石，且最大粒径不宜大于 25mm。

高性能混凝土中高效减水剂的掺入在减水率大大提高的同时也引起了混凝土的坍落度损失，这就要求高效减水剂的选用要与复合了水泥和掺和料的胶凝材料有良好的相容性。只有既具备了高的减水率、同时又能与胶凝材料相匹配的高效减水剂，才能配制出工作性好、易施工、较密实、体积稳定的高性能混凝土。

2. 拌制

混凝土拌制的目的，除了按设定的配合比达到均匀混合以外，还要达到强化、塑化的作用。

高性能混凝土由于水胶比较小，同时掺入的掺和料的细度比水泥细，所以，高性能混凝土对单位体积的用水量极为敏感。因此，高性能混凝土拌制时对水和外加剂的称量偏差的规定比普通混凝土严格，表 6-1 为我国现行《海港工程混凝土结构防腐蚀技术规范》（JTJ 275—2000）中规定的高性能混凝土原材料称量允许偏差。

表 6-1　　　　　　　　　　高性能混凝土原材料称量允许偏差

| 原材料名称 | 允许偏差（%） | 原材料名称 | 允许偏差（%） |
|---|---|---|---|
| 水泥、掺和料 | ±2 | 水、外加剂 | ±1 |
| 粗、细骨料 | ±3 | | |

不同的拌和方式与投料程序，对混凝土拌和的均匀性有较大的影响，高性能混凝土拌和物比较黏稠，为了保证其搅拌均匀，必须采用性能良好、搅拌效率高的行星式、双锥式或卧轴式强制搅拌机，搅拌机中磨损的叶片应及时更换。高性能混凝土拌和物宜先以掺和料和细骨料干拌，再加水泥和部分拌和用水，最后加粗骨料、减水剂溶液和余额拌和用水，搅拌时间应比常规混凝土延长 40s 以上。

3. 浇筑

高性能混凝土浇筑质量的好坏，直接关系到混凝土的密实性、强度和耐久性。高性能混凝土在浇筑时，应不离析、不分层，并能保证施工所要求的稠度。

混凝土的保护层厚度是影响耐久性的重要技术指标，浇筑前应仔细检查膜板、钢筋、预埋件、预留孔、保护层垫块等的位置、规格和数量等。

高性能混凝土应采用高频振捣器振捣至混凝土顶面基本上不冒气泡，当混凝土浇筑至顶面时，宜采用二次振捣及二次抹面。对于流动性大的高性能混凝土，振捣时应注意不能过振，以防止骨料下沉引起的混凝土不均匀现象。混凝土振捣、抹面后，应刮去表面浮浆，确保混凝土的密实性。

对于大体积或夏季炎热天气施工时，应对高性能混凝土的浇筑温度、最大温升和内外温差进行控制。

4. 养护

养护质量对确保高性能混凝土质量非常关键，特别是对于加有掺和料的高性能混凝土的耐久性影响十分明显。大量实验研究证明，因为掺和料的水化滞后效应，如果养护不够，掺和料不能充分完成水化反应，使高性能混凝土的潜在高性能优势不能充分发挥，从而达不到应有的高耐久性。

因此，高性能混凝土抹面后，应立即覆盖，防止水分散失。终凝后，混凝土顶面应立即开始持续潮湿养护。拆模前12h，应松动侧模板的紧固螺帽，让水顺模板与混凝土脱开面渗下，养护混凝土侧面。整个养护期间，尤其从终凝到拆模的养护初期，应确保混凝土处于有利于硬化及强度增长的温度和湿度环境中。在常温下，应至少养护15d，气温较高时可适当缩短湿养护时间；气温较低时，应适当延长养护时间。

## 第二节　自密实混凝土技术

自密实高性能混凝土技术是为了适应建筑业的飞速发展而提出来的一种新型高性能混凝土技术，它不但可以解决配筋密集、薄壁、形状复杂、振捣困难等施工难题，而且还可以消除人为因素造成的工程质量问题，同时也大大降低工人的劳动强度，改善劳动环境，加快工程进度，大大提高工程质量。

自密实混凝土（Self Compacting Concrete，简称SCC）是指具有超高的流动性和抗离析性能的混凝土，在自重的作用下，不需要任何密实成型措施，能通过钢筋的稠密区而不留下任何孔洞，自动充满整个模腔，并具有匀质性和体积稳定性的混凝土。

### 一、自密实混凝土工作机理

按流变学理论划分，新拌混凝土属于宾汉姆流体，其流变方程为 $\tau = \tau_0 + \eta\gamma$，其中：$\tau$ 为剪应力；$\tau_0$ 为屈服剪应力，是阻碍塑性变形的最大应力，由材料之间的附着力和摩擦力引起，支配着拌和物的变形能力；$\eta$ 为塑性黏度，反映流体各平流层之间产生的与流动方向反向的阻止其流动的黏滞阻力，支配着拌和物的流动能力；$\gamma$ 为剪切速度。当外力小于 $\tau_0$ 时，混凝土拌和物不会流动；当外力大于 $\tau_0$ 时，混凝土拌和物在外力作用下开始变形流动，而 $\eta$ 起着阻止流动变形的作用，变形的速率越大，阻止变形的阻力也越大。

1. 流动机理

新拌的自密实混凝土拌和物的流动是自重力大于 $\tau_0$ 而产生剪切变形的结果。在拌制的过程中，掺加高效复合减水剂增塑和超细粉掺和料改善胶凝材料级配都可以降低 $\tau_0$ 值，使混凝土拌和物达到自流平衡所需要的流动性。

（1）外加剂的润湿吸附作用。作为界面活性剂的外加剂分子吸附在水泥粒子表面形成双电位层，由于双电位层产生的斥力使得水泥颗粒间相互排斥，防止产生凝聚。外加剂分子同时吸附一定的极性化水分子形成溶剂化膜层，增加了水泥微粒的滑动能力，因而易于分散。除此之外，外加剂还能降低表面张力，使水泥颗粒容易被水润湿，这样在达到相同坍落度情况下，所需拌和水量减少而具有良好的流动能力。

（2）超细掺和料裹挟滚动作用。混凝土可以看作由骨料和浆体固液两相组成的物质，液相通常具有较大的变形能力。SCC中超细粉掺和料的颗粒粒径与水泥颗粒在微观上形成级配体系，可以降低浆体的 $\tau_0$ 值，圆形颗粒的粉煤灰和硅粉等超细粉掺和料包裹在粗糙的水泥颗粒和骨料表面，具有"滚珠"润滑和物理减水作用，并与水泥浆一起作为液相，携带固相发生流动及滚动达到自流平衡。

2. 自密实机理

（1）浆体的黏聚作用。混凝土的流动性与抗离析性是相互矛盾的。SCC 之所以能自流平衡密实，关键在于其胶结料浆体具有一定的塑性黏度，它能减少骨料间的接触应力，削弱骨料的固体特性，抑制骨料起拱堆集从而有效抑制离析。

（2）气泡自动聚合上浮作用。在拌和、浇筑混凝土时裹入模板内的气泡，由于混凝土自重对其产生浮力作用，具有自动聚合形成更大气泡的趋势。一旦气泡发生聚合，则所受浮力将进一步增大，最终会浮出表面使混凝土密实。SCC 由于掺加高效减水剂降低了混凝土的表面张力，使气泡更容易聚合上浮，增加混凝土的密实性。

（3）掺和料的微粉作用。SCC 中的掺和料不仅具有物理填充效应，而且因为巨大的表面积产生较大的内表面力而提高混凝土的黏聚性。有的还具有火山灰活性效应，结合掺用高效减水剂和采用低水胶比改善集料界面结构和水泥石的孔结构，使混凝土越来越密实。

（4）最大堆积密度。SCC 中各组分粒径力求满足"最大堆积密度理论"，例如，颗粒从小到大依次为微硅粉、粉煤灰、水泥、砂、石。这样细颗粒填充粗颗粒之间的空隙，更细颗粒填充细颗粒之间的空隙，达到最大密度或最小空隙率，从而有效提高 SCC 的密实度。

**二、自密实混凝土的性能及其试验方法**

1. 自密实混凝土的性能

自密实混凝土的自密实性能包括流动性、抗离析性和充填性。可分别采用坍落扩展度试验、V 漏斗试验（或 T50 试验）和 U 型仪试验进行检测。自密实性能等级分为三级，其指标应符合表 6-2 的要求。

表 6-2　　　　　　　　　　　　　混凝土自密实性能指标

| 性能等级 | 一级 | 二级 | 三级 |
|---|---|---|---|
| U 型仪试验填充高度（mm） | 320 以上（格栅型障碍 1 型） | 320 以上（格栅型障碍 2 型） | 320 以上（无障碍） |
| 坍落扩展度（mm） | 700±50 | 650±50 | 600±50 |
| T50（s） | 5～20 | 3～20 | 3～20 |
| V 漏斗通过时间（s） | 10～25 | 7～25 | 4～25 |

自密实性能等级应根据结构物的结构形状、尺寸、配筋状态等选用自密实性能等级。

一级，适用于钢筋的最小净间距为 35～60mm、结构形状复杂、构件断面尺寸小的钢筋混凝土结构物及构件的浇筑。

二级，适用于钢筋的最小净间距为 60～200mm 的钢筋混凝土结构物及构件的浇筑。

三级，适用于钢筋的最小净间距 200mm 以上、断面尺寸大、配筋量小的钢筋混凝土结构物及构件的浇筑，以及无筋结构物的浇筑。

2. 自密实混凝土性能试验方法

我国在研究分析国内外多种评价方法的基础上，提出了简单易行、实用可靠的自密实混凝土工作性的评价方法。具体如下：

（1）坍落度与坍落扩展度试验。在做坍落度与坍落扩展度试验时除应符合现行国家标准《普通混凝土拌和物试验方法标准》（GB/T 50080—2002）中的规定外，尚应符合下列规定：

1）混凝土应分三层加入坍落度筒，每层厚度基本相等。

2）应采用自密实方式成型，每加入一层混凝土，不得振捣，待混凝土表面成一水平面后，再加入下一层混凝土，直至筒口。

坍落扩展度小于500mm时，自密实混凝土浇筑时容易发生钢筋堵塞和填充不满的现象；坍落扩展度大于700mm时，容易在泵送和浇筑过程中发生材料分离现象。因此，自密实混凝土的坍落扩展度宜控制在500～700mm之间。

（2）流动度试验。流动度试验采用L型仪进行。L型仪由10mm厚透明有机玻璃做成的L形箱体和插板组成，L形箱体由敞口长方体和溜槽相连并相通，L形箱体的内部尺寸，如图6-1所示。

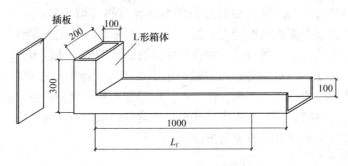

图 6-1　L型仪

流动度试验应按下列步骤进行：①用湿布湿润L型仪的内壁和插板；②插上插板，堵住通向溜槽的通道，混凝土拌和物分两次不加任何振捣地装入L型仪左侧的箱体中，直至与上口齐平，并用抹刀刮平上表面，如图6-2所示；③提起插板并计时，混凝土拌和物从通道流出，测量2min时 $L_f$ 的长度，精确至1mm，如图6-3所示。

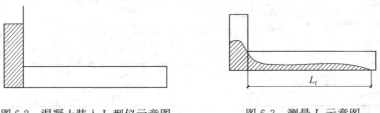

图 6-2　混凝土装入L型仪示意图　　　　图 6-3　测量 $L_f$ 示意图

（3）充填性试验。充填性试验所用U型仪由10mm厚透明有机玻璃做成的U形箱体和插板组成，U形箱体的顶面敞口，中间的隔板底端距箱底板60mm，形成左、右两箱相通的通道。U形箱体的内部尺寸，如图6-4所示。

充填性试验应按下列步骤进行：①用湿布湿润U型仪的内壁和插板；②插上插板，封闭底部60mm的空隙，混凝土拌和物分三等分不加任何振捣地装入U型仪左侧的箱体中，直至与上口平齐，并用抹刀刮平上表面，如图6-5所示；③提起插板并计时，混凝土拌和物从底部的通道流入右箱，测量2min时两边混凝土液面的高差 $H$，精确至1mm，如图6-6所示。

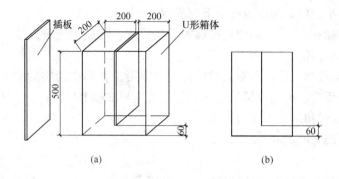

图 6-4 U形箱体的内部尺寸

(a) 立体图；(b) U形箱体平面图

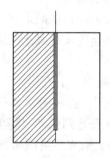

图 6-5 装入混凝土示意图

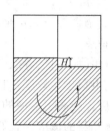

图 6-6 测量高差 H 示意图

（4）抗离析性试验。抗离析性试验应按下列步骤进行：①将充填性试验做完后 U 型仪中左右箱的混凝土拌和物，分别倒入两个容器中，并分别确定质量 $M_1$ 和 $M_2$，如图 6-7 所示；②用 5mm 标准筛，将 $M_1$ 混凝土拌和物中粒径大于 5mm 的粗骨料筛出、洗净，用干布擦干，并测定其质量 $G_1$；③用同样的方法测定 $M_2$ 混凝土拌和物中粒径大于 5mm 的粗骨料质量 $G_2$。抗离析性 $\Delta G$ 按下式计算

$$\Delta G = \frac{\dfrac{G_1}{M_1} - \dfrac{G_2}{M_2}}{\dfrac{G_1 + G_2}{M_1 + M_2}} \times 100\% \qquad (6\text{-}3)$$

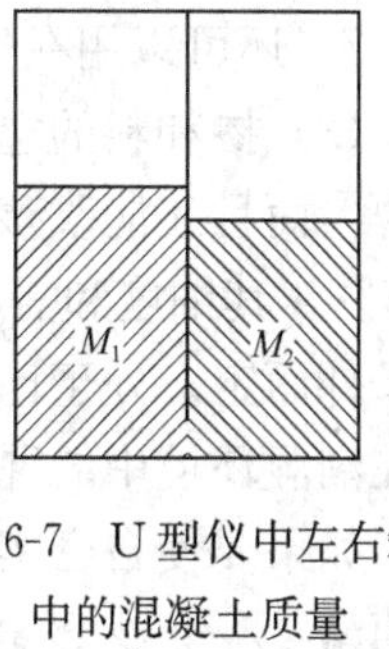

式中　$\Delta G$——抗离析性，%；

$G_1$、$G_2$——左、右箱中粒径大于 5mm 粗骨料的质量，kg；

$M_1$、$M_2$——左、右箱混凝土拌和物的质量，kg。

图 6-7 U 型仪中左右箱中的混凝土质量

（5）保塑性试验。现场取样或实验室搅拌至少 90L 混凝土拌和物，取其中 45L 混凝土拌和物在搅拌后立即进行坍落度、坍落扩展度、流动度、填充性和抗离析性试验。将剩余的混凝土拌和物在一个不吸水、加盖的容器中放置 90min，再人工搅拌均匀后进行坍落度、坍落扩展度、流动度、充填性和抗离析性试验。两次试验结果均满足混凝土拌和物性能指标规定，则自密实混凝土保塑性良好，否则，自密实混凝土保塑性不好。

（6）自密实混凝土力学性能试验方法。自密实混凝土力学性能试验方法除混凝土试件的制作外，应符合现行国家标准《普通混凝土力学性能试验方法标准》（GB/T 50081—2011）

的有关规定。混凝土试件的制作应符合下列规定：

1) 混凝土试件制作时，应采用免振捣的方法成型。混凝土应分两层加入试模，每层加入混凝土的厚度基本相等。

2) 加入第一层混凝土后，不得采取任何能使混凝土拌和物密实的措施，待试模中的混凝土表面成一水平面后，再加入第二层，混凝土直至与试模上口平齐。

3) 待混凝土临近初凝时用抹刀抹平。

### 三、自密实混凝土的配制

1. 材料选择

(1) 水泥的选择。根据工程的具体需要，自密实混凝土可选用硅酸盐水泥、普通硅酸盐水泥、矿渣硅酸盐水泥、火山灰硅酸盐水泥、粉煤灰硅酸盐水泥、复合硅酸盐水泥。使用矿物掺和料的自密实混凝土，宜选用硅酸盐水泥或普通硅酸盐水泥。

(2) 外加剂的选择。自密实混凝土外加剂宜选择聚羧酸高性能减水剂。聚羧酸减水剂具有高减水率、保塑、增稠等特点，是配制高性能混凝土和自密实混凝土的理想材料。聚羧酸类减水剂具有以下特点：

1) 本身就具有缓凝、引气等效应，而不需要复合缓凝剂、引气剂。

2) 具有极强的电荷排斥效应，且其侧链上的极性基团，能吸附水分子，在水泥颗粒周围形成立体位阻效应，提高了溶液的分散性和稳定性，从而达到保持混凝土坍落度的目的。

3) 与水泥和掺和料的适应性较好，可以通过设计改变聚羧酸类减水剂分子主链上的极性基团和调节其侧链分子量，增大其减水率和立体位阻效应，以满足使用要求。

4) 由于有一定量的引气作用，微气泡的滚珠和增稠作用不但能减低混凝土的黏度，还能增加混凝土的抗离析能力。

5) 减水效果明显，掺量 0.05%～0.5%，减水率可达到 35%～50%。

6) 可以用在早期强度要求较高的预制构件的生产上，免去蒸汽养护，同样达到提高钢模利用率的目的。

7) 还可以用在气候寒冷而要求早期强度较高的施工中。

(3) 掺和料的选择。粉煤灰是自密实混凝土理想的掺和料，它不但能提高混凝土抗离析能力，而且还能改善混凝土的抗裂性能。对于粉煤灰的质量指标，主要是控制其烧失量应小于 5%，其细度和需水比应根据配制的混凝土强度等级而确定，掺量应根据混凝土所处的环境条件而定。处于比较干燥或不宜接触水的环境中的混凝土，粉煤灰掺量不应大于 40%，而在潮湿环境中的混凝土，粉煤灰掺量可高达 50%～60%。

如果要使自密实混凝土的总细粉用量小于 500kg/m³，在掺加粉煤灰的同时，掺加总细粉用量 2%～3%的硅灰，对处于干燥环境中的自密实混凝土有很大的益处。一方面可以改善混凝土骨料的界面，增加混凝土的密实度，提高混凝土的耐久性；另一方面可以达到增稠、提高混凝土抗离析能力的目的。

(4) 骨料的选择。骨料的类型对混凝土的性能有很大的影响。对于自密实混凝土来说，粗骨料的粒形很重要，要选择接近圆形的骨料；对针片状石子含量，一般应控制其小于 5%。

骨料的级配，对自密实混凝土尤为重要，良好的骨料级配，不但能减少水泥用量，提高抗裂性能，而且还能减小粗骨料相互碰撞的几率，增加混凝土的流动性能。自密实混凝土骨料级配的有效方法，是采用粒径为 $20\sim25\text{mm}$、$10\sim20\text{mm}$ 的碎石以及 $5\sim10\text{mm}$ 的豆石（粒型呈圆形的碎石或小粒径的卵石）进行级配。在混凝土中增加 $5\sim10\text{mm}$ 的豆石，能起到"滚珠"作用，减小了混凝土拌和物的黏度，提高了流动性，得到意想不到的结果。

2. 配合比设计

自密实混凝土配合比可采用两种方法计算，一种是采用体积法计算自密实混凝土配合比，只是应注意粗骨料的振实堆积密度体积百分比 $\alpha_g$ 应为 $48\%\leqslant\alpha_g\leqslant55\%$；砂浆中细骨料体积百分比 $\alpha_s$ 应为 $38\%\leqslant\alpha_s\leqslant42\%$。另一种是直接计算法。下面重点介绍直接计算法。

（1）测定骨料的振实堆积密度和表观密度。测定粗骨料的振实堆积密度 $\rho_{g0}$，表观密度 $\rho_g$，细骨料的振实堆积密度 $\rho_{s0}$，表观密度 $\rho_s$。

（2）计算粗骨料用量 $G_g$。取粗骨料的振实堆积密度体积百分比 $\alpha_g$ 为 $48\%\sim55\%$（$\alpha_g$ 的取值由大到小进行试配，如取 $0.52\text{m}^3$、$0.50\text{m}^3$、$0.48\text{m}^3$），根据粗骨料的振实堆积密度 $\rho_{g0}$ 计算出粗骨料用量 $G_g$

$$G_g = \rho_{g0} \times \alpha_g \tag{6-4}$$

（3）计算粗骨料的实体积 $V_g$。根据粗骨料的表观密度计算粗骨料的实体积 $V_g$

$$V_g = \frac{G_g}{\rho_g} \tag{6-5}$$

（4）计算砂浆体积 $V_{sg}$。计算式为

$$V_{sg} = 1 - V_g - \alpha \tag{6-6}$$

式中 $\alpha$——混凝土空隙率。

（5）计算细骨料体积和浆体体积。规定砂浆中细骨料体积百分比 $\alpha_s$ 为 $38\%\sim42\%$，则细骨料的实体积 $V_s$ 和浆体体积 $V_j$，计算式为

$$V_s = V_{sg} \times \alpha_s \tag{6-7}$$

$$V_j = V_{sg} - V_s \tag{6-8}$$

（6）计算细骨料用量。根据细骨料表观密度，计算细骨料用量 $G_s$

$$G_s = \rho_s \times V_s \tag{6-9}$$

（7）确定水胶比和掺和料掺量。根据混凝土强度等级，确定外加剂掺量和水胶比。

（8）计算浆体体积和浆体质量。根据水泥表观密度 $\rho_c$、掺和料表观密度 $\rho_h$ 及其掺量 $\beta$、水胶比 $W/(C+F)$，计算 $1\text{m}^3$ 浆体的密度 $\rho_j$ 和浆体质量 $G_j$，计算式为

$$\rho_j = \frac{1 + W/(C+F)}{(1-\beta)/\rho_h + \beta/\rho_h + W/1000(C+F)} \tag{6-10}$$

$$G_j = \rho_j \times V_j \tag{6-11}$$

（9）计算水泥用量 $G_c$、掺和料用量 $G_h$ 和用水量 $G_w$。计算式分别为

$$G_c = G_j \times \frac{1-\beta}{1+W/(C+F)} \tag{6-12}$$

$$G_h = G_j \times \frac{\beta}{1+W/(C+F)} \tag{6-13}$$

$$G_w = G_j - G_c - G_h \tag{6-14}$$

（10）试配。按以上粗骨料和细骨料体积波动范围以及外加剂掺量和水灰比容许范围，计算出几组配合比进行试配，检验其流动性、充填性、抗离析性、保塑性以及硬化后的各种物理力学性能，如不能满足要求，调整配合比设计参数，再做配比试验。如有符合要求的配

合比，则可对配合比作进一步优化。

3. 混凝土拌和物性能指标

混凝土拌和物性能指标见表 6-3。

表 6-3　　　　　　　　　　　　　　混凝土拌和物性能指标

| 参　数 | 指　标 | 参　数 | 指　标 |
|---|---|---|---|
| 坍落度 | $S_{lp} \geqslant 255mm$ | 充填性 | $H \leqslant 5mm$ |
| 坍落扩展度 | $L_{sf} \geqslant 550mm$ | 抗离析性 | $\Delta G \leqslant 7\%$ |
| 流动度 | $L_f \geqslant 600mm$ | 保塑性 | 90min 内符合上述指标 |

## 第三节　抗氯盐高性能混凝土技术

长期以来，混凝土的耐久性一直备受广大专家、学者和工程技术人员的普遍关注。我国《混凝土结构设计规范》（GB 50010—2010）也将混凝土结构的耐久性设计作为一项重要内容。

通常把混凝土抵抗环境介质作用并长期保持其良好的使用性能的性质称为混凝土的耐久性。影响混凝土耐久性的因素复杂繁多，既有外部环境侵蚀作用的原因，也有混凝土自身内在的原因。外部环境作用的原因主要有环境氯盐侵蚀或环境酸性气体引起混凝土碳化造成的钢筋锈蚀、混凝土冻融损伤、环境中酸、碱、硫酸盐的化学侵蚀及其他损伤等；内在原因主要是碱骨料反应以及混凝土本身质量差导致抵御环境侵蚀能力差等。

混凝土耐久性差，一般是多种因素共同作用的结果。在上述所有的原因中，钢筋锈蚀是混凝土结构最常见和最严重的耐久性问题，而尤其以氯盐腐蚀造成的耐久性问题最普遍，危害性最大。

针对氯盐腐蚀环境的特点，本节重点介绍抗氯盐高性能混凝土技术。

**一、概述**

1. 基本概念

抗氯盐高性能混凝土是指使用混凝土常规材料、常规工艺，以较低水胶比、适当掺量优质掺和料和较严格的质量控制制作而成的具有高的抗氯离子渗透性、高体积稳定性、良好工作性及较高强度的混凝土。

由于抗氯盐高性能混凝土具有比普通混凝土显著高的抗氯离子渗透性能，因此，它是防止或延缓处于氯盐污染环境的混凝土结构发生钢筋腐蚀的最有效手段。

2. 氯离子侵蚀途径

氯离子通过混凝土内部的孔隙和微裂缝从周围环境向混凝土内部传递，其入侵方式主要有以下几种：

（1）毛细管作用。即氯离子随水介质向混凝土内部干燥的部分渗入。

（2）渗透作用。即在液体压力作用下，含氯离子的水溶液向压力较低的方向移动。

（3）扩散作用。即由于浓度差的作用，氯离子从浓度高的地方向浓度低的地方转移。

（4）电化学迁移。即氯离子向电位较高的方向移动。

通常，氯离子的侵蚀是几种方式共同作用的结构，此外，还受到氯离子与混凝土材料之间的化学结合、物理黏结、吸附等作用的影响。

3. 抗氯盐高性能混凝土的工作机理

抗氯盐高性能混凝土通过在配制过程中掺加适当品种和数量的活性掺和料，如硅灰、粉煤灰、磨细矿渣粉等，这些活性掺和料均具有水化活性，可直接进行水化或与水泥的水化产物进行水化反应，所生成的水化产物不仅可以改善水泥石的孔结构，而且可以结合和吸附部分渗入的氯离子，从而显著提高混凝土的抗氯离子渗透性能。同时，在配制过程中选用与水泥、掺和料相匹配的高效减水剂，使得混凝土在获得较高的强度的同时也能获得良好的、适宜施工的工作性。

**二、抗氯盐高性能混凝土的性能及技术指标**

1. 主要性能

抗氯盐高性能混凝土具备的性能见表 6-4。

**表 6-4　　　　　　　　抗氯盐腐蚀高性能混凝土的性能**

| 名　称 | 水胶比 | 混凝土坍落度 (mm) | 28d 抗压强度 (MPa) | 90d 抗氯离子渗透性 (C) | 90d 扩散系数 ($\times 10^{-8} cm^2/s$) |
|---|---|---|---|---|---|
| 普通混凝土 | 0.35 | 160～200 | ＞60 | 1218 | 5.6 |
| 掺粉煤灰高性能混凝土 | 0.35 | 160～200 | 50～60 | 416 | 2.56 |
| 掺矿粉高性能混凝土 | 0.35 | 160～200 | 50～60 | 383 | 0.93 |
| 掺硅灰高性能混凝土 | 0.35 | 160～200 | ＞60 | 517 | 1.73 |

2. 技术指标

由于抗氯盐高性能混凝土要求具有较高的抗氯离子渗透性能，我国交通部于 2001 年颁布实施的《海港工程混凝土结构防腐蚀技术规范》（JTG 275—2000）中首次将高性能混凝土引入海港工程行业，将高性能混凝土列为提高海港工程混凝土耐久性的首选措施。表 6-5 为海港工程高性能混凝土规定的技术指标。

**表 6-5　　　　　　　　海港工程高性能混凝土的技术指标**

| 混凝土拌和物 | | | 硬化混凝土 | |
|---|---|---|---|---|
| 水　胶　比 | 胶凝物质总量 (kg/m³) | 坍落度（mm） | 强度等级 | 抗氯离子渗透性 (C) |
| ≤0.35 | ≥400 | ≥120 | ≥C45 | ≤1000 |

**三、抗氯盐高性能混凝土的配制**

1. 原材料的选择

抗氯盐高性能混凝土原材料的选择，除满足一般高性能混凝土选择原材料的基本要求外，根据《海港工程混凝土结构防腐蚀技术规范》（JTG 275—2000）尚应考虑下列要求：

（1）宜选用标准稠度低、强度等级不低于 42.5 的中热硅酸盐水泥、普通硅酸盐水泥，不宜采用矿渣硅酸盐水泥、火山灰质硅酸盐水泥、粉煤灰硅酸盐水泥。

（2）细骨料宜选用级配良好、细度模数在 2.6～3.2 的中粗砂。

（3）粗骨料宜选用质地坚硬、级配良好、针片状少、空隙率小的碎石，其岩石抗压强度宜大于 100MPa，或碎石压碎指标不大于 10%。

（4）减水剂应选用与水泥匹配的坍落度损失小的高效减水剂，其减水率不宜小于 20%。

（5）掺和料应选用细度不小于 4000cm²/m³ 的磨细高炉矿渣、Ⅰ、Ⅱ级粉煤灰、硅灰等。必要时，掺磨细颗粒化高炉矿渣或粉煤灰的混凝土，可同时掺 3%～5% 的硅灰，其掺量通过试验确定，单掺一种掺和料的掺量应符合表 6-6 的规定。

表 6-6 配制高性能混凝土掺和料的适宜掺入量（%）

| 磨细颗粒化高炉矿渣 | 粉煤灰 | 硅灰 |
| --- | --- | --- |
| 50～80 | 25～50 | 5～10 |

注 磨细颗粒高炉矿渣和粉煤灰的掺入量以胶凝材料质量百分比计；硅灰掺入量以水泥质量百分比计。

2. 配合比设计

抗氯盐高性能混凝土拌和物的配合比设计与普通高性能混凝土拌和物配合比设计的要求、原则和方法相同。另外，抗氯盐高性能混凝土拌和物的配合比设计应符合下列要求：

（1）粗骨料的最大粒径不宜大于 25mm。

（2）胶凝材料浆体体积宜为混凝土体积的 35% 左右。

（3）应通过降低水胶比和调整掺和料的掺量使抗氯离子渗透性指标达到规定要求。

# 第四节 清水混凝土技术

20 世纪 20 年代，在欧洲、北美等发达国家，随着混凝土广泛应用于建筑施工领域，建筑师们逐渐把目光从混凝土作为一种结构材料转移到材料本身所拥有的质感上，开始用混凝土与生俱来的装饰性特征来表达建筑传递出的情感。最为著名的清水混凝土建筑有路易·康设计的耶鲁大学英国艺术馆、美国设计师埃罗·沙里宁设计的纽约肯尼迪国际机场环球航空大楼、华盛顿达拉斯国际机场候机大楼等。

在我国，清水混凝土也随着混凝土结构的发展不断发展。20 世纪 70 年代，在内浇外挂体系的施工中，清水混凝土主要应用在预制混凝土外墙板反打施工中，取得了进展。近年来，海南三亚机场、首都机场、上海浦东国际机场航站楼、东方明珠的大型斜筒体等工程采用清水混凝土，标志着我国清水混凝土技术日益成熟。特别是被建设部科技司列为"中国首座大面积清水混凝土建筑工程"的联想研发基地，更是标志着我国清水混凝土已发展到了一个新的阶段，是我国清水混凝土发展历史上的一座重要里程碑。

## 一、概述

所谓的清水混凝土是对混凝土成型后的表面颜色、气泡、裂缝、耐久性都有严格要求的混凝土，属于高性能混凝土的范畴，即指竣工的建（构）筑物表面不经任何附加的装饰，而直接由结构主体混凝土本身的自然质感作为装饰面的混凝土。

通常清水混凝土可分为以下三种：

（1）普通清水混凝土。混凝土硬化干燥后表面的颜色均匀，且其平整度及光洁度均高于国家验收规范的混凝土。

（2）饰面清水混凝土。以混凝土硬化后本身的自然质感和精心设计、精心施工的对拉螺栓孔眼、明缝、蝉缝组合形成的自然状态作为饰面效果的混凝土。

（3）装饰清水混凝土。利用混凝土的拓印特性在混凝土表面形成装饰图案或预留、预埋装饰物的原色或彩色混凝土。

## 二、清水混凝土的主要技术指标

清水混凝土除满足普通混凝土的技术要求外，还须满足以下技术要求。

1. 表面质量要求

清水混凝土表面质量要求见表 6-7。

表 6-7　　　　　　　　　　　清水混凝土表面质量要求

| 项　目 | 要　　求 |
| --- | --- |
| 颜色 | 混凝土颜色基本一致，距离墙面 5m 看不到明显色差 |
| 裂缝 | 表面无明显裂缝，不得出现宽度大于 0.2mm 或长 50mm 以上的裂缝 |
| 气泡 | 混凝土表面的气泡要保持均匀、细小，表面气泡直径不大于 3mm，深度不大于 2mm，每平方米表面的气泡面积小于 150mm$^2$ |
| 平整度 | 要求达到高级抹灰的质量验收标准，允许偏差不大于 2mm |
| 光洁度 | 脱模后表面平整、光滑，色泽均匀，无油迹、锈斑、粉化物，无流淌和冲刷痕迹 |
| 观感缺陷 | 无漏浆、跑模和胀模造成的缺陷，无错台，无冷缝或夹杂物，无蜂窝、麻面、孔洞及露筋，无剔凿或涂刷修补处理痕迹 |

2. 装饰效果要求

（1）整栋建筑的明缝、蝉缝要求表现出线条的规律和韵感，线条要求平整、顺直、光滑、均匀；竖缝应垂直成线，平缝应形成首尾连接的水平环圈；整体建筑中明缝、蝉缝的交圈，允许偏差不大于 5mm。

（2）对拉螺栓孔的大小要求与整体饰面效果相协调，孔眼完整、光滑，纵横方向应等距均匀排列。对拉螺栓孔直径不大于 35mm，孔洞封堵密实平整，颜色基本与墙面一致，从而形成完整的装饰效果。

## 三、清水混凝土施工技术

1. 清水混凝土的配制

清水混凝土应使用同一种原材料和相同的配合比，混凝土拌和物应具有良好的和易性、不离析、不泌水。

矿物掺和料作为混凝土不可缺少的组分，在考虑掺和料活性的同时，充分利用各种掺和料的不同粒径，在混凝土内部形成紧密充填，增强混凝土的致密性。在外加剂方面应重视解决外加剂和水泥的适应性，减少混凝土的泌水率，减少混凝土坍落度的经时损失。

除了不同水胶比将导致硬化后混凝土颜色变化外，骨料对外观的影响也不可忽视，因此同一个视觉面的混凝土工程，应采用相同类型的骨料。

2. 清水混凝土模板

为了使清水混凝土表面光滑无气泡，应根据不同构件、不同强度等级混凝土，选用不同材质的模板，而脱模剂除了起到脱模作用外，还不应影响混凝土的外观。关于清水混凝土模板的设计及构造参见第五章清水混凝土模板技术一节，此处不再赘述。

3. 清水混凝土的浇筑

混凝土必须连续浇筑，施工缝须留设在明缝处，避免因产生冷缝而影响混凝土的观感质量；掌握好混凝土振捣时间，以混凝土表面呈现均匀的水泥浆、不再有显著下沉和大量气泡上冒时为止；为减少混凝土表面气泡，宜采用二次振捣工艺，第一次在混凝土浇筑入模后振捣，第二次在第二层混凝土浇筑前再进行，顶层混凝土一般在 0.5h 后进行二次振捣。

4. 清水混凝土的养护

混凝土在同条件下的试件强度达到 3MPa（冬期不小于 4MPa）时拆模。拆模后应及时养护，以减少混凝土表面出现色差、收缩裂缝等现象。清水混凝土常采取覆盖塑料薄膜或阻燃草帘并与洒水养护相结合的方法，拆模前和养护过程中均应经常洒水保持湿润，养护时间不少于 7d。冬季施工时若不能洒水养护，可采用涂刷养护剂与塑料薄膜、阻燃草帘相结合的养护方法，养护时间不少于 14d。

5. 清水混凝土的成品保护

后续工序施工时，要注意对清水混凝土的保护，不得碰撞及污染混凝土表面。在混凝土交工前，用塑料薄膜保护外墙，以防污染，对易被碰触的部位及楼梯、预留洞口、柱、门边、阳角等处，拆模后可钉薄木条或粘贴硬塑料条加以保护。另外还要加强教育，避免人为污染或损坏。

6. 清水混凝土表面修复

一般的观感缺陷可以不予修补，确需修补时，应遵循以下原则：修补应针对不同部位及不同状况的缺陷而采取有针对性的不同修补方法；修补腻子的颜色应与清水混凝土基本相同；修补要注意对清水混凝土成品的保护；修补后应及时洒水养护。

7. 透明涂料的涂刷

施工完成后，可在清水混凝土表面涂刷一种高耐久性的且在常温下固化的氟树脂涂料，以形成透明保护膜，它可使表面质感及颜色均匀，从而起到增强混凝土耐久性并保持混凝土自然纹理和质感的作用。

**四、技术特点**

清水混凝土具有以下技术特点：

（1）清水混凝土体现了现代建筑设计追求自然、回归自然的设计理念，它独有的厚重与清雅是其他现代建筑材料无法效仿和媲美的。清水混凝土建筑也是实现高效率地利用资源并最低限度地影响环境的生态建筑。

（2）清水混凝土技术不需要再抹灰，其成型后的表面平整度已经达到抹灰标准，避免了大量抹灰的湿作业，节省了人工、装修材料和施工费用，缩短了工期，特别是避免了因抹灰质量问题带来的开裂、空鼓等现象，防止了因抹灰脱落造成的安全隐患。

（3）清水混凝土比普通混凝土在表面质量方面要求高，它的最终效果取决于模板设计、加工、安装，节点细部处理，钢筋绑扎，混凝土配制、浇筑、振捣、养护等多种因素，在成品保护、施工管理等方面也都有较高的要求。

## 第五节　超高泵送混凝土技术

超高层建筑是人类征服自然，不断取得技术进步的重要标志，也是一个国家和地区科技发展和综合实力的展示。现代高层建筑起源于美国，20 世纪 80 年代以来，在超高层建筑中应用泵送混凝土技术已成为现代建筑施工中的新技术。近年来我国的超高泵送混凝土技术有了显著的进步，上海中心大厦主楼核心筒结构泵送中，创出了 C60 混凝土一次泵送达到 580m，C35 混凝土一次泵送至 600.6m，表明我国泵送混凝土技术又跃上了一个新的台阶。而围绕超高泵送混凝土技术而展开的大流态、自密实混凝土以及超高压混凝土输送泵的研究，将超高泵送混凝土技术推向新的高度。

**一、概述**

通常将泵送高度超过 200m 的泵送混凝土的配制生产、运输、泵送、布料等全过程形成的成套技术称为超高泵送混凝土技术。

超高泵送混凝土对混凝土原材料的选择、配合比的设计、掺和料的合理使用、混凝土的可泵性（流动性与稳定性）均有着特殊的要求，根据工程性质及特点、工程量的大小、泵送高度等要求而对机具配备、布管工艺、布料、浇筑入模直至养护等亦有着严格的技术要求。这项技术带来了缩短工期、节约材料、保证混凝土质量、减少施工用地、降低劳动强度等一系列优点。

**二、主要技术内容**

1. 原材料选择

配制超高泵送混凝土，其原材料较一般泵送混凝土有很大的区别。作为最基本的胶结材料——水泥，除了用量以外，还应充分考虑水泥的流变性，即水泥与高性能减水剂的相容性问题，两者相容性好才可获得低用水量、大流动性、坍落度经时损失小的效果；对于细集料其品质除了应符合我国现行《普通混凝土用砂质量标准及检验方法》（JGJ 52—2006）外，对于不同强度等级的混凝土应选用不同细度模数的中砂；而掺和料作为高性能超高泵送混凝土的重要组成材料必须从活性、颗粒组成、减水效果、水化热、泵送性能等诸方面加以平衡选择；对于外加剂，单一成分的外加剂已不能很好发挥其作用，而单纯以减水为目的外加剂也不能达到超高泵送混凝土的使用目的，外加剂的多组分复合，以及针对具体工程配制特定要求的外加剂已成为外加剂发展的趋势和超高泵送混凝土发展的必然要求。

2. 泵送混凝土的配制

超高泵送混凝土的配制要研究新拌混凝土的整体性、流动性与泵送性的相互关系。由于高层建筑部分结构配筋稠密，环境不容许振捣，即混凝土必须具有自密实能力，既能达到泵送、密实的目的，又不沉降分层，而硬化后的混凝土具有理想的力学性能和变形性能，包括抗压强度、弹性模量、收缩、徐变等耐久性能。

通常，超高泵送混凝土的坍落度值宜为 180～200mm，水灰比宜为 0.4～0.6，砂率宜为 38%～45%，最少水泥用量宜为 300kg/m³。

3. 泵送设备

泵送混凝土离不开高压力、大排量、耐磨损、适应性强的混凝土输送泵。输送泵的选型应根据混凝土工程特点要求的最大输送距离、最大输出量及混凝土浇筑计划确定。混凝土输送泵设置处，应场地平整、坚实，道路畅通，供料方便，距离浇筑地点近，便于配管，接近排水设施和供水、供电方便，在混凝土泵的作业范围内不得有高压线等障碍物。

混凝土输送管应根据粗骨料最大粒径、混凝土输送泵型号、混凝土输出量和输送距离以及输送难易程度等进行选择。输送管应使用无龟裂、无凹凸损伤和无弯折的管段，且应具有与泵送条件相适应的强度，其接头应严密、有足够强度并能快速装拆。混凝土输送管的配管应根据工程和施工场地特点、混凝土浇筑方案等进行，其铺设应保证安全施工、便于清洗管道、排除故障和装拆维修。

超高泵送混凝土的施工，应按照我国行业标准《混凝土泵送施工技术规程》（JGJ/T 10—2011）的相关规定进行。

### 三、主要技术指标

超高泵送混凝土应满足的指标见表 6-8。

表 6-8　　　　　　　　　　超高泵送混凝土的主要技术指标

| 项　目 | 指　标 | 项　目 | 指　标 |
|---|---|---|---|
| 泵送高度 | ＞200m | 扩展度 | 45～74cm |
| 坍落度 | 19～26cm | 倒锥法混凝土下落时间 | ＜15s |

## 第六节　现浇混凝土空心楼盖

### 一、概述

现浇混凝土空心楼盖是指按一定规则放置内模（筒芯、筒体、箱体、块体等）后经浇筑混凝土形成的空腔楼盖。

该楼盖由于板内预埋管成孔，使用等量的混凝土，楼盖可以获得更大的抗弯刚度，经现浇成型、整体性好，这两方面相结合改善了楼盖的受力性能，使楼盖在变形很小的情况下能将楼盖面荷载直接传至框架梁上。现浇混凝土空心楼盖自重轻、刚度大，为大跨度楼板结构体系的使用提供了条件。

### 二、现浇混凝土空心楼盖的分类及构造

#### 1. 空腹夹层板楼盖体系

空腹夹层板楼盖体系由贵州工业大学空间结构研究所研制开发，它是一种通过双向挖空实心平板后形成上、下两层密肋楼盖，两层密肋楼盖再通过剪力键连接而共同工作的一种新型楼盖，该楼盖体系已成功应用于国内实际工程中，如图 6-8 所示。

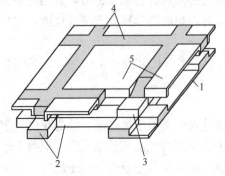

图 6-8　空腹夹层板空间图

1—下肋薄板；2—下肋；3—剪力键；4—上肋；
5—上肋预制带肋板

#### 2. 装配式密肋空心楼盖

装配式密肋空心楼盖由湖南大学结构工程研究所的吴方伯教授成功研制，它是由现浇密肋和预制空心箱体组成的一种新型空心楼盖。空心箱体是由在工厂预制而成的钢筋混凝土板（盖板、侧板、底板）拼装而成的。

这种空心楼盖主要由密肋梁承力，空心箱体的楼盖将楼面荷载传递到密肋梁上，支撑框在施工过程中充当肋梁的侧模，而底板则作为楼盖的吊顶，由于箱体用混凝土预制，能与肋梁混凝土现浇成整体，可参与受力，如图 6-9 所示。

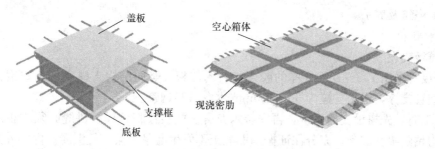

图 6-9 密肋空心楼盖

### 3. GBF 现浇钢筋混凝土空心无梁楼盖

GBF 高强薄壁复合管是一种壁厚约 10mm 的管状水泥制品,两端都用硬质塑料膜封堵。为了避免在施工过程中因踩压而破损,薄壁管具有一定的强度,但在结构设计过程中一般都忽略其强度。

GBF 现浇钢筋混凝土空心楼盖是在现浇钢筋混凝土楼盖中采用埋芯(非抽芯)成孔工艺,在楼盖内每隔一定距离放置圆形(方形、梯形、异形)GBF 高强薄壁复合管,然后浇筑混凝土,从而形成无数类似小工梁受力的现浇钢筋混凝土多孔空心板或密肋形式受力的现浇空心板,进而使无柱帽的现浇混凝土无梁楼盖得以顺利实现,如图 6-10 所示。

### 4. 混凝土蜂窝式空心板楼盖

混凝土蜂窝式空心板楼盖使用的钢筋和混凝土材料和一般钢筋混凝土结构相同,形成空心板的关键材料可采用塑料薄壁盒或薄壁盒(由耐碱玻璃纤维及低碱度硫铝酸盐水泥捣制)作为内模,如图 6-11 所示。

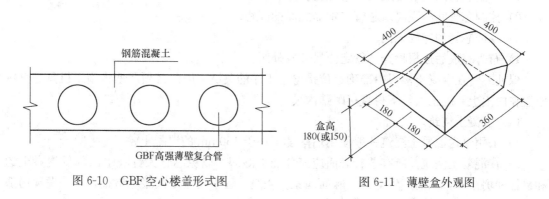

图 6-10 GBF 空心楼盖形式图          图 6-11 薄壁盒外观图

### 三、现浇混凝土空心楼盖的施工技术

#### 1. 施工工艺

对于现浇混凝土空心楼盖的施工工艺,本节仅以目前工程上最常用到的 GBF 现浇钢筋混凝土空心楼盖为例。

GBF 现浇钢筋混凝土空心楼盖的一般工艺流程:搭设脚手架→安装楼盖底模→模板上放线,GBF 管、暗梁及预埋管线等进行定位→绑扎暗梁及板底层钢筋,在模板上穿好抗浮铁丝,预埋水电管线→放置定位钢筋和马凳钢筋→排放 GBF 管→铺设脚手板,放置抗浮通长钢筋,抗浮铁丝与模板支撑钢管连接→绑扎板上部钢筋→搭设施工便道→敷设混凝土泵管→混凝土浇筑及养护。

2. 技术要点

（1）模板支设。

1）模板宜采用 1.5～1.8cm 厚的胶合板、木工板，竖向结构支撑为可调式钢支架，配以扣件式钢管支撑，水平支撑为 50～100mm 木龙骨和钢管。

2）施工时，先搭设支撑系统，再安装木龙骨及楼板模板，模板拼缝必须方正严密，且所有板缝均粘贴柔性胶条，充分保证振捣混凝土不发生漏浆现象，使混凝土内实外光，外观质量良好。

3）当板跨度较大时，必须按国家有关要求起拱。后浇带支撑模板与系统分离支置，保证其他区域拆模不影响后浇带支撑和模板。

（2）钢筋安装。

1）模板验收合格后开始绑扎钢筋，钢筋绑扎时先在模板上按钢筋间距画线，先绑梁钢筋后绑板钢筋。梁底、板底钢筋绑扎完后按要求放置钢筋保护层垫块和钢筋马凳。

2）安装单位进行预埋水管、电线管、电线盒的安装时，水平管线尽量布置在暗梁处或管肋间，遇管线交叉处或特别集中处，可换用小直径或短管进行避让。

3）绑扎楼盖上层钢筋时要搭设架空走道，严禁踩踏 GBF 管。板底钢筋、暗梁钢筋绑扎完毕、GBF 管定位钢筋放置到位、管线已预埋好，经初检合格后开始 GBF 管安装。

（3）GBF 高强薄壁复合管安装。芯管的布置除考虑施工的便捷外，更为关键的是芯管整体布置应能合理传递各种结构内力，使结构受力合理，传力直接明确，不同的楼盖支承方式其芯管布置亦有所不同，因此芯管安装质量控制主要有以下几个方面：

1）控制芯管的同心度及其垂直位置。

2）控制芯管间的距离、芯管与钢筋之间的间距。

3）保证芯管的完好无损。

4）布管完成后逐根检查芯管定位尺寸及外观。

保证芯管在混凝土楼板中准确定位是整个工序的关键，因此必须严禁将施工机具等直接放置在内模上，施工人员不得直接踩踏内模。

（4）混凝土浇筑。

1）采用泵送混凝土浇筑一般使用坍落度不小于 150mm 的混凝土。

2）在混凝土浇筑前所有芯管表面应充分浇水湿润，以免芯管大量吸水而降低混凝土的和易性和坍落度，从而产生空洞、麻面现象。浇筑过程中要派专人跟踪检查，一经发现局部破损的芯管立即采用水密性胶带等进行封堵。

3）混凝土下料时不宜太猛，也不能太多，当板厚超过 250mm 时混凝土应分层浇筑，但间隔时间不得超过混凝土初凝时间，混凝土的浇筑应沿平行于薄壁管方向下料和振捣，若沿垂直薄壁管方向下料时，必须顺管方向振捣，不得采用多点围合式浇筑。

4）浇筑时，暗梁或大梁处可用普通振动棒，管与管肋处应严格采用直径 35mm 的插入式小振动棒进行振捣，面层混凝土用平板式振动器振捣，先将插入式小振动棒在管间缝隙中振捣，不宜直接触压薄壁管进行振捣，管间混凝土密实后可采用平板式振动器随振随找平、随捣随抹。

5）要注意安装管是否有上浮现象。若有上浮，应立即停止混凝土浇筑，待采取相应措施后再继续作业。

6）按照规范和设计要求制作混凝土试块，按规范要求进行混凝土养护，当混凝土强度达到100％才可以拆除底模，外露铁丝需及时处理。

**四、现浇混凝土空心楼盖的技术特点**

（1）楼盖为空心结构（空心率可达30％～50％）且无梁，结构自重降低，支撑楼盖的柱、墙和基础荷载也相应减少，减少构件截面，减少配筋，节约竖向构件的费用。

（2）楼盖封闭空腔结构大大减少噪声传递，隔声效果得到提高，噪声可降低5～12dB，克服上下楼层的噪声干扰，解决了住宅、图书馆、教室等噪声问题。

（3）由于现浇空心楼板内部形成了空腹，减少了结构计算中过剩的抗弯刚度，使材料能充分发挥结构受力作用，使结构体系强度大，整体刚度大，结构使用安全。

（4）现浇无梁空心楼板提高了房间的净空高，降低了层高，抗震性能得到提高，另外房间无需吊顶，节省吊顶装饰和吊顶更新费用。

（5）板底平整、美观，板下空间可灵活分割，装修简单，对于电照、通风等长久能耗具有一定的经济节约价值。

## 第七节 混凝土裂缝防治技术

**一、概述**

混凝土是一种由砂石骨料、水泥、水及其他外加材料混合拌和而成的非均质脆性材料。由于混凝土施工和本身变形、约束等一系列问题，硬化成形的混凝土中存在着大量的微孔隙、气穴和微裂缝，正是由于这些初始缺陷的存在才使混凝土呈现出一些非均质的特性。微裂缝通常是一种无害裂缝，对混凝土的承重、防渗及其他一些使用功能不产生危害。但是在混凝土受到荷载、温差等作用之后，微裂缝就会不断的扩展和连通，最终形成肉眼可见的宏观裂缝，也就是混凝土工程中常说的裂缝。混凝土的裂缝总体来说有新浇混凝土裂缝和硬化混凝土裂缝两种。

**二、裂缝产生原因及预防措施**

混凝土裂缝产生的原因很多，有变形引起的裂缝（如温度变化、收缩、膨胀、不均匀沉陷等原因引起的裂缝），有外力作用引起的裂缝，有养护环境不当和化学作用引起的裂缝等。

*1. 混凝土裂缝产生的原因*

混凝土裂缝产生的根本原因是在混凝土凝结硬化的不同时期，在各种内因和外因共同的作用下产生的拉应力大于混凝土当时的抗拉强度。具体的有：

（1）混凝土在塑性变形、干缩变形、温度变形及化学反应引起的变形等的影响下产生较大的收缩或膨胀。

（2）混凝土结构构件在外力作用下产生的较大的拉应力。

（3）人为的没有严格按照施工程序及条例施工，而导致的混凝土承受较大的变形及应力。

*2. 混凝土裂缝的预防*

混凝土裂缝防治的基本思想是：减小混凝土在各种因素下产生的拉应力，使之小于混凝土在凝结硬化过程中的抗拉强度。

混凝土裂缝的预防途径有以下几条：

（1）通过减小或控制混凝土的变形，减小应变，最终减小拉应力。

（2）通过材料的应力松弛抵消部分拉应力。

（3）通过材料的变形补偿，补偿应变，从而减小拉应力。

预防混凝土裂缝的具体措施可以从材料、施工、设计和管理等几个方面综合考虑。

### 三、裂缝处理方法

裂缝的出现不但会影响结构的整体性和刚度，还会引起钢筋的锈蚀、加速混凝土的碳化、降低混凝土的耐久性和抗疲劳、抗渗能力。因此根据裂缝的性质和具体情况要区别对待、及时处理，以保证建筑物的安全使用。

在裂缝处理之前要研究裂缝产生的原因，然后选择一种或几种处理方法。常用的裂缝处理方法有以下几种。

1. 表面修补法

表面修补法是一种简单、常见的修补方法，它主要适用于稳定和对结构承载能力没有影响的表面裂缝以及深进裂缝的处理。通常的处理措施是在裂缝的表面涂抹水泥浆、环氧胶泥或在混凝土表面涂刷油漆、沥青等防腐材料，在防护的同时为了防止混凝土受各种作用的影响继续开裂，通常可以采用在裂缝的表面粘贴玻璃纤维布等措施。

2. 灌浆、嵌缝封堵法

灌浆法主要适用于对结构整体性有影响或有防渗要求的混凝土裂缝的修补，它是利用压力设备将胶结材料压入混凝土的裂缝中，胶结材料硬化后与混凝土形成一个整体，从而起到封堵加固的目的。

嵌缝法是裂缝封堵中最常用的一种方法，它通常是沿裂缝凿槽，在槽中嵌填塑性或刚性止水材料，以达到封闭裂缝的目的。常用的塑性材料有聚氯乙烯胶泥、塑料油膏、丁基橡胶等；常用的刚性止水材料为聚合物水泥砂浆。

3. 结构加固法

当裂缝影响到混凝土结构的性能时，就要考虑采取加固法对混凝土结构进行处理。结构加固中常用的主要有以下几种方法：加大混凝土结构的截面面积、在构件的角部外包型钢、预应力法加固、粘贴钢板加固、增设支点加固以及喷射混凝土补强加固等方法。

4. 混凝土置换法

混凝土置换法是处理受严重损坏的混凝土的一种有效方法，此方法是先将损坏的混凝土剔除，然后再置换入新的混凝土或其他材料。常用的置换材料有：普通混凝土或水泥砂浆、聚合物或改性聚合物混凝土或砂浆。

5. 电化学防护法

电化学防腐是利用施加电场在介质中的电化学作用，改变混凝土或钢筋混凝土所处的环境状态，钝化钢筋，以达到防腐的目的。这种方法的优点是防护方法受环境因素的影响较小，适用钢筋、混凝土的长期防腐，既可用于已裂结构也可用于新建结构。阴极防护法、氯盐提取法、碱性复原法是化学防护法中常用而有效的三种方法。

6. 仿生自愈合法

仿生自愈合法是一种新的裂缝处理方法，模仿生物组织对受创伤部位自动分泌某种物质，而使创伤部位得到愈合的机能，在混凝土的传统组分中加入某些特殊组分（如含黏结剂的液芯纤维或胶囊），在混凝土内部形成智能型仿生自愈合神经网络系统，当混凝土出现裂缝时分泌出部分液芯纤维可使裂缝重新愈合。

#### 四、高性能混凝土在混凝土防裂中的应用

**1. 级配混凝土**

级配混凝土主要是通过优化混凝土骨料级配，在配制相同和易性和强度等级的混凝土，尽可能减少水泥用量。由于水泥用量减少，混凝土的抗裂性能得到很大的提高，进而混凝土的耐久性也得到了提高。

级配混凝土是通过控制混凝土的变形来防止混凝土开裂的。

**2. 低收缩高应力松弛混凝土**

低收缩高应力松弛混凝土是混凝土靠减少自身的收缩和高应力松弛（应力松弛可释放部分作用于混凝土上的收缩应力）来达到其高性能。低收缩高应力松弛混凝土由于早期应力松弛能力较强，能有效抵消因各种变形所造成的收缩应力，而后期强度和密实性较高，既克服了因密实性低而不耐久，又达到了密实性高而不裂缝，是较理想的高性能混凝土。

低收缩高松弛混凝土的技术途径是：其一是大幅度减少水泥用量，每立方米混凝土的水泥用量为 $150\sim250$kg；其二是大掺量粉煤灰，达到总胶凝材料的 $50\%\sim60\%$；其三是低水胶比，在 $0.30\sim0.35$ 之间。

低收缩高松弛混凝土生产成本略高于普通混凝土，其技术经济指标为：28d 收缩小于 0.18mm/m；1d、28d 和 180d 的抗压强度分别为 10MPa、50MPa、70MPa；抗渗大于 S40；混凝土绝热升温小于 55℃；$-15$℃条件下 300 次冻融，强度、质量无损失；无碳化、无钢锈。

**3. 高性能补偿收缩混凝土**

高性能补偿收缩混凝土主要通过补偿混凝土的收缩量，以达到减小混凝土收缩时产生的拉应力，从而提高混凝土的抗拉性能。这种混凝土主要用在大体积混凝土中，与普通微膨胀混凝土的区别是前者能补偿 50% 以上的收缩，而后者不能或只能补偿混凝土很小的收缩量。

高性能补偿收缩混凝土在大体积混凝土的施工中，可在 100m 内连续浇筑混凝土，180m 内只设加强带而不设后浇带，可大大提高施工速度，深受建设、设计和施工单位的欢迎。

## 第八节 智能混凝土简介

#### 一、智能混凝土的概述

智能混凝土是在传统混凝土原有组分基础上复合智能型组分，如把驱动器、传感器和微处理器等置入混凝土中，使混凝土成为既能承载又具有自感知和记忆、自适应、自修复等特定功能的多功能材料。

目前，智能混凝土的研究仍处在初期阶段，还无法同时具有智能混凝土的多项功能，大部分只是集中在某单一功能的智能混凝土的研究，如损伤自诊断混凝土、自调节混凝土、自修复混凝土、高阻尼混凝土。

#### 二、智能混凝土的分类及简介

**1. 自诊断混凝土**

自诊断混凝土具有压敏性和温敏性等自感应功能，混凝土材料本身并不具备自感应功

能，但在混凝土基材中复合部分导电相可使混凝土具备自感应功能，目前常用的导电组分可分3类：聚合物类、碳类和金属类，其中最常用的是碳类和金属类。下面介绍目前研究较多的自诊断混凝土。

（1）碳纤维智能混凝土。碳纤维混凝土是在普通混凝土中分散均匀地加入碳纤维而构成的。碳纤维的导电性能远大于普通混凝土，当在混凝土中掺入适量短段碳纤维，不仅可以显著提高其强度和韧性，还可以大大改善其导电性能。

通过观测，发现水泥基复合材料的电阻变化与其内部结构变化是相对应的。碳纤维水泥基材料在结构构件受力的弹性阶段，其电阻变化率随内部应力线性增加，当接近构件的极限荷载时，电阻逐渐增大，预示构件即将破坏。而基准水泥基材料的导电性几乎无变化，直到临近破坏时，电阻变化率剧烈增大，反映了混凝土内部的应力—应变关系。根据纤维混凝土的这一特性，通过测试碳纤维混凝土所处的工作状态，可以实现对结构工作状态的在线监测。在碳纤维的损伤自诊断混凝土中，碳纤维混凝土本身就是传感器，可对混凝土内部在拉、压、弯静荷载和动荷载等外因作用下的弹性变形和塑性变形以及损伤开裂进行监测。在水泥浆中掺加适量的碳纤维作为应变传感器，它的灵敏度远远高于一般的电阻应变片。在拉伸或是压缩状态下，碳纤维混凝土材料的体积电导率会随疲劳次数发生不可逆的降低。因此，可以应用这一现象对混凝土材料的疲劳损伤进行监测。通过标定这种自诊断混凝土，研究人员决定阻抗和载重之间的关系，由此可确定以自感应混凝土修筑的公路上的车辆方位、载重和速度等参数，为交通管理的智能化提供材料基础。

碳纤维混凝土除自诊断功能外，还可应用于工业防静电构造、公路路面、机场跑道等处的化雪除冰、钢筋混凝土结构中的钢筋阴极保护、住宅及养殖场的电热结构等。

（2）光纤维混凝土。光纤维混凝土是将光纤维传感器阵列直接埋入混凝土中而构成的。研究发现，光在光纤的传输过程中易受到外界环境因素的影响，如温度、压力、电场、磁场等物理量的变化会引起光波量如光强度、相位、频率、偏振态的变化。如果能测量出光波量的变化，就可以知道导致光波量变化的物理量的变化。当光纤维混凝土结构因受力和温度变化产生变形或裂缝时，就会引起埋置其中的光纤维产生变形，从而导致通过光纤维的光在强度、相位、波长及偏振等方面发生变化。根据获取的光的变化信息，可探测结构中内部应力、变形或裂缝的变化，实现结构应力、变形和裂缝的自诊断。光纤维混凝土常用于混凝土养护中温度及应力的自监测。大体积混凝土养护过程中通常会释放大量的热量，从而在混凝土中产生温度应力和温度裂缝。为防止温度裂缝的发生，可通过埋置于混凝土中的光纤温度感知器监测混凝土内部温度，为养护过程中控制冷却速率提供依据。

2. 自调节混凝土

自调节智能混凝土具有电力效应和电热效应等性能。混凝土结构除了正常负荷外，人们还希望它在受台风、地震等自然灾害期间，能够减缓结构振动和调整承载能力，但是对于普通混凝土来说无法达到此效果，必须复合具有驱动功能的组件材料，才能使其具有自调节功能。

（1）形状记忆合金混凝土。形状记忆合金（Shape Memory Alloys，简称SMA）是一种新型的功能材料，具有独特的形状记忆和超弹性性能，被广泛用于构成各种智能结构。

在混凝土中埋入形状记忆合金，利用形状记忆合金对温度的敏感性和不同温度下恢复相应形状的功能，在混凝土结构受到异常荷载干扰时，通过记忆合金形状的变化，使混凝土内部应力重分布并产生一定的预应力，从而提高混凝土结构的承载能力；形状记忆合金的另一个显著优点是相变伪弹性性能和相变滞后性能，其应力—应变曲线在加卸载过程中形成环状，这说明形状记忆合金在此过程中可吸收和耗散大量的能量。用形状记忆合金研制成的被动耗能器或被动耗能控制系统可以用来消耗大量的地震能量，减轻地震灾害。

（2）自动调节环境湿度混凝土。自动调节环境湿度的混凝土在混凝土配制过程中掺入沸石粉，它具有可以自动调节环境湿度的功能。沸石中的硅钙酸盐含有 $3\times10^{-10}\sim9\times10^{-10}$ 的空隙，这些空隙可以对水分、氮氧化物、硫氧化物等气体选择性吸附。通过对沸石种类进行选择（天然的沸石有 40 多种），可以制备符合实际应用需要的自动调节环境湿度的混凝土复合材料，使其可以优先吸附水分；水蒸气压低的地方，其吸湿容量大；吸放湿与温度相关，温度上升时放湿，温度下降时吸湿。

自动调节环境湿度混凝土可以用于对室内的湿度有严格要求的各类展览馆、博物馆及美术馆等。

3. 自修复混凝土

自修复混凝土是模仿动物的骨组织结构和受创伤后的再生、恢复机理，采用黏结材料和基材相复合的方法，对材料损伤破坏具有自行愈合和再生功能，恢复甚至提高材料性能的新型复合材料。

自修复混凝土包括主动式和被动式修复，主动式修复为水泥基体中预埋有裂纹感知系统和修复体（如形状记忆合金、空芯光纤修复技术），当混凝土在外部荷载或温度等作用下损伤时，传感器及时感知并确定损伤位置，同时将信号传送给外部控制系统，外部控制系统激发修复体系，释放修复剂对损伤部位进行修复；被动式修复为混凝土是在传统混凝土中加入某些特殊组分（液芯纤维或微胶囊），当损伤变形时，界面黏结力作用下将预埋于内部的修复体系撕裂，修复剂流出封堵裂纹。

4. 高阻尼混凝土

现代的抗震途径，是对结构施加控制装置，自调节混凝土中的形状记忆合金混凝土是被动耗能器或被动耗能控制系统，由控制装置与结构共同承受地震作业，即共同储存和耗散地震能量，以协调和减轻结构的地震反应。但会增加使用维持和控制系统成本的费用。高阻尼混凝土则是从混凝土材料本身来考虑，可以避免外加装置的使用与维修问题，也可以提高结构的抗震能力。

高阻尼混凝土是指在普通混凝土中复合了材料能够较大提高混凝土材料本身的阻尼比，从而提高结构抗震能力。阻尼比是结构的动力特性之一，描述的是机构在振动过程中能量耗散的多少，引起结构能量耗散的因素很多，材料本身的阻尼比是能量耗散的主要原因，提高材料本身的阻尼比，可以大大提高提高结构抗震性能。

**三、智能混凝土的应用前景**

智能混凝土具有良好的智能性及物理性能，对重大土木基础设施的应变的实量监测、损伤的无损评估、及时修复以及减轻台风、地震的冲击等诸多方面有很大的潜力，对确保建筑物的安全和长期的耐久性都极具重要性，可以广泛应用于大型土木水利工程、海岸结构、长输管线大跨桥梁结构、核电站建筑、高速及高等级公路和机场跑道等大型土木工程与重要基础设施建设中，单独或与普通混凝土一起构筑智能结构系统。

# 复习思考题

6-1　何谓高性能混凝土？有何性能特点？与高强混凝土的关系如何？

6-2　高性能混凝土的高性能原理是什么？与其结构特征有何关系？

6-3　高性能混凝土配合比设计的原则和要求有哪些？

6-4　何谓自密实混凝土？简述其工作机理。

6-5　试述氯离子侵蚀混凝土的途径及抗氯盐高性能混凝土的工作机理。

6-6　何谓清水混凝土？其分类如何？简述清水混凝土施工的主要技术内容。

6-7　简述超高泵送混凝土技术的主要技术内容。

6-8　简述现浇混凝土空心楼盖的施工工艺及技术要点。

6-9　混凝土裂缝产生的原因和防治措施有哪些？简述混凝土裂缝的处理方法。

6-10　试述高性能混凝土在裂缝防治技术上的应用。

# 第七章　钢结构新技术

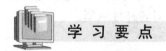

本章主要介绍了钢结构及组合结构施工新技术的相关知识，包括钢结构辅助设计与制造技术、施工安装技术、钢与混凝土组合结构技术、桥梁转体施工技术、预应力钢结构技术、膜结构建筑技术、钢结构住宅技术、高强度钢材的应用技术以及钢结构的防火防腐技术。通过本章学习，应了解各种新技术的概念、特点，熟悉它们的适用范围、技术内容和技术指标，掌握钢结构新技术的施工要点。

我国是最早使用铁建造结构的国家之一，早在 1000 多年前的古代，我国就建造了大跨度的铁链桥、高耸的铁塔等建筑。新中国成立以后，由于经济建设的大力发展，钢铁工业的恢复和发展，我国钢结构迎来了第一个初盛期。改革开放以后，我国东部沿海地区引进国外现代钢结构建筑技术，中国钢结构进入了一个全面崭新的发展时期。20 世纪 90 年代中期，我国钢产量突破了 1 亿 t，成为世界第一产钢国，国家政策开始转变为"合理用钢"和"大力发展钢结构"，极大地促进了钢结构的发展。1998 年，建设部发布了《关于建筑业进一步推广应用 10 项新技术的通知》，钢结构技术首次被列入 10 项新技术之中。钢结构因其环保节能、施工速度快、抗震性能好、造型美观等优点，具有十分广阔的发展前景。

## 第一节　钢结构辅助设计与制造技术

### 一、概述

钢结构计算机辅助设计与辅助制造技术，即钢结构 CAD 与 CAM 技术，包含了从钢结构设计到加工的全过程，可应用于多、高层钢结构，单层门式刚架，单层工业厂房，各类桁架与屋架，大跨度体育场馆与公共建筑等钢结构的设计中，在确保结构安全的前提下，可以提高设计效率、节省钢材。我国的钢结构 CAD 技术发展已趋成熟，并有了大量的工程应用。而我国的 CAM 技术还显著落后于国外水平，要提升我国钢结构生产企业的技术水平，还需要不断努力，加快钢结构 CAD 与 CAM 技术的发展进程。

### 二、钢结构 CAD 技术

钢结构 CAD 技术是一项系统、综合的技术，包括底层图形平台技术、结构分析技术、钢结构专业设计技术与相应的标准规范、常用的构造要求等，是上述各技术的集成。钢结构 CAD 软件一般由以下四个部分组成。

1. 结构建模

结构建模分参数化建模和平面（空间）图形化建模两种方法。

　　参数化建模就是根据软件设计中设定的参数由菜单窗口引导输入，来建立结构模型。这种方式适用于定型、标准化的结构体系，特别是标准柱网的框架结构，定型化的门式刚架与标准网格的网架与网壳结构。其特点是输入参数少，效率高，设计人员容易掌握。

　　平面（空间）图形化建模是在可进行坐标平面变换的计算机屏幕上，用各种图形编辑方法，如输入、复制、删除等实现结构的建模输入。这种输入方法的特点是直观简单，容易掌握。

　　杆件的连接关系建模完成后，要对杆件截面信息进行赋值，可应用程序中的截面类型库，通过参数化卡片或图示规格快速对各杆件赋值。

　　2. 计算分析

　　钢结构的计算分析一般采用普通的有限元分析方法。框架结构、门式刚架与单层网壳结构采用空间梁单元，分析平面桁架或网架结构及双层网壳结构时采用平面或空间的二力杆单元。一般来说结构内力分析应用线性分析即可，但对于超高层钢结构要考虑二阶效应的影响，对于单层网壳结构要采用几何非线性的结构整体稳定分析方法。

　　抗震分析一般采用振型分解反应谱法，也可采用动力时程分析法，高层建筑主要考虑水平地震作用的影响，而对于大跨度结构除了水平地震作用验算外，还要进行竖向抗震验算。

　　钢结构在计算分析完成后，还必须进行截面强度、结构稳定与变形的验算。

　　3. 节点设计

　　节点设计是钢结构 CAD 软件的难点，也是提高设计效率的关键点。对于框架结构，按梁柱截面类型能自动生成标准的刚节点与铰节点的连接形式，并自动进行高强螺栓与焊缝的验算。对于其他各种节点与连接、拼接方式有大量可选用的节点标准连接方式，可供设计人员选用。除了框架结构以外，大量钢结构常用 CAD 软件还能进行门式刚架、平面排架、钢屋架、吊车梁及各类支撑体系的节点设计。

　　对于空间网架与网壳结构，其 CAD 软件已发展成熟，现在国内几乎都用 CAD 软件来完成网架与网壳结构节点零件图与球节点加工图的设计，这大大提高了设计与加工效率，同时也对空间网格结构的快速发展起了很大的促进作用。

　　4. 施工图的绘制

　　钢结构施工图一般为结构平面图和剖面图，详细给出了结构布置的要求和构件材料表，构件连接方式则给出典型节点设计施工详图，完全达到结构施工图的要求。而进一步的工作则留到深化设计，即由专业化的钢结构加工厂以结构施工图为基础，进行二次深化设计与施工图设计，使设计更贴近于加工制作要求，更易在加工制作中实现。

　　目前国内开发比较成功的钢结构 CAD 软件有：普通钢结构软件方面有中国建筑科学研究院 PKPM 系列的 STS 软件与同济大学的 3D3S 软件；轻钢结构软件方面有中冶冶金建筑研究总院 SS2000 与中国建筑设计研究院标准所的轻钢门式刚架软件；空间网格结构 CAD 软件方面主要有浙江大学 MSTCAD 与中国建筑科学研究院结构所的 MSGS 软件。

　　三、钢结构 CAM 技术

　　钢结构 CAM 技术，就是通过计算机对钢结构的加工制作进行辅助制造控制。钢结构 CAM 技术分为三个部分，一是构件零件的加工图设计，二是加工下料的优化，三是计算机加工控制。

　　1. 构件零件的加工图设计

　　对于钢结构的生产企业，在加工制作前期主要工作是要按结构施工图要求，结合本企业工艺特点进行加工图设计，完成加工零件的拆分，达到车间加工图要求。加工图设计可依靠计算机三维实体造型技术，对于一些复杂节点要检查碰撞干涉要求，并要核检焊接与安装次序。零件加工图必须有完整的尺寸、数量及加工要求，这是整个加工过程中最基本的技术文件。

2. 加工下料的优化

下料优化就是要依据企业现存或采购的材料尺寸规格，用计算机对零件进行动态下料，以期提高材料利用率，减少不必要的浪费。对于钢结构构件与空间网格结构来说，杆件的优化下料就是要根据各类杆件长度规格进行优化组合，使定长的型材在下料后剩余长度最短；对于板类构件与节点来说就是要各构件零件在成品规格板中优化布置，使板下料后边角料最少。

3. 计算机加工控制

计算机加工控制就是依据加工图，将信息以数据文件形式传输给构件加工设备，完成自动切割、局部机加工钻孔等工作。计算机加工控制具有很高的效率和加工精度，可减少人为错误、节约成本，是钢结构 CAM 的核心技术。

## 第二节　钢结构施工安装技术

钢结构工程施工的特点是钢结构加工在工厂完成，施工现场则以吊装为主。钢结构施工技术一般包括钢结构加工工艺、钢结构的拼装与连接、钢结构单层厂房安装、高层钢结构安装和钢网架结构吊装。随着我国工业化的加快和大型公用设施建设的发展，国内大型设备与构件的安装工程项目日益增多。在这些项目中，由于设备的重量大、体积大、安装精度高、安装位置要求严格，对吊装技术提出了更新更严格的要求，整体提升安装技术显示出了其优越性。整体安装技术包括的种类很多，包括双（或单）桅杆整体提吊大型设备（或构件）技术、龙门桅杆（或"A"字桅杆）扳立大型设备技术、无锚点推吊大型设备技术、气顶（升）法吹升罐顶盖技术、液压顶升技术、超高空斜承索吊运设备技术、集群液压千斤顶整体提升（滑移）大型设备与构件技术等。

### 一、厚钢板焊接技术

随着我国建筑业的快速发展，钢结构在建筑中的应用越来越广泛，大跨度钢结构和超高层钢结构的迅猛发展，使构件的截面越来越大，钢板的厚度也越来越厚，如国家体育馆（鸟巢）用钢最大板厚达 110mm（Q460E-Z35），目前国内现行标准中规定的钢板厚度最大仅为 100mm，这就要求对厚钢板的焊接技术进行研究和解决。厚钢板焊接技术适用于高层、超高层钢结构柱制作的焊接（箱型柱、H 型柱），梁柱节点焊接，大跨度重载梁的翼缘与腹板的焊接，大跨度重载桁架节点焊接等方面。

1. 技术指标

对于板厚大于或等于 40mm，且承受沿板厚方向拉力作用的焊接，应考虑厚钢板的焊接问题。板材要有 Z 向性能保证，并且符合《厚度方向性能钢板》（GB/T 5313—2010）的规定。

2. 主要技术内容

为解决厚钢板的焊接问题要考虑如下因素：材料方面应采用有 Z 向性能要求的钢板；焊缝形式应合理设计，以减小层状撕裂；焊接材料采用低氢型焊条；焊接工序要选择合适的预热温度与焊后热控制，并严格控制焊接顺序。

3. 焊接工艺

厚钢板焊接的关键是防止由于焊接而产生的裂纹和减少变形，应主要考虑以下几点：

（1）坡口形式。选用合理的坡口形式，如尽量选用双 U 形和 X 形坡口，焊缝填充量少，便于反面清根和砂轮机打磨。如果只能单面焊接，应在保证焊透的前提下，采用小角度、窄间隙坡口，以减小焊接收缩量、提高工作效率、降低焊接残余应力。

（2）合理的预热及层间温度。采用合理的预热方法，有利于热量向板中心传递，施焊过程中严格保证防风和保温措施，防止焊缝在短时间内快速冷却而产生裂纹。

（3）后热及保温处理。为保证焊缝金属中扩散氢含量和消除焊接应力，焊后应立即进行热处理并按规定时间保温，焊缝热处理后，应对母材和焊缝进行超声波无损检测。

**二、钢结构安装施工仿真技术**

1. 国内外发展概况

虚拟现实技术就是在计算机图形学、计算机仿真技术、人机接口技术、多媒体技术以及传感器技术的基础上发展起来的一门新兴交叉技术，它利用计算机产生具有高度真实感的三维交互环境，具有经济、安全可靠、试验周期短等传统技术无可比拟的特殊功效，仿真分析已经可以取代或减少部分实物试验工作。将虚拟仿真技术应用于建筑业，就是在建筑结构构件的施工安装前，先在计算机上进行模拟安装演示，便可以发现设计和施工方案中的问题并及时进行纠正，以确保正式施工万无一失。国内首次将此项技术应用于实际工程的是上海正大广场的施工，取得了良好的经济效果。钢结构安装施工仿真技术适用于大跨度网架结构、桁架结构，特别是大型复杂钢结构与构件的安装施工。

2. 主要技术内容

施工安装仿真技术要依靠计算机建立三维实体模型，正确反映各构件在结构中的关系。在吊装仿真中要模拟构件在吊装中的运动关系，以实现构件的正确就位，提高施工安装效率；施工进度模拟要反映工程中各工序关系，达到实时模拟的要求。

钢结构安装施工仿真技术主要包括以下四个方面内容：

（1）大型构件的吊装仿真，检验构件安装中与其他构件及支架的碰撞与干涉问题，得出正确的安装方式。

（2）结构构件的预拼装模拟，检验构件及连接节点尺寸精度。

（3）结构安装的预变形技术，包括安装构件的起拱与顶变位，以最终实现结构安装完成后正确的几何位置。

（4）施工进度仿真模拟，直观实现对于施工进度与质量的管理。

3. 钢结构安装施工仿真技术的特点

（1）安全性。通过对施工吊装、安装，施工顺序以及施工进度的仿真模拟，可以很好地了解并控制结构的应力和变形情况，选择科学、合理、安全的施工方案，从而保障实际施工顺利进行。

（2）直观性。在施工仿真过程中，通过多通道显示、位置切换等多种特效的运用，使观察者能够突破物理空间、时间的限制，实现多种不同的观察角度和漫游方式，如身临其境。

（3）高效性。计算机具有强大的计算能力和信息处理能力，能够真实、准确地模拟钢结构安装施工过程，突破了传统结构试验模拟方法的局限性，更能有效地节省施工时间，提高经济效益。

（4）经济性。传统的结构试验模拟方法通常费工、费时、费资源，遇到外界环境的变化干扰，往往会影响试验结果，而计算机仿真技术大大降低了成本，节约了资源，达到事半功倍的效果。

### 三、大跨度空间结构与大型钢结构的滑移施工技术

滑移技术是在建筑物的一侧搭设施工平台,在建筑物两边或跨中铺设滑道,所有构件都在施工平台上组装,分条组装后用牵引设备向前牵引滑移(可用分条滑移或整体累积滑移),结构整体安装完毕并滑移到位后,拆除滑道实现就位的一种施工方法。

1. 高空滑移施工应具备的条件

(1)最方便的是平板型网架结构,并且屋盖结构或大型钢结构在滑移过程中不会对滑道产生水平推力(对于圆柱面筒壳或其他类似于拱形桁架、刚架等会有水平推力的结构,这时一般需要加临时拉杆来平衡屋盖结构的水平推力)。

(2)土建结构能提供滑道设置的较好条件,如屋盖结构两对边最好能有尺寸较大的框架梁(或圈梁),对于不规则平面尺寸的大跨度屋盖结构一般不提倡高空滑移施工。

2. 施工方法及应注意的问题

在屋盖的靠短跨一侧搭设两个或三个网格范围内的拼装平台,再沿着长向的两边框架梁上搭设钢滑道,在网架或大型钢结构的支座处设置滑动块或滑动滚轮,再利用设置于两滑道前端的牵引设备将拼装好的网架结构或大型钢结构向前牵引,如图 7-1 所示。可采用分条滑移的方法,这样滑移的牵引力较小,但分条滑移到位后,还需要高空拼装。对于大跨度桁架

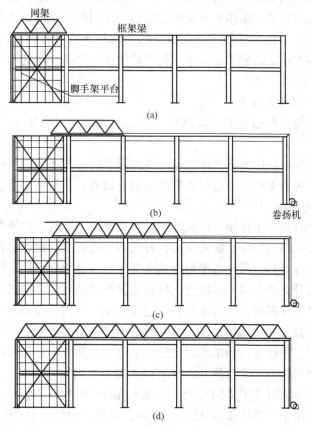

图 7-1　网架滑移过程

(a)第一区段网架在脚手架平台上安装;(b)第一区段网架向前滑移后开始第二区段网架的安装;

(c)第二区段网架向前滑移后开始第三区段网架的安装 ;(d)整个网架向前滑移

可采用两榀或以上一个单元进行滑移（这几榀桁架必须构成一个独立稳定的结构单元），对于网架等结构一般采用整体累积滑移的方法以方便拼装工作，不需要再进行高空作业。滑移到位后，还需要将各滑移支座处的滑块及滑轮卸去并拆除滑道。

对于高空滑移施工，需要进行详细的施工组织设计，由于其结构的支承条件发生了变化，必须验算滑移工况条件的结构内力，使该工况下内力变形符合设计要求。否则，可在跨中再增设一条滑道，以减少结构的跨度。牵引力要针对不同摩擦形式分别计算，正确计算牵引力后，再选取合适的卷扬机或手动倒链。在结构滑移时，必须在滑道边设置标尺，控制滑移值，以确保滑移同步。

3. 滑架法施工

除了高空滑移安装施工方法，还可以用滑架的施工方法来进行大型屋盖结构的施工安装。采用滑架法施工时，首先必须要有很好的施工场地条件，使施工脚手架平台可以在场地上平移，其次是施工安装作业面不能太高，不然移动的脚手架平台自重太大，同时也不安全。对滑移架必须进行认真的验算，并要考虑平移的方法。与高空滑移安装施工法一样，必须验算屋盖结构在施工阶段的工况。

**四、大跨度空间结构与大跨度钢结构的整体顶升与提升施工技术**

大跨度空间结构一般应用于大型体育场馆、展览馆与机场航站楼及大面积单层工业厂房，这些大跨度公共建筑较多采用平板型网架结构与双层网壳结构，这类空间网格结构体系一般呈空间的受力特性，高次超静定，有很好的结构整体刚度，因此特别适宜于整体提升（顶升）。另外在这些大跨度的公共建筑中，良好的地面拼装条件也为采用地面拼装整体提升（顶升）创造了条件。

1. 提升法施工应具备的条件

（1）被提升的结构应有很好的空间刚度，不会出现因为提升中结构过大变形而损坏的情况。

（2）下部结构要有很好的支承条件，整个提升设备可设置于土建结构的柱等竖向承重结构上，以这些竖向结构为支点，通过群体布置的提升设备，将整个屋盖结构缓步提升到位。

2. 提升与顶升的设备

（1）提升采用穿心提升千斤顶，或螺杆螺旋提升机，为实现连续提升可采用双作用千斤顶，提升的吊杆一般采用钢绞线。螺杆螺旋提升机利用电机驱动螺旋装置以提升螺杆，采用螺杆提升装置，要配备工具式吊杆以便螺杆提升装置一个行程到位后可以回行程。当周边支承结构不具备作为提升支承点时，可用立扒杆作为提升的支点，采用扒杆整体提升时一般可采用土法的人力绞盘缓慢提升，但对于扒杆一定要注意揽风索的安全，在提升过程中必须始终观察揽风索是否与被提升结构物相碰，要及时更换揽风索的位置。

（2）顶升采用实心千斤顶，利用临时支架支承以配合顶升千斤顶回行程，采用顶升施工方案，设备都处于受压状态，并且顶升的支架也比提升架的支点要低，因而施工更为安全。当然由于顶升方法需要临时支架来回行程，因而不具备连续顶升的条件，顶升速度要比提升慢（当提升采用双作用千斤顶连续提升时）。但顶升的设备相对简单，设备投入费用低。

3. 施工中应注意的问题

（1）受力验算。整体顶升与提升时，要做施工状态下结构整体受力性能验算。受力状态验算时，荷载条件为结构自重加上施工活荷载。整体提升时必须考虑动力系数，当采用液压千斤顶提升或顶升时，其动力系数取1.1；采用穿心千斤顶用钢绞线连续提升时，动力系数为1.2；而采用扒杆吊装时，其动力系数取1.3。屋盖结构与大型钢结构受力验算时的支承条件为提升（顶升）点$Z$向约束（绝对不能设置任何水平约束，计算时可用小弹簧刚度来消除结构计算时的水平刚体位移）。对于重要的结构，提升（顶升）时还需模拟某个提升（顶升）点失效时，能确保整体提升系统的安全。提升设备负荷能力一定要留有足够的安全度，一般液压提升（顶升）设备设计提升（顶升）力为千斤顶额定负荷能力的0.5～0.6倍。

（2）同步控制。提升（顶升）施工时必须控制各提升（顶升）点位移的同步，为保证提升（顶升）位移的同步，必须实时有效监测。提升施工时可采用分步提升方法控制提升中的不同步问题，一旦有位移超过控制值，则必须停止提升（顶升）操作，将不同步调平后再开始提升（顶升）的操作。

**五、液压顶升拱顶罐倒装法**

液压顶升拱顶罐倒装法是一种新工艺，它采用在罐体内设置液压顶升机，来自动控制液压顶升。适用于类似结构形式的储罐制作安装工程，目前在石油类储罐安装中得到普遍应用。机具自动化水平高，操作简单，适应性强，容易形成标准化、系列化，工装能重复使用，成本低，经济效益好。

1. 工装机具组成

液压顶升拱顶罐倒装法的整个工装机具包括液压顶升索具系统、液压顶升油路系统和仪表操作系统。顶升机由主罐体、Ⅰ级活塞杆、Ⅱ级活塞杆等构成。设置中心柱来平衡液压顶升机外罩所受的外倾覆力矩，保证起吊的安全和稳定，并在组对拱顶罐盖时作为罐盖板组对的支撑胎具。为提高罐壁的刚度，需设置胀圈。为了操作自动化，在每个液压顶升系统上要装自控阀、液压限位器、报警装置等。在罐体外要设一台操作仪表盘，用以控制液压顶升机顶升和下降。

2. 操作方法

（1）在罐体内布设液压顶升机，在罐底设置一台液压泵站。

（2）在罐壁设置胀圈，用托架将罐体、胀圈与液压顶升机连接在一起。

（3）中心柱需按罐底的十字中心线就位找正，用三根角钢做临时固定，拼装好全部的拉杆，最后进行调整平衡。

（4）用高压胶管通过液压接头元件，把各部液压顶升机连接起来，将泵站打出的高压油传送到各个顶升机，使液压顶升机Ⅰ、Ⅱ级活塞杆升起，将拱顶罐体顶升到组装工作高度。

（5）如果个别的液压顶升机高低不平时，应启动单机控制电钮，调整到平衡位置。

（6）完成一个罐壁组对，按总控开关，打开回油自动阀，使液压顶升机慢慢回到原位。

（7）如此往复数次，直到将拱顶罐组装完毕。

**六、超高空斜承索吊运设备技术**

超高空斜承索吊运设备技术是一项装卸安全可靠，经济实用的新技术，结构简单，现场架设、拆卸方便，使用常用的起重机索具，损耗少，施工费用大大降低。适用于高耸建筑物上部设备的吊运与安装，如具有足够刚度和强度的电视塔等顶部设备的吊运。典型的如上海东方明珠广播电视塔上球顶层（标高288m）热泵机组吊装工程。

1. 技术要求

超高空斜承索吊运设备技术的整个斜承索吊运装置需经过空载、额定负载、超载的试运行测试，确定其性能良好。牵引小车应在斜承索架设过程中进行挂设，斜承索的长度必须丈量正确，牵引提升钢丝绳要尽量和斜承索相平行；提升用的卷扬机应尽可能的布置在该建筑的顶层，卷扬机必须有足够的容绳量；设备吊运过程中必须自始至终地对拉磅（张力指示器）指示度数进行全程监测，并随时向总指挥汇报情况；应对所有滑车和锚固点进行检查监视，防止出现锚固点松动和滑车过热等现象。

2. 吊运方法及特点

超高空斜承索的整体结构是由斜承索及其弛度调控装置，牵引小车及其提升装置以及小车回返装置等五个部分组成。吊装时，将被吊运的设备悬挂在牵引小车下，由小车提升装置，沿斜承索向上提升到高空建筑物上就位，然后再由小车返回装置，将牵引小车拉回到地面。

超高空斜承索吊运设备的施工方法具有吊升高度高、跨度大、吊运装置结构简单、操作安全可靠等特点。吊运时斜承索的弛度能通过弛度调控装置进行调控，并配有张力指示装置，便于设备的起吊和就位。

### 七、集群液压千斤顶整体提升（滑移）大型设备与构件技术

集群液压千斤顶整体提升（滑移）大型设备与构件技术适用于电视塔桅杆天线等超高空构件的整体提升，体育馆、游泳馆、飞机库、剧院、候车室等大型公用工程的网架、屋盖、钢天桥（廊）、桁架、横梁等大跨、超重结构构件的整体提升，大型龙门起重机主梁等大型设备的整体提升，机场航站楼主楼钢屋架（盖）滑移等。典型的有上海东方明珠电视塔钢桅杆天线整体提升，东方航站双机位机库钢屋盖整体提升，浦东国际机场航站楼（主楼与高架进厅）钢屋架（盖）整体滑移，厦门造船厂大型龙门起重机整体提升等工程。

1. 施工方法

（1）上拔式（提升式）。将液压提升千斤顶设置在承重结构的永久柱上，悬挂钢绞线的上端与液压提升千斤顶穿心固定，下端与提升构件用锚具连固在一起，似"井台提水"一样，液压提升千斤顶夹着钢绞线往上提，从而将构件提升到安装高度。这种方法多适用于屋盖、网架、钢天桥（廊）等投影面积大、重量大、提升高度相对较低的构件的整体提升。

（2）爬升式（爬杆式）。悬挂钢绞线的上端固定在永久性结构（或设备本身结构、或基础、或与永久物相联系的临时加固设施）上，将液压提升千斤顶设置在钢绞线的下端（液压提升千斤顶通过锚具与提升构件连固），似"猴子爬杆"一样，液压提升千斤顶夹着钢绞线往上爬，从而将构件提升到安装高度。这种方法多适用于如电视塔钢桅杆天线等提升高度高，投影面积一般，重量相对较轻的直立构件的整体提升。

2. 技术要求

（1）提升点的确定。合理确定提升点的数量和位置，提升点应选在构件的下弦节点处，单体设备承载力应符合设计要求，在安全和质量确保前提下，尽量减少提升点数量，切实保证构件在提升过程中的稳定性。

（2）提升设备的选择和设置。设备选择的原则为：能满足提升中的受力要求，结构应紧凑、坚固、耐用、维修方便，并且能满足功能要求。主要的提升设备有液压千斤顶、钢绞线、液压泵站和液压控制系统。

（3）液压提升系统的组成与安装。每套提升系统由工作柱、工作台、承重梁、液压千斤顶、钢绞线、专用吊具、专用锚具、钢绞线导向架、控制阀组和液压泵站等组成。各提升系

统的安装顺序是：工作柱→工作台→承重梁→液压千斤顶→专用吊具→钢绞线→导向架→专用锚具→液压泵站→控制阀组及管线等。

（4）计算机控制系统及构件提升中的平面高差控制。计算机系统的应用，保证了各提升点的受力均满足设定要求，各套提升器能同步运行，保证构件水平、平稳提升，并能把升差值控制在 5mm 范围内。

3. 特点

（1）使用钢绞线承重既经济，同时又解决了长距离连续提升要求的施工技术难题。

（2）借助机、电、液一体化的工作原理，提升能力可按实际需要组合配置，再加上应用成熟的预应力锚具技术，使整个提升过程或悬停状态都安全可靠。

（3）用计算机同步控制，可高精度控制提升点间的升差值，又不受提升点设置数和提升点间荷载差异的影响。

（4）充分利用了工程实用阶段中的永久性结构（或基础等）作为吊装提升阶段中的承重柱，使施工阶段与实用阶段对承重结构（柱）的受力基本相近或一致，从而减少了为提升阶段而进行的对承重结构的加固量，节省了常规施工中设置辅助柱（设施）及加固费用。

（5）对高重心直立构件（如钢桅杆天线）的提升，可尽量减少其配重量（件），节约施工成本。

（6）构件规模超大型化，施工机具设备小型化、简单化，计算机控制自动化，提升（滑移）工艺标准化、规范化，推广应用多元化。

## 第三节　钢与混凝土组合结构技术

高层混凝土结构建筑材料便宜，但结构自重较大，增加了基础的造价，同时因质量大而地震反应力较大，增加材料用量；高层钢结构中钢梁与钢柱皆在工厂预制，运抵现场进行吊装，优点是施工简便、迅速、工期短、环保，但是其造价较高，一次性投资大，且还有防火、防锈等问题需处理。而组合结构可以充分发挥钢材与混凝土各自的特点，具有刚度大、抗震性能好、节省钢材、造价低、施工方便等特点，因此，在高层建筑中得到广泛的应用。目前在工程中应用较多的为组合板、组合梁、钢管混凝土柱、钢骨混凝土梁、柱、剪力墙及钢—混凝土组合结构体系，以及新近出现的新型的外包钢—混凝土组合梁、波形钢腹板预应力混凝土组合箱梁。

**一、组合楼板**

1. 概念

组合楼板考虑了压型钢板与混凝土的组合效应，在楼层施工阶段，压型钢板起着模板作用，待混凝土达到设计强度后，压型钢板又起着受拉钢筋的作用，如图 7-2 所示。

2. 组合楼板的优点

（1）钢板可叠在一起，易于运输、卸载、堆放，在现场轧制也十分方便，可任意切取。

（2）无需支模，压型钢板安装后，可用作操作平台，放置工具和材料。

（3）压型钢板具有相当于抗拉主钢筋的作用，用以抵抗截面正弯矩。在施工阶段，压型钢板可以起到增强支撑钢梁侧向稳定的作用。

（4）压型钢板底面可直接作为楼层的顶棚表面，若需要吊顶，可在波槽设置挂钩。压型

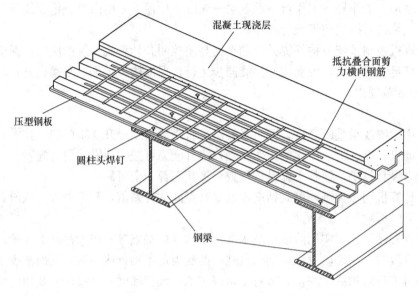

图 7-2　组和楼板

钢板的波槽，也可供布置电力、通信管线之用。

（5）采用组合楼板，在进行上层楼面混凝土浇灌时，不需要等待下一层浇灌的楼板达到要求的混凝土强度，有利于多层作业，加快施工速度。

3. 组合楼板的设计

（1）施工阶段。应对作为浇筑混凝土底模的压型钢板进行强度和变形验算。当压型钢板跨中挠度 $w$ 大于 20mm 时，确定混凝土自重作用时应考虑板的挠曲效应，按全跨混凝土厚度增加 $0.7w$ 计算自重，或增设临时支撑。

（2）使用阶段。应对组合楼板在全部荷载作用下的强度和变形进行验算，即应验算横截面抗弯能力，纵向抗剪能力，斜截面抗剪能力和抗冲切能力。正截面抗弯承载能力按塑性设计方法计算，此时假定截面受拉区和受压区的材料均达到强度设计值，考虑到压型钢板没有保护层和中和轴附近材料发挥不充分等因素，压型钢板钢材强度与混凝土抗压强度的设计值均应乘以折减系数 0.8。在下列情况下，组合板尚应配置钢筋：

1）为组合楼板提供储备承载力的附加抗拉钢筋。

2）在连续组合楼板或悬臂组合板的负弯矩区配置连续钢筋。

3）在集中荷载区段和孔洞周围配置的分布钢筋。

4）改善防火效果的受拉钢筋。

4. 组合楼板的施工要点

（1）铺设前要清理钢梁上的杂物，做好除焊缝附近和灌注混凝土接触面等处外的防锈处理，并对有弯曲和扭曲的压型钢板进行矫正，使板与钢梁顶面的最小间隙在 1mm 以下，以保证焊接质量。

（2）铺板工作按板的布置图进行，首先在梁上用墨线标出每块板的位置，将运来的板按型号和使用顺序堆放好，并按墨线排列在梁上。

（3）铺设压型钢板时，要对施工中出现的荷载进行强度、变形等验算，组合板使用的压型钢板应当镀锌，钢板的净厚度不应小于 0.75mm，仅仅作为模板的压型钢板的厚度不小于 0.5mm。浇筑混凝土的波槽平均宽度不应小于 50mm。当在槽内设置栓钉连接件时，压型钢板的总高度不应大于 80mm，组合板的总高度不应小于 90mm，压型钢板顶面以上的混凝土厚度不应小于 50mm。

（4）组合板的端部必须设置圆柱头栓钉锚固件，栓钉应该设置在端支座压型钢板凹槽处，穿透压型钢板并将栓钉、钢板牢固地焊接于钢梁上，依靠栓钉连接增强了混凝土与压型钢板的组合作用，阻止钢筋混凝土与压型钢板之间的相对滑移，提高了组合板的承载力。

（5）压型钢板与钢梁连接可采用角焊缝、塞焊或者采用电铆钉，压型钢板间的连接可采用角焊缝或者塞焊缝以防止相互移动或分开，焊缝的间距为 300mm 左右，焊缝的长度在 20~30mm 为宜。

（6）支撑在梁上的压型钢板，当端头未做封闭处理时，浇筑混凝土前应设置堵头板或者挡板，以防止施工时混凝土泄漏。

**二、组合梁**

1. 概念

组合梁是在钢梁上部浇筑混凝土，形成混凝土受压、钢筋受拉的截面合理受力形式。这种结构有效地利用了混凝土和钢的最佳特点，梁的主要受力特点是承受弯矩和剪力，为了抵抗弯矩，两种材料被合理地布置在顶部和底部以得到最大的力臂，而竖向腹板则承担了大部分的剪力。组合梁的类型如图 7-3 所示。

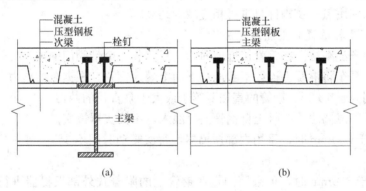

图 7-3 组合梁

（a）肋平行于主梁；（b）肋垂直于主梁

2. 组合梁的优点

组合梁由于能按各组成部件所处的受力位置和特点，充分发挥出钢与混凝土各自的特性，不但满足了结构的功能要求，而且还有较好的经济效益。概括起来，组合梁有以下的优点：

（1）耐疲劳性能好，使用寿命长。

（2）实际的承载力高。

（3）冲击系数降低。

（4）节省钢材。

（5）可以降低梁高，增强刚度。

3. 施工方法

组合梁的施工方法是先将钢梁安装就位，作为后浇筑混凝土板的承重结构。当梁上浇筑的混凝土硬化前,全部的荷载由钢梁单独承受,在混凝土硬化达到设计强度后,它成为组合截面中的上翼缘,此时外载由整个截面承受。由于组合截面中的中和轴较单独的钢梁截面的中和轴上升了许多,几乎接近钢梁的上翼缘,这样在相同的外荷载的作用下可以减少钢梁下翼缘截面。为保证组合截面发挥整体作用,在钢梁上翼缘上焊接连接件,使钢梁和混凝土板连接在一起。连接栓钉沿着梁轴方向布置,其间距不得小于 $5d$($d$ 为栓钉的直径);栓钉垂直于轴线布置,其间距不得小于 $4d$,边距不得小于 35mm。

### 三、钢管混凝土柱

**1. 概念**

在薄壁钢管内灌注素混凝土所组成的构件是组合柱的主要形式,通常称为钢管混凝土柱。按照截面形式不同,可以分为圆形、方(矩)形以及多边形钢管混凝土结构等,其中圆钢管混凝土结构和方形钢管混凝土结构应用较为广泛。它的工作特点是:核心混凝土可以增强管壁的稳定性,防止钢管内表面锈蚀;钢管可以阻止核心混凝土在压力作用下的侧向膨胀和酥松剥落,使混凝土处于三向受压状态,从而提高其抗压强度和变形能力。

**2. 钢管混凝土柱的优点**

钢管混凝土柱的钢管就是模板,具有很好的整体性和密封性,不漏浆、耐侧压,具有强度高、重量轻、塑性好、耐疲劳和耐冲击等优点。与钢柱相比在保持自重相近和承载能力相同的条件下,可以节省钢材 50%,焊接工作量大幅度减少;与普通钢筋混凝土柱相比,在保持钢材用量相近和承载力相同的条件下,构件的横截面积可以减少约一半,使建筑空间加大,混凝土和水泥用量以及构件自重可相应减少约 50%。

**3. 钢管混凝土柱的混凝土浇灌方法**

(1)泵送顶升浇灌法。在钢管接近地面的位置安装一个带阀门的进料支管,直接与泵的输送管相连,由泵车将混凝土连续不断地自下而上灌入钢管。根据泵的压力大小,一次压入的高度可以达到 80~100m。钢管的直径要等于或大于泵直径的两倍。

(2)立式手工浇捣法。混凝土自钢管上口灌入,用捣实器捣实。

1)管径大于 350mm 时,采用内部振捣器,每次震动时间不少于 30s,一次浇灌的高度不大于 2m。

2)管径小于 350mm 时,可采用固定在钢管上的附着式外部振捣器进行振捣。外部振捣器的位置随着混凝土浇灌的进展加以调整。外部振捣器的工作范围,以横向振幅不小于 0.3mm 为有效。振捣时间一般不小于 1min。一次浇灌的高度不应大于振捣器的有效工作范围,一般为 2~3m 柱长。

(3)立式高位抛落无振捣法。利用混凝土从高位顺钢管下落时产生的动能达到振实混凝土的目的,免去了繁重的振捣程序。它适用于管径大于 350mm 的钢管混凝土柱。抛落高度不应小于 4m,对抛落高度不足 4m 的区段,用内部振捣器振实。

随着建筑材料技术的发展,钢管混凝土柱的浇灌也可以采用自密实混凝土。

### 四、钢骨混凝土结构

**1. 概念**

钢骨混凝土结构,就是在钢骨周围配置钢筋,浇筑混凝土后,使钢骨部分与混凝土部分成为一体。它在改善结构抗震性能、减小构件截面尺寸、提高建筑的综合技术经济指标等方面显示出巨大的潜力。

钢骨混凝土结构可以用于结构的过渡层，高层建筑上部结构的梁、柱、支撑、剪力墙以及内筒等构件很少采用单一的钢骨混凝土结构构件，而是根据钢骨混凝土的优点并结合工程条件与钢构件及钢筋混凝土构件进行组合应用，形成适宜的结构体系。钢骨混凝土柱、梁、钢骨混凝土剪力墙示意图分别如图7-4和图7-5所示。

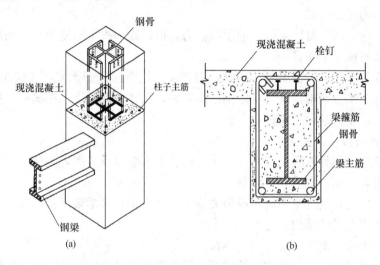

图 7-4　钢骨混凝土柱、梁示意图
（a）钢骨混凝土柱；（b）钢骨混凝土梁

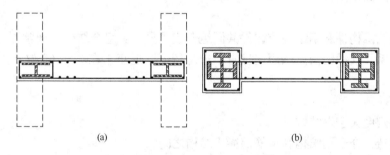

图 7-5　钢骨混凝土柱、梁示意图
（a）无边框钢骨混凝土剪力墙；（b）有边框钢骨混凝土剪力墙

2. 钢骨混凝土结构的特点

与纯钢结构比较，钢骨混凝土结构具有以下特点：

（1）混凝土参与结构受力并起到保护层的功能，经济性较好。

（2）结构刚度大，外力作用下变形小，在风荷载和地震作用下，结构的水平位移可以得到控制。

（3）混凝土有利于提高型钢的整体稳定性，钢板的局部屈曲、杆件弯曲失稳以及梁的侧向失稳不易发生。

（4）有很好的防火性能。

（5）使用的型钢规格较小，钢板较薄，比较符合目前我国钢材轧制的实际情况。

（6）结构自重大，施工比较复杂。

与钢筋混凝土结构比较，钢骨混凝土结构具有以下特点：

(1) 变形能力强、抗震性能好。

(2) 在截面尺寸相同的条件下，可以合理配置较多的钢材。

(3) 当基础采用钢筋混凝土结构、上部为钢结构时，采用钢骨混凝土结构作为过渡层可以使结构内力传递更加合理。

(4) 在施工时，型钢骨架有较大的承载能力，可以作为脚手架使用，若利用压型钢板的话，可以大大节省模板工作量。

(5) 钢骨焊接变形大，加工制作困难；钢骨梁、柱上的穿筋孔多，孔位难以精确确定，且削弱截面，施工十分困难，既要考虑钢结构安装，又要浇混凝土，影响施工进度。

(6) 钢材比较费，建设费用较高。

3. 钢骨混凝土结构体系

在高层建筑中，钢骨混凝土主要作柱子、梁、剪力墙以及内筒等构件，并与钢构件或钢筋混凝土构件组合应用，形成如下体系：

(1) 组合式框架—混凝土内筒（或剪力墙）体系。组合式框架是指框架柱采用钢骨混凝土柱、框架梁采用钢梁的结构。

(2) 组合式框架—钢骨混凝土内筒体系。

(3) 组合式外筒体系。组合式外筒体系中的外筒结构是由钢骨混凝土柱与钢梁组成，内筒常采用仅承担竖向荷载的梁柱结构。

**五、钢—混凝土结构**

1. 概念

混凝土结构或构件和钢结构或构件共同组合成了另一类组合结构，通常称之为钢—混凝土组合结构体系。这种结构体系用钢量省，造价较低，近年来在 30～60 层高层建筑中得到广泛应用。

2. 优点

(1) 侧向刚度大于钢结构。

(2) 结构造价介于钢结构和钢筋混凝土结构之间。

(3) 施工速度比钢筋混凝土结构有所加快。

(4) 使用面积大于钢筋混凝土结构。

3. 钢—混凝土结构体系

(1) 预制或现浇混凝土墙板—钢框架主体构造。它以钢框架为主体，建筑物的垂直荷载全部由钢框架承受，水平荷载引起的剪力由钢筋混凝土墙板承受。由于钢框架间布置了钢筋混凝土墙板，结构的抗推刚度和抗剪承载力显著提高，层间侧移显著减小。

(2) 混凝土框筒—钢框架主体构造。它是由外围的钢筋混凝土框筒和内部的钢框架所组成。

(3) 混凝土墙—钢框筒主体构造。它是由钢框筒和嵌置于钢框架间的预制钢筋混凝土墙板所组成的混合结构。

(4) 混凝土芯筒—钢框筒主体构造。它是由现浇钢筋混凝土芯筒和外围钢框筒所组成。

(5) 钢框架—混凝土芯筒主体构造。它是由钢筋混凝土芯筒和铰链或刚接的外围钢框架组成。芯筒在各个方向上都具有较大的抗推刚度，成为主要的抗侧力构件。外围钢框架主要承受竖向荷载，并分担按刚度分配所得的小部分水平荷载，若框架梁的梁端采用柔性连接，则水平荷载全部由芯筒承受。

（6）混凝土筒—钢梁主体构造。它是以若干独立的钢筋混凝土圆筒作为竖向构件，用大跨度钢梁（或桁架）作为各楼层的水平构件，由此组成的混合结构体系。

4. 存在的问题

（1）在水平地震作用下混凝土内筒的刚度退化，从而加大钢框架的剪力。

（2）要进一步分析研究钢—混凝土结构的抗震性能。

（3）确定适宜的层间位移限值。

（4）混凝土内筒的施工误差远大于钢结构。

### 六、新型外包钢—混凝土组合梁

1. 概念

新型外包钢—混凝土组合梁是针对传统的工字钢—混凝土组合梁存在的缺点而提出的一种改进的组合梁结构形式。新型外包钢—混凝土组合梁是指采用较厚的钢板作为组合梁的底板，腹板采用较薄的冷弯薄壁型钢，将两者焊接或拼接成 U 形截面的钢骨架，然后在里面浇注混凝土，作为 T 形组合梁的肋部和上部翼缘的楼板形成钢—混凝土组合构件来共同承受外部荷载。T 形截面主要由两部分构成：上部为现浇混凝土板或带压型钢板的组合板，下部为 U 形钢构件并填充混凝土。截面形式如图 7-6 所示。

一般底部钢板采用 10～25mm 的厚钢板，腹板采用厚为 4～8mm 的薄钢板，U 形截面外形轮廓截面高与截面宽之比为 0.5～1。为保证组合楼板有足够的支撑长度，钢梁侧板上翼缘宽度应不小于 50mm。施工阶段为了钢梁侧板的稳定，可按构造设置横向拉条，拉条宽 30～50mm，间距300～600mm。另外，组合梁外露钢梁部分及组合板中兼作楼板受力钢筋所用的压型钢板部分均用按耐火时限要求采取喷涂防火涂料等防火措施。

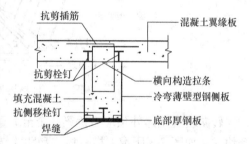

图 7-6 新型外包钢—混凝土组合梁
截面示意图

2. 新型外包钢—混凝土组合梁的特点

与普通钢—混凝土组合梁相比，新型外包钢—混凝土组合梁具有以下特点：

（1）设计时只需要按实际改变 U 形截面及底钢板厚度，便可满足结构承载力（抗剪、抗弯承载力）及变形的要求，因此具有更高的承载力、刚度和延性。

（2）抗剪连接件的设置数量可以大大减少。

（3）负弯矩作用下稳定性提高。

（4）截面配有横向构造拉条，增强了混凝土和 U 形截面的整体作用。

（5）施工方法要简单。

3. 施工方法

首先，制作 U 形截面钢梁。采用厚钢板作为底钢板，薄钢板冷弯成 C 形或 Z 形截面作为腹板，将两者通过焊接的方式形成 U 形截面作为梁肋。其次，在 U 形截面钢梁的底钢板内侧面，配有一定数量且具有防火功能的构造纵筋，在侧钢板的上翼缘和底板中间位置焊有抗剪栓钉，而且两侧板间焊有横向构造拉条。最后，根据栓钉数量设置抗剪插筋并布置混凝土板的温度筋，浇注混凝土，形成组合截面。

### 七、波形钢腹板预应力混凝土组合箱梁

1. 概念

波形钢腹板预应力混凝土组合箱梁（也称为波形钢腹板 PC 箱梁）主要由混凝土顶底板、波形钢腹板、横隔板、体外预应力筋和体内预应力筋构成，是一种新型的钢—混凝土组合结构，其主要采用波形钢腹板置换预应力混凝土箱形梁的混凝土腹板，由于波形钢腹板内不能像传统的混凝土腹板一样布置预应力钢束而在箱梁内部空间布置体外索。体外预应力钢束可以通过横隔板或设置专门的转向装置来实现转向，体外束的布索方式有分散布置和集中布置两种。波形钢腹板组合箱梁的构造示意如图 7-7 所示。

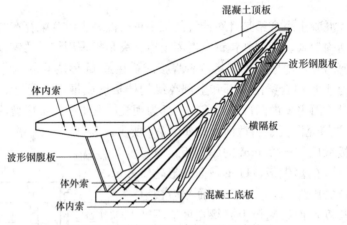

图 7-7　波形钢腹板组合箱梁的基本构造

转向装置是体外预应力桥梁一个至关重要的构造，最常见的转向装置有横隔板式、肋式和块式，如图 7-8 所示。横隔板式和肋式转向装置属于承压型，其特点是：整体性好，承载能力高，但体积较大，增加了恒载。块式转向装置属于受拉型，其特点是：体积较小，仅需在箱梁的翼缘板根部设置很小的块式转向装置，对恒载几乎没有影响，但受力复杂，承载能力相对较小，现已很少采用这种形式。

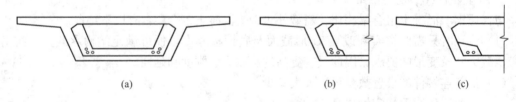

(a) (b) (c)

图 7-8　转向装置形式
(a) 横隔板式转向；(b) 肋式转向；(c) 块式转向

波形钢腹板的板厚通常要满足钢板最小厚度的要求，一般使用的最小厚度为 8mm，而最大厚度则要根据计算确定。目前国内外常用的波形钢腹板的形状主要有三种，即 1600、1200 和 1000 型，1600 型指波板水平段长度 430mm、斜长 430mm、斜段水平方向长

370mm、波高 220mm。其中，1600 型多用于大跨径桥梁，1200 型与 1000 型多用于因运输条件所限需较短的波长与波幅的桥梁，如图 7-9 所示。

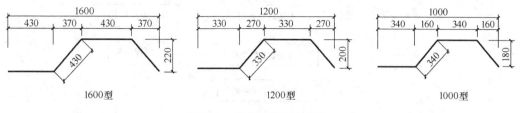

图 7-9 波形钢腹板的规格

2. 波形钢腹板预应力混凝土组合箱梁的特点

与传统预应力混凝土箱梁相比，波形钢腹板 PC 箱梁具有以下特点：

（1）经济效益显著，节省建筑材料。采用波形钢腹板代替自重大的混凝土腹板，减轻了上部结构的自重，从而使上、下部结构的工程量减少，可降低工程总造价。

（2）结构受力合理、提高材料的利用率。波形钢腹板具有褶皱效应，轴向刚度小，几乎不抵抗轴向力，对混凝土板施加横向预应力时其产生的变形很小，且对混凝土翼板的收缩、徐变效应不敏感，从而提高预应力的效率，有效解决混凝土板纵向开裂的问题。

（3）施工方便、提高施工速度。波形钢腹板挑梁适合工厂制作，且对混凝土翼板的收缩、徐变效应不敏感，可缩短施工周期，加快施工速度。

（4）造型美观。波形钢腹板形态生动、颜色鲜艳，可使桥梁获得较强的美感，也可很好地与周围环境相协调，是风景区较好的桥型选择。

3. 施工方法

波形钢腹板预应力混凝土组合箱梁其腹板是由工厂加工，现场定位安装而成的，因此与普通预应力混凝土箱梁施工相比操作简单，其施工流程如图 7-10 所示。

4. 施工要点

（1）波形钢腹板的安装。波形钢腹板的安装应在底板钢筋绑扎后、顶板钢筋绑扎前，波形钢腹板宜分段安装，安装顺序为从一端向另一端顺序安装，为了保证钢腹板的位置准确，在腹板两侧设置临时支撑架进行临时固定。波形钢腹板之间的连接方式最常采用的是焊接和高强螺栓连接。

（2）波形钢腹板与底、顶板的连接。波纹钢腹板与混凝土顶、底板之间的连接方式主要采用不同形式的抗剪连接件，主要有翼缘型、嵌入型、复合型、开孔钢板剪力键抗剪连接（PBL 抗剪连接），其中开孔钢板剪力键分为双开孔钢板剪力键抗剪连接（Twin-PBL 抗剪连接）和单开孔钢板剪力键抗剪连接（S-PBL 抗剪连接），如图 7-11 所示。翼缘型即在钢腹板上下端焊接翼缘钢板并配置连接件，嵌入型即把钢腹板直接伸入到混凝土顶、底板中并在钢腹板上设有圆孔，使桥面板的横向钢筋贯穿波纹钢腹板的预留圆孔，然后浇注混凝土顶、底板，复合型即同时采用以上两种方式。Twin-PBL 抗剪连接主要采用双开孔钢板连接件连接，在波形钢腹板的顶端焊接翼缘板，再在其上焊接两块带孔的钢板，孔中贯穿钢筋，S-PBL 抗剪连接是采用单块开孔钢板，并焊接栓钉，其他同 Twin-PBL 抗剪连接。在施工过程中，焊接钢板、栓钉与钢腹板应同步在工厂制作焊接完成后拼装，在焊接时，横向钢筋应在绑扎时穿入贯穿孔，使钢腹板与顶板混凝土、底板混凝土有效连接。

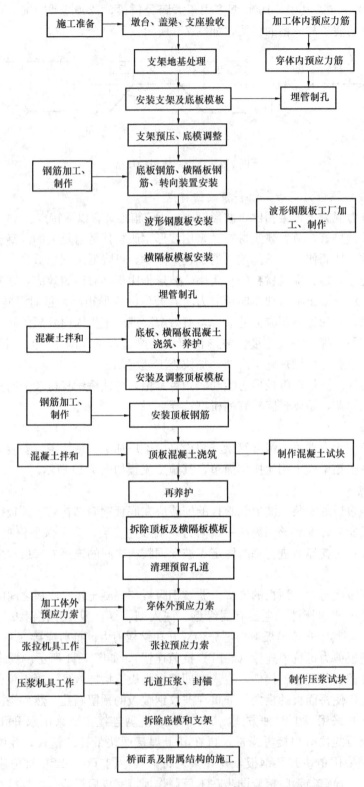

图 7-10 波形钢腹板预应力混凝土组合箱梁施工流程图

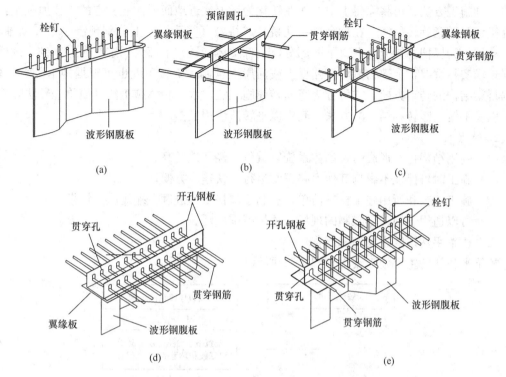

图 7-11 波形钢腹板与底、顶板的连接方式
（a）翼缘型焊接栓钉连接件；（b）嵌入型抗剪连接件；（c）复合型抗剪连接件；
（d）Twin-PBL 抗剪连接件；（e）S-PBL 抗剪连接件

（3）波形钢腹板与横隔板的连接。波形钢腹板与横隔板间简便的连接方式是将波纹钢腹板端部伸入横隔板，并在伸入部分设有圆孔或配置栓钉连接件形成剪力连接，也可采用组合梁中较为常见的剪力连接形式，即在波纹钢腹板的端部焊接翼缘板并在翼缘板上焊接剪力连接件与其进行连接。

（4）混凝土的浇筑。混凝土浇注可采用分步法浇注，第一步浇注底板和横隔板混凝土，第二步浇注顶板混凝土。混凝土浇注宜采用水平分层或倾斜分层方法连续浇注。水平分层时上下错开距离应保持在 1.5m 以上，倾斜分层时，倾斜面与水平夹角不得大于 25°。浇注混凝土的原则是从低处向高处浇注，浇注混凝土应采用插入式振捣棒施工，振捣时避免振捣器碰撞模板、钢筋及其他预埋件，振捣应密实，不漏振、欠振或过振。

## 第四节　桥梁转体施工技术

**一、概述**

1. 概念

当跨越铁路、高速公路以及交通繁忙的城市立交进行道路施工时，为了不影响交通的正常运行，一种新的转体施工技术出现并开始被使用。例如，该技术在陕西跨铁路立交桥上已成功应用。

桥梁转体施工是指桥梁结构在非设计轴线位置制作（浇筑或拼接）成形后，通过转体就位的一种施工方法，可将障碍上空的作业转化为岸上或近地面的作业。它的工作原理是：像挖掘机铲臂随意旋转一样，在桥台（单孔桥）或桥墩（多孔桥）上分别预制一个转动轴心，以转动轴心为界把桥梁分为上、下两部分，上部整体旋转，下部为固定墩台、基础，这样可根据现场实际情况，上部构造可在路堤上或河岸上预制，旋转角度也可根据地形随意旋转。根据桥梁结构的转动方向，它可分为竖向转体施工法、水平转体施工法（简称竖转法和平转法）以及平转与竖转相结合的方法，其中以平转法应用最多。

2. 特点

(1) 利用结构自身形成的转动体系旋转就位，经济效益高。

(2) 施工时可保证不影响其他道路正常运行，快速、方便。

(3) 施工工艺和所用施工机械简单，有利于加快工程进度，缩短施工周期。

(4) 可以适用于施工受限制的现场，适用范围广泛。

**二、桥梁平转法的主要施工流程**

桥梁平转法的主要施工流程如图 7-12 所示。

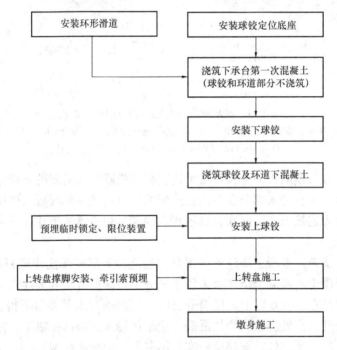

图 7-12　桥梁平转法的施工流程

**三、桥梁平转法施工工艺**

1. 平转法转动体系的组成

平转法的转动体系主要由转动支承系统、转动牵引系统和平衡系统三大部分组成。转动支承系统是平转法施工的关键设备，必须兼顾转体、承重及平衡等多种功能，由上转盘、下承台以及之间的钢球铰构成，上转盘支承转动结构，下承台与基础相连，通过上转盘、下承台间的相对转动达到转体目的，如图 7-13 所示。上转盘是转体的主要承重结构，其上设有防止转体倾覆的撑脚（一般为 6~8 个）；下承台设有反力座和环道等。顶推牵引系统由反力座、预埋在转盘内的牵引索和施力设备构成，它是转体施工成败的关键；平衡系统由结构本

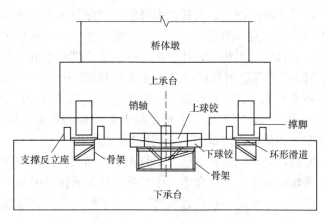

图 7-13 转动支承系统的组成

身及保证转体平衡的平衡荷载组成。

按转动支承时的平衡条件,转动支承可分为磨心支承、撑脚支承和磨心与撑脚共同支承3种。磨心支承即由中心撑压面承受全部转动重量,有时在磨心插有定位转轴,为了保证安全,通常在支承转盘周围设有支重轮或支撑脚;撑脚支撑形式即下转盘为一环道,上转盘的撑脚有 4 个或 4 个以上,以保持平转时的稳定。

2. 转动支承系统的施工

(1) 桥墩桩基施工完成,进行下转盘的施工。下转盘一般采用 C40 的混凝土浇筑,球铰范围采用 C50 的微膨胀混凝土,下转盘根据环形滑道骨架及下球铰骨架尺寸分 2 次浇筑施工,首先浇筑第一阶段 C40 部分混凝土及环形滑道安装,然后安装钢球铰。安装时将下球铰放置于已架好的底座骨架上,先粗调,再用骨架上的微调螺丝调整下球铰中心位置及球面,使其球铰周围顶面处各点相对误差不大于 1mm,固定死调整螺栓。

(2) 钢球铰是平衡转动体系的支撑中心和转动中心,其加工及安装精度直接影响转体效果,可选用有经验的专业制造厂家进行加工制作。球铰由上、下两块组成,上球铰为凸面,与转盘(球缺面)接触;下球铰为凹面,通过下承台内钢骨架固定在下承台的顶面上。下球铰运到现场后吊车吊起放在球铰骨架上,使球铰螺栓孔和球铰骨架上的螺栓对正,然后通过骨架上的细纹螺栓调整球铰水平,保证下球铰顶面圆周误差小于 1mm,然后浇筑第二阶段C50 微膨胀混凝土。浇筑前,先将下球铰的 8 个振捣孔旋出,振捣至球铰上的出气孔有混凝土往外冒,再从外侧继续浇筑混凝土,注意复振,务必确保混凝土振捣密实。

(3) 待混凝土凝固后,将下球铰清理干净。然后,先在中心套管内放入黄油四氟粉,再将转动中心轴放入下转盘预埋套筒中,按图纸对应的编号由内至外将聚乙烯四氟滑片一一对应放在下球铰相应的镶嵌孔内。聚四氟乙烯滑片安装完毕后,将润滑剂(一般采用聚四氟乙烯粉与黄油的混合物,比例 1:2),填至下球铰凹球面上,填满聚四氟乙烯滑板之间的间隙。

(4) 然后尽快安装上球铰。将上球铰吊起,在凸球面上均匀涂抹一层润滑剂,然后将上球铰对准中心销轴轻落至下球铰上,上球铰精确定位并临时锁定限位。人工轻轻将上球铰转动 3~5 圈,将上、下球铰间的黄油挤密贴,直至球铰间周边有黄油挤出为止。去除多余黄油,并将上、下球铰外圈空隙涂满,进行密封处理,等待使用。

（5）进行上转盘以及撑脚的施工。上转盘撑脚使其对称分布于纵轴线的两侧，在撑脚的下方（即下转盘的顶面）应设有环形滑道，要求整个滑道面在一个水平面上，转体时撑脚可在环道内滑动，以保持转体结构平稳。设计要求支撑钢管撑脚底距下承台环形滑道顶间隙为10mm，施工时，在撑脚底和不锈钢板间放置由木条做成的一个方框，方框厚度为10mm，内填平石英砂，把撑脚水平地布置在石英砂上。滑道上布置16个砂箱，砂箱尺寸为500mm×500mm，每个理论承重300t，用来支承上转盘和上部结构的重量，同时起到稳定上转盘作用，转体前抽调砂箱并在滑道面内铺装3mm聚四氟乙烯片。

上转盘撑脚安装好后，立模，绑扎钢筋，安装预应力筋及管道，预埋转体牵引索，浇筑混凝土，接着进行上转盘的施工。上转盘施工中转台内预埋转体牵引索，牵引索锚固端利用锚具应埋入转盘3m以上，并使同一对索的锚固端对称于圆心，上转盘球铰钢箱内灌入C50微膨胀混凝土。

3. 转动牵引系统的施工

转动牵引系统由连续张拉千斤顶、液压站及主控台通过高压油管和电缆连接组成，一般采用2台或4台连续千斤顶，同步牵引缠绕于转盘上的牵引索，形成水平转动的纯力偶。必要时在启动过程可设助力顶推千斤顶，保证转体启动动力，如图7-14所示。本系统兼具自动和手动控制功能，手动控制主要用于各千斤顶位置调试和距离运动，自动控制作为主要功能用于正常工作过程。

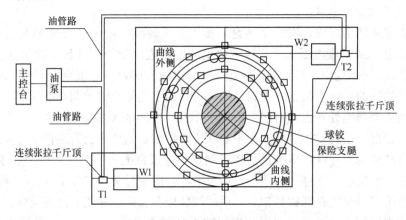

图7-14　转动牵引系统的组成

预埋的牵引索经清洁各根钢绞线表面的锈斑、油污后，逐根顺次沿着既定轨道排列缠绕后，穿过千斤顶。先逐根对钢绞线预紧，再用牵引千斤顶整体顶紧，使同一束牵引索各钢绞线持力基本一致。牵引索的另一端设锚，已先期在上转盘灌注时预埋入上转盘混凝土体内，出入处不能死弯，预留的长度要足够并考虑4m的工作长度。顶推反力座采用钢筋混凝土结构，反力架预埋钢筋深入下部承台内，反力架混凝土与下转盘混凝土同时浇注，牵引反力座槽口位置及高度准确定位，与牵引索方向相一致，转体的左右幅分别单独成为一套牵引体系。

4. 平衡系统的施工

平衡系统主要由桥梁本身的墩台身、上部结构和平衡荷载（有平衡重时）构成。桥梁的墩台身、上部结构在岸侧或路侧支架上施工成整体结构。平衡重主要为压重块或压重水箱，以保证转体施工时相对转铰平衡。

**四、桥梁平转法转体的施工流程**

桥梁的转动支承系统、转动牵引系统和平衡系统施工完毕后，准备就绪，开始转体的施工，具体施工工艺工艺流程如图 7-15 所示。

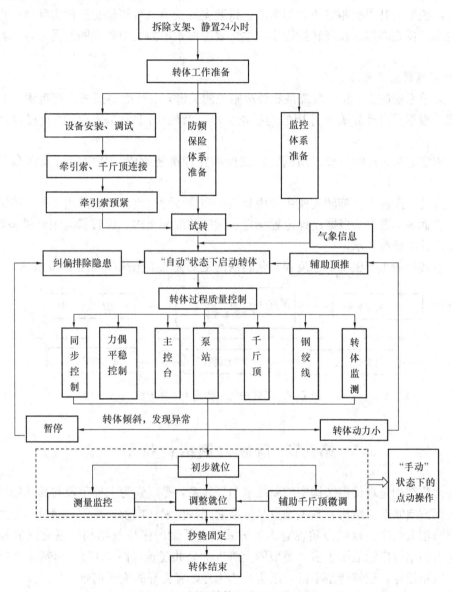

图 7-15　桥梁转体的施工工艺流程

**五、桥梁竖转法**

1. 概述

竖转法主要用于肋拱桥，拱肋通常在低位浇筑或拼装，然后向上拉升达到设计位置，再合拢。

竖转法的转动体系一般由起吊系统、索塔、平衡系统和旋转支座组成。竖转的拉索索力在转体脱架时最大，因为此时拉索的水平角最小，产生的竖向分力也最小，而且拱肋要实现从多跨支承到铰支承和扣点处索支承的过渡，脱架时要完成结构自身的变形与受力的转化。为使竖转脱架顺利，有时需在提升索点安置助升千斤顶。

竖转施工方案设计时，要合理安排竖转体系。索塔高、支架高（拼装位置高），则水平交角也大，脱架提升力也相对小，但索塔、拼装支架受力（特别是受压稳定问题）也大，材料用量也多；反之亦然。在竖转过程中，主要要考虑索塔的受力和拱肋的受力，尤其是风力的作用。

2. 桥梁竖转法的施工方法

（1）起吊系统施工。起吊系统是竖转法施工的关键，主要由卷扬机、起重索、背索和滑轮组构成。根据受力计算确定选用的卷扬机大小、滑轮组门数和钢丝绳的直径以及背索的配置。

（2）索塔施工。索塔一般采用钢管柱或标准杆件拼装而成，利用塔吊或汽车吊机分节吊装。

（3）旋转支座施工。旋转支座主要由靠山垫和旋转脚组成。一般采用 16Mn 的钢板在工厂配对冲击而成，靠山垫根据设计位置预埋在拱座的混凝土内，旋转脚与钢管拱脚焊接，精度应满足设计和规范要求。

（4）竖转法的主要施工工艺流程。竖转法的主要施工工艺流程如图 7-16 所示。

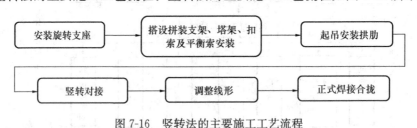

图 7-16　竖转法的主要施工工艺流程

# 第五节　预应力钢结构技术

预应力钢结构是现代钢结构中的新技术与新体系，是以索为主要手段与其他钢结构体系组合的平面或空间杂交结构。其关键点是依靠索（斜拉索、拉索、悬索）通过预应力技术对结构建立与增大刚度。预应力实现有多种方式，包括索的张拉及结构体系支座的强迫位移等。预应力钢结构广泛适用于多种类型的大跨度的公共建筑（图 7-17），包括体育馆、候机候车厅、展览馆等，建筑造型丰富，结构性能优异，有良好的应用前景。

**一、预应力钢结构的特点与分类**

1. 特点

（1）充分利用材料的弹性强度潜力以提高承载力。

（2）改善结构受力状态以节约钢材。

（3）提高结构的刚度和稳定性，调整其动力性能。

2. 分类

预应力钢结构可以分为以下几种类型：悬索与桁架组合、悬索与网架组合、拱（实腹式

图 7-17 传统的悬索桥

或格构式）与悬索的组合、索与网壳的组合、斜拉索与平面桁架与网架的组合、斜拉索与网壳结构的组合。

（1）悬索与桁架组合。当索布置于桁架平面内时成为预应力桁架，悬索的水平作用力将由桁架来平衡，当悬索正交布置于多榀桁架的下弦时成为横向加劲单曲悬索结构，通过横向加劲桁架支座强迫向下位移对结构建立预应力，该结构体系的悬索水平作用力必须依靠下部结构来平衡。

（2）悬索与网架组合。当用悬索悬吊网架时，成为类似悬索桥的大跨度结构，由于网架的作用，屋盖结构比普通悬索具有更好的刚度，并以网架平衡了索的水平力作用，当悬索布置于网架高度范围时，随着索预应力的作用而成为预应力网架。

（3）拱（实腹式或格构式）与悬索的组合。拱与悬索组合而成的结构称为张拉结构。张拉结构体系有二维的，也有三维的。典型的二维张拉结构是张弦梁结构。当用立体桁架代替张弦梁的梁单元时，就构成了张弦立体桁架。张弦梁或张弦桁架结构由上弦的拱或格构式拱、下弦悬索及上弦构件与下弦索之间的撑杆组成。该结构体系有自平衡、大跨度、结构经济合理等优点，应用较广。

（4）索与网壳的组合。一般网壳结构巨大的水平推力要靠下部结构来平衡，如下部结构刚度不够时，过大的水平位移会使网壳结构除了承受薄膜内力外，还将产生弯曲内力，并以大量的杆件去平衡水平拉力，这时要合理布索，对类似于多边形壳、球面壳，采用沿网壳周边布索，对于圆柱面壳可弓形布索或在弦向布索，可产生积极效果。

（5）斜拉索与平面桁架、网架的组合。这种复合结构体系，特别适用于大跨度结构，类似斜拉桥的结构布置使大跨度的桁架、网架依靠斜拉索的作用而显著减小结构弯矩与挠度。但斜拉索的作用会对桁架或网架产生较大的轴向水平作用力，当悬挑结构采用斜拉结构形式时，一定要有措施来平衡悬挑结构风的吸力，否则，仅以上部加斜拉索来平衡结构自重是远远满足不了设计要求的。

（6）斜拉索与网壳结构的组合。由于网壳结构主要以承受薄膜内力为主，因此一般不宜直接将斜拉索布置作用于网壳结构上，对于斜拉索网壳结构的组合，应在网壳边缘或局部设置刚性较大的构件，使斜拉索的作用力通过这些构件为网壳提供弹性支承。

## 二、预应力拉索的技术内容

### 1. 预应力拉索材料

预应力拉索的用材宜选用高强材料，可采用钢丝、钢绞线或钢棒拉索体系。钢丝、钢绞线拉索可作为不同长度、不同索力、不同工作环境条件下的拉索体系；钢绞线拉索尤其适用于小型设备、高空作业，安装操作方便；钢棒拉索可用于室内或室外拉索体系。

### 2. 预应力拉索的构造

预应力拉索由索体、两端锚固头、减震装置和传力节点组成。

### 3. 拉索的制作

拉索制作方式分为工厂预制和现场制作两种，钢丝拉索应采用工厂预制，其制作要求应符合相关产品标准，钢绞线拉索和钢棒拉索可以预制，也可在现场组装制作，其拉索材料和锚具应符合相应标准。现场组装制作时，应采取相应措施，保证拉索内各股平行安装。拉索进场前应作验收检验，检验指标按相应钢索和锚具标准执行，对用于承受疲劳荷载的拉索，还应提供抗疲劳性能检测结果。

### 4. 拉索索力的调整和锚固

拉索安装完毕后应结合结构施工过程分析，采用测力装置和测量位移装置对索力进行索力检测、索力调整和位移标高调整。索力、位移调整后，应对拉索采取相应的防松装置和措施，对拉索进行锚固。

### 5. 拉索的防护

用于室外的拉索体系应采取合理的防腐措施和抗老化措施，用于室内的拉索体系应采取可靠的防火措施和合理的防腐措施。

## 三、预应力钢结构的设计

预应力钢结构设计中应考虑以下关键性问题：

（1）在预应力钢结构的计算中，对于布置有悬索或者折线型索时必须考虑悬索的几何非线性影响，对于斜拉索，则当索较长时应考虑由于自重影响而引起斜拉索刚度的折减。

（2）对于预应力网架等以配置悬索组合的预应力钢结构的计算时，应注意索与其他结构的位移协调问题，即索在预应力张拉时或荷载作用下，其索力是沿索长连续的，在这种情况下应对索建立独立的位移参数，并在竖向与其他结构协调。

（3）进行预应力结构设计时必须认真考虑结构预应力索的各项要求，在预应力状态下应达到积极平衡结构自重、调整结构位移、实现结构主动控制的目的。

（4）由于预应力钢结构跨度大，因此必须考虑地震作用影响，其地震作用分别为竖向作用（对跨中受力杆件影响大）与水平作用（对下部结构与支座杆件有影响），进行抗震分析可采用振型分解法和时程分析法。

（5）由于大跨屋盖自重较轻，特别当用于体育场挑篷结构时，其风载作用影响较大，需认真考虑其屋盖的体型系数与风振系数。

（6）温度影响也应在设计中详细考虑。对于温度影响，当结构条件许可时，允许屋盖结构可实现一定程度的温度变形，这要求支座处理或下部结构允许一定的变形。当屋盖结构与下部结构均需整体考虑时，应验算温度应力。

（7）预应力索的设计强度一般取索标准强度的 0.4 倍，即 $f=0.4f_{ptk}$，而索的最小控制应力不宜小于$0.2f_{ptk}$。索是预应力钢结构中最关键的因素，必须要有比普通钢结构更大的安全储备，另外最小控制应力要求是可确保索的线型与端部锚具的有效作用。

（8）预应力索锚固节点，特别是对于大吨位预应力斜拉索或悬索锚固节点应进行周密的空间三维有限元分析，同时要仔细考虑锚头的布置空间与施工张拉的要求。

**四、预应力钢结构的施工**

预应力钢结构的施工必须注意以下几点：

（1）要有施工张拉的模拟计算，对结构各阶段预应力施工中的各种工况进行复核，并模拟施工张拉全过程，对于复杂的空间结构要计算各预应力索在施工张拉时的相互影响。

（2）要对结构在预应力施工中进行位移与内力的控制，对于空间预应力结构应注意预应力张拉时的对称性，特别是对于带塔柱的斜拉索，要空间对称张拉，以确保塔柱的整体稳定。

（3）预应力机具施工前应保证计算标定的有效期，确保预应力施加的准确。

（4）对于大跨度、要求高的预应力钢结构必须对预应力索力进行有效监测，对于重大工程可考虑用荷载传感器，监测工作也可用动测法推定索力。

# 第六节　膜结构建筑技术

膜结构是一种非传统的全新结构形式，是用高强度柔性薄膜材料与支撑体系结合形成具有一定刚度的稳定曲面，能承受一定外荷载的空间形式。现代膜结构发展为使用钢材、铝合金、木材等作为结构件，用精细化工织物膜或氟化物薄膜作为覆盖帷幕。膜结构广泛应用于体育场、大型商场、剧院、大型航空港、轻工厂房等建筑中，典型的有上海八万人体育场、浙江嘉兴华庭商业街商场、昆明园艺博览广场、上海黄浦江渡船客运码头等。目前我国已建成的国家游泳中心（"水立方"）（图7-18）是世界上最大的膜结构工程。

图7-18　国家游泳中心（"水立方"）

**一、膜结构的特点和分类**

1. 特点

（1）膜结构最大限度地发挥了膜材料的承载能力，创造出无柱的灵活大空间，造型多样、美观。

（2）膜材对光反射高、吸收低，且热传导性较低，有效地阻止了太阳能进入室内。

（3）膜材的半透明性利用自然漫反射，进行自然采光，节约能源。

（4）膜结构中的膜材、钢构支撑系统均可在工厂内制作，便于工业化，缩短工期，具有良好的经济性。

2. 分类

按照膜在结构中所起的作用和膜的结构形式，膜结构体系一般分为以下几种：

（1）张拉膜。由稳定的空间双曲张拉膜面、支撑桅杆体系、支撑索与边缘索等构成。

（2）骨架式膜。钢或其他材料构成的刚性骨架，具有自稳定性、完整性，膜张拉并置于骨架上构成骨架式膜结构。

（3）充气膜。包括气承式膜结构和气囊式膜结构。

（4）索桁架膜结构。索桁架膜结构是以张拉索和膜材作为结构体系，承受外部作用力的轻质索支撑张拉膜结构。

（5）张拉整体与索穹顶膜结构。由连续拉力杆件和局部压力杆，在一定的空间内按照特定几何拓扑关系构成具有自稳定性的闭合结构体系称为张拉整体。基于张拉整体概念，可以构造球面、圆柱面、平板、伸展臂桁架空间结构体系。

**二、膜材及其特性**

用于膜结构建筑的膜材是一种强度高、柔韧性好的薄膜材料，由纤维编织成织物基层，在基层两面外涂树脂涂层加工而成。基层是受力构件，起到承受和传递荷载的作用，树脂涂层起到密实、保护基层以及防火、防潮、透光、隔热等作用。

根据建筑结构使用强度的一般要求，建筑膜材的织物基层一般选用聚酯纤维或玻璃纤维，而作为涂层常用的树脂有聚氯乙烯树脂、硅酮及聚四氟乙烯树脂。

在力学上织物基层及涂层分别具有影响下列功能的性质：

织物基层：抗拉强度、抗撕裂强度、耐热性、耐久性、防火性。

涂层：耐候性、防污性、加工性、耐水性、透光性。

**三、施工要点**

1. 膜结构支架制作安装

膜结构支架制作质量与钢结构类似，其最大的要求是所有钢构件的表面必须打磨光滑，不得有尖角毛刺，以防划伤膜面。膜结构支架安装时应注意几何尺寸和焊缝表面质量。为防止膜面安装后起皱，并保证设计所需的张力，要求膜结构的安装尺寸误差尽可能小，特别要控制支架的平行度、对角线等相关尺寸的误差。安装焊缝必须打磨平整，以防划破膜面。

2. 膜面安装

膜结构的骨架安装完后，经核实尺寸要求无误，方可在技术人员的指导下进行膜的吊装。膜面的安装必须按顺序要求的方位：上、下（膜经向），左、右（膜纬向），进行张拉到位，张拉后的膜面不可有褶皱、破损、积水等情况。

# 第七节　钢结构住宅技术

目前，我国城乡居民的住房需求已从追求生存空间的数量型转向数量、质量并重时期，推进住宅产业现代化，提高住宅质量，是实现住宅生产方式由粗放型向集约型转变的重大举措。钢结构住宅因其固有的优点，符合我国的产业政策要求，将成为我国推进住宅产业现代化的主要建筑体系。《国家建筑钢结构产业"十五"计划和2015年发展规划纲要》明确提出，我国"十五"期间计划达到每年建筑钢结构用钢量将占全国钢材总产量的3％；到2015年将达到钢材总产量的6％。为促进我国钢结构住宅产业化发展，2002年建设部发布了《钢结构住宅产业化技术导则》。目前全国各地相继建成了一批钢结构住宅试点工程，我国钢结构住宅呈现出蓬勃发展的趋势。

**一、概述**

钢结构住宅是用钢构件为承重体系，采用轻质节能墙体材料作围护结构，配以功能需要的水电暖厨卫设备的新型居住建筑。开发钢结构住宅技术，有利于实现住宅建设产业化和开发住宅建设新资源，有利于带动建筑业整体技术进步和建筑产品科技含量的提升。

钢结构住宅的优点：

（1）结构自重轻，基础工程造价低。

（2）抗震性能好。

（3）可增加使用面积。

（4）施工周期短。

（5）符合住宅产业化和可持续发展的要求。

**二、钢结构住宅的建筑节能**

钢结构住宅建筑设计要达到节能65％的要求，设计上应遵循以下原则：

（1）平面布置有利于自然通风，条式建筑比点式建筑好。

（2）建筑物朝向宜采用南北和接近南北向。

（3）建筑物体型系数（即建筑物室外大气接触的外表面与其包围的体积之比）：条式建筑不超过0.35，点式建筑不超过0.40，即要求住宅设计时尽量减少凹凸部分。

（4）窗面积不宜过大，不同朝向采用不同窗墙比。

（5）多层住宅外窗宜采用平开，可设置活动外遮阳。

（6）多层住宅的外窗及阳台门的气密性不低于Ⅲ级，高层不低于Ⅱ级，见表7-1。

**表 7-1**                 空气渗透性能的分级

| 空气渗透性能等级 | Ⅰ | Ⅱ | Ⅲ | Ⅳ | Ⅴ |
|---|---|---|---|---|---|
| 空气渗透量下限值[$m^3/(m \cdot h \cdot 10Pa)$] | 0.5 | 1.5 | 2.5 | 4.0 | 5.5 |

（7）维护结构各部分的传热系数 $K[(W/m^2 \cdot K)]$ 和热惰性指数 $D$ 应符合地区节能指标，见表7-2。

（8）钢结构的热桥要阻隔，主要措施为建筑周边梁柱要包敷，不要外露，要做隔热设计。

**三、围护结构**

钢结构住宅的墙体应该是轻质材料组成的非承重的围护结构，不仅要有一定的强度和耐久性，而且还要有保温、隔热、隔声、防潮等功能。主要结构如下：

（1）轻质砌块填充墙体。一般为钢框架结构所采用，技术可行，经济效果显著。

**表 7-2** 地区节能指标

| 地区 / 部位 | 严寒及寒冷地区 | 夏热冬冷地区 | 夏热冬暖地区 |
|---|---|---|---|
| 外墙 | | $K\leqslant1.5,\ D\geqslant3.2$ | $K\leqslant2.2,\ D\geqslant3.2$ |
| 屋顶 | $K\leqslant D$ | $K\leqslant1.1,\ D\geqslant3.2$ | $K\leqslant1.5,\ D\geqslant3.2$ |
| 门窗 | | $K\leqslant4.5$ | $K\leqslant4.5$ |

（2）复合型外墙板。安全可靠，保温隔热，经久耐用，技术成熟。

**四、钢结构住宅结构体系**

1. 低层轻型钢结构体系

冷弯薄壁型钢结构装配式住宅体系是一种轻型钢结构体系，主要由墙体、楼盖、屋盖及维护结构组成，一般适用于三层以下的独立或联排住宅。

冷弯薄壁型钢结构装配式住宅的基本构件有 U 形（普通槽形）、C 形（卷边槽形），U 形截面用作顶梁、底梁或边梁，C 形截面用作梁柱构件。构件连接的紧固件包括螺钉、普通钉子、射钉、拉铆钉、螺栓和扣件等。

楼盖由密梁和楼面板组成，墙体结构由密柱和墙板组成，墙板为墙体提供侧向支撑作用，必要时应设置 X 形剪力支撑系统。屋盖也采用密梁体系，上铺屋面板，屋架由屋面斜梁和屋面横梁组成。为了保持屋架在安装和使用时的稳定性和整体性，屋架横梁和屋架斜梁均设置水平支撑，在屋架横梁和斜梁之间还设置斜支撑。

2. 钢框架体系

钢框架体系类似于混凝土框架体系，不同的是将混凝土梁柱改为钢梁、钢柱。钢柱截面多为 H 形，一般比混凝土柱的截面要小，因此其抗侧移刚度较小。在高烈度区，由于地震作用的增加，往往因抗侧移刚度不足而需要加大构件截面尺寸，非常不经济，因此这种纯钢框架体系一般只适宜用做多层建筑（4～6 层）。

钢框架结构体系的节点必须是刚接的，若确实需要，内部的个别节点可以做成铰接，但必须有足够的刚性节点保持结构稳定。水平力会使柱产生弯矩，因此，框架柱的基础一定要做得牢固，且要具有整体性，如果是独立基础，应设置地梁将各独立基础联系在一起，有利于抗倾覆和调节不均匀沉降。

3. 钢框架支撑体系

在钢框架结构中设置斜向支撑，能大大提高框架的抗侧位移，这种结构体系为钢框架支撑体系。支撑构件的两端均位于梁柱相交处，或一端位于梁柱相交处，另一端在另一支撑与梁相交处同梁相连，则构成了钢框架—中心支撑体系。如果将支撑斜杆一端与梁偏移一段距离连接，则构成了钢框架—偏心支撑体系。支撑应布置在永久性墙面内，如楼（电）梯间墙、分户墙内，从而避免因墙内要布置支撑而影响平面布置的灵活性。支撑应对称布置以抵抗反复荷载作用支撑，且选用双轴对称截面杆件，每一道支撑应从底层到顶层连续布置。

4. 钢框架—剪力墙体系

该体系可分为框架—混凝土剪力墙体系、框架—带缝混凝土剪力墙体系、框架—钢板剪力墙体系以及框架—带缝钢板剪力墙体系。框架—混凝土剪力墙体系是在楼（电）梯间或卫生间等部位采用现浇混凝土剪力墙,作为结构的主要抗侧力构件,框架部分主要承担竖向荷载。框架—带缝混凝土剪力墙体系是在普通剪力墙上浇筑一些不连续的竖缝,中间以剪连接来连接,由于剪连接具有很大的剪切刚度,从而保证了结构的刚性。

5. 交错桁架体系

交错桁架结构体系就是由高度为层高、跨度为建筑全宽的桁架,两端支撑在建筑外围纵列钢柱上,所组成的框架承重结构不设中间柱,在建筑横向的每列柱轴线上,隔一层设置一个桁架,而在相邻柱轴线则交错布置的结构体系。在相邻桁架间,楼板一端支承在桁架上弦杆,另一端支承在相邻桁架的下弦杆。该体系利用柱、平面桁架和楼面板组成空间抗侧力体系,具有空间布置灵活、结构自重轻、楼板跨度小等优点。

6. 钢框架—核心筒体系

钢框架与钢筋混凝土核心筒体系是由外侧钢框架和内部四周密封的现浇钢筋混凝土内筒组合而成,钢框架与内筒之间用钢梁一端与钢框架刚接,另一端与内筒铰接,内筒布置在楼(电)梯间或卫生间。宜在混凝土筒体内预埋尺寸较小的构造用钢柱、钢梁,将钢框架与混凝土筒体内暗埋的钢柱直接相连,既可以方便施工,也可提高混凝土筒体结构的抗震延性。

钢框架—核心筒的主要优点如下:

(1) 侧向刚度大于钢框架结构。

(2) 结构造价介于纯钢结构和钢筋混凝土结构之间,比较经济。

# 第八节 高强度钢材的应用技术

对承受较大动荷载、使用环境温度-40℃以下的大型铁路焊接桥梁用钢、低温地区焊接钢结构、其他承受动荷载的焊接钢结构,选材需要考虑可焊性好、冲击韧性高、强度较高、厚板焊接效应不明显的优质钢材,即高强度钢材。国内开发研制的14MnNbq 和15MnVNq-C桥梁钢可达到上述要求,其与国标《桥梁用结构钢》(GB/T 714—2008)对应牌号为Q370q-E 和Q420q-E。目前高强度钢材已应用于九江长江公路铁路大桥、芜湖公路铁路大桥、秦沈铁路客运专线结合梁钢梁、榆怀线长寿长江大桥、青藏铁路结合梁钢梁、长东铁路黄河桥等大型工程中,经济效益明显。

**一、概述**

一般地,凡是合金元素总量在5%以下,屈服强度在275MPa以上,具有良好的可焊性、成型性、耐蚀性、耐磨性,通常以板、带、型、管等钢材形式供用户直接使用,而不经过重新热加工、热处理及切削加工的结构钢种,可称之为低合金高强度钢。

建筑结构用低合金高强度钢是以低碳锰系为基础,通过添加铌、钒、钛、锆等微合金化学元素,结合先进的生产技术工艺,使其在较低的碳当量下具有较高的强度和韧性,以满足船舶、汽车、桥梁、锅炉、工程机械以及多数现代化焊接结构构件的焊接要求。

**二、主要技术内容**

1. 高强度钢材的屈强比(屈服强度/抗拉强度)

对于承受动荷载的桥梁结构,为避免突发失效,要求材料具有使结构破坏前发生较大变形的能力,因而材料的屈强比是重要控制指标之一。在建筑构件领域,新的抗震设计法以大地震时梁的一部分发生塑性变形为设计前提，因此塑性变形区域容易扩大的低的屈强比成为重要的要求特性。不同功能的结构对屈强比有不同的要求。根据铁路钢梁的应用经验，钢材安全屈强比为 0.6～0.7。目前低合金高强度钢的屈强比多为 0.75 以上，暂时达不到这个要求，这将是高强度钢材进一步开发应用于桥梁的研究方向。

2. 高强度钢材的焊接工艺

（1）焊材的选配。焊材选配应强度匹配，强节点弱杆件，兼顾焊缝塑性，并且满足冲击韧度要求。焊接材料熔敷金属的强度、塑性、冲击韧度高于母材标准规定的最低值，焊接接头各项性能全面要求达到母材标准规定的最低值。

（2）焊接的质量控制。对于高强度钢材的焊接，应根据钢材本身的强化机理和供货状态，综合考虑其性能要求，制定合理的焊接工艺。应控制热输入与冷却速度，控制焊缝中碳、硫、磷、氮、氢、氧的含量，还应进行应力与变形控制。

（3）焊接性的评价。高强度钢材焊接性的评价方法有：碳当量计算评定法、热影响区最高硬度试验评定法和插销试验临界断裂应力评定法。

3. 高强度钢材的正火处理

在造船和铁路桥梁领域，即使发生脆性破坏，为使船舶的损坏降到最低，使桥不致造成突然塌断，要求母材具有脆性裂纹传播停止性能。正火热处理或采用表面超细粒钢板是提高脆性裂纹传播停止性能的有效措施。正火可以使钢板的组织均匀、晶粒细化，并可消除部分轧制应力，在不降低强度或少许降低强度的前提下提高钢板的塑韧性。对于含 Nb、V、Ti 等元素的钢种，通过正火可以使微合金碳、氮化合物进一步析出，以增加沉淀强化的效果。正火钢的弱点，就是焊接线能量不能大，否则在焊接过程中将破坏正火效果，影响焊接韧性。

# 第九节　钢结构的防火防腐技术

## 一、钢结构的防火

钢材耐火性能差，它的机械性能，如屈服点、抗拉强度及弹性模量，随温度升高而降低，因而出现强度下降、变形加大等问题。试验研究表明，低碳钢在 200℃ 以下时拉伸性能变化不大，但在 200℃ 以上时弹性模量开始明显减小，500℃ 时弹性模量 $E$ 值为常温的 50%，近 700℃ 时 $E$ 值则近为常温的 20%。屈服强度的变化大体与弹性模量的变化相似，超过 300℃ 以后，应力—应变关系曲线就没有明显的屈服台阶，在 400～500℃ 时钢材内部再结晶，使强度下降明显加快，到 700℃ 时屈服强度已所剩无几。所以钢材在 500℃ 时尚有一定的承载力，而到 700℃ 时则基本失去承载力，故 700℃ 被认为是低碳钢失去强度的临界温度。

1. 钢结构防火保护技术原理

应用防火涂料涂覆在钢基材表面对钢结构构件进行防火隔热保护，其防火原理为：一是涂层对钢基材起屏蔽作用，隔离了火焰，使钢构件不至于直接暴露在火焰或高温之中；二是涂层吸热后，部分物质分解出水蒸气或其他不燃气体，起到消耗热量、降低火焰温度和燃烧速度、稀释氧气的作用；三是涂层本身多孔轻质或受热膨胀后形成炭化泡沫层，阻止了热量迅速向钢基材传递，推迟了钢基材受热后温度升到极限温度的时间。

2. 钢构件的耐火极限

构件耐火极限是指构件在耐火试验中，从受到火的作用时起，到失去稳定性或完整性或绝热性止，这段抵抗火作用的时间。根据《建筑设计防火规范》（GBJ 16—2014）、《高层民用建筑设计防火规范》（GB 50045—2005），《石油化工企业设计防火规范》（GB 50160—2008）等国家规范对各类建筑构件的燃烧性能耐火极限的要求，钢构件的耐火极限不应低于表 7-3 的规定。

**表 7-3**                         **钢构件的耐火极限**                         单位：h

| 项 目 耐火等级 | 高层民用建筑 | | | 一般工业与民用建筑 | | | | |
|---|---|---|---|---|---|---|---|---|
| | 柱 | 梁 | 楼板等承重构件 | 支撑多层的柱 | 支撑平台的柱 | 梁 | 楼板 | 屋顶承重构件 |
| 一级 | 3.00 | 2.00 | 1.50 | 3.00 | 2.50 | 2.00 | 1.50 | 1.50 |
| 二级 | 2.50 | 1.50 | 1.00 | 2.50 | 2.00 | 1.50 | 1.00 | 0.50 |
| 三级 | | | | 2.50 | 2.00 | 1.00 | 0.50 | |

3. 防火保护材料

（1）防火涂料。膨胀型防火涂料又称为薄涂型涂料，涂层厚度一般为 2~7mm，有一定的装饰效果，所含树脂和防火剂只在受热时有防火效果。当温度升至 150~350℃时，涂层能迅速膨胀 5~10 倍，从而形成适当的保护层。非膨胀型涂料为厚涂型防火涂料，它由耐高温硅酸盐材料、高效防火添加剂组成，是一种预发泡高效能的防火涂料。涂层厚一般为 8~50 mm，通过改变涂层厚可以满足不同耐火极限要求。

（2）由耐火板构成的外包层防火。常用的有石膏板、水泥蛭石板、硅酸钙板和岩棉板，使用时通过胶黏剂或紧固件将其固定在钢构件上，使用的胶黏剂应在预计耐火时间内受热而不失去黏结作用。

（3）外包混凝土保护层。可以现浇成型也可以用喷涂法。在外包层内埋设钢丝网或用小截面钢筋加强以限制收缩裂缝和遇火爆裂。

4. 防火措施与构造

（1）钢柱。一般采用厚涂型钢结构防火涂料，其涂层厚度应满足构件的耐火极限要求。施工喷涂时，节点部位宜作加厚处理。对喷涂的技术要求和验收标准均应符合国家标准《钢结构防火涂料应用技术规程》（CECS24：1990）的规定。

防火板材包裹保护：当采用石膏板、蛭石板、硅酸钙板、岩棉板等硬质防火板材保护时，板材可用胶黏剂或紧固铁件固定，胶黏剂应在预计耐火时间内受热而不失去黏结作用。若柱子为开口截面（如工字形截面），则在板的接缝部位，在柱翼缘之间嵌入一块厚度较大的防火材料作横隔板。当包覆层数等于或大于两层时，各层板应分别固定，板的水平缝至少应错开 500mm。

外包混凝土保护层：可采用 C20 混凝土或加气混凝土，混凝土内宜用细箍筋或钢筋网进行加固，以固定混凝土，防止遇火剥落。

钢丝网抹灰保护层：其作法是在柱子四周包以钢丝网，缠上细钢丝，外面抹灰，边角另加保护钢筋。

充水冷却保护：该方法是在空心封闭截面中（主要为柱）充满水，火灾时构件把从火场中吸收的热量传给水，依靠水的蒸发或通过循环把热量导走，从而使构件温度维持在 100℃ 左右。但是由于该做法对结构设计有专门要求，因此目前的实际应用很少。

耐火材料包裹构件保护：将钢结构设置在耐火材料组成的墙体或顶棚内，或将构件包藏在两片墙之间的空隙里。该做法在火灾发生时可以使钢结构的升温速度延缓，大大提高钢结构的耐火能力，而且还能增加室内的美观。

另外，还可将钢柱包以矿棉毡（或岩棉毡），并用金属板或其他不燃性板材包裹起来。

（2）钢梁。钢梁的防火保护措施可参照钢柱的做法。当采用喷涂防火涂料时，遇下列情况应在涂层内设置与钢构件相连的钢丝网：受冲击振动荷载的梁；涂层厚度等于或大于 40mm 的梁；腹板高度超过 1.5m 的梁；黏结强度小于 0.05MPa 的钢结构防火涂料。

（3）楼盖。其防火措施可参见《高层民用建筑设计防火规范》（GB 50045—2005）附录 A 的有关规定。

（4）屋盖与中庭。采用钢结构承重时，其吊顶、望板、保温材料等均应采用不燃烧材料，以减少发生火灾时对屋顶钢构件的威胁。屋顶钢构件应采用喷涂防火涂料、外包不燃烧板材或设置自动喷水灭火系统等保护措施，使其达到规定的耐火极限要求。

5. 防火涂装施工

钢结构防火涂料喷涂前，钢结构表面应除锈，并根据使用要求确定防锈处理。对大多数钢结构而言，需要涂防锈底漆。防锈底漆与防火涂料不应发生化学反应。喷涂前，钢结构表面的灰土、油污、杂物等应清除干净。

（1）薄涂型钢结构防火涂料施工。喷涂底层涂料，宜采用重力（或喷斗）式喷枪，配能够自动调压的 $0.6 \sim 0.9 \text{m}^3/\text{min}$ 的空压机。喷嘴直径为 $4 \sim 6\text{mm}$，空气压力为 $0.4 \sim 0.6\text{MPa}$。面层装饰涂料，可以刷涂、喷涂或滚涂，一般采用喷涂施工。喷底层涂料的喷枪，将喷嘴直径换为 $1 \sim 2\text{mm}$，空气压力调为 $0.4\text{MPa}$ 左右，即可用于喷面层装饰涂料。局部修补或小面积施工，或机器设备已经安装好的厂房，不具备喷涂条件时，可采用抹灰刀等工具进行手工抹涂。

（2）厚涂型钢结构防火涂料施工。一般采用喷涂施工，机具可为压送式喷涂机或挤压机，配能自动调压的 $0.6 \sim 0.9 \text{m}^3/\text{min}$ 的空压机，喷枪口径为 $6 \sim 12\text{mm}$，空气压力为 $0.4 \sim 0.6\text{MPa}$。局部修补可采用抹灰刀等工具手工抹涂。

**二、钢结构的防腐**

1. 钢结构腐蚀的特点

在大气环境中，钢结构构件只要与水分和氧气同时直接接触，就会在表面形成许多微小的阴极区和阳极区，使钢材的表面产生电化学腐蚀。钢材表面的电化学腐蚀物产物中，最初生成的是二氧化铁，二氧化铁在空气中进一步氧化，最终生成三氧化铁。由于二氧化铁与三氧化铁均为疏松多孔的物质，在钢材表面不能形成完整的保护层，无法阻止水分和氧气的侵入，所以，钢材的锈蚀是连续不断的。另一方面，由于钢材在锈蚀过程中形成的许多锈坑，进一步增加了钢材与水分及氧气的接触表面积，加剧了锈蚀的速度，所以，钢材的锈蚀具有扩散性。

空气湿度、空气中存在的硫化物、灰尘、煤尘及盐分的污染物等，均对钢结构的腐蚀速度有影响。其中，空气相对湿度是影响钢结构腐蚀速度的主要因素，而且，当钢材表面出现腐蚀产物后，即使相对湿度较低，腐蚀过程也会加剧；气体及灰尘等污物对钢材腐蚀速度的影响，主要是通过提高钢材表面水膜的导电性及增强钢材表面和腐蚀产物的吸湿性；大气环境中的氯化物气体、硫化物气体以及灰尘均会加剧钢结构的腐蚀。因此，在腐蚀设计时应充分考虑环境影响。

2. 钢结构的防腐措施

钢结构的防腐方法有以下几种：

（1）改善钢材材性的防腐蚀方法。它是指在钢材中加入合金元素，以达到阻缓钢材腐蚀的目的。在设计钢结构构件时选用耐候钢等抗腐蚀能力强的钢材就属于这种方法。

（2）电化学防腐蚀保护方法。主要是指阴极保护法。从 20 世纪 50 年代起，随着阴极保护技术日趋完善，它已成为地下钢铁设施保护的最重要最经济的措施。

（3）在钢结构表面涂刷防腐涂层。这是目前钢结构防腐的主要措施之一，也是最经济和最简便的防腐方法。根据涂层组成材料的不同，其防护作用可以是阻隔性、电化学性及阻隔—电化学复合性，通过涂刷或喷涂油漆的办法，在钢材表面形成保护膜，在涂料中加入锌粉、铝粉，或在钢构件上喷镀锌、铝，能起到对钢材电化学保护的作用，使促进腐蚀的各种外界条件如水分、氧气等尽可能与钢材表面隔离开来，从而阻止钢材锈蚀的产生。

3. 涂料防腐的要点

（1）钢材表面处理。钢材在轧制过程中表面会产生一层氧化皮；在储存过程中由于大气的腐蚀而生锈；在加工过程中在其表面往往产生焊渣、毛刺、油污等污物，这些氧化皮、铁锈和污染物会影响到涂层的附着力和使用寿命。钢材的表面处理，是涂装工程的重要一环，直接影响整个涂装的质量。

（2）钢结构的除锈方法。有手工和动力工具除锈、喷射或抛射除锈、火焰除锈以及酸洗除锈等。

（3）防腐涂料涂层结构形式。有底漆—中漆—面漆，底漆—面漆两种形式。底漆主要起附着和防锈作用；中漆能增加漆膜总厚度，面漆保护底漆，并起防腐蚀耐老化作用。在选用涂料时，不仅要求底漆与钢材表面的附着力好，面漆与底漆的黏结力强，还要求漆层间作用配套、性能配套、硬度配套，各漆层之间不能发生互溶或咬底现象。一个完整的涂层结构一般由多层防锈底漆和面漆组成。设计上应对涂料、涂装遍数、涂层厚度作出规定。

4. 涂装方案

合理的涂装方案可以满足不同环境条件和使用年限要求，所以必须重视防腐涂装设计。

对腐蚀严重的环境，如游泳池、港口工业区和中等盐分的沿海地区（室内或室外），使用年限要求较长，可选用表 7-4 所列方案。

表 7-4　　　　　　　　　　　涂 装 方 案 一

| 方案 1 | | 方案 2 | | 方案 3 | |
|---|---|---|---|---|---|
| 涂料名称 | 膜厚（μm） | 涂料名称 | 膜厚（μm） | 涂料名称 | 膜厚（μm） |
| 环氧富锌底漆 | 60 | 环氧富锌底漆 | 80 | 涂膜镀锌 | 40 |
| 高固体含量厚浆型环氧漆 | 130 | 环氧云铁中间漆 | 100 | 环氧云铁中间漆 | 100 |
| 丙烯酸改性聚硅氧烷面漆 | 50 | 氟碳面漆 | 70 | 丙烯酸聚氨酯面漆 | 60 |

对腐蚀中等的环境，如城市和受工业大气污染的厂区，或低盐分的沿海地区（室内），维护修理周期较短，可选用表 7-5 所列方案。

**表 7-5** 涂 装 方 案 二

| 方案 1 | | 方案 2 | | 方案 3 | |
|---|---|---|---|---|---|
| 涂料名称 | 膜厚（μm） | 涂料名称 | 膜厚（μm） | 涂料名称 | 膜厚（μm） |
| 红丹醇酸防锈底漆 | 70 | 红丹醇酸防锈底漆 | 70 | 环氧富锌底漆 | 60 |
| 醇酸磁漆面漆 | 60 | 丙烯酸聚氨酯面漆 | 60 | 氯磺化聚乙烯面漆 | 70 |

5. 涂装施工

（1）环境温度。在室内无阳光直射情况下，涂装时温度以 5～38℃ 为宜，若在阳光直射下，钢材表面温度能比气温高 8～12℃，涂装时漆膜的耐热性只能在 40℃ 以下，当超过 43℃ 时，钢材表面上涂装的漆膜就容易产生气泡而局部鼓起，使附着力降低，低于 0℃ 时，在室外钢材表面涂装容易使漆膜冻结而不易固化。

（2）环境湿度。相对湿度超过 85％ 时，钢材表面有露点凝结，漆膜附着力差。

（3）防护措施。在以下环境中施工需备有可靠的防护措施：有雨、雾、雪和较大灰尘的环境下；涂层可能受到油污、腐蚀介质、盐分等腐蚀的环境下；没有安全措施和防火、防爆工具条件下。

（4）防腐涂料的准备。涂料及辅助材料进厂后，应检查有无产品合格证和质量检验报告单，如没有，则不应验收入库。施工前应对涂料型号、名称和颜色进行校对，是否符合设计规定要求。同时检查制造日期，如超过贮存期，重新取样检验，质量合格后才能使用，否则禁止使用。

（5）涂装时间间隔的确定。间隔时间控制适当，可增强涂层间的附着力和涂层的综合防护性能，否则可能造成"咬底"或大面积脱落和返锈现象，可根据涂料产品说明书设定时间间隔。

（6）禁止涂漆的部位。钢结构工程有一些部位是禁止涂装的，如地脚螺栓和底板、高强度螺栓接合面、与混凝土紧贴或埋入的部位等。

（7）二次涂装的表面处理和补漆。二次涂装是指构件在加工工厂制作，并按设计作业分工涂装完后，运至现场进行的涂装，或者涂装间隔时间超过最后间隔时间，再进行的涂装。对二次涂装的表面，应进行处理后才可进行现场涂装。进行二次涂装前，要对损坏的部位进行补漆。

（8）修补涂装。涂装结束后，经自检或专检涂层有缺陷时，应找出原因，并及时修补，其方法与要求应与完好涂层部分一样。整个工程安装完成后，应对以下部位进行补漆：接合部的外露部分和紧固件等；安装时焊接及烧损的部位；组装符号和漏涂的部位；运输和组装时损坏的部位。

## 复习思考题

7-1 简述钢结构 CAD 软件和 CAM 辅助制造技术的组成。

7-2 钢结构安装仿真技术有哪些特点？

7-3 简述大跨度空间结构与大型钢构件的滑移技术的施工条件。

7-4 采用整体顶升法施工应具备哪些条件？

7-5　钢与混凝土组合结构由哪些结构体系?

7-6　简述组合梁的优点。

7-7　简述新型外包钢—混凝土组合梁及其特点。

7-8　简述波形钢腹板预应力混凝土组合箱梁的特点。

7-9　简述钢管混凝土浇灌方法及其优点。

7-10　预应力钢结构分为哪几类?

7-11　试结合自己经验谈谈预应力钢结构设计中应注意的技术问题。

7-12　钢结构住宅体系有哪几类?

7-13　钢结构住宅的防腐要点有哪些?

7-14　请谈谈你对钢结构住宅建筑节能的认识。

# 第八章　建筑防水新技术

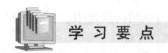 学习要点

　　本章详细介绍了建筑防水新技术中新型防水材料、新型防水设计、新型防水施工技术等有关内容。通过对本章的学习，应了解建筑防水新技术的概念和建筑防水应遵循的原则，熟悉建筑防水材料的主要品种和性能特点，重点掌握建筑防水应用技术的基本原理和施工技术措施。

## 第一节　新型防水技术的概念和内容

### 一、国内外发展概况

　　目前，国内外新型建筑防水材料、新型施工技术层出不穷。先进的 SBS（苯乙烯－丁二烯－苯乙烯）、APP 改性沥青防水卷材生产线的引进和开发，使占我国防水材料比重最大的防水卷材质量有了根本保证，也带动了新型防水材料整体水平的提高。建筑防水涂料在品种和类别上也有了很大发展。许多工业发达国家的防水涂料在建筑防水材料中都占有相当大的份额。我国的防水涂料、建筑密封材料自 20 世纪 60 年代开始以石油沥青、煤焦油等为原料的乳化沥青类、焦油沥青类防水涂料、废塑料密封油膏起步，到现在的高性能合成高分子涂料合成系列、高性能的建筑密封材料的大量应用，使聚氨酯系列涂料、丙烯酸系列涂料、聚合物改性沥青涂料等均在技术上有很大提高。建筑物的缝隙处理材料和缝隙处理技术使由盾构法的管片密封到墙面裂缝的处理均可以找到对应的密封材料解决，而聚合物的应用更为刚性防水材料增加了新的内涵。

### 二、建筑防水新技术的概念

　　建筑防水工程新技术是指在建筑防水工程中推行新型防水设计、新型防水材料、新型防水施工技术以及新型管理体系等一整套综合技术。防水工程是一项系统工程，它涉及防水材料、防水工程设计、施工技术和建筑物业管理。建筑防水工程按工程防水部位不同可分为四种：屋面防水工程、地下防水工程、厕浴间防水工程和外墙面及板缝防水密封工程。

### 三、建筑防水的原则和途径

　　（一）根据工程的重要程度和防水等级，执行并达到国家规范的要求

　　屋面、地下防水的等级划分、适用范围及设防要求，见表 8-1、表 8-2、表 8-3 和表 8-4。SBS（APP）改性沥青类防水卷材适用于工业与民用建筑的屋面与地下防水设防的迎水面做防水层。防水设防道数应遵守国家标准《屋面工程技术规范》（GB 50345—2012）和《地下工程技术规范》（GB 50108—2008）的规定。

**表 8-1** 　　　　　　　　　　　　地下工程防水等级和适用范围

| 防水等级 | 标 准 |
|---|---|
| 一级 | 不允许渗水，结构表面无湿渍 |
| 二级 | 不允许渗水，结构表面可有少量湿渍；<br>工业与民用建筑：总湿渍面积不应大于总防水面积（包括顶板、墙面、地面）的 1‰；任意 100m² 防水面积上的湿渍不超过 2 处，单个湿渍的最大面积不大于 0.1m²；<br>其他地下工程：总湿渍面积不应大于总防水面积的 6/1000；任意 100m² 防水面积上的湿渍不超过 3 处，单个湿渍的最大面积≤0.2m²；其中，隧道工程平均渗水量≤0.05L/（m²·d），任意 100m² 防水面积上的渗水量≤0.15L/（m²·d） |
| 三级 | 有少量漏水点，不得有线流和漏泥沙；<br>任意 100m² 防水面积上的漏水点数不超过 7 处，单个漏水点的最大漏水量不大于 2.5L/d，单个湿渍的最大面积不大于 0.3m² |
| 四级 | 有漏水点，不得有线流和漏泥沙；<br>整个工程平均漏水量不大于 2L/d；任意 100m² 防水面积的平均漏水量不大于 4L/（m²·d） |

**表 8-2** 　　　　　　　　　　　　地下工程不同防水等级的适用范围

| 防水等级 | 适 用 范 围 |
|---|---|
| 一级 | 人员长期停留的场所；因有少量湿渍会使物品变质、失效的贮物场所及严重影响设备正常运转和危及工程安全的部位；极重要的战备工程、地铁车站 |
| 二级 | 人员经常活动的场所；在有少量湿渍的情况下不会使物品变质、失效的贮物场所及基本不影响设备正常运转和工程安全运营的部位；重要的战备工程 |
| 三级 | 人员临时活动的场所；一般战备工程 |
| 四级 | 对渗漏水无严格要求的工程 |

**表 8-3** 　　　　　　　　　　　　屋面防水等级和设防要求

| 防水等级 | 建筑类别 | 设防要求 | 防水做法 |
|---|---|---|---|
| Ⅰ级 | 重要建筑和高层建筑 | 两道防水设防 | 卷材防水层和卷材防水层、卷材防水层和涂膜防水层、复合防水层 |
| Ⅱ级 | 一般建筑 | 一道防水设防 | 卷材防水层、涂膜防水层、复合防水层 |

**表 8-4** 　　　　　　　　　　　　屋面防水设防要求

| 防水做法 | | 防水等级 每道防水最小厚度 | Ⅰ级防水 | Ⅱ级防水 |
|---|---|---|---|---|
| 卷材防水 | | 合成高分子防水卷材 | 1.2 | 3.0 |
| | 高聚物改性沥青防水卷材 | 聚酯胎、玻纤胎、聚乙烯胎 | 3.0 | 4.0 |
| | | 自黏聚酯胎 | 2.0 | 3.0 |
| | | 自黏无胎 | 1.5 | 2.0 |
| 涂膜防水 | | 合成高分子防水涂膜 | 1.5 | 2.0 |
| | | 聚合物水泥防水涂膜 | 1.5 | 2.0 |
| | | 高聚物改性沥青防水涂膜 | 2.0 | 3.0 |

| 防水做法 | 防水等级<br>每道防水最小厚度 | Ⅰ级防水 | Ⅱ级防水 |
|---|---|---|---|
| 复合防水 | 合成高分子防水子卷材＋合成高分子防水涂料 | 1.2＋1.5 | 1.0＋1.0 |
| | 自黏聚合物改性沥青防水卷材（无胎）＋合成高分子防水涂膜 | 1.5＋1.5 | 1.2＋1.0 |
| | 高聚物改性沥青防水卷材＋高聚物改性沥青防水涂膜 | 3.0＋2.0 | 3.0＋1.2 |
| | 聚乙烯丙纶卷材＋聚合物水泥防水胶结材料 | (0.7＋1.3)×2 | 0.7＋1.3 |

**（二）选择和应用新型防水材料**

选择好新型建筑防水材料是搞好建筑防水工程质量的基础条件。我国新型建筑防水材料的发展速度很快，目前新型防水材料主要可以分为五大类别：①高聚物改性沥青类防水卷材；②合成高分子防水卷材；③防水涂料；④刚性防水材料；⑤密封材料。各建筑防水新材料可根据其性能特点，适用范围来选择使用。具体见表 8-5。

表 8-5　　　　　　　　　　　防水工程新材料的品种、特点和适用范围

| 类别 | 高聚物改性沥青防水卷材 | 合成高分子防水卷材 | 防水涂料 | 刚性防水材料 | 密封材料 |
|---|---|---|---|---|---|
| 主要品种 | 弹性体改性沥青防水卷材、塑性体改性沥青防水卷材、自粘聚合物改性沥青聚酯胎防水卷材、自粘型橡胶沥青防水卷材 | 合成橡胶类防水卷材：三元乙丙橡胶防水卷材、三元乙丙－丁基橡胶防水卷材<br>塑料（合成树脂）类防水片材：氯化聚乙烯防水卷材、聚氯乙烯防水卷材、氯磺化聚乙烯防水卷材、聚乙烯防水卷材 | 聚合物水泥防水涂料、丙烯酸类防水涂料、聚氨酯系列防水涂料、水泥基渗透结晶型防水涂料 | 防水混凝土、防水砂浆 | 无定形密封材料（建筑密封膏），半定型密封材料（密封带、遇水膨胀胶条等），定型密封材料（止水带、密封圈、密封带、密封件等） |
| 性能特点 | 具有高温不流淌、低温不脆裂、拉伸强度高和延伸率大等优点 | 具有质量小、伸长率大、抗拉强度高、柔性好、耐腐蚀、耐老化性能佳、防水性能优良、可冷加工等特点 | 具有防水性能好，固化后可形成无接缝的防水层，操作方便，良好的透气性和耐候性等特点 | 具有良好的密实性和抗渗透、抗裂性能 | 具有良好的黏结性、抗下垂性、不渗水透气，良好的弹塑性，耐老化性能良好，不受热和紫外线的影响，可以长期保持密封所需要的黏结性和内聚力 |
| 适用范围 | 适用于屋面及地下防水和墙面的防水、防潮 | 主要应用于外露、非外露防水工程和水库、水池、地铁、洞库、垃圾埋场以及种植屋面的耐穿刺层等 | 应用于工业与民用建筑的屋面防水工程、地下混凝土工程的防潮防渗等 | 适用于地下建筑物和水箱、水塔、水池等储水输水构筑物的防水层，也可用于墙面防水防潮层、建筑物裂缝修补等 | 适用于屋面、地下、厕浴间以及外墙板缝密封防水工程，以及土木、水利防水工程 |

## （三）施工是防水成功的关键

在施工中坚持防、排、截、堵相结合的原则，制定切实可行的合理施工方案，是搞好施工的首件大事。防水施工方案是指导施工的重要文件，是根据防水工程设计的要求和现场的实际情况、施工季节、工程进度要求、相关工程的情况等综合环境条件及可能对施工条件、施工进度的影响全盘分析后，所制定出的具体的施工工艺方案和操作计划。各种新型防水材料的施工方法见表 8-6。

表 8-6　　　　　　　　　主要施工方法的适用范围及特点对比

| 施工方法 | 适用材料范围 | 操作方法 | 关键技术及注意事项 |
|---|---|---|---|
| 热熔法 | SBS 改性沥青防水卷材、APP 改性沥青防水卷材、APAO 改性沥青防水卷材、三元乙丙橡胶改性沥青防水卷材、EVA 改性沥青防水卷材、废胶粉改性沥青防水卷材 | 1. 铺贴卷材，喷枪或喷灯喷出的明火烘烤卷材的底面和基层表面，使卷材涂改层表面熔化边烤边滚动卷材使卷材熔贴在基层上，以压辊滚压平整；2. 以喷枪或喷灯烘烤两卷材搭接部位的被粘面，使涂盖层熔化，以压力使搭接部位熔接牢固（搭接逢宽度 80～100mm） | 1. 使涂盖层熔化，但不损害胎体，为此应掌握好火焰喷口与卷材的距离，及喷枪移动速度及卷材的推进速度尽量均衡，取得最好熔粘效果；2. 尽量选用 4mm 厚的卷材，卷材最低厚度不得低于 3mm；3. 不得与溶剂法施工同期进行 |
| 冷粘法 | 三元乙丙橡胶防水卷材、氯化聚乙烯橡胶共混防水卷材、氯丁橡胶防水卷材、氯磺化聚乙烯橡胶防水卷材、丁基再生橡胶防水卷材、增强型氯化聚乙烯卷材、氯化聚乙烯卷材、聚氯乙烯卷材、高聚物改性沥青防水卷材 | 1. 铺贴卷材，根据要求可采用全粘法、条粘法、花粘法等。卷材表面和基层表面分别涂布胶黏剂，晾置到不粘手时，将卷材按顺序铺粘到基层上；2. 搭接部位的处理：将胶黏剂分别涂覆在搭接部位，两卷材被晾至不粘手，将两卷材被粘面贴合并以小压辊压实（搭接逢宽度 80～100mm） | 1. 必须选择与卷材配套的专用胶黏剂，以及自粘型橡胶密封带，以保证卷材搭接缝部位的粘接耐久性；2. 应配以密封材料、基层处理剂、涂料及金属压条、金属钉等齐全的配套材料及配件；3. 满粘法施工应在含水率低于 9% 的条件下进行；4. 施工后的卷材应处于非受力状态 |
| 热焊接法 | 聚乙烯卷材、聚氯乙烯卷材、等热塑形防水卷材、EVA 卷材 | 以热风焊枪或自动行进式热风焊机鼓出的高温（400～600℃）热风使卷材搭接部位熔融，经压力压合为一体 | 1. 控制热风温度、行进速；2. 焊缝强度可用真空或充气装置检测；3. 焊缝宽度 40～60mm |
| 机械固定法 | 聚氯乙烯卷材、聚乙烯卷材、EVA 卷材以及其他热熔法、冷粘法施工卷材的机械固定处理 | 空铺法施工时以金属压条及机械紧固件如固定铆钉，固定钢钉等将卷材固定，为保持防水层的使用效果一般将铆钉置于卷材下使用铆钉套、卡件方式固定牢固、机械固定法一般与热焊接法或冷粘法结合施工 | 应注意铆钉的排列位置及个数的合理性 |

续表

| 施工方法 | 适用材料范围 | 操作方法 | 关键技术及注意事项 |
|---|---|---|---|
| 冷涂法 | 聚氨酯涂料、丙烯酸酯类涂料、硅橡胶涂料、水泥基聚合物<br>涂料、改性沥青涂料等 | 使用手刷、滚刷刮板等工具将涂料涂刮刷在基层表面上 | 1. 必须保证涂料成膜后的厚度达到预定要求;<br>2. 为保证涂层厚度的均匀性应分 3～6 道涂布;<br>3. 需要补强的部位应加纤维增强层并增加涂层厚度;<br>4. 双组分涂料应注意配制比例要准确;<br>5. 水乳型涂料 5℃以下不得施工;<br>6. 溶剂型涂料要求基层含水≤9%,施工要注意通风不得与明火作业同时进行 |
| 嵌填法 | 聚氨酯密封膏、丙烯酸酯类密封膏、硅酮密封膏、聚硫密封膏、氯磺化聚乙烯密封膏、自硫化密封膏、改性沥青油膏等 | 使用嵌缝枪等将密封材料嵌填在缝隙中 | 1. 首先应将缝隙清理干净;<br>2. 继续变形缝隙应剔凿整齐,按缝隙尺寸选择对应规格的泡沫聚乙烯棒材填充(深度不够可用 PC 片做隔离材);<br>3. 嵌填密封材料应达到一定厚度,缝宽一般应达到厚度;<br>4. 外露以保护层保护 |

# 第二节　新型防水卷材应用技术

## 一、高聚物改性沥青类防水卷材应用技术

### (一)基本概念

高聚物改性沥青类防水卷材是以高聚物改性沥青为涂盖物,以聚酯毡、玻纤毡和玻纤增强聚酯毡等为胎体,卷材表面覆以聚乙烯膜或铝箔或矿物粒料(片),它有一定的长度、宽度和厚度。具有高温不流淌、低温不脆裂、拉伸强度高和延伸率大等优点。

### (二)主要品种、性能特点、适用范围

高聚物改性沥青类防水卷材的品种主要有弹性体改性沥青防水卷材、塑性体改性沥青防水卷材、自粘聚合物改性沥青聚酯胎防水卷材、自粘型橡胶沥青防水卷材。高聚物改性沥青类防水卷材的品种、性能和使用范围见表 8-7。

表 8-7　　　　　高聚物改性沥青类防水卷材的品种、性能和使用范围

| 主要品种 | 弹性体改性沥青<br>防水卷材 | 塑性体改性沥青<br>防水卷材 | 自粘聚合物改性沥青<br>聚酯胎防水卷材 | 自粘型橡胶沥青<br>防水卷材 |
|---|---|---|---|---|
| 性能特点 | 具有良好的弹性、延伸率、高温稳定性和低温柔韧性、耐疲劳性和耐老化性等性能 | 具有良好的憎水性和黏结性,既可冷粘施工,又可热熔施工,无污染,可在混凝土板、塑料板、木板、金属板等材料上施工 | 具有超强的黏结性、自愈性、耐高低温性能,具有优异的延伸性能,具有长久的使用寿命期,施工简便、维修方便 | 具有不透水性、低温柔性、延伸性、自愈性、黏结性能好、密封性好等特点,施工速度快,并且施工方便、不动火,不会对大气造成污染 |

续表

| 主要品种 | 弹性体改性沥青防水卷材 | 塑性体改性沥青防水卷材 | 自粘聚合物改性沥青聚酯胎防水卷材 | 自粘型橡胶沥青防水卷材 |
|---|---|---|---|---|
| 适用范围 | 屋面及地下防水 | 适合于紫外线辐射强烈及炎热地区屋面防水工程 | 适用于屋面及地下防水，更适用于墙面的防水、防潮 | 适用于工业与民用建筑的屋面与地下防水，还可用于防水施工的黏结、密封工程 |

1. 弹性体改性沥青防水卷材

以聚酯毡、玻纤毡为胎基，以 SBS 热塑性弹性体作为改性剂两面覆以隔离材料的防水卷材。其中 SBS 改性沥青防水卷材是弹性体沥青防水卷材中有代表性的品种。按其可溶物含量和物理性能分为Ⅰ型和Ⅱ型。

2. 塑性体改性沥青防水卷材

以聚酯毡、玻纤毡为胎基，以无规聚丙烯（APP）或聚烯烃类聚合物（APAO、APO）做改性剂，两面覆以隔离材料的防水卷材。其中 APP 改性沥青防水卷材是塑性体沥青防水卷材中有代表性的品种。

3. 自粘聚合物改性沥青聚酯胎防水卷材

以聚合物改性沥青为基料，以聚酯毡为胎体，以聚乙烯膜、细纱或铝箔为覆面，粘贴面背面覆以防粘材料的具有一定长度、宽度和厚度的增强自粘卷材。

4. 自粘型橡胶沥青防水卷材

自粘型橡胶沥青防水卷材是一种由 SBS 弹性体或合成橡胶、合成树脂等改性材料为主体材料，并在表面覆以防粘隔离层的自粘防水卷材。沥青自粘层（不含溶剂）和覆面层组成的无胎自粘橡胶沥青防水卷材，下覆隔离纸或双面覆隔离纸（双面自粘），具有一定长度、宽度和厚度。

（三）高聚物改性沥青类防水卷材的推广应用前景

高聚物改性沥青防水卷材应重点推广达到标准中Ⅱ型指标要求的 SBS（APP）改性沥青防水卷材产品，重点推广厚度达到 4mm、3mm 以上规格的产品和热熔施工法，一般可根据设防要求分别采用双层（4mm＋4mm；4mm＋3mm；3mm＋3mm）或单层（4mm）作法。高聚物改性沥青类防水卷材是防水卷材的主流产品，有很好的推广应用前景。而沥青复合胎柔性防水卷材和采用少量 SBS＋废胶粉的改性沥青防水卷材在耐水压能力和使用寿命等方面均有较大的差距，建设部在 2004 年 3 月 18 日发布的 218 号公告中已将"沥青复合胎柔性防水卷材"列为限制使用产品、Ⅱ型 SBS 改性沥青防水卷材或Ⅱ型 APP 改性沥青防水卷材列为推广应用产品。

Ⅱ型聚酯毡 SBS（APP）改性沥青防水卷材是由高质量的长纤聚酯毡和高质量的 SBS（APP）改性沥青最佳组合而成的防水卷材。虽然价格偏高，但其有优异的耐水压性能，且长期泡水不会腐烂。它的厚度大、强度高、耐老化性能好、使用寿命长。通过热熔施工的接缝处理，整体性好、厚度大、防水层不易被破坏、使用年限长、综合技术经济效益高，同时节约能源、减少环境污染、尤其是对翻修费用高的地下工程防水更有明显的优势。

SBS（APP）改性沥青防水卷材已在国内外广泛应用于工业与民用建筑的屋面与地下防水工程，目前年用量达 6000 万～7000 万 $m^2$。典型工程如：首都机场 2 号和 3 号航站楼地下防水、中关村西区、北京新闻中心、中央党校、水立方等建筑。自粘型橡胶沥青防水卷材已应用于天伦王朝饭店（厕浴间）、公安部大楼（地下防水）等。

（四）主要技术指标

高聚物改性沥青防水卷材分别执行《弹性体改性沥青防水卷材》（GB 18242—2008）标准和《塑性体改性沥青防水卷材》（GB 18243—2008）标准规定。自粘聚合物改性沥青聚酯胎防水卷材和自粘橡胶沥青防水卷材执行《自粘聚合物改性沥青防水卷材》（GB 23441—2009）标准规定。各类防水卷材性能参见表 8-8 和表 8-9。

**表 8-8　　　　　　　高聚物改性沥青防水卷材主要品种性能对比表**

| 项目 | 塑性体改性沥青防水卷材 | | 弹性体改性沥青防水卷材 | | 高聚物改性沥青聚乙烯胎防水卷材 | |
|---|---|---|---|---|---|---|
| 型号 | Ⅰ | Ⅱ | Ⅰ | Ⅱ | Ⅰ | Ⅱ |
| 耐热度（℃） | 110 | 130 | 90 | 105 | 90 | 95 |
| 低温柔度（℃） | −7～−15℃ | | −20～−25℃ | | −10℃ | −150℃ |
| 参考标准 | GB 18243—2008 | | GB 18242—2008 | | GB 18967—2009 | |
| 适用范围 | 屋面及地下防水 | | 屋面及地下防水 | | 屋面及地下防水 | |

**表 8-9　　　　　　　胎体品种与高聚物改性沥青防水卷材性能一览表**

| 胎体品种 | 聚酯胎（PY） | | 玻纤胎（G） | | 聚乙烯膜（PE） | |
|---|---|---|---|---|---|---|
| | Ⅰ | Ⅱ | Ⅰ | Ⅱ | Ⅰ | Ⅱ |
| 拉力（N/50mm）≥ | 400 | 720 | 纵 280 横 200 | 纵 375 横 250 | 纵 80 横 75 | 纵 160 横 150 |
| 断裂伸长率（%）≥ | 25 | 35 | — | | 500 | |
| 耐水性（%）≥ | 95 | | 80 | | | |

参考 GB 18840—2002

（五）施工方案设计与技术措施

高聚物改性沥青防水卷材的主要施工方法有热熔施工法和自粘施工法两种。对于厚度达到 3mm 以上的 SBS（APP）改性沥青防水卷材的施工，应采用热熔施工法。自粘聚合物改性沥青聚酯胎防水卷材应采用自粘贴施工法，并不得用于外露的防水层（铝箔覆面者除外）。

1. 热熔法铺贴防水卷材

采用火焰加热器熔化热熔型防水卷材底层的热熔胶进行粘铺的施工方法。热熔塑卷材在工厂生产过程中，在卷材底面涂有一层软化点较高的改性沥青热熔胶，只要将其加热熔化即可进行粘铺，不需要涂刷底黏剂和掀剥隔离纸，因此施工工艺比较简单，一般不受温度和湿度的影响，可以在较低气温以及雾、露、雪、霜天气下施工。常用于 SBS 改性沥青防水卷材、APP 改性沥青防水卷材、氯磺化聚乙烯防水卷材、热熔橡胶复合防水卷材等与基层的黏结施工。

（1）操作工艺流程。清理基层→涂刷基层处理剂→节点附加增强处理→定位弹线→热熔铺贴卷材→搭接缝黏结→蓄水试验→保护层施工→检查验收。

（2）操作要点。SBS（APP）改性沥青类防水卷材在热熔施工时，火焰加热器的喷嘴距卷材面的距离应适中，加热应均匀。卷材表面热熔后，应立即滚铺卷材，排除卷材下面的空气并黏结牢固。搭接缝部位宜以溢出热熔的改性沥青为度，溢出的改性沥青胶结料宽度以2mm左右并均匀顺直为宜。

2. 卷材的自粘贴施工法

采用带有自粘贴的防水卷材，不需加热，也不需涂刷胶黏剂，可直接实现防水卷材与基层黏结的一种操作方法，实际上是冷粘法操作工艺的发展。这种施工方法最大特点就是不需涂刷胶黏剂。由于自粘型卷材的胶黏剂与卷材同时在工厂生产成型，因此质量可靠、施工简便、安全、污染很小，效率较高。更因自粘型卷材的胶粘层较厚，有一定的徐变能力，适应基层变形能力强，且胶黏剂与卷材合二为一，同步老化，延长了使用寿命。

（1）操作工艺流程。基层检查、清理→涂刷基层处理剂→节点附加增强处理→定位弹线→撕去卷材底部隔离纸→铺贴自粘卷材→搭接缝黏结→卷材接缝口密封→蓄水试验→检查验收。

（2）操作要点。铺贴卷材前的基层表面应均匀涂刷基层处理剂，干燥后应及时铺贴卷材。铺贴卷材时，应将自粘胶底面的隔离纸全部撕净。卷材下面的空气应排尽，并辊压粘贴牢固。接缝口应用密封材料封严，宽度不应小于10mm。运输及存放应特别注意防潮、防热。堆放卷材的场地应干燥、通风，环境温度不得超过35℃。

**二、合成高分子防水卷材应用技术**

（一）基本概念

合成高分子防水卷材是以合成高分子材料为主体材料并经加入辅料，配制、加工而成的具有一定长度、宽度、厚度和防水功能的卷材。分为合成橡胶类防水卷材、塑料（合成树脂）类防水片材、橡塑共混类防水卷材。具有质量小、伸长率大、抗拉强度高、柔性好、耐腐蚀、耐老化性能佳、防水性能优良、可冷加工等特点。

（二）主要品种、性能特点、适用范围

合成高分子防水卷材的主要品种、性能特点和适用范围见表 8-10。

**表 8-10　　　　合成高分子防水卷材的主要品种、性能特点和适用范围**

| 品种 | 合成橡胶类防水卷材 | 塑料（合成树脂）类防水片材 |
|---|---|---|
| 性能特点 | 强度高（7.5MPa）、延伸率大（450%），具有高弹性和高撕裂强度，具有极好的耐老化性能，正常使用寿命长。缺点主要是难粘，常以三元乙丙橡胶中加入丁基橡胶（30%）以改善其黏结性能 | 它的强度高、延伸率大，受温度影响变形系数大，耐穿刺能力强，耐腐蚀能力强，但是在紫外线的照射下易老化。高温可以熔融，温度降低后可恢复固态，并可根据要求恢复原状或其他需要的形状。所以有效地解决了塑料（合成树脂）类防水片材，尤其是属于难粘物质的聚乙烯片材的黏结问题 |
| 适用范围 | 可应用于外露、非外露防水工程 | 广泛应用于水库、水池、地铁、洞库、垃圾填埋场以及种植屋面的耐穿刺层等 |

1. 合成橡胶类防水卷材

合成橡胶类防水卷材包括三元乙丙橡胶防水卷材、三元乙丙－丁基橡胶防水卷材。三元乙丙橡胶防水卷材是以三元乙丙橡胶为主要成分，并加入补强剂、增塑剂、硫化剂等经混炼、挤出、硫化等工艺成型而得的防水卷材。三元乙丙橡胶防水卷材应配备专用的配套系统（包括配套胶黏剂、配套基底处理剂、配套密封材料、预制配件等），一般采用冷粘法或胶粘带法施工。

2. 塑料（合成树脂）类防水片材

塑料（合成树脂）类防水片材是以合成树脂为主体材料，并加入热、光稳定剂，填料等经挤出、吹塑等工艺成型的防水片（卷）材。塑料（合成树脂）类防水片材包括氯化聚乙烯防水卷材、聚氯乙烯防水卷材、氯磺化聚乙烯防水卷材、聚乙烯防水卷材。以热焊接方式处理的接缝强度高于片材本体强度。以双焊缝焊接机焊接的接缝可在焊接后以充气方式检查接缝的强度，有效地保证了防水层的整体性。

（三）高分子防水卷材的应用前景

三元乙丙橡胶防水卷材主要应用于外露、非外露防水工程，目前已用于中央电视塔大平台防水等工程。HDPE（高密度聚乙烯）已用于十三陵水库地下龙宫、垃圾填埋场等。以聚烯烃类为主的片材目前已被广泛应用于水库、水池、地铁、洞库、垃圾填埋场以及种植屋面的耐穿刺层等，随着种植屋面技术的推广该类片材有很好的应用前景。Ⅱ型聚氯乙烯（PVC）防水卷材已在建设部2004年3月18日发布的218号公告中被列为推广应用项目。

合成高分子防水卷（片）材应用范围广泛，年用量达4000万～5000万 m²。尤其是以聚乙烯为代表的塑料型防水片材，具有传统沥青防水卷材无可比拟的高强度、高延伸率和高低温性能；接缝处理可靠，防水性能、耐穿刺性能好，耐腐蚀能力强，与其他化学物质不易发生反应；操作简单、施工速度快、易于维修，在非外露部位可长期应用。可长期用在水池、种植屋面、垃圾填埋场、洞库、隧道、地铁中，有很好的社会、经济效益和较强的生命力。

（四）主要技术指标

合成高分子防水卷（片）材分别执行《高分子防水材料 第1部分：片材》（GB 18173.1—2012）标准规定、《聚氯乙烯防水卷材》（GB 12952—2011）标准规定。三元乙丙橡胶防水卷材执行《高分子防水材料 第1部分：片材》（GB 18173.1—2012）JL1类标准规定。合成树脂类防水片材分别执行《高分子防水材料 第1部分：片材》（GB l8173.1—2012）JS2（聚乙烯、乙烯醋酸乙烯）类、JS3（乙烯醋酸乙烯改性沥青）类标准规定和《聚氯乙烯防水卷材》（GB 12952—2011）标准规定。合成高分子防水卷材性能对比见表8-11。

表8-11　　合成高分子防水卷材性能对比表

| 性能指标 \ 品种 | 三元乙丙橡胶防水卷材 | 聚乙烯防水片材 | 聚氯乙烯防水卷材 |
|---|---|---|---|
| 强度（MPa） | 7.5 | 16 | 10 |
| 断裂伸长率（%） | 450 | 550 | 200 |
| 撕裂强度（kN/m）≥ | 25 | 60 | 40 |

（五）施工方案设计与技术措施

1. 冷粘法施工

采用胶黏剂或冷玛蹄脂进行卷材与基层、卷材与卷材的黏结，而不需要加热施工的方法。由于冷粘法在施工中不需要加热熬制沥青，从而减少了环境污染，降低了能源消耗，改善了施工条件，提高了劳动效率，有利于安全生产，是一种很有发展前途的卷材铺贴工艺。三元乙丙橡胶防水卷材等硫化型卷材主要采用胶黏剂冷粘法施工或胶粘带法施工，与基层的连接方式多为满粘法或点粘、空铺等冷粘法。

（1）操作工艺流程。基层检查、清理→涂刷基层处理剂→节点附加增强处理→定位弹线→基层涂胶黏剂、卷材反面涂胶黏剂→卷材粘贴、辊压、排气→卷材接缝粘合、辊压→卷材接缝口密封→卷材收头、固定、密封→蓄水试验→检查验收。

（2）施工的操作要点。必须将基层处理干净，必须将突出基层表面的异物、砂浆疙瘩等铲除干净，并将尘土杂物清除彻底，在施工条件允许时，最好用高压空气进行清理。阴阳角、管道根部等部位更应仔细清理，若有油污、铁锈等，应以砂纸、钢丝刷、溶剂等予以清除干净，否则不能进行下一道工序的施工。合成橡胶防水卷材有很好的弹性，施工中严禁拉伸卷材。搭接缝黏结严密、黏结性能可靠，必须以专门的接缝黏结剂及密封膏进行认真处理。此外，对于地下防水工程卷材搭接缝还必须进行附加补强处理。在施工过程中要做好劳动防护及安全工作，施工及完工后要切实注意保护好已经铺贴好的卷材防水层，对受损伤的部位应及时修补。

2. 空铺法施工

铺贴防水卷材时，卷材与基层仅在四周一定宽度内黏结，其余部分不黏结的施工方法。这种方法能减少基层变形对防水层的影响，有利于解决防水层起鼓、开裂问题。塑料（合成树脂）类防水片材多采用空铺法施工。接缝处理可采用双焊缝焊接，搭接缝焊接严密，黏结性能可靠。

## 第三节　建筑防水涂料应用技术

### 一、基本概念

建筑防水涂料一般是由沥青、合成高分子聚合物、合成高分子聚合物与沥青、合成高分子与水泥或无机复合材料等主要成膜物质，掺入适量的颜料、助剂、溶剂等加工制成的高分子合成材料，常温下呈黏稠状态，涂布在结构物表面，经溶剂或水分挥发，或各组分间的化学反应，形成具有一定弹性的连续、坚韧的薄膜，使基层表面与水隔绝。它广泛应用于工业与民用建筑的屋面防水工程、地下混凝土工程的防潮防渗等，已经应用于中粮广场地下车库，北京亦庄开发区体育场看台、平台防水，中国大饭店厕浴间防水等工程。

### 二、主要品种、性能特征、适用范围

防水涂料主要推广聚合物水泥防水涂料、丙烯酸类防水涂料、聚氨酯系列防水涂料、水泥基渗透结晶型防水涂料。具体见表8-12。

（一）聚合物水泥防水涂料

聚合物水泥防水涂料（简称"JS"复合防水涂料）是以丙烯酸等聚合物乳液和水泥为主要原料，加入其他外加剂制得的双组分水性防水涂料，是一种挥发固化型涂料。主要分为两

表 8-12　　　　　　　　　　　　防水涂料的主要品种、性能特点和适用范围

| 主要品种 | 聚合物水泥防水涂料 | 丙烯酸类防水涂料 | 聚氨酯系列防水涂料 | 水泥基渗透结晶型防水涂料 |
|---|---|---|---|---|
| 性能特点 | 该涂料可冷施工、无毒、无味、无污染,可在潮湿基面施工,但不宜在长期浸水环境下使用。可厚涂,施工简单方便,干燥固化速度快;涂层具有一定的透气性和优良的耐候性,与基层具有良好的黏结性,膜层与基层间不会发生起泡起鼓现象 | 该涂料涂层耐候性好,并具有一定的透气性,可制成多种颜色,兼具防水、装饰效果 | 综合性能好,涂膜致密、无接缝,整体性强,黏结密封性能好,可做密封材料,在任何复杂的基面均易施工,且易于厚覆。涂层具有优良的抗渗性、弹性及低温柔性,抗拉强度高,且具有一定的耐腐蚀性 | 该材料无毒、无味、无污染,施工方便,操作简单,具有一定的抗渗性 |
| 适用范围 | 可用于各种新旧建筑物及构筑物防水工程,如屋面、外墙、地下工程、隧道、桥梁、水库、引水渠、水池等,如果调整液料与粉料比例为腻子状,也可作为黏结、密封材料,用于粘贴马赛克、瓷砖等 | 宜用于屋面及墙面、浴厕间的防水、装饰,可做修补材料。可在潮湿基面(无明水)施工,适用于迎水面防水 | 宜用于在非外露防水工程,可用做卷材防水的基层处理剂和厕浴间、地下室的防水 | 该类涂料可用于迎水面防水及背水面防水施工,也可在潮湿基面施工 |

种类型:Ⅰ型,以聚合物乳液为主要成分,添加少量无机活性粉料,经固化形成柔性涂膜,可用于迎水面做防水层;Ⅱ型,以水泥等无机活性粉料为主,添加一定量的聚合物乳液,经固化形成弹性水泥涂膜,可用于迎水面和背水面做防水层。

（二）丙烯酸类防水涂料

丙烯酸类防水涂料是以丙烯酸乳液或苯丙乳液(苯乙烯与丙烯酸酯共聚乳液)或硅丙乳液(硅橡胶与丙烯酸酯共聚乳液)为基料,掺加一定助剂和无机填料加工而成,该类涂料一般为厚质单组分防水涂料。涂膜耐水性小于 80% 的水乳型防水涂料不得用于地下室等长期浸水的部位。

（三）聚氨酯系列防水涂料

聚氨酯防水涂料是一种双组分反应固化型涂料,单组分聚氨酯防水涂料为聚氨酯预聚体,在现场涂覆后经过与水或空气中湿气的化学反应,形成高弹性涂膜,可在潮湿或干燥的基层表面施工;双组分聚氨酯防水涂料中,甲组分为聚氨酯预聚体,乙组分为固化组分,现场将甲、乙组分按一定的配合比混合均匀,涂覆后经固化反应形成高弹性涂膜。涂膜固化速度易受环境温度、湿度影响,对基层平整度要求较高。

（四）水泥基渗透结晶型防水涂料

水泥基渗透结晶型防水涂料是以硅酸盐水泥或普通硅酸盐水泥、石英砂等为基材,掺入活性化学物质组成的刚性防水涂层材料。此材料作外涂层使用所形成的是刚性涂层,而活性物质所产生的结晶体只能够填塞混凝土的微细裂缝(0.2mm 以内),自愈裂缝的能力是有限的,如果结构混凝土产生大的裂缝,这层涂层就会失去防水作用。该类涂层材料对密度较低的结构基体防水是一类较好的材料,但对于致密结构作用不大。混凝土由于浇捣质量问题,出现了蜂窝、狗洞更难以奏效。因此在新建工程中只能作为多道防水设防中的一道防水层。

**三、建筑防水涂料的技术性能指标**

建筑防水涂料的技术性能指标对比见表 8-13。

**表8-13　建筑防水涂料的技术性能指标对比表**

| 项目 | 聚合物水泥防水涂料 | 丙烯酸类防水涂料 | 聚氨酯系列防水涂料 | | 水泥基渗结晶型防水涂料 |
|---|---|---|---|---|---|
| | I型　II型　相同点 | I类　II类　相同点 | 单组分（I型　II型　相同点） | 多组分（I型　II型　相同点） | I型　II型　相同点 |
| 性能指标 | **相同点**<br>1. 固体含量（%）≥65<br>2. 干燥时间<br>　(1) 表干时间（h）≤4<br>　(2) 实干时间（h）≤8<br>3. 拉伸强度<br>　(1) 加热处理后保持率（%）≥80<br>　(2) 紫外线处理后保持率（%）≥80<br>4. 不透水<br>5. 潮湿基面黏结强度（MPa）≥0.5 | **相同点**<br>1. 固体含量（%）≥65<br>2. 干燥时间（h）<br>　(1) 表干时间≤4<br>　(2) 实干时间≤8<br>3. 老化处理后的拉伸强度保持率（%）<br>　(1) 加热处理≥80<br>　(2) 紫外线处理≥80<br>　(3) 碱处理≥60<br>　(4) 酸处理≥40<br>4. 老化处理后断裂延伸（%）<br>　(1) 加热处理≥200<br>　(2) 紫外线处理≥200<br>　(3) 碱处理≥200<br>　(4) 酸处理≥200<br>5. 加热伸缩率<br>　(1) 伸长≤1.0<br>　(2) 缩短≤1.0<br>6. 断裂延伸率（%）≥300<br>7. 不透水 | **单组分 相同点**<br>1. 固体含量（%）≥80<br>2. 低温弯折性（℃）≤-40<br>3. 不透水<br>4. 表干时间（h）≤12<br>5. 实干时间（h）≤24<br>6. -4.0≤加热伸缩率（%）≤1.0<br>7. 潮湿基面黏结强度（MPa）≥0.5<br>8. 定伸时老化<br>9. 热处理、酸处理、人工气候老化:<br>　(1) 拉伸强度保持率（%）: 80~150<br>　(2) 低温弯折性（℃）≤-35<br>10. 碱处理<br>　(1) 拉伸强度保持率（%）: 60~150<br>　(2) 低温弯折性（℃）≤-35<br>　人工气候老化: 无裂纹及变形 | **多组分 相同点**<br>1. 断裂延长率（%）≥450<br>2. 低温弯折性（℃）≤-35<br>3. 不透水<br>4. 实干时间（h）≤24<br>5. -4.0≤加热伸缩率（%）≤1.0<br>6. 潮湿基面黏结强度（MPa）≥0.5<br>7. 定伸时老化<br>8. 热处理、酸处理、人工气候老化:<br>　(1) 加热强度保持率（%）: 80~150<br>　(2) 断裂伸长≥400<br>　(3) 低温弯折性（℃）≤-30<br>9. 碱处理<br>　(1) 拉伸强度保持率（%）: 60~150<br>　(2) 断裂伸长率≥400<br>　(3) 低温弯折性（℃）≤-30<br>　人工气候老化: 无裂纹及变形 | **相同点**<br>1. 安定性: 合格<br>2. 凝结时间<br>　(1) 初凝时间（min）≥30<br>　(2) 终凝时间（h）≤24<br>3. 抗折强度（MPa）<br>　(1) ≥7d: 2.80<br>　(2) ≥28d: 3.50<br>4. 抗压强度（MPa）<br>　(1) ≥7d: 12.0<br>　(2) ≥28d: 18.0<br>5. 湿基面黏结强度（MPa）≥1.0 |

续表

**聚合物水泥防水涂料**（不同点）

| 性能指标 | Ⅰ型 | Ⅱ型 |
|---|---|---|
| 1. 无处理拉伸强度 (MPa) | ≥1.2 | ≥1.8 |
| 2. 碱处理后拉伸强度保持率 (%) | ≥70 | ≥80 |
| 3. 断裂伸长率 (1) 无处理 | ≥200 | ≥80 |
| 　(2) 加热处理 | ≥150 | ≥65 |
| 　(3) 碱处理 | ≥140 | ≥65 |
| 　(4) 紫外线处理 | ≥150 | 紫外线处理≥65① |
| 4. 低温柔性（φ10mm棒） | -10℃无裂纹 | 4. 抗渗性（背水面）(MPa) ≥0.6 |

**丙烯酸类防水涂料**（不同点）

| 性能指标 | Ⅰ类 | Ⅱ类 |
|---|---|---|
| 1. 拉伸强度 (MPa) | ≥1.0 | ≥1.5 |
| 2. 低温柔性（绕0mm棒） | -10℃，无裂纹 | -20℃，无裂纹 |

**聚氨酯系列防水涂料**

单组分（不同点）

| 性能指标 | Ⅰ型 | Ⅱ型 |
|---|---|---|
| 1. 拉伸强度 (MPa) | ≥1.9 | ≥2.45 |
| 2. 断裂延长率 (%) | ≥550 | ≥450 |
| 3. 撕裂强度 (N/mm) | ≥12 | ≥14 |
| 4. 热处理、碱处理、酸处理时断裂伸长率 | ≥500 | ≥400 |

多组分（不同点）

| 性能指标 | Ⅰ型 | Ⅱ型 |
|---|---|---|
| 1. 拉伸强度 (MPa) | ≥1.9 | ≥2.45 |
| 2. 撕裂强度 (N/mm) | ≥12 | ≥14 |
| 3. 固体含量 (%) | ≥92 | ≥80 |
| 4. 表干时间 (h) | ≤8 | ≤12 |

**水泥基渗透结晶型防水涂料**（不同点）

| 性能指标 | Ⅰ型 | Ⅱ型 |
|---|---|---|
| 1. 抗渗压力 (28d) (MPa) | ≥0.8 | ≥1.2 |
| 2. 第二次抗渗压力 (56d) (MPa) | ≥0.6 | ≥0.8 |
| 3. 渗透压力比 (28d) (MPa) | ≥200 | ≥300 |

#### 四、建筑防水涂料常见缺陷及防治措施

**1. 涂膜产生气孔或气泡**

材料搅拌方式及搅拌时间掌握不好，或基层未处理好，涂层过厚等均可使涂膜产生气孔或气泡，直接破坏涂膜防水层均匀的质地，形成渗漏水的薄弱部位。因此施工时应注意：材料搅拌应选用功率大、转速不太高的电动搅拌器，搅拌容器宜选用圆桶，以利于强力搅拌均匀，且不会因转速太快而将空气卷入拌和材料中，搅拌时间以 2～5min 为宜；涂膜防水层的基层一定要清洁干净，不得有浮砂或灰尘，基层上的孔隙应用基层上的涂料填补密实，然后施工第一道涂层；施工时应严格地控制涂层厚度，防止成膜的反应过程中产生的 $CO_2$ 气体无法释放出去，降低防水效果；每道涂层均不得出现气孔或气泡，特别是底部涂层，若有气孔或气泡，既破坏本层的整体性，又会在上层施工涂抹时因空气膨胀出现更大的气孔或气泡。对于出现的气孔或气泡必须予以修补。对于水乳型防水涂层产生的气孔，应以橡胶板用力将混合材料压入气孔中填实，再进行增补涂抹；对于气泡，应将其穿破，除去浮膜，用处理气孔的方法填实，再做增补涂抹。

**2. 起鼓**

基层质量不良，会起皮或开裂，影响黏结；基层潮湿，黏结不良，水分蒸发产生的压力使涂膜起鼓；在湿度大、且通风不良的环境施工，涂膜表面易有冷凝水，冷凝水受热，汽化可使上层涂膜起鼓。破坏了涂膜的整体连续性，且容易破损。修补方法：先将起鼓部分全部割去，露出基层，排出潮气，待基层干燥后，先涂底层涂料，再依防水层施工方法逐层涂抹，若加抹增强涂布则更佳。修补操作不能一次抹成，至少分两次抹成，否则容易产生鼓泡或气孔。

**3. 翘边**

涂膜防水层的端部或细部收头处容易出现同基层剥离和翘边现象，主要是因基层未处理好，不清洁或不干燥；底层涂料黏结力不强；收头时操作不细致，或密封处理不佳造成的。施工时操作要仔细，基层要保持干燥，对管道周围做增强涂布时，可采用铜线箍扎固定等措施。对产生翘边的涂膜防水层，应先将剥离翘边的部分割去，将基层打毛、处理干净，再根据基层材质选择与其黏结力强的底层涂料涂刮基层，然后按增强和增补做法仔细涂布，最后按顺序分层做好涂膜防水层。

**4. 破损**

涂膜防水层施工后、固化前，未注意保护，被其他工序施工时破坏、划伤，或过早上人行走、放置工具，使防水层遭受了破坏。对于轻度损伤，可做增强涂布、增补涂布；对于破损严重者，应将破损部分割除（割除部分比破损部分稍大些），露出基层并清理干净，再按施工要求，分层补做防水层，并应加上增强增补涂布。

**5. 涂膜分层、连续性差**

水乳型涂料是通过水分的挥发而成膜，每道涂层过厚，表面成膜后底层的水分挥发不出去而无法成膜，导致涂膜连续性差。聚氨酯防水涂料双组分型由于配比不合理或搅拌不均匀而使反应不完全，造成涂膜连续性差。每道涂层间隔时间过长，涂膜增强部位胎体过厚，会出现分层现象。故水乳型防水涂料施工时，一定要采取多道薄涂的方法；聚氨酯防水涂料施工时应严格按照所使用材料的配合比配料，搅拌应充分、均匀，并且控制好每道涂层的间隔时间；选择胎体材料时，厚度应适中，慎选与防水涂料发生反应的胎体材料。

6. 防水层掉粉、起砂和脱层

主要原因是未按规定养护好，基层未按要求处理好，以致防水层同基层黏结不牢而脱层。湿润养护是保证防水层质量的一个关键因素。水泥基渗透结晶型防水涂料当涂层固化到不会被喷洒水损害时就必须开始养护，且每天要多次喷水，必要时要湿润覆盖养护。

7. 防水层渗漏

材料变质、搅拌不匀、施工不细、抹压不力、甚至漏涂，均可造成防水层失效。防治办法：不得使用过期、变质材料；材料进厂必须有合格证及质量证明文件，对主要材性指标应进行复检，合格后方可使用；涂料配制应按规定配合比及配制方法进行，使用前应注意涂料是否搅拌均匀。涂料施工操作必须按规定进行，应注意三个环节：一是涂料搅匀后的停置时间，主要是使其充分反应、适时凝固，以达到防水的目的；二是按施工规定进行操作，保证涂层质量；三是遵循湿润养护的原则，涂层施工后在任何条件下勿使失水，以保证涂层正常凝固硬化。

**五、涂料防水层的质量检验**

（1）涂料防水层的施工质量检验数量应按涂层面积每 100m² 抽检 1 处，每处 10m²，每个工程不得少于 3 处。

（2）涂料防水层所用原材料的配合比必须符合设计要求，并具有原材料出厂合格证及质量指标证明文件，现场复检合格报告单。

（3）涂料防水层应与基层黏结牢固、表面平整、涂刷均匀，不得有流淌、皱折、鼓泡、露胎体和翘边等缺陷。

（4）涂料防水层厚度符合设计要求，并形成连续的整体封闭防水涂膜；最小厚度不得小于设计厚度的 80%。

（5）阴阳角、预埋件及管道等细部构造处理严密，无脱层等黏结不良现象。

（6）保护层与防水层黏结牢固，结合紧密，厚度均匀一致。

**六、影响防水涂料应用性能和工程质量的关键因素**

影响防水涂料应用性能和工程质量的关键因素为：

（1）防水涂料的品种和主要成分，决定了涂膜的主要性能。

（2）防水涂料的性能、形式（单组分、双组分）、成膜速度等设计技巧决定了同一类型防水涂料的性能有较大的差异。

（3）防水涂料的含固量与用量的关系。对于相同比重的涂料，含固量越高的，在单位面积上涂布后成膜厚度越大，而向大气中挥发的溶剂或水分越少。

（4）防水涂料的补强材料应用要合理。为提高防水涂料的强度，改性类沥青涂料在应用时必须加铺补强材料，一般为玻璃网格布或聚酯无纺布等。当用纤维补强后应注意保证每单层涂料层的实际厚度，才能达到理想的使用效果。

## 第四节　刚性防水砂浆

**一、基本概念**

刚性防水砂浆是指以水泥、砂石为原料，或其内掺入少量外加剂、高分子聚合物等材料，通过调整配合比、抑制或减少孔隙率、改变孔隙特征、增加各原材料接口间的密实性等方法，配制成具有一定抗渗透能力的水泥砂浆类防水材料。已经应用于中国工商银行办公楼，亚运会北京射击场 7 号工程看台，亚运会会议大厦，杭州金融大楼的湖滨公寓，杭州西湖隧道。

二、技术内容

聚合物水泥砂浆刚性防水材料是我国借鉴国际上的先进经验开发的一类综合性能较优良的材料，是由水泥、砂和一定量的合成橡胶乳液或合成树脂乳液以及稳定剂、消泡剂等经搅拌混合配制而成的具有良好的防水性、抗冲击性、韧性和耐磨性的防水材料。

由于掺入了各种胶乳可以有效地封闭砂浆中的连通孔隙，从而有效地降低吸水率，显著提高砂浆的抗渗性，在潮湿基面上直接施作，并可提供优良的黏结性和防水抗渗性。《聚合物水泥防水砂浆》（JC/T 984—2011）将聚合物水泥砂浆按组分分为单组分（S 类）和双组分（D 类）；按物理力学性能分为 Ⅰ 型和 Ⅱ 型。它与聚合物水泥防水涂料（JS 复合防水涂料）相比：①形态上增加可再分散胶粉单组分；②聚合物用量减少；③增加黄砂等细骨料；④材料偏刚性；⑤多数情况下用于地下工程及水利、水工、地道、隧洞及建筑物外墙、卫生间、地坪等长期与水接触或浸泡的部位。

聚合物水泥砂浆刚性防水材料已大量用于水池、地下室的防水、防潮。它继承了聚合物水泥（JS）柔性涂膜的优点，既可作为地下建筑物和水箱、水塔、水池等储水输水构筑物的防水层，也可用于墙面防水防潮层、建筑物裂缝修补等。聚合物水泥砂浆刚性防水材料技术性能指标见表 8-14。

表 8-14　　　　　　　　聚合物水泥砂浆刚性防水材料技术性能指标

| 序号 | 项　目 | | Ⅰ 类型 | Ⅱ 类型 |
|---|---|---|---|---|
| 1 | 凝结时间① | 初凝（min）≥ | 45 | 45 |
| | | 终凝（h）≤ | 24 | 24 |
| 2 | 抗渗压力（MPa） | 7d≥ | 0.8 | 1.0 |
| | | 28d≥ | 1.5 | |
| 3 | 抗压强度（MPa） | 28d＞ | 18 | 24.0 |
| 4 | 抗折强度（MPa） | 28d＞ | 6.0 | 8.0 |
| 5 | 柔韧性（mm）≥ | | 1.0 | |
| 6 | 黏结强度（MPa） | 7d≥ | 0.8 | 1.0 |
| | | 28d≥ | 1.0 | 1.2 |
| 7 | 耐碱性饱和 Ca（OH）₂溶液（168h） | | 无开裂、剥落 | |
| 8 | 耐热性 100℃（5h） | | 无开裂、剥落 | |
| 9 | 抗冻性—冻融循环［-15℃（2～+20℃）］（25 次） | | 无开裂、剥落 | |
| 10 | 收缩率（%） | 28d≤ | 0.30 | 0.15 |
| 11 | 吸水率（%）≥ | | 6.0 | 4.0 |

①　凝结时间项目可根据用户需要及季节变化进行调整。

三、常用的防水剂

防水砂浆是将防水剂或合成高成子乳液等以一定量掺加到水泥砂浆中去，起到生成不溶物、堵塞毛细孔的作用。常用防水剂有如下几种：

（1）金属盐类防水剂。如氯化铝、氯化钙、氯化铁等无机盐类，这一类盐类含氯量高，对钢筋有腐蚀作用，所以不得用于接触钢筋部位。

（2）金属皂类防水剂。它是以碳酸钠、氢氧化钾等与氨水、硬脂酸和水混合配制加入水泥砂浆中，使水泥砂浆具有憎水能力。

（3）聚合物类防水剂是以阳离子氯丁胶乳或有机硅防水剂等合成高分子材料以一定比例掺入水泥砂浆中，或使用高分子益胶泥等直接加水使之固化后形成聚合物防水砂浆，具有较高的抗渗能力及憎水能力（有机硅防水砂浆）。

**四、技术措施**

（1）养护对聚合物水泥砂浆的抗渗性极其重要。聚合物水泥砂浆宜采用干湿交替的方法养护。早期（指施工后 7d 内）采用湿润养护，以保持水泥水化反应的正常进行；后期在自然条件下养护，即干燥养护，聚合物乳液是通过水分的蒸发固化成膜的，干燥养护可以促进聚合物成膜。干湿结合的养护方法对聚合物水泥砂浆的抗压、抗折强度以及抗渗性都有很大提高，这种养护方法可使水泥及聚合物乳液各自的特性得以充分的发挥。

（2）由于聚合物乳液中含有乳化剂（表面活性剂），为了避免聚合物乳液在拌制过程中产生析出、凝聚现象，在拌制聚合物水泥砂浆时又加入了一定量的稳定剂（表面活性剂），搅拌时易产生大量的气泡，从而导致砂浆防水层的孔隙率增加，强度下降，质量受到影响。因此，在拌制聚合物水泥砂浆时必须采取加入适量的消泡剂、拌和后稍微静置一段时间等措施。

（3）施工时应注意事项。①拌和应在规定时间内用完，施工中不得任意加水；②冬期施工温度 5℃以上为宜，夏季以 30℃以下为宜；③在聚合物水泥砂浆未达到硬化状态时，不得浇水养护或直接受雨水冲刷，以防聚合物乳液析出，影响防水效果。

# 第五节　建筑密封材料

**一、基本概念**

建筑密封材料是指建筑工程中为能承受接缝位移，达到气密、水密目的而嵌入建筑接缝中实现缝隙密封的材料。建筑密封材料要求具有良好的黏结性、抗下垂性、不渗水透气、易于施工等性能；还具有良好的弹塑性，能长期经受被粘构件的伸缩和振动，在接缝发生变化时不断裂、剥落，并且耐老化性能良好，不受热和紫外线的影响，可以长期保持密封所需要的黏结性和内聚力。此方法适用于屋面、地下、厕浴间、外墙板缝密封防水工程以及土木、水利防水工程。

**二、主要品种、性能特点**

按产品形式分类，建筑密封材料可分为三大类：无定型密封材料（建筑密封膏）、半定型密封材料（密封带、遇水膨胀胶条等）和定型密封材料（止水带、密封圈、密封带、密封件等）。

（一）建筑密封膏

1. 基本概念

建筑密封膏是一种使用时为可流动或可挤注的不定型材料，应用后在一定的温度条件下（一般为室温固化型 RTV），通过吸收空气中的水分进行化学交联固化，或通过密封膏自身含有的溶剂、水分挥发固化，形成具有预期形状的固态密封材料。主要品种为：硅酮建筑密封膏、聚氨酯建筑密封膏、丙烯酸酯建筑密封膏和聚硫建筑密封膏。

2. 性能特点

建筑密封膏类密封材料有很好的黏结力，并能长期保持不出现剥离现象，有随动性，能承受一定的接缝位移，具有一定的内聚力，自身不会破坏。耐疲劳性能好，反复变形仍能充分恢复原有性能和状态。有很好的高低温性能，高温不下垂和流淌，低温下不会脆裂，还有良好的施工性能，挤注性能，贮存稳定性，无毒和低毒性，无污染性。建筑密封膏适用于建筑物不同部位的各种缝隙。

（二）无溶剂型自粘密封带

1. 基本概念

无溶剂型自粘密封带一般以橡胶为主体材料，在工厂预制成为有预定厚度、宽度的半定型密封材料，外覆隔离纸，在现场按预制形状或需要的形状填封。它是一种在施工及应用过程中均不会出现溶剂挥发污染的黏结、密封、防水材料。

2. 性能特点

密封带被设计为非硫化型或自硫化型，非硫化型指密封带在应用于工程之后一直保持很好的黏结力，并能长期保持不出现剥离现象。自硫化型指密封带在应用于工程之后，在大气环境中密封带可逐渐硫化，最后形成与被密封物黏结在一起的弹性橡胶密封层。建筑防水密封工程中目前应用较多的自粘密封带，对改善钢结构屋面连接部分的密封质量、提高卷材防水工程接缝部位的整体性效果，以及墙体、板缝等部位的密封均有显著效果。无溶剂型丁基橡胶密封带适用于钢结构屋面、采光板屋面连接部分的密封。应根据缝隙的应用环境、变形特点、走向（立、平缝）合理选择建筑密封膏的品种。在进行建筑物的缝隙密封处理时应根据缝隙的宽度决定密封处理的合理厚度，并应配用背衬材料，以达到理想的密封效果。

（三）缓膨型遇水膨胀止水带

缓膨型遇水膨胀止水带具有遇水膨胀功能，在混凝土施工时，缓膨型遇水膨胀止水带的初始膨胀速度缓慢、后期膨胀速度快，使已具有一定强度的混凝土的缝隙部位受到止水带膨胀的压力而产生密封、止水效果。它广泛适用于屋面、地下、厕浴间以及外墙板缝密封防水工程，以及土木、水利防水工程。已应用于怡生园国际会议中心采光屋面，呼市芳汀花园采光屋面等工程中。

**三、施工设计与技术措施**

（1）选择好防水材料施工所需要的附属材料。在进行防水密封材料的施工时，除了所选定的密封材料之外，还需要底层涂料、衬底材料、覆盖用胶带等附属材料。

（2）在施工前要对接缝的形状、黏结面的状态、密封材料、附属材料的品种和品质，施工设备以及气候条件等进行认真的检查，确认无误之后才能开始施工。

（3）要对黏结面进行清扫。

（4）根据构件间缝隙的深度和黏结形式要求装填衬底材料或黏结不粘胶带。

（5）根据覆盖表面形状要求贴覆盖胶带。

（6）贴好覆盖胶带之后，在接缝两侧构件的表面均匀刷底层涂料，要考虑底层涂料中溶剂的挥发，注意通风换气。

（7）调制及填充密封材料时要稍加压力，表面要略高出一部分，以备抹平。使密封材料不留缝隙，不进入空气。

## 第六节　防渗堵漏技术

### 一、基本原理

防渗堵漏技术须先根据防水工程的类别、对原防排水的设计、选材、施工、原防水层的保护措施等进行深入细致的全面的分析，并根据"因地制宜，按需选材，综合治理"的原则，按照防水设防等级、用途、治理修复时机等因素和具体工程渗漏水的类型、部位、范围、原因、程度以及所处的环境条件，提出针对性的治理措施和相应的修复材料，确定修复方案。

采用压力灌注聚氨酯堵漏剂等化学浆液，通过渗水缝隙进入渗漏部位填充、封堵周边的迎水面和背水面，全面封堵被破坏防水层的缝隙，通过聚氨酯堵漏剂遇水可分散、乳化、交联、膨胀、固化的特点实现以水止水的堵漏目的。目前已应用于康乐宫地下室，北京亚运会运动场馆，济南历下区某小区地下堵漏等工程。

### 二、新型堵漏材料

（1）PM108 氯丁防水胶。适用于各种厂房、住宅屋面防水，二布六涂，每平方米用量 2kg。

（2）PA108 弹性聚氨酯防水胶。适用于各种屋面防水，每平方米用量 1.6kg，一布三涂。

（3）PM110 屋面防水胶。适用于老大难和高档屋面防水，一布四涂，每平方米用量 2kg。

（4）PM109 高级嵌缝油膏。适用于各种建筑物裂缝修补，屋面伸缩缝、结构缝、水池、缝道嵌缝防水。

（5）无机硅（裂缝自愈型）防水材料。适用于收缩、膨胀、震动引起的裂缝，自愈作用效果独特且是永久性的。

（6）防水堵漏地下高分子丙凝注浆新艺。丙凝注浆适用地下人防、车库、泵房、水池、水坝、隧道、岩基、地缆沟等工程进行堵水、补漏、防渗透。它是以化工原料丙烯酰胺为主剂的多种化学材料配制成 A、B 两液，用特定的气压器具等量注入渗漏部位，使其填补充实渗透漏的裂缝中，保持 20 年以上不再渗漏。

### 三、施工方案设计

防渗堵漏技术应根据具体工程渗漏水的类型、部位、范围、原因、程度以及所处的环境条件，制定针对性的修复方案。一般属于未达到正常应用年限的渗漏问题应进行下述工作。

1. 导致渗漏原因

（1）设计原因。因防水层设计不合理，甚至局部未设防水层的，必须进行全面翻修。

（2）防水材料的品种选择的合理性、适应性。选材不当、不能适应工程应用要求的不宜应用。

（3）施工原因。保护措施不当均易造成渗漏。

（4）防水材料市场目前比较混乱。主要表现为性能好、质量好的产品常常竞争不过质差价低的产品，防水市场的很大份额被这一类低档产品所抢占。随着市场的放开，假冒伪劣产品充斥市场。

（5）监管力度不够。建设单位、建筑公司（总承包方）与监理公司把关不严，建设行政主管部门、市场执法部门因工作任务重、人员力量不足，又无暇顾及这一领域。

2. 技术措施、操作要点

（1）根据对渗漏原因和渗漏部位特点的分析，确定正确的翻修方案。如渗漏治理的工作一般应在迎水面进行。根据渗漏原因及程度确定全面翻修或局部翻修方案。

（2）选择适应能力强、与原防水材料相容性好的材料进行治理。

（3）渗漏治理部分应与原防水层连接严密形成完整的防水层。

（4）地下工程渗漏治理。地下室出现渗漏后对渗漏原因进行分析，按渗漏严重程度和部位进行全面封堵。采用化学注浆堵漏是地下工程渗漏治理的一种可行手段，可选用氰凝、丙凝和聚氨酯等浆液。操作时应掌握浆液材料的配置、布孔技术和注浆压力的控制等环节。采用化学注浆进行防渗堵漏施工时必须注意有毒有害作业对操作人员及环境、水源的污染和伤害。注浆堵漏应按先堵大漏、后堵小漏，先堵高处、后堵低处，先修墙体、后修底板的程序进行。以刚性防水材料进行背水面防水抹面也是处理地下工程渗漏的常用手段，但应作好基层处理。为达到刚性防水抹面层与基层结合为一体、共同抵抗水压的使用要求，应首选应用聚合物防水砂浆。刚性防水抹面的施工必须做到抹面层与基层应具有持久的黏结强度，应加强对基层处理、施工质量的管理。

**四、高压灌浆堵漏施工技术**

（一）高压灌浆堵漏概念

高压灌浆堵漏就是利用机械的高压动力将水溶性聚氨酯等化学灌浆材料注入混凝土裂缝中，当浆液遇到混凝土裂缝中的水分时会迅速分散、乳化、膨胀、固结，这样固结的弹性体填充混凝土所有裂缝，将水流完全地堵塞在混凝土结构体外，以达到止水堵漏的目的。高压灌浆堵漏技术是具有国际先进水平的高压无气灌注防水新技术，是发达国家水溶性灌浆材料使用的新工艺。

现在常用的水溶性聚氨酯化学灌浆材料遇水发生交联反应，可生成多元网状封闭弹性体。高压灌注机械高压力的推挤它至壁体裂缝的中间部位，并以裂缝中间部位为中心向四周扩散，遇到裂缝中的水分会迅速反应，并释放大量二氧化碳气体，产生二次渗压。高压推力与二次渗压将弹性体压入并充满所有缝隙，膨胀形成的固结体将水流完全地堵塞在结构体之外，达到完美防水堵漏效果。

（二）高压灌浆堵漏的施工技术

1. 施工工艺流程

高压灌浆堵漏的施工顺序：清理→布孔、钻孔→洗缝→埋嘴、封缝→灌浆→拆嘴→封口。

2. 施工方法

（1）清理。检查漏水部位，清理干净需要施工的区域，确保表面干净、润湿。

（2）布孔、钻孔。注浆孔的位置和数量，需根据不同漏水情况进行合理安排；使用电锤等钻孔工具在漏水部位打灌浆孔（深层裂缝可钻斜孔穿过缝面），一般孔距 $250\sim300$mm。

（3）洗缝。用高压清洗机向缝内注入洁净水将缝内粉尘清洗干净。

（4）埋嘴、封缝。在钻好的孔内安装灌浆嘴（又称之为止水针头），针头后带膨胀橡胶，并用专用内六角扳手拧紧，使灌浆嘴周围与钻孔之间无空隙，不漏水。将洗缝时出现渗水的裂缝表面用环氧类快干水泥进行封闭处理，防止灌化学浆液时跑浆。

（5）灌浆。使用高压灌浆机向灌浆孔内灌注水溶性化学灌浆材料（如聚氨酯），应根据渗漏部位的具体情况确定灌浆压力、灌浆量。立面灌浆顺序为由下向上；平面可从一端开始，单孔逐一连续进行、当相邻孔开始出浆后，保持压力3～5min，即可停止本孔灌浆，改注相邻灌浆孔。

（6）拆嘴。灌浆完毕，确认不漏（72h后检查无渗漏）即可去掉或敲掉外露的灌浆嘴。

（7）封口。清理干净已固定化的溢漏出的灌浆液，用快干水泥对灌浆口的修补、封口处理，并对表面做防水处理。

（三）高压灌浆堵漏技术施工过程控制

1. 注意事项

（1）输浆管必须有足够的强度，装拆方便。

（2）所有操作人员必须穿戴必要的劳动保护用品。

（3）灌浆时，操作泵的人员应时刻注意浆液的灌入量，同时观察压力变化情况。一般灌浆压力为0.3～0.5MPa，但当压力突然升高或下降时，应查明原因并处理后再继续灌浆。

（4）灌浆所用的设备、管路和料桶必须分别标明。

（5）灌浆前应准备水泥、水玻璃等快速堵漏材料，以便及时处理漏浆跑浆情况。

（6）每次灌浆结束后，必须及时清洗所有设备和管道。

2. 质量保证措施

（1）严格把好材料质量关，使用的化学灌浆材料，具有产品合格证、说明书和技术报告，经现场抽样复试合格后方可施工，绝不使用伪劣产品。

（2）严格操作规程和技术规范，施工中不偷工减料。

（3）坚持检查验收制度，坚持自检、互检和专检。

（四）高压灌浆堵漏技术的特点及应用范围

1. 高压灌浆堵漏技术的特点

高压灌注堵漏施工的特点主要有：高度成品化、操作方便简洁、不受气候和环境的限制，可四季施工；无毒无污染，在施工的过程中避免造成环境污染和影响；施工成本低，费用合理。

2. 高压灌浆堵漏施工技术的运用范围

（1）各种建筑物与地下室混凝土施工工程的裂缝、伸缩缝、施工缝、结构缝的堵漏密封。

（2）地质钻探工程的钻井护壁堵漏加固。

（3）水利水电工程的水库坝体灌浆，输水隧道裂缝堵漏、防渗，坝体混凝土裂缝的防渗补强。

（4）高层建筑物及铁路、高等级公路路基的加固稳定。

（5）煤炭开采或者其他采矿工程坑道内堵水施工和顶板等破碎层的加固。

（6）桥基的加固和桥体裂缝的补强。

（7）已变形建筑物加固，混凝土建筑物的裂缝补强和各种防止沉陷。

（8）土壤的改良、土质表层防护及稳定加固等。

**复 习 思 考 题**

8-1  什么是建筑防水新技术?

8-2  目前主要的建筑防水材料有哪些?

8-3  简述高聚物改性沥青防水卷材的主要品种、性能和适用范围。

8-4  简述自粘型橡胶沥青防水卷材性能特征、适用范围。

8-5  简述合成高分子防水卷材的主要品种及其性能特点。

8-6  简述建筑防水涂料品种、性能。

8-7  简述建筑防水涂料的使用范围。

8-8  建筑防水涂料施工中应考虑哪些因素?

8-9  什么是建筑密封材料?

8-10  建筑密封材料的分类及其性能特点有哪些?

8-11  简述刚性防水砂浆的概念。

8-12  简述聚合物水泥砂浆刚性防水材料的性能特点及其适用范围。

8-13  简述聚合物水泥砂浆刚性防水材料的主要技术措施。

8-14  简述防渗堵漏技术的基本原理。

8-15  建筑工程渗漏原因有哪些?

8-16  简述高压灌浆堵漏施工工艺流程。

# 第九章 建筑节能与环保应用技术

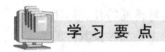 学习要点

本章主要介绍了建筑节能、节能型围护结构应用技术、屋面节能应用技术、节能检测评估技术以及预拌砂浆技术、环保型混凝土。通过本章的学习，了解建筑节能的基本概念；重点掌握各种新型墙体材料、节能型门窗以及双层玻璃幕墙的应用技术；掌握外墙外保温体系的新技术应用和各种屋面保温的施工要求；熟悉节能型建筑的检测与评估技术；熟悉预拌砂浆技术的性能指标和适用范围；掌握预拌砂浆的施工技术要点；熟悉再生骨料混凝土和透水混凝土的制备及应用。

## 第一节 建 筑 节 能 概 述

### 一、建筑节能的概念

建筑节能是指在建筑物的规划、设计、新建（改建、扩建）、改造和使用过程中，执行节能标准，采用节能型的技术、工艺、设备、材料和产品，提高保温隔热性能和采暖供热、空调制冷制热系统效率，加强建筑物用能系统的运行管理，利用可再生能源，在保证室内热环境质量的前提下，减少供热、空调制冷制热、照明、热水供应的能耗。它是一门综合性学科，涉及建筑、施工、采暖、通风、空调、照明、电器、建材、热工、能源、环境、检测、计算机应用等许多专业内容。

20 世纪 80 年代以来，可持续发展的概念逐渐形成并发展，节约能源渗透到社会的各领域，建筑节能推动了建筑业各项技术的发展。站在可持续发展的高度，认识和发展建筑节能，已成为当前世界各国重要而迫切的任务。为此，建设部相继出台和修订了建筑节能的一系列法规和标准，并提出了三步节能目标，即以 1980—1981 年当地通用设计能耗水平为基础，第一步由 1986 年起达到节能 30%，第二步由 1996 年起达到节能 50%，第三步由 2005年起达到节能 65%。

### 二、建筑节能的发展

在发达国家，建筑节能经历了三个阶段：

第一阶段：energy saving in buildings，即在建筑中节约能源，也即建筑节能。

第二阶段：energy conservation in buildings，即在建筑中保持能源，减少热损失。

第三阶段：energy efficiency in buildings，即提高建筑中的能源利用率，是积极意义上的节能。

我国从 20 世纪 80 年代初就开始了建筑节能，当时的建筑节能实际是发达国家的第一阶段，但一般均称 energy efficiency in buildings。现阶段我国的建筑节能正向提高能源的利用

率、开发新型洁净能源的方向发展。发展的重点领域为：研究新型低能耗的围护结构（包括墙体、门窗、屋面）体系的成套节能技术及产品；新型能源的开发和能源的综合利用，包括太阳能、地下能源开发利用和能源综合利用；室内环境控制成套节能技术的研究和设备开发；利用计算机模拟仿真技术分析制冷空调系统，对制冷空调系统进行智能控制；最大限度地降低现有建筑的节能改造成本，特别是围护结构和采暖空调系统改造；建筑物室内温度和湿度控制技术和冷热量计量收费技术及产品。

### 三、建筑节能的途径

一般采取周密、有效的建筑技术措施可以降低 1/2～2/3 的建筑能耗，因此在建筑规划设计、建造和使用过程中，在满足室内环境舒适、卫生、健康的条件下采取合理有效的建筑节能技术，有利于实现建筑节能和环保共进的目标。

（一）住宅节能的途径

（1）积极开发和研究满足建筑节能所需要的材料和设备。

（2）大力发展生产能耗低的轻质、高强材料及建筑用塑料制品。

（3）努力改进生产技术，提高管理水平，大幅度降低材料和设备生产的单位能耗。

（4）改进建筑设计和施工技术、方法，制订推动节能的建筑法规，建立健全促进节能材料、设备生产和应用的法规体系，为建筑节能工作的推进提供良好的法律环境。

（5）加大投入，加强建材设备生产、建筑、施工技术及产品应用技术的研究开发。

（二）建筑节能的关键技术

（1）围护结构的热传递机理。

（2）节能指标体系优化方法以及建筑低能耗围护结构组合优化设计方法，冷热源的优化运行方式，开发调节控制软件等。

（3）建筑室内温度控制和冷热量计量控制成套技术，包括控制产品、冷热量计量装置的研制、计量收费系统的数学模型和软件、自动计量及收费网络系统的开发。

（4）新能源供热制冷成套技术的研究开发，包括地热能、太阳能、地下和地面水体蓄能等的开发利用，低能耗建筑的综合设计体系研究，建筑设计、环境控制和节能设计的优化匹配，节能建筑和节能设备优选和集成，以及相应优化节能设计软件的开发。

## 第二节　节能型围护结构应用技术

节能型围护结构主要指围护结构在设计和施工时使用具有保温隔热性能的材料，使建筑物节约采暖和空调能耗，这样的围护结构称为节能型围护结构。2010 年全国新建建筑已全部严格执行节能 50% 的设计标准，其中各特大城市和部分大城市率先实施节能 65% 的标准。虽然我国建造了相当数量的节能建筑，但由于设计不合理、保温隔热材料质量差和施工误差等原因，导致围护结构热工性能差，出现室内结露、长霉和室内温度达不到标准要求的现象，建筑能耗仍然较大，而且有 60% 以上的热能是通过围护结构散失的。因此节能型围护结构应用技术的推广意义十分重大。节能型围护结构的关键是避免围护结构热阻不够和产生热桥等问题。

### 一、新型墙体材料应用及施工技术

新型墙体材料是指近几年生产的代替黏土产品的各种承重和非承重墙体砌块，主要有蒸压加气混凝土砌块、轻集料混凝土小型空心砌块、混凝土聚苯砌块和填充保温材料的夹心砌块体系等。这类产品具有重量轻，力学性能好，保温隔热性能好等特点，现已广泛应用于各种工业和民用建筑的外墙和填充墙。既可单独使用，也可与其他材料混合使用。

（一）蒸压加气混凝土砌块

1. 基本概念及其应用

蒸压加气混凝土砌块主要将70％左右的粉煤灰与定量的水泥、生石灰胶结料、铝粉、石膏等按配比混合均匀，加入定量水，经搅拌成浆后注入模具发气成型，经静停固化后切割成坯体，再经高压蒸养固化而成，是一种新型多孔轻质墙体材料。其特点是热阻大、重量轻，具有良好的防火、隔热、保温、隔声性能；同时该产品表面平整、尺寸精确，可大大节省砌筑砂浆，提高施工质量和施工速度，可以作为承重和非承重的结构材料。保温隔热墙体使用时应选择密度等级小于B07级的砌块，其他等级的砌块保温效果差，可作为承重使用。主要用于框架结构及高层建筑填充墙、隔断墙，节能建筑外围护墙的复合保温层及自保温外墙、屋面保温层等部位。处于浸水、高温、化学侵蚀和直接接触土壤的部位不得采用。

蒸压加气混凝土砌块的技术指标见表9-1。

**表9-1　　　　　　　　　　　蒸压加气混凝土砌块的技术指标**

| 干密度级别 | | | B03 | B04 | B05 | B06 | B07 | B08 |
|---|---|---|---|---|---|---|---|---|
| 强度级别 | 优等品≤ | | A1.0 | A2.0 | A2.5 | A5.0 | A7.5 | A10.0 |
| | 合格品≤ | | | | A3.5 | A3.5 | A5.0 | A7.5 |
| 体积密度（kg/m³） | | | 300 | 400 | 500 | 600 | 700 | 800 |
| | | | 330 | 430 | 530 | 630 | 730 | 830 |
| | | | 350 | 450 | 550 | 650 | 750 | 850 |
| 干燥收缩 | 标准法（mm/m）≤ | | 0.5 | | | | | |
| | 快速法（mm/m）≤ | | 0.8 | | | | | |
| 抗冻性 | 质量损失（％）≤ | | 5.0 | | | | | |
| | 冻后强度（MPa）≥ | 优等品 | 0.8 | 1.6 | 2.8 | 4.0 | 6.0 | 8.0 |
| | | 合格品 | | | 2.0 | 2.8 | 4.0 | 6.0 |
| 导热系数［W/（m·K）］≤ | | | 0.10 | 0.12 | 0.14 | 0.16 | 0.18 | 0.20 |

2. 施工技术

（1）施工准备。

1）严格选材。蒸压加气混凝土砌块的原材料主要为水泥、石灰、砂、粉煤灰等，是水泥混凝土制品，虽经蒸压，但收缩值目前根据成本因素只能控制在0.04％（万分之四）～0.06％（万分之六）范围内，比传统烧结黏土砖大，而且由于各厂家的原料和工艺条件的差异，其干缩性差异较大。尽量选择B07级以上或抗压强度等级不低于5MPa的产品，强度越高，其材料的密实度越好，干燥收缩值也会减小；干燥收缩值要求不大于0.5mm/m，出釜后须保证有28d的养护期，才能上墙砌筑。

2）砌块进场后，要做好防雨措施。应堆放在有遮盖的地方；如条件所限只能在露天堆放时，应堆放在地势较高的地方，做好排水处理。

（2）施工工序。

1) 基层处理。将砌筑的基底表面上的杂物清扫干净，用砂浆找平，并用水平尺检查其平整度。砌筑时应向砌筑面适当浇水。

2) 拌制砂浆。砌筑砂浆宜采用机械搅拌，注意投料顺序和搅拌时间。当砌筑砂浆出现泌水现象时，应在砌筑前再次拌和。

3) 砌筑墙体。①砌筑前按砌块平、立面构造图进行排列摆块，不足整块的可以锯截成需要尺寸，但不得小于砌块长度的 1/3。最下层如果灰缝厚度大于 20mm，应用细石混凝土找平铺垫。②砌单墙时，应将砌块立砌，墙厚为砌块的宽度；砌双层墙时，将砌块立砌两层，中间加空气层（厚度约为 70~80mm），两层砌块间每隔 500mm 墙高应在水平灰缝中放置 $\phi4$~$\phi6$ 的钢筋扒钉，扒钉间距 600mm。③砌块应采用满铺满挤法砌筑，上下皮砌块的竖向灰缝应相互错开，长度不宜小于砌块长度的 1/3，并不小于 150mm。当不能满足要求时，应在水平灰缝中放置 $2\phi6$ 的拉结钢筋或 $\phi4$ 的钢筋网片，拉结钢筋或钢筋网片的长度不小于 700mm。转角处应使纵横墙的砌块相互咬砌搭结，隔皮砌块露端面。砌块墙的丁字交接处，应使横墙砌块隔皮露头，并坐中于纵墙砌块。

（二）轻集料混凝土小型空心砌块

1. 基本概念及其应用

轻集料混凝土小型空心砌块是采用水泥作胶凝材料，骨料以各种陶粒、陶砂和煤矸石等加入部分炉下灰为集料，压制振动成型，具有较大空心率的砌体材料。该产品具有重量轻、施工方便、砌筑效率高、力学性能好、保温隔热等特点。适用于全国不同气候区的非承重墙、框架结构的内隔墙和外填充墙。

轻集料混凝土小型空心砌块基本技术指标及热工性能见表 9-2，干缩率应根据使用地区的不同来选择，范围应在 0.065％以内。

**表 9-2**                 **轻集料混凝土小型空心砌块砌体及热工性能**

| 主体材料 | 孔型 | 表观密度（kg/m³） | 空洞率（％） | 厚度（mm） | 热阻（m²·K/W） | 热惰性指标 $D_b$ |
|---|---|---|---|---|---|---|
| 煤渣硅酸盐 | 单排孔 | 1000 | 44 | 190 | 0.23 | 1.66 |
| | 双排孔 | 940 | 40 | 190 | 0.24 | 1.64 |
| | 三排孔 | 890 | 35 | 240 | 0.45 | 2.20 |
| 陶粒 500 级 | 单排孔 | 710 | 44 | 190 | 0.36 | 1.36 |
| | | 550 | 44 | 190 | 0.43 | 1.30 |
| | 双排孔 | 510 | 40 | 190 | 0.74 | 1.50 |
| | 三排孔 | 475 | 35 | 190 | 1.07 | 1.72 |

2. 施工技术

（1）施工准备。进入现场的砌块质量必须符合国家标准，砌块进场后应按规格、强度等级分别堆放；同时对砌块建筑不同功能部位的砌块需先行加工，如圈梁下部用砌块、窗台下部用砌块、固定门窗用砌块和集中荷载作用下的砌块等，均应在施工前加工完成。

（2）施工工序。

1）挑选砌块和试排。①挑选砌块，进行尺寸和外观检查。②根据砌块墙体线、门窗洞口线以及相应控制线等，按照排列图在工作面试排，砌块应尽量采用主规格的整砌块，尽量不切割。

2）拌制砂浆。①外墙砌块砂浆应具有防渗和收缩补偿功能，需加入适量高性能膨胀剂。②砂浆试块。检验的每批不大于 $250m^3$ 的砌块，按每种强度等级的砂浆至少制作一组（每组六个）试块，且试块底模为混凝土小型砌块。

3）砌筑墙体。①砌块墙与混凝土柱、墙交接处的砌块砌筑成马牙槎形式，先进后退，每 600mm（三皮砖高度）设 $2\phi6$ 的水平拉结钢筋，拉结钢筋长度从留槎处算起，每边均不少于 600mm。②承重混凝土砌块墙体按照先砌筑墙体后浇筑混凝土柱、墙的原则施工。③小砌块用于框架填充墙时，应与框架中预埋的拉结钢筋连接，当填充墙砌至顶面最后一皮，与上部结构接触处宜用实心砖斜砌。④砌块墙体所有大于 400mm 宽的洞口均按设计加过梁，小于 400mm 的洞口加设 $2\phi16$ 过梁钢筋。施工中需要设置的临时施工洞口，侧边离交接处墙面不小于 600mm，并在顶部设过梁。填砌施工洞口的砌筑砂浆等级应提高一级。⑤对预埋在墙内的线管、线盒留孔等，要求水电专业在砌墙前预留，并向砌筑人员说明。当管线较密穿管困难时，应将砌块中间两排孔打通，穿入管后用细石混凝土封死。

4）施工芯柱。①楼板混凝土浇筑前必须按设计安装好芯柱插筋，插筋锚固长度要满足设计要求或规范规定。芯柱插筋上下全高贯通，与各层圈梁整体浇筑。当上下不贯通时，钢筋锚固于上下层圈梁中。②芯柱钢筋采用绑扎连接，上下楼层的钢筋可在楼板面上搭接，搭接长度按设计要求施工。③每层砌筑第一皮小砌块时，在芯柱部位用侧面开口砌块砌筑，转角和十字墙核心的芯柱清扫孔与相邻清扫孔留成连通孔，每层墙体砌筑完毕必须清除芯柱空洞内的杂物及削掉孔内凸出的砂浆，用水冲洗干净，绑牢校正芯柱钢筋，经隐检合格后，支模堵好清扫孔。

（三）混凝土夹心砌块

1. 基本概念及其应用

混凝土夹心砌块是近年来对混凝土小型空心砌块的改良，主要是在混凝土砌块的空心处放入发泡聚苯乙烯板、发泡聚苯乙烯颗粒或其他保温材料，其目的是使砌块在具有承重和装饰功能的基础上增加砌块的热阻，使其具有保温隔热功能。因混凝土砌块肋壁的传热较大，单独使用时，肋壁位置是热桥，冬季气温低，内外温差大时室内的热桥部位会产生冷凝水，故在使用时应复合其他保温材料。

混凝土夹心聚苯砌块的基本指标和热工性能见表 9-3。

表 9-3　　　　　　　混凝土夹心砌块砌体热工性能

| 孔中材料 | | 孔中材料导热系数 $[W/(m \cdot K)]$ | 孔　型 | 厚度 (mm) | 热阻 $(m^2 \cdot K/W)$ | 热惰性指标 $D_b$ |
|---|---|---|---|---|---|---|
| 插入 | 25 厚聚苯小板 | 0.04 | 单排孔 | 190 | 0.32 | 1.66 |
| | 25 厚硬质矿棉板 | 0.05 | 单排孔 | 190 | 0.33 | 1.70 |
| | 30 厚矿棉毡（包塑） | 0.05 | 单排孔 | 190 | 0.31 | 1.66 |
| 满填 | 松散矿棉 | 0.45 | 单排孔 | 190 | 0.43 | 1.90 |
| | 水泥聚苯碎粒混合料 | 0.09 | 单排孔 | 190 | 0.36 | 1.91 |

2. 施工技术

（1）施工准备。在砌块选择上，不能使用潮湿或含水率超标的砌块砌筑。当气候特别干燥炎热时，可在砌筑时稍加喷水湿润。阴雨季节应采取防雨措施。砌筑前应清理干净砌块表面的污物或芯柱所用砌块孔洞四周的底部毛边。

（2）施工工序。

1）绘制砌块排列图。

2）倒砌法砌筑。砌筑时采用倒砌法，即把砌块倒转过来，使厚度大的一端朝上，厚度小的一端朝下，以增加砂浆的支撑力，改善墙体的抗剪性。

3）灌注芯柱。

4）预留孔洞、埋件。①门窗洞口采用预灌后埋式安装时，两侧砌块芯孔应先浇筑密实。暖气片、管线固定卡、开关插座、吊柜、挂镜线等需要固定的位置可先采用实心砌块砌筑。②在小砌块砌体中不得预留或打凿水平沟槽，严禁在砌好的墙体上打凿孔、洞、槽。③开关插座以及箱盒位置采用开口砌块，如此处有芯柱，应分段浇筑混凝土。

5）墙面抹灰。①混凝土夹心砌块墙体的内外墙面均宜抹灰，以改善墙体的保温、隔热、隔声性能，防止外墙渗水、漏水。②水平灰缝宜用专用灰铲或铺灰工具坐浆铺灰，铺灰长度不得超过 800mm；竖向灰缝宜采用把砌块竖立后平铺端面砂浆的方法，特别注意相邻砌块的灰口应同时挂灰碰头砌筑。砌体灰缝应横平竖直，水平灰缝厚度和竖向灰缝宽度应控制在 8～12mm 范围内，以 10mm 为宜。单排孔砌体位于不同层但排块规则相同的砌块的竖向灰缝应各自对齐。严禁用水冲浆灌缝，也不得采用以石子、木楔等物体垫塞灰缝的方法。

（四）各种砌块施工中的问题及控制措施

各种砌块施工中存在的主要问题是砌筑质量较差；砌体灰缝不实产生裂缝；砌体与钢筋混凝土墙之间产生裂缝；砌筑砂浆是普通砂浆，在灰缝处形成热桥、易结露等。

控制措施主要有：

（1）砌筑时，要提前将砌块浇水湿润，砌筑时还应适当洒水，严禁干砌块上墙，避免砂浆水分被砌块过快吸干，降低砂浆的强度。

（2）砌筑时一边砌筑一边勾缝补缝，使灰浆饱满，重点做好砌体与钢筋混凝土墙之间的接缝处理，砌块砌完后应静置一段时间，待结构变形稳定后再将框架梁底与砌块之间的缝隙填实，对所有的灰缝进行二次勾缝。

（3）在砌筑灰浆初凝时喷涂防裂剂，也可在每道抹灰砂浆初凝时喷涂防裂剂，如 YH－2 型砂浆防裂剂，可有效防止砂浆裂纹的产生。

（4）对有暗箱、线盒、线管和钢筋混凝土墙（或框架梁）的地方，应在抹灰前垫铺密目钢筋网片，防止抹灰空鼓裂缝。抹灰前对基层进行界面处理，提高界面的黏合力，防止空鼓和开裂。

（5）轻质砌块的砌筑砂浆，应使用轻质保温砂浆，减少热桥，提高砌体的保温性能。

**二、节能型门窗应用技术**

在建筑围护结构的门窗、墙体、屋面、地面四大围护部件中，门窗的绝热性能最差，是影响室内热环境质量和建筑节能的主要因素之一。就我国目前典型的围护部件而言，门窗的能耗为墙体的 4 倍、屋面的 5 倍、地面的 20 多倍，约占建筑围护部件总能耗的 40%～50%。在建筑节能上，应从增加传热阻、减少空气渗透量、窗型及窗墙比设计、遮阳技术等方面来提高窗户的保温隔热性能。另一方面，窗户是建筑围护结构中要求功能最多的部件，在加强保温隔热性能的同时，不能忽视窗户的其他性能，应从提高其综合性能（包括它的经济性）的角度来选择适宜的节能技术措施。

近年来，随着人民生活水平的提高，节能意识的提高，逐渐淘汰了技术性能差的 25 钢窗，有些城市淘汰了单玻塑料推拉窗。性能优良的各种门窗应运而生，如断桥铝合金窗、断桥钢窗、使用中空玻璃和低反射率玻璃的各种类型外门窗、各种复合材料的外门窗等，它们的使用节约了建筑的运行能耗。

我国根据建筑区域的不同，分为寒冷地区、严寒地区、夏热冬冷地区和夏热冬暖地区，四个区域分别对外窗的传热系数进行了规定，见表 9-4。

表 9-4                      我国各区域建筑外窗传热系数限值

| 地 区 | 窗墙面积比（%） | 传热系数［W/（m² · K）］ |
|---|---|---|
| 严寒 | 北≤25；南≤45；东≤30；西≤30 | 1.5～3.1 |
| 寒冷 | 北≤30；南≤50；东≤35；西≤35 | 4.0～4.7 |
| 夏热冬冷 | 北≤40；南≤45；东≤35；西≤35 | 2.3～4.7 |
| 夏热冬暖 | 北≤40；南≤40；东≤30；西≤30 | 2.0～6.5 |

（一）断桥型门窗

1. 基本概念及其应用

型材材性和断面形式是影响门窗保温性能的重要因素之一。门窗框材质不同，其导热系数是不同的，导热系数越大，传热能力越强。断桥一般是在导热系数较大型材的内腔和外腔之间用传热系数小的塑料或橡胶将其隔开，在内外腔之间形成一个阻断冷（热）传递的桥，这样使传热系数大的钢、铝等型材既美观耐用，又具有较好的保温隔热功能。由于合理分离水汽腔，成功实现气水等压平衡，显著提高门窗的水密性和气密性。该技术适用于金属材质的外窗。断桥型门窗以其良好的保温、隔热性能，在我国"三北"（东北、西北、华北）等冬季高寒地区的新建建筑中得到广泛运用，宾馆和别墅的外窗多是断桥窗，已应用的典型工程有北京市建设工程质量监督总站。

常用窗框用材传热系数见表 9-5。

表 9-5                      常用窗框用材传热系数                      单位：W/(m² · K)

| 普通铝合金框 | 断桥型铝合金框 | PVC 塑料框 | 木框 |
|---|---|---|---|
| 6.21 | 3.72 | 1.91 | 2.37 |

2. 施工技术

（1）施工准备。在安装前，首先要检查洞口表面平整度、垂直度应符合施工规范，要求洞口宽度、高度允许偏差±10mm，洞口垂直水平度偏差全长不超过 10 mm。为保证隔音保温效果，断桥窗玻璃必须是中空玻璃 5mm＋9A＋5mm 双面钢化。还应检查断桥型门窗的型材质量，其型材必须是由专业型材生产厂家生产或定做而成的合格品。

（2）施工工序。断桥型门窗的施工工序为：准备工作→安装钢副框→土建抹灰收口→安装窗框→安装窗扇→填充发泡剂→窗外周圈打胶→安装窗五金件→清理验收。

（3）施工注意事项。

1）型材的断面最好是多腔的，一般应大于 3 腔，因为热流方向是垂直于腔壁的，对于金属框的窗在保证有足够空腔的条件下用非金属材料如塑料、橡胶等进行断桥处理，断桥的宽度不宜小于 15mm，长度应与框相等，在安装五金件和安装窗时不要破坏断桥结构。

2）在确定窗安装标高时要注意，飘窗与"一"字形窗设计高度不一样，只是在安装上窗楣时取平。窗户的安装标高，每层确定且确保同一层不同类型窗户的窗楣在同一标高。

3）断桥型门窗的组装技术要求特点。断桥型门窗是通过 1.4mm 或 1.4mm 以上的壁厚切成 45°角，拐角处用 3mm 以上的专用插件通过门窗组装成套设备。

4）壁厚要求都必须在 1.4mm 以上，因为壁厚薄关系到组装技术和组成门窗的牢固安全问题。而普通门窗壁厚要求就不太严格，一般根据市场和加工门窗厂利益而定，一般在 1.0mm 左右。

（二）中空玻璃门窗

1. 基本概念及其应用

中空玻璃以两片或多片玻璃组合而成，玻璃与玻璃之间的空间和外界用密封胶隔绝，里面是空气或其他特殊气体，充入的气体必须干燥，以防止在空气间层的玻璃表面上结露。在双层窗间层充入氩气、氪气或混合气体等惰性气体也可以有效地改善窗户的热工性能。

根据玻璃的种类分为普通透明中空玻璃、镀膜中空玻璃、钢化中空玻璃和各种弧形中空玻璃等，选用高强度高气密性黏结密封胶、优质铝合金间隔框和干燥剂加工而成。该项技术适用于任何材质的外窗。不同玻璃间隙和窗框洞口面积比时的传热系数见表 9-6。

**表 9-6　　　　　　不同玻璃间隙和窗框洞口面积比时的传热系数**

| 窗框材料 | 窗户类型 | 空气层厚度（m） | 窗框洞口面积比（%） | 传热系数 [W/（m² · K）] |
|---|---|---|---|---|
| 铝、钢 | 单层窗 | — | 20～30 | 6.4 |
| | 单框双玻或中空玻璃窗 | 12 | | 3.9 |
| | | 16 | | 3.7 |
| | | 20～30 | | 3.6 |
| | 双层窗 | 100～140 | | 3.0 |
| | 单层窗＋单框双玻或中空玻璃窗 | 100～140 | | 2.5 |

中空玻璃的间隙距离是影响门窗保温性能的重要因素之一，在玻璃厚度一定的情况下，窗的热阻随间隙距离的增加而直线增加，当间隙大于 10mm 时，热阻增加很少，因此玻璃之间的间隙距离不宜小于 10mm，对于铝合金窗，玻璃之间的隔热条宽度应大于 12mm，玻璃的厚度应大于 5mm。

为保证中空窗的热工特性，重要的措施是加强玻璃与窗框连接处（即窗的边缘处）的隔热隔湿处理。在窗框连接处采用了一系列密封措施（例如用硅胶发泡材料与固体吸湿剂），将窗框断面做成迷宫结构，有效地切断冷桥。还采用了导热系数小的金属材料制造窗框，例如不锈钢、玻璃钢和塑料。

该种门窗多与断桥技术结合应用达到良好的效果，已应用的典型工程有北京建设工程质量监督总站、原生别墅小区使用的中空玻璃断桥铝合金门窗等。

2. 施工技术

在选材时应注意，双层玻璃的密封胶直接决定着产品的功能时效，不能用普通玻璃胶代替，以免在里外温差悬殊的时候，玻璃内尽是水珠雾气，严重地影响了玻璃的透明度，既不能擦又不能清洗。中空玻璃密封用胶应符合国家标准《中空玻璃用弹性密封胶》（GB/T

29755—2013)，中空玻璃内部不得有灰尘和水汽，窗扇关闭严密无翘曲变形现象，搭接均匀开关灵活，关闭无回弹和阻滞现象。

由于中空玻璃在应用于门窗时多做成断桥型，且以中空玻璃断桥铝合金门窗最为经济普遍，因此施工工序以及施工中注意的问题可以参照断桥铝合金门窗的做法。

（三）低辐射率玻璃

1. 基本概念及其应用

低辐射率玻璃（Low-E膜玻璃）是在玻璃表面上镀一层具有低辐射率的金属（或金属氧化物）膜。低辐射玻璃有较高的可见光透过率和良好的热阻性能，与普通玻璃相比，可以将80%以上的红外热辐射反射回去，同时在可见光波段上保留了高透射率。它还能阻隔紫外线，避免室内物体褪色、老化。但它对可见光（短波辐射）基本没有阻挡作用，因此仍然可以利用昼光照明，减少电气照明负荷。因此，有时又把这种 Low-E 玻璃窗称为"频谱选择低辐射玻璃窗"。其价格较贵，约为 100 元/$m^2$。在双层中空窗中，为了降低造价，可以使用一层低辐射率玻璃，一层透明普通玻璃，该玻璃适用于任何材质的外窗。该种门窗已在我国各地区开始使用，已应用的典型工程有中国建筑文化中心、三里河国家计委住宅楼使用的低辐射率玻璃门窗、中国建筑文化中心、上海节能示范楼和科技部节能示范楼的外门窗。

Low-E 膜玻璃与其他玻璃性能比较以及常见外窗传热系数值见表 9-7 和表 9-8。

表 9-7 　　　　　　　　　　　　　　Low-E 膜玻璃与其他玻璃性能比较

| 玻璃种类 | | 玻璃构造（mm） | 辐射率 | 传热系数 [W/（$m^2 \cdot$ K）] |
|---|---|---|---|---|
| 单层 | 白玻璃 | 3 | 0.84 | 6.17 |
| | | 6 | 0.84 | 6.03 |
| | SS 反射玻璃 | 5，内侧镀膜 | 0.50 | 5.01 |
| | 在线 Low-E 膜玻璃 | 5，内侧镀膜 | 0.19 | 3.48 |
| | 离线 Low-E 膜玻璃 | 5，内侧镀膜 | 0.05 | 3.30 |
| 中空玻璃 | 白玻璃＋白玻璃 | 3＋12＋3 | 0.84 | 3.14 |
| | | 3＋9＋3 | | 3.29 |
| | SS 反射玻璃 | 5＋12＋3 | 0.50 | 2.71 |
| | | 5＋9＋3 | | 2.89 |
| | 在线 Low-E 膜玻璃 | 5＋12＋3 | 0.19 | 1.88 |
| | | 5＋9＋3 | | 2.19 |
| | 离线 Low-E 膜玻璃 | 5＋12＋3 | 0.05 | 1.73 |
| | | 5＋9＋3 | | 2.07 |
| | | 5＋12＋3 | 0.05 充氩气 | 1.30 |
| | | 5＋9＋3 | | 1.55 |

表 9-8　　　　　　　　　　常见外窗传热系数计算值　　　　　　[单位：W/（m² · K）]

| 窗框材料 | | 普通铝合金窗 | | 断桥铝合金窗 | | PVC 塑料窗 | | 普通木窗 | |
|---|---|---|---|---|---|---|---|---|---|
| 窗框传热系数 | | 6.21 | | 3.72 | | 1.91 | | 2.37 | |
| 窗框面积比 玻璃结构及传热系数 | | 20 | 30 | 25 | 40 | 30 | 40 | 30 | 45 |
| 中空玻璃 3+12+3 | 3.14 | 3.75 | 4.06 | 3.29 | 3.37 | 2.77 | 2.65 | 2.91 | 2.79 |
| 中空玻璃 3+9+3 | 3.29 | 3.87 | 4.17 | 3.41 | 3.47 | 2.88 | 2.74 | 3.02 | 2.88 |
| Low-E 中空玻璃 5+12+3 | 1.88 | 2.75 | 3.18 | 2.34 | 2.62 | 1.88 | 1.89 | 2.03 | 2.10 |
| Low-E 中空玻璃 5+9+3 | 2.19 | 2.99 | 3.40 | 2.57 | 2.80 | 2.11 | 2.08 | 2.20 | 2.27 |

Low-E 玻璃通过对膜层的适当调整，可制作出分别适用于各种不同气候类型，或具有不同颜色，或具有不同光学参数的多种类型的 Low-E 膜玻璃。例如用于冬季时间长、气温低的中、高纬度地区的 Low-E 膜玻璃应具有较高的阳光透过率；用于冬季寒冷、夏季炎热的中、高纬度地区的 Low-E 膜玻璃应具有较好的阳光遮挡效果。因此应根据建筑物所在的地区，合理选购合适的 Low-E 膜玻璃。

2. 施工技术

所用的玻璃质量应符合《镀膜玻璃 第 2 部分：低辐射镀膜玻璃—2013》（GB/T 18915.2—2013）。

节能型门窗最好是集断桥、中空和低辐射率玻璃于一体，节能效果最好。各地使用时可参考上述参数，因此施工工序以及施工中注意的问题可以参照断桥铝合金门窗的做法。

（四）其他玻璃

1. 夹胶玻璃

（1）简介。夹胶玻璃是通过专门设备把 PVB（EVA）胶片夹在两层或者多层玻璃中间，经预热、预压后进入设备内热压成型而成。一旦受到外力撞击后破碎，破碎部分与中间膜粘在一起，整块玻璃仍保持一体。

（2）特点。

1）安全性。不容易被击穿，破碎后碎片不易飞散，具有比较高的耐震、防盗、防暴和防弹性能。

2）节能性。有良好的隔热性能，可节电节能。

3）隔音性。夹层玻璃对声波具有阻尼功能，是良好的隔声材料。

4）夹胶玻璃有阻挡紫外线的功能，可防止室内家具、物品的褪色。

2. 夹丝玻璃

（1）简介。夹丝玻璃也称防碎玻璃或钢丝玻璃。它是由压延法生产的，即在玻璃熔融状态下将经预热处理的钢丝或钢丝网压入玻璃中间，经退火、切割而成。夹丝玻璃表面可以是压花的或磨光的，颜色可以制成无色透明或彩色的。

（2）特点。安全性和防火性好。夹丝玻璃由于钢丝网的骨架作用，不仅提高了玻璃的强度，而且当受到冲击或温度骤变而破坏时，碎片也不会飞散，避免了碎片对人的伤害。在出现火情时，当火焰蔓延，夹丝玻璃受热炸裂，由于金属丝网的作用，玻璃仍能保持固定，隔绝火焰，故又称为防火玻璃。

目前我国生产的夹丝玻璃分为夹丝压花玻璃和夹丝磨光玻璃两类。夹丝玻璃可用于建筑的房门窗、天窗、采光屋顶、阳台等部位。

3. 视飘玻璃

视飘玻璃是在没有任何外力情况下，玻璃色彩图案随着观察者视角改变而发生飘动，图案线条清晰流畅，使居室平添一种神秘的动感。视飘玻璃所用的色料是无机玻璃色素，膨胀系数和玻璃基片相近，所以色彩图案与基片结合牢固，无裂缝，不脱落。由于视飘玻璃是在 $500 \sim 680℃$ 的高温下，将色素和玻璃基片烧结在一起，所以抗严寒、耐高温和耐风蚀能力强，永不变色，同时能热弯，可钢化，色彩图案丰富新颖，是一种新的高科技产品，是装饰玻璃在静止和无动感方面的一大突破。

4. 智能玻璃

智能玻璃是在玻璃表面上涂抹超薄层物质——二氧化钒和钨的混合物。天气寒冷的时候，二氧化钒能吸收红外线，产生温热效应，从而提高室内温度；相反，在炎热的天气里，超薄层混合物中，黏结在一起的两种物质的分子发生相应变化，反射红外线，从而使得室内温度凉爽。薄层混合物质中 2% 含量的钨决定了二氧化钒是吸热还是散热。

目前智能玻璃距离大规模的生产还存在一定距离，它面临的问题是：智能玻璃表面有一层黄棕色的色调薄层，这层涂层看上去很脏，不能吸引建筑设计者的眼光。现在研究人员正在考虑的是，能否在薄层中加入其他成分来中和这种颜色，让智能玻璃变得干净起来，尽早把这种玻璃运用到实际生活当中。

据悉，这种智能玻璃的价格仅比现有普通玻璃高出 20%。

**三、节能型幕墙应用技术**

建筑幕墙的节能设计理念是指通过产品的结构设计、材料选用等措施，以低能耗获得最理想的室内温度和光线环境的过程，它是现代建筑中采用最多的外围护体系。近几年来，玻璃幕墙以施工便捷、清洁维护容易、自重轻、隔热、遮阳、节能、舒适、抗紫外线、美观、安全等多方面的特点而快速发展，被公认为是绿色、节能的最好建筑材料之一。

（一）真空玻璃幕墙

真空玻璃幕墙指中空玻璃的中间层为真空层，基本上消除了对流传热和传导传热，同时组成真空玻璃的原片可以是低辐射镀膜玻璃即 Low-E 玻璃，能够大幅度降低辐射传热。真空层玻璃比普通的中空层玻璃具有隔声性能、保温性能更好，热阻更高等良好特性，因此具有更好的防结露性能和隔热保温性能。据国家工程质量检测中心的数据显示，真空玻璃的保温性能是中空玻璃的 2 倍，单片玻璃的 4 倍。

（二）双层玻璃幕墙

1. 双层玻璃幕墙概念及其工作原理

双层玻璃幕墙也称为双通道幕墙或呼吸式幕墙，主要是由外层幕墙、空气交换通道（俗称热通道）、进风装置、出风装置（承重隔栅）、遮阳系统以及内层幕墙（或门、窗）等组成，且在空气交换通道内能够形成空气有序流动的建筑幕墙。在空气层中装入光电转换装置可制成光电智能性幕墙，为建筑使用提供电能和热能，并可通过光、电、热等感应装置实现全自动调节功能。双层玻璃幕墙节能效果显著，节能效果对比见表 9-9，已应用的典型工程有北京旺座中心、"久来"大厦、TCL 大厦、上海中心。

**表 9-9** 双层幕墙节能效果对比

| 序号 | 幕墙类型 | 传热系数 [W/(m²·K)] | 遮阳系数 | 维护结构平均热流量（W/m²） | 围护结构节能百分比（%） | 备注 |
|---|---|---|---|---|---|---|
| 1 | 基准幕墙 | 6 | 0.7 | 336.46 | 0 | 非隔热型材 非镀膜单玻 |
| 2 | 节能幕墙 | 2 | 0.35 | 166.99 | 50.4 | 隔热型材 镀膜中空玻璃 |
| 3 | 双层幕墙 | <1.0 | 0.2 | 101.16 | 69.9 | |

注 计算以北京地区夏季为例，建筑体形系数取 0.3、窗墙面积比取 0.7、外墙（包括非透明幕墙）传热系数取 0.6 W/(m²·K)、室外温度取 34℃、室内温度取 26℃、夏季垂直面太阳辐射照度取 690W/m²、室外风速取 1.9m/s、内表面换热系数取 8.3W/m²。

根据通风层的结构不同可分为"外循环（敞开式外通风）"和"内循环（封闭式内通风）"两种。外循环式、内循环式两种双层幕墙的工作原理如图 9-1 所示。

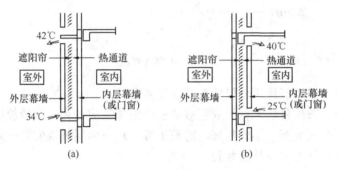

图 9-1 内通风与外通风双层幕墙作用原理
（a）外通风；（b）内通风

开敞式外循环通风幕墙的内外两层幕墙之间形成的通风换气层的两端装有进风和排风装置，利用室外新风进入，经热通道带走热量从上部排风口排出，可减少太阳辐射热的影响，节约能源。它无须专用机械设备，完全靠自然通风，维护和运行费用低。进风和排风装置上的风口可以开启和关闭（有手动和自动）。另外，还可以通过对进排风口的控制以及对内层幕墙通风窗的设计，达到由通风层向室内输送新鲜空气的目的，从而优化建筑内部的空气质量。

封闭式内循环冬季将温室效应蓄热通过管道回路系统加热后传到室内，当机械设备工作时，双层幕墙通道内形成负风压，室内的空气便先导入双层幕墙通道，空气在双层幕墙空腔内形成自下而上的空气有序流动，最后通过机械设备排出排风管道，达到节能效果。在通道内设置可调控的百叶窗或垂帘，可有效地调节日照遮阳，为室内创造更加舒适的环境。

2. 施工技术

目前玻璃幕墙的构造及安装方法存在一定差异，安装时应仔细了解其作法和质量标准。在此仅介绍如图 9-2 所示的内循环系统的一种作法。此系统内层幕墙采用明框断热玻璃幕墙结构，由铝合金竖龙骨与横龙骨连接构成其骨架部分，并通过连接件、埋件固定于主体结构上；外层幕墙采用点支承点式玻璃幕墙结构，支承龙骨为铝型材，由连接件与内层幕墙竖龙

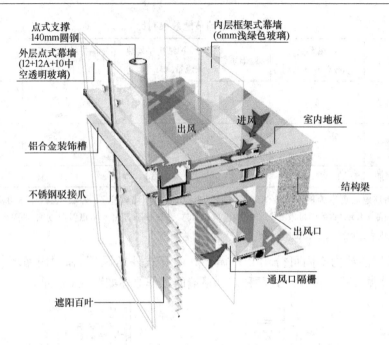

图 9-2　内循环系统

骨相连，玻璃通过不锈钢驳接爪、驳接头安装于竖龙骨上。

（1）施工工序。玻璃幕墙结构的双层玻璃幕墙的施工流程为：测量放线及埋件处理→内层龙骨立框→外层框架立框→层间封修、隐蔽工程处理→内层玻璃安装→外层玻璃安装→通风系统安装→遮阳百叶安装→打密封胶。

（2）主要操作工序。

1）放线定位、埋件处理。①复测土建提供的基准中心线、水平线无误后放钢线定出幕墙安装基准线。②检查埋件的安装位置是否符合设计要求，表面平整度是否影响支座的安装。埋件平面位置允许偏差为±20mm；标高允许偏差为±10mm；表面平整度偏差≤5mm。

2）连接件、骨架安装及上下层间防火封修。①在连接件三维空间定位准确后，进行连接件的临时固定（即点焊）。②内、外层幕墙骨架的安装顺序是从下向上，先安装竖框，并以竖框定位，再安装横框。

3）内层玻璃板块安装。①检查玻璃板块是否破裂，尺寸、厚度等是否符合要求。②安装前，要将玻璃清理干净，同时要按安装层次、顺序堆放，注意适当倾斜以免倾覆。③玻璃初装完成后，进行横平、竖直、面平的调整。玻璃板块调整完成后，要立即用压板进行固定，上压板时要上正、压紧，杜绝松动现象。

4）外层玻璃板块安装。①不锈钢爪件的安装。外层龙骨经检查符合要求后，进行施工放线。安装爪件时，应采用吊锤、卷尺及水平仪、经纬仪调整进出位并按照图纸进行校验。②安装饰面玻璃时，让上部先入槽，把氯丁胶注入下部槽内，将玻璃慢慢放入槽中，再用泡沫填充棒固定，以防造成破裂。

5）打密封胶。①复核外饰面板块间的宽度、平整度，用易挥发的清洁剂擦拭胶缝的表面，除去灰尘及其他杂物，保证表面清洁。②注胶前，需做密封胶与饰面材料的相容性试验。③注好的密封胶表面要用刮板或其他修胶工具进行修整，以保证胶缝表面光滑、平整、均匀。

6）幕墙顶部、底部封修。幕墙顶部封修在安装顶层板块时进行；考虑到防渗漏及保温要求，底部封修在板块安装至相应位置前进行。

**四、外墙外保温体系**

（一）基本简介

1. 外墙外保温系统的概念

在已建外墙的整个外侧面上，将合理确定的几种材料层次，按要求的操作方法和程序施加，以构成保温隔热为主要目的的整体面层，称作外墙外保温系统。采用此类系统，可将外墙体的承重、保温、饰面高效复合，充分发挥它的围护功能。该技术 20 世纪 80 年代引入我国，因其技术含量高且适用性强，已立项推广应用。

2. 外墙外保温体系的特点

（1）适用范围广。外保温技术既可用于新建工程，又可用于旧房改造。在基本不影响室内活动和正常生活的情况下，就能组织施工，不需要临时搬迁。

（2）保护主体结构，延长建筑物寿命。采用外保温技术，由于保温层置于建筑物围护结构外侧，缓冲了因温度变化导致结构变形产生的应力，避免了外界恶劣气候条件对结构的破坏，减少了空气中有害气体和紫外线对围护结构的侵蚀，使墙体产生裂缝、变形和破损的可能性减少，建筑物寿命延长。

（3）基本消除了热桥的影响。对内保温而言，在内外墙交界处、构造柱、框架梁、门窗洞口等部位，容易形成热桥；外保温既可以防止热桥部位产生结露，又可以消除热桥造成的热损失。

（4）使墙体潮湿情况得到改善。一般情况下，内保温须设置隔汽层，而采用外保温时，由于蒸汽渗透性高的主体结构材料处于保温层的内侧，一般不会发生冷凝现象，故无需设置隔汽层。通过提高结构层整个墙身的温度，进一步改善了墙体的保温性能。

（5）有利于保持室温稳定。外保温墙体由于蓄热能力较大的结构层在保温层内侧，当室内受到不稳定热作用时，墙体结构层能够吸收或释放热量，有利于保持室温稳定。

另外，它还具有能够避免装修时保温层受到破坏、增加房屋使用面积等优点。然而，由于外保温隔热体系置于外墙外侧，直接承受来自外界各种因素的影响，对外保温体系就提出了更高的要求。

3. 外墙外保温系统的基本构造

外墙外保温系统的基本构造见表 9-10。

**表 9-10** 　　　　　　　　　　　**外墙外保温系统的基本构造**

| 墙体① | 黏结层② | 保温层③ | 保护层④ | 饰面层⑤ | 构造示意 |
|---|---|---|---|---|---|
| 钢筋混凝土墙<br>黏土砖墙<br>黏土多孔砖墙<br>混凝土空心砌块墙 | 胶黏剂 | 保温材料 | 底层抹灰材料＋网布 | 装饰材料＋罩面材料 | |

（二）膨胀聚苯板薄抹灰外墙外保温系统

1. 基本概念及其应用

膨胀聚苯乙烯（EPS），是一种由完全封闭的蜂窝状多面体构成的泡沫塑料板。蜂窝的直径为 0.2～0.5mm，壁厚为 0.001mm。此种泡沫塑料由约 98％的空气和 2％聚苯乙烯组成。正是 EPS 板内部独特的结构，使完全被封闭在蜂窝中的空气成了良好的隔热体。

EPS 块体存在多种形状和种类，由于它的材料特性，在土建工程中具有如下特点：

（1）良好的隔热性、耐候性。这种高效保温材料具有很强的热阻断能力，能适应大气热应力、风压、地震力、水和水蒸气、火等外界破坏力量的影响。

（2）吸水率很小，温度变形系数小。

（3）耐久性。EPS 对于一般的酸、碱、动植物油、盐类有较好的抗化学性。

（4）重量轻，易施工性并且易于加工切割。这既满足了建筑保温节能的功能要求，又兼顾到建筑立面的美观与协调。

（5）EPS 板的缺点。EPS 板有易粉化、难黏结、表面强度低、易破损、污染严重等问题。

膨胀聚苯板薄抹灰外墙保温系统是由自熄型模塑聚苯板、锚栓（必要时使用）、黏结胶浆、抹面胶浆和耐碱网布及涂料等材料组成，置于建筑物外墙外侧的保温及饰面系统。该保温系统适用于各种形式主体结构的外墙外保温，适宜在严寒、寒冷地区和夏热冬冷地区使用，是目前全国各地使用量最多、保温隔热效果最好的一种保温体系。目前该技术较成熟，在北方城市已大面积使用，典型的工程有三里河国家计委住宅楼、怡海花园三期、广泉小区住宅楼等。

EPS 板薄抹灰外墙外保温体系的具有施工方便、自重轻、抗裂优良、保温节能以及安全耐久等优势，同时也有造价偏高、抗负风压性能差等缺点。

2. 施工技术

（1）施工准备。原材料和系统应符合《膨胀聚苯板薄抹灰外墙保温体系》（JG 149—2003）标准要求，其中自熄型模塑聚苯板的密度应大于 18kg/m³。

1）黏结胶浆的性能指标应符合表 9-11 的要求。

表 9-11　　　　　　　　　　黏结胶浆的性能指标

| 试 验 项 目 | | 性 能 指 标 |
|---|---|---|
| 拉伸黏结强度（与水泥砂浆）（MPa） | 原强度 | ≥0.60 |
| | 耐水 | ≥0.40 |
| 拉伸黏结强度（与膨胀聚苯板）（MPa） | 原强度 | ≥0.10，破坏界面在膨胀聚苯板上 |
| | 耐水 | ≥0.10，破坏界面在膨胀聚苯板上 |
| 可操作时间（h） | | 1.5～4.0 |

2）膨胀聚苯板主要性能指标应符合表 9-12 的要求。

3）抹面胶浆的性能指标应符合表 9-13 的要求。

4）耐碱网布的主要性能指标应符合表 9-14 的要求。

表 9-12　　　　　　　　　　　膨胀聚苯板主要性能指标

| 试 验 项 目 | 性 能 指 标 |
| --- | --- |
| 导热系数［W/（m·K）］ | ≤0.041 |
| 表观密度（kg/m³） | 18.0～22.0 |
| 垂直于板面方向的抗拉强度（MPa） | ≥0.10 |
| 尺寸稳定性（%） | ≤0.30 |

表 9-13　　　　　　　　　　　抹面胶浆的性能指标

| 试 验 项 目 | | 性 能 指 标 |
| --- | --- | --- |
| 拉伸黏结强度（与膨胀聚苯板）（MPa） | 原强度 | ≥0.10，破坏界面在膨胀聚苯板上 |
| | 耐水 | ≥0.10，破坏界面在膨胀聚苯板上 |
| | 耐冻融 | ≥0.10，破坏界面在膨胀聚苯板上 |
| 柔 韧 性 | 抗压强度/抗折强度（水泥基） | ≤3.0 |
| | 开裂应变（非水泥基）（%） | ≥1.5 |
| 可操作时间（h） | | 1.5～4.0 |

表 9-14　　　　　　　　　　　耐碱网布主要性能指标

| 试 验 项 目 | 性 能 指 标 |
| --- | --- |
| 单位面积质量（g/m²） | ≥130 |
| 耐碱断裂强力（经、纬向）（N/50mm） | ≥750 |
| 耐碱断裂强力保留率（经、纬向）（%） | ≥50 |
| 断裂应变（经、纬向）（%） | ≤5.0 |

5）锚栓。金属螺钉应采用不锈钢或经过表面防腐处理的金属制成，塑料钉和带圆盘的塑料膨胀套管应采用聚酰胺（polyamide 6、polyamide 6.6）、聚乙烯（polyethylene）或聚丙烯（polypropylene）制成，制作塑料钉和塑料套管的材料不得使用回收的再生材料。锚栓有效锚固深度不小于 25mm，塑料圆盘直径不小于 50mm，其技术性能指标应符合表 9-15的要求。

表 9-15　　　　　　　　　　　锚栓技术性能指标

| 试 验 项 目 | 技 术 指 标 |
| --- | --- |
| 单个锚栓抗拉承载力标准值（kN） | ≥0.30 |
| 单个锚栓对系统传热增加值［W/（m²·K）］ | ≤0.004 |

6）涂料和腻子。涂料必须与薄抹灰外保温系统相容，其性能指标应符合外墙建筑涂料的相关标准，腻子应采用弹性腻子。

7）薄抹灰外保温系统的性能指标应符合表 9-16 的要求。

**表 9-16** 薄抹灰外保温系统的性能指标

| 试 验 项 目 | | 性 能 指 标 |
|---|---|---|
| 吸水量（g/m², 浸水 24h） | | ≤500 |
| 抗冲击强度（J） | 普通型（P 型） | ≥3.0 |
| | 加强型（Q 型） | ≥10.0 |
| 抗风压值（kPa） | | 不小于工程项目的风荷载设计值 |
| 耐冻融 | | 表面无裂纹、空鼓、起泡、剥离现象 |
| 水蒸气湿流密度［g/（m²·h）］ | | ≥0.85 |
| 不透水性 | | 试样防护层内侧无水渗透 |
| 耐候性 | | 表面无裂纹、粉化、剥落现象 |

（2）施工工序。膨胀聚苯板薄抹灰外墙外保温系统的施工工序为：安装主龙骨预埋件→外墙基层处理→安装主龙骨连接件→配制黏结胶浆→安装聚苯板→安装主龙骨→安装次龙骨。

（3）施工注意事项。

1）原材料的性能符合《膨胀聚苯板薄抹灰外墙外保温系统》（JG 149—2003）标准要求。

2）对于外墙外保温配套的腻子和涂料，应有弹性。

3）基层墙体保证达到标准规定的尺寸偏差，以保证粘贴聚苯板的平整度，不能用聚苯板的厚度来找平。

4）不应用抹灰层找平，抹灰过厚易引起开裂，抹灰面层厚度仅以覆盖网布，微见网布轮廓为宜，约为 3~5mm。

5）面层砂浆达到规定的养护期和强度后再刮腻子，应 10d 以上，否则引起内层胀裂。

6）首层为双层网布时，内层应使用加强网布，外层使用标准网，两层网布可以一次抹灰成型，避免两层界面的空鼓问题。

7）窗洞口四周应用网布加强，减少八字裂缝。

（三）挤塑型聚苯乙烯板保温系统

1. 基本概念及其应用

挤塑聚苯乙烯板（简称 XPS 板）是由聚苯乙烯树脂和添加剂在一定温度下采用模压设备挤压而成的绝热制品，具有连续均匀的表层和全闭孔的蜂窝状结构，蜂窝状结构互相紧密连接没有空隙。因此，它不仅具有极低的热导率和吸水率，较高的抗压、拉伸和抗剪强度，更有优越的抗湿、抗冲击和耐候等性能，在长期高湿或浸水环境下，仍能保持优良的保温性能。

挤塑聚苯保温体系的结构与膨胀聚苯薄抹灰保温体系相同，只是将自熄型模塑聚苯板换成了自熄型挤塑聚苯板。该体系具有隔热保温效果好、强度高等特点，该保温系统适用于各种形式主体结构的外墙外保温，适宜在严寒地区、寒冷地区和夏热冬冷地区使用。

挤塑聚苯板为自熄型，其压缩强度应大于 150kPa，使用的黏结胶浆、界面剂和饰面胶浆与挤塑聚苯板的黏结强度均应大于 0.2MPa，其他材料性能符合《膨胀聚苯板薄抹灰外墙外保温系统》（JG 149—2003）标准要求，系统做法应符合 88JZ 2—2002 图集要求。

该系统在长江流域和北方地区已广泛使用，典型的工程有奥林匹克花园 172 号楼、北京天谱太阳能示范楼和天安门观礼台的结构保温等。

2. 施工技术

（1）施工准备。在挤塑板选用上，要达到国家现行标准《严寒和寒冷地区居住建筑节能设计标准》（JGJ 26—2010）中规定的"外墙传热系数限值"的要求，实际采用的挤塑板厚度不宜小于 30mm，最薄不得小于 25mm。合格 XPS 板的主要技术性能见表 9-17。

表 9-17　　　　　　　　　　　　XPS 板的主要技术性能指标

| 项　目 | 性能指标 | 项　目 | 性能指标 |
|---|---|---|---|
| 密度/（kg/m³） | ≥30 | 吸水率/% | ≤1.5 |
| 热导率/[W/（m·K）] | ≤0.028 | 透湿系数/[ng/（m·s·Pa）] | ≤3.5 |
| 抗压强度/MPa | ≥0.30 | 毛细作用 | 无 |
| 拉伸强度/MPa | ≥0.50 | 线性膨胀系数/[mm/（m·K）] | 0.07 |
| 剪切强度/MPa | ≥0.25 | 边缘、表面 | 平口、毛面 |

注　热导率为生产后 90d、10℃时的值。

（2）施工工序。挤塑型聚苯乙烯板保温系统的施工工序为：基层处理→砂浆找平→放线→裁翻包网→铺贴翻包网→挤塑板表面刷界面剂→用专用黏结剂黏贴挤塑板→钻孔及安装固定件→打磨→切割分格凹线条→抹底层聚合物胶泥→铺设网格布→抹面层聚合物胶泥→补洞及修理→喷、涂面层涂料→清理饰面层→验收。

（3）施工注意事项。

1）应注意膨胀聚苯板薄抹灰外墙保温系统应注意的问题。

2）挤塑聚苯板的面层应是毛面的，或者挤塑聚苯板的面层应刷界面剂，界面剂的强度不应小于抹面胶浆的强度。

3）挤塑板施工应自上而下，沿水平方向横向铺贴上下两排、竖向错缝 1/2 板长，保证最小错缝尺寸 200mm。

4）在聚合物胶泥未凝结前立即将网格布置于其上，网格布的弯曲面朝里，从中央向四周用抹刀抹平，可先使用"T"笔画，将网格布埋入黏结剂中。然后将网格布全部埋入黏结剂，不得有网线外露。

5）当脚手架拆除后，应及时对孔洞及损坏处进行修补。用与墙体相同的材料对孔洞进行填补，并用具有柔性的聚合物砂浆（或胶泥）抹平。待聚合物胶泥干燥后，再粘贴挤塑板及网格布。

（四）现浇混凝土模板内置（聚苯板）外墙外保温体系

1. 基本概念及其应用

该体系适于高层建筑现浇混凝土剪力墙体系的工业和民用建筑，分为无网和有网两种体系。聚苯板可以是模塑型的，也可以是挤塑型的。该种体系已在华北地区广泛使用，已应用的典型工程有宝隆小区住宅楼（使用模塑聚苯板）和京师园住宅楼（使用挤塑型聚苯板）等。

2. 施工技术

（1）施工准备。聚苯板的性能指标、饰面胶浆、耐碱玻纤网布和塑料胀管的技术指标应符合技术指标要求，其他性能应符合北京市标准《外墙外保温技术规程》（现浇混凝土模板内置保温板做法）（DB11/T 644—2009）要求。

1）低碳钢丝性能指标应符合表 9-18 要求，有网体系面层和斜插钢丝为镀锌低碳钢丝。

2）钢丝网架保温板技术要求应符合表 9-19 要求。

3）保温板板技术要求应符合表 9-20 要求。

**表 9-18** 　　　　　　　　　　　　　　**低碳钢丝性能指标**

| 直径（mm） | 抗拉强度（N/mm） | 冷弯（180° 反复弯曲） | 用　　途 |
|---|---|---|---|
| 2.0±0.05 | ≥550 | ≥6 次 | 网片及斜插钢丝 |
| 2.5±0.05 | | | |

**注** 用于有网体系的面层钢丝及斜插钢丝应镀锌。

**表 9-19** 　　　　　　　　　　　　　**钢丝网架保温板技术要求**

| 检查项目 | 质　量　要　求 |
|---|---|
| 外观 | 板外面有梯形凹凸槽，槽中距 100mm，且板面均匀喷吐界面剂，厚度≥1mm |
| 焊点质量 | 抗拉力≥330N，无过烧现象 |
| | 网片漏焊、脱焊点数≤焊点数的 8‰，且连续脱焊不大于 2 点，板端 200mm 区段内的焊点不允许脱焊虚焊，斜插筋脱焊点≤焊点数的 2% |
| 钢丝挑头 | 网边挑头长度≤6mm，中部斜插丝挑头≤5mm，伸出板外腹丝≥30mm |
| 聚苯板对接 | 板长≤3.0m 时，聚苯板对接≤2 处，且对接处需用胶粘牢 |

**注** 聚苯板凹槽线应尺寸准确，间距均匀。

**表 9-20** 　　　　　　　　　　　　　　**保温板技术要求**

| 项　　目 | 模塑板（EPS） | 挤塑板（XPS） | |
|---|---|---|---|
| | | 带表皮 | 不带表皮 |
| 导热系数 W/（m·K） | ≤0.041 | ≤0.030 | ≤0.032 |
| 表观密度 kg/m³ | ≥18.0 | 25～35 | |
| 压缩强度 kPa | ≥100 | 150～250 | |
| 垂直于板面方向的抗拉强度 kPa | ≥100 | ≥200 | |
| 尺寸稳定性% | ≤0.5 | ≤1.2 | |
| 水蒸气透湿系数 ng/（Pa·m·s） | ≤4.5 | ≤3.5 | |
| 吸水率%（v/v） | ≤4 | ≤1.5 | |
| 燃烧性能 | 不低于 E 级 | | |

（2）施工工序。

有网体系施工工序为：钢丝网架聚苯板分块→钢丝网架聚苯板安装→模板安装→浇筑混凝土→拆除模板→抹水泥砂浆。

无网体系施工工序为：保温板安装→模板安装→混凝土浇灌→模板拆除→混凝土养护→抹聚合物水泥砂浆。

（3）施工注意事项。

1）有网体系施工特点。当外墙的钢筋绑扎完毕后，将带有单片钢丝网架、表面喷涂专用界面防护剂齿槽型聚苯保温板放在墙体钢筋外侧并与钢筋固定，再支墙体内外钢模板（此时保温板位于外钢模板内侧），然后浇筑混凝土墙，拆模后保温板和混凝土墙体结合在一起，牢固可靠。为确保保温板与墙体之间结合的可靠性，在聚苯保温板上有镀锌斜插丝伸入混凝土墙内，并每隔 1m 左右通过聚苯板插入直径 6mm 的钢筋，或插入直径 10mm 塑料胀管。面层是在钢丝网架一面抹水泥抗裂砂浆找平层，然后做装饰层，装饰层可以是面砖、涂料等。

2）无网体系的施工特点。无网体系与有网体系基本相同，所不同的是聚苯保温板上无钢丝网架，系纯聚苯保温板，为使聚苯板与墙体结合牢固可靠，采取两种措施：一是将聚苯板与外墙面结合的一侧加工成锯齿状，板周边设企口槽，相互黏结以加强板之间的整体性；二是在安装聚苯板时将直径 10mm 塑料胀管穿过聚苯板与墙内钢筋绑扎，浇筑完混凝土后使聚苯板通过塑料胀管与混凝土牢固连接。

面层是在聚苯板表面抹水泥抗裂砂浆（抹面胶浆），压铺耐碱玻纤网格布，然后进行外墙饰面施工，外饰面最好是弹性涂料。

3）如果采用模塑型聚苯板，应采用密度大于 $20kg/m^3$ 的，因混凝土的侧压力较大，密度不够，聚苯板容易变形，影响保温效果。

4）施工时一定不要胀模，当发现胀模时，应及时更正，因胀模后，面层凸出，进行饰面层施工时就会将聚苯板打薄，影响保温效果。

5）如果设计使用有网体系时，应考虑斜插丝和钢筋对热工性能的影响。

6）如果设计使用有网体系时，应注意斜插丝的质量，它影响保温层的耐久性。

7）若使用挤塑型聚苯板，则应使用毛面的，且有燕尾槽的，否则，面层饰面施工时，应先进行界面处理，它会影响抹面层的耐久性。

（五）硬泡聚氨酯外墙喷涂保温体系

1. 基本概念及其应用

聚氨酯材料是目前国际上性能最好的保温材料，硬质聚氨酯具有质量轻、导热系数低、耐热性好、耐老化、容易与其他材料黏结、燃烧不产生溶滴等优异性能。形成聚氨酯保温层的硬泡聚氨酯外墙喷涂保温体系按外墙外保温饰面做法的不同，可分为涂料饰面系统及面砖饰面系统两种，如图 9-3 所示。适用于需冬季保温、夏季隔热的多层及中高层新建民用建筑、工业建筑以及既有建筑节能改造的外墙外保温工程；抗震设防烈度≤8 度的建筑物；基层墙体为混凝土外墙或各种类型的砌体外墙的建筑物。

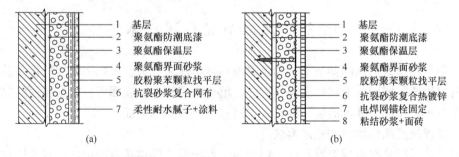

图 9-3　硬泡聚氨酯外墙喷涂保温系统

（a）涂料饰面系统；（b）面砖饰面系统

2. 施工技术

（1）施工准备。材料的选用应符合《硬泡聚氨酯保温防水工程技术规范》（GB 50404—

2007）的硬泡聚氨酯外墙外保温工程部分的要求。其中喷涂硬泡聚氨酯材料性能指标见表9-21。

**表 9-21　　喷涂硬泡聚氨酯材料性能指标**

| 序　号 | 项　目 | 指标要求 |
|---|---|---|
| 1 | 表观密度 kg/m³ | ≥35 |
| 2 | 导热系数（23±2℃），W/（m·K） | ≤0.023 |
| 3 | 拉伸黏结强度，KPa | ≥150[(1)] |
| 4 | 拉伸强度，KPa | ≥200[(2)] |
| 5 | 断裂延伸率，% | ≥7 |
| 6 | 吸水率，% | ≤4 |
| 7 | 尺寸稳定性（48h），% | 80℃≤2.0；−30℃≤1.0 |
| 8　阻燃性能 | 平均燃烧时间，s | ≤70 |
| | 平均燃烧范围，mm | ≤40 |
| | 烟密度等级（SDR） | ≤75 |

**注**　（1）是指与水泥基材料之间的拉伸黏结强度；
　　（2）是指拉伸方向为平行于喷涂基层表面（即拉伸受力面为垂直于喷涂基层表面）。

（2）施工工艺流程。清理墙体基面浮尘、滴浆及油污→吊外墙垂线、布饰面厚度控制标志→喷涂法施工聚氨酯硬泡保温层→涂刷聚氨酯硬泡界面层（界面剂或界面砂浆）→采用聚苯颗粒找平→抹面胶浆压入耐碱玻纤网布→刷外墙涂料。

（3）施工注意事项。

1）喷涂硬泡聚氨酯保温层的基层表面要求平整。

2）喷涂硬泡聚氨酯必须使用专用喷涂设备，喷涂硬泡聚氨酯保温层施工应多遍喷涂完成，喷涂施工完成后，应按规定及时做保护层。

3）系统外饰面粘贴面砖时，抗裂防护层中的热镀锌电焊网要用塑料锚栓双向@500mm锚固，确保外饰面层与基层墙体的连接牢固。

4）热桥部位如门窗洞口、飘窗、女儿墙、挑檐、阳台、空调机格板等部位应加强保温，不易喷涂聚氨酯的部位应抹胶粉聚苯颗粒保温浆料。

# 第三节　屋面节能应用技术

屋面节能与建筑屋顶的构造形式和保温隔热材料性质有关。根据屋面构造形式基本上分为实体材料层节能屋面、通风保温隔热屋面、植被屋面和蓄水屋面等；根据屋面的热工性能分单一保温隔热屋面、外保温隔热倒置式屋面和内保温隔热屋面。

## 一、屋面保温隔热材料的技术要求

（1）导热系数是衡量保温材料的一项重要技术指标。导热系数越小，保温性能越好；导热系数越大，保温效果越差。

（2）保温材料的堆积密度和表观密度，是影响材料导热系数的重要因素之一。材料的堆积密度、表观密度越小，导热系数越小；堆积密度、表观密度越大，则导热系数越大。屋面保温材料的堆积密度、表观密度见表9-22。

表 9-22　　　　　　　　　　　　屋面保温材料的堆积密度和表观密度

| 保温材料种类 | 材料名称 | 要求的堆积密度（kg/m³） | 要求的表观密度（kg/m³） |
|---|---|---|---|
| 松散保温材料 | 膨胀蛭石<br>膨胀珍珠岩<br>高炉熔渣 | ＜300<br>＜120<br>500～800 | — |
| 板状保温材料 | 泡沫塑料类板材<br>微孔混凝土类板材<br>膨胀蛭石板材<br>膨胀珍珠岩板材 | — | 30～130<br>500～700<br>300～800<br>300～800 |

（3）屋面保温材料的强度和外观质量，对保温材料的使用功能和技术性能有一定影响。

1）屋面保温材料的强度要求见表 9-23。

2）保温材料的外观质量应符合表 9-24 的要求。

表 9-23　　　　　　　　　　　　　屋面保温材料的强度要求

| 屋面保温层类别 | 保温层及材料 | 抗压强度要求（MPa） |
|---|---|---|
| 板状保温材料 | 泡沫塑料类板材<br>微孔混凝土类板材<br>膨胀蛭石类板材<br>膨胀珍珠岩类板材 | ≥0.1<br>≥0.4<br>≥0.3<br>≥0.3 |
| 整体现浇保温层 | 水泥膨胀蛭石保温层<br>沥青膨胀蛭石保温层<br>水泥膨胀珍珠岩保温层<br>沥青膨胀珍珠岩保温层 | ≥0.2<br>≥0.2<br>≥0.2<br>≥0.2 |

表 9-24　　　　　　　　　　　　　屋面保温材料的外观质量

| 保温材料类别 | 材料名称 | 外观质量要求 |
|---|---|---|
| 松散保温材料 | 膨胀蛭石<br>膨胀珍珠岩<br>炉渣 | 粒径宜为 3～15mm<br>粒径大于 0.15mm，小于 0.15mm 的含量不应大于 8%<br>粒径 5～20mm，不含有机杂物、石块、土块 |
| 板状保温材料 | 泡沫塑料类板材、微孔混凝土类板材、膨胀蛭石及膨胀珍珠岩类板材 | 板的外观整齐，厚度允许偏差为±5%，且不大于 41mm |

（4）保温材料的导热系数，随含水率的增大而增大，含水率越高，保温性能越差。含水率每增加 1%，则其导热系数相应增大 5% 左右。含水率从干燥状态增加到 20% 时，其导热系数几乎增大一倍，表 9-25 所示为导热系数与含水率关系。

**表 9-25**　　　　　　　　　　　**导热系数与含水率的关系表**

| 种　类 | 含水率（重量）（%） | 导热系数 [W/（m·K）] | 导热系数增加（%） |
|---|---|---|---|
| 水泥膨胀珍珠岩 | 0 | 0.109 | 0 |
| | 4 | 0.151 | 38 |
| | 20 | 0.219 | 100 |
| | 40 | 0.273 | 150 |
| | 60 | 0.328 | 200 |
| 加气混凝土 | 0 | 0.130 | 0 |
| | 5 | 0.163 | 25 |
| | 10 | 0.198 | 52 |
| | 15 | 0.221 | 70 |
| | 20 | 0.267 | 105 |

（5）其他屋面隔热保温材料的技术要求。

1）空心黏土砖。非上人屋面的黏土砖强度等级不应小于 MU7.5；上人屋面的黏土砖强度等级不应小于 MU10。外形要求整齐，无缺棱掉角。

2）混凝土薄壁制品。混凝土薄壁制品包括混凝土平板、混凝土拱形板、水泥大瓦、混凝土架空板凳等制品，其混凝土的强度等级为 C20，板内加放钢丝网片。要求外形规则、尺寸一致，无缺棱掉角、无裂缝。

3）种植介质。种植介质包括种植土、炉渣、蛭石、珍珠岩、锯末等。要求质地纯净，不含石块及其他有害物质。

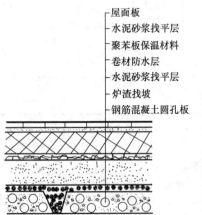

屋面板
水泥砂浆找平层
聚苯板保温材料
卷材防水层
水泥砂浆找平层
炉渣找坡
钢筋混凝土圆孔板

图 9-4　倒置式屋面

## 二、几种主要屋面介绍

### （一）倒置式屋面

#### 1. 基本概念及应用

所谓倒置式屋面就是将传统屋面构造中保温隔热层与防水层"颠倒"。将保温隔热层设在防水层上面，故有"倒置"之称，所以称"侧铺式"或"倒置式"屋面。构造图如图 9-4 所示。由于倒置式屋面为外隔热保温形式，外隔热保温材料层的热阻作用对室外综合温度波首先进行了衰减，使其后产生在屋面重实材料上的内部温度分布低于传统保温隔热屋顶内部温度分布，屋面所蓄有的热量始终低于传统屋面保温隔热方式，向室内散热也小，因此，是一种隔热保温效果更好的节能屋面构造形式。

这项技术在我国得到广泛的应用，典型工程有合肥蜀王通信综合楼、扬州梅岭小区、南京佳城花园以及温州景谷锦园等。

#### 2. 使用特点

（1）可以有效延长防水层使用年限。"倒置式屋面"将保温层设在防水层之上，大大减弱了防水层受大气、温差及太阳光紫外线照射的影响，使防水层不易老化，因而能长期保持其柔软性、延伸性等性能，有效延长使用年限。据国外有关资料介绍，可延长防水层使用寿命2～4倍。

（2）保护防水层免受外界损伤。由于保温材料组成不同厚度的缓冲层，使卷材防水层不易在施工中受外界机械损伤。同时又能衰减各种外界对屋面冲击产生的噪声。

（3）如果将保温材料做成放坡（一般不小于2%），雨水可以自然排走。因此进入屋面体系的水和水蒸气不会在防水层上冻结，也不会长久凝聚在屋面内部，而能通过多孔材料蒸发掉。同时避免了传统屋面防水层下面水汽凝结、蒸发造成防水层鼓泡而被破坏的质量通病。

（4）施工简便，利于维修。倒置式屋面省去了传统屋面中的隔汽层及保温层上的找平层，施工简化，更加经济。即使出现个别地方渗漏，只要揭开几块保温板，就可以进行处理，所以易于维修。

3. 施工技术

（1）施工准备。倒置式屋面的构造要求保温隔热层应采用吸水率低的材料，如聚苯乙烯泡沫板、沥青膨胀珍珠岩等。而且在保温隔热层上应用混凝土、水泥砂浆或干铺卵石做保护层，以免保温隔热材料受到破坏。保护层为混凝土板或地砖等材料时，可用水泥砂浆铺砌；为卵石保护层时，在卵石与保温隔热材料层间应铺一层耐穿刺且耐久性的防腐性能好的纤维织物。

（2）施工工序。倒置式屋面的施工工序为：清理结构层表面→找平层施工→清理基层→节点附加层施工→防水层施工→蓄水或淋水检查。

（3）施工注意事项。

1）要求防水层表面应平整，平屋顶排水坡度增大到3%，以防积水。

2）沥青膨胀珍珠岩配合比为：每立方米珍珠岩中加入100kg沥青，搅拌均匀，入模成型时严格控制压缩比，一般为1.8～1.85。

3）铺设板状保温材料时，拼缝应严密，铺设应平稳。

4）铺设保护层时，应避免损坏保温层和防水层。

5）铺设卵石保护层时，卵石应分布均匀，防止超厚，以免增大屋面荷载。

6）当用聚苯乙烯泡沫塑料等轻质材料做保温层时，上面应用混凝土预制块或水泥砂浆做保护层。

（二）通风屋面

1. 基本概念及其应用

通风屋顶在我国夏热冬冷地区和夏热冬暖地区广泛地采用，尤其是在气候炎热多雨的夏季，这种屋面构造形式更显示出它的优越性。由于屋盖由实体结构变为带有封闭或通风的空气间层的结构，大大地提高了屋盖的隔热能力。通过实验测试表明，通风屋面和实砌屋面相比虽然两者的热阻相等，但它们的热工性能有很大的不同，通风屋顶具有隔热好、散热快的特点。

该项技术多适用于夏季比较炎热的地区，主要的典型的工程有南京富宏实业公司和安徽振星制药大楼、盐城文港小区以及合肥杏林花园等。

2. 施工技术

（1）通风屋面的架空层设计应根据基层的承载能力，架空板便于生产和施工，构造形式要简单。

（2）通风屋面和风道长度不宜大于 15m，空气间层以 200mm 左右为宜。

（3）通风屋面基层上面应有保证节能标准的保温隔热基层，一般按冬季节能传热系数进行校核。

（4）架空隔热板与山墙间应留出 250mm 的距离。

（5）支座的布置应整齐划一，条形支座应沿纵向平直排列，点式支座应沿纵横向排列整齐，保证通风顺畅无阻。

（6）架空隔热层施工过程中，要做好已完工防水层的保护工作。

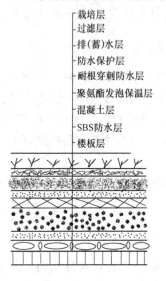

栽培层
过滤层
排(蓄)水层
防水保护层
耐根穿刺防水层
聚氨酯发泡保温层
混凝土层
SBS防水层
楼板层

图 9-5　种植屋面

**（三）种植屋面**

1. 基本概念及其应用

种植屋面是指利用屋顶植草栽花，甚至种灌木、堆假山、设喷水形成了"草场屋顶"或屋顶花园，是一种生态型的节能屋面。

植被屋顶分覆土种植和无土种植两种。其中覆土种植是在钢筋混凝土屋顶上覆盖种植土壤 100～150mm 厚，因种植植被隔热性能比架空其通风间层的屋顶还好，使内表面温度大大降低。无土种植，具有自重轻、屋面温差小，有利于防水防渗的特点，它是采用水渣、蛭石或者是木屑代替土壤，重量减轻了而隔热性能反而有所提高。屋面一般构造如图 9-5 所示，没有特殊的要求，只是在檐口和走道板处须防止蛭石或木屑被雨水冲走。

根据实践经验，植被屋顶的隔热性能与植被覆盖密度、培植基质（蛭石或木屑）的厚度和基层的构造等因素有关。种植农作物的培植基质较厚，所需水肥较多，需经常管理；草被屋面则不同，由于草的生长力和耐气候变化性强，可粗放管理，基本可依赖自然条件生长。种植屋面不仅绿化了环境，还能吸收遮挡进入室内的太阳辐射，同时用于植物的光合作用、蒸腾作用和呼吸作用，改善了建筑热环境和空气质量。具有良好的夏季散热、冬季保温特性和良好的热稳定性。

表 9-26 为四川省建科院对种植屋面进行热工测试数据。

表 9-26　　　　　　　　　　　有、无种植层的热工实测值表

| 项　目 | 单　位 | 无种植层 | 有蛭石种植层 | 差　值 |
|---|---|---|---|---|
| 外表面最高温度 | ℃ | 61.6 | 29.0 | 32.6 |
| 外表面温度波幅 | ℃ | 24.0 | 1.6 | 22.4 |
| 内表面最高温度 | ℃ | 32.2 | 30.2 | 2.0 |
| 内表面温度波幅 | ℃ | 1.3 | 1.2 | 0.1 |
| 内表面最大热流 | W/m² | 153.6 | 2.2 | 13.1 |

续表

| 项　目 | 单　位 | 无种植层 | 有蛭石种植层 | 差　值 |
|---|---|---|---|---|
| 内表面平均热流 | W/m² | 9.1 | 5.27 | 14.34 |
| 室外最高温度 | ℃ | 36.4 | 36.4 | 36.4 |
| 室外平均温度 | ℃ | 29.1 | 29.1 | 29.1 |
| 最大太阳辐射强度 | W/m² | 862 | 862 | 862 |
| 平均太阳辐射强度 | W/m² | 215.2 | 215.2 | 215.2 |

由于植被屋顶的隔热保温性能优良,已逐步在全国大部分地区广泛应用。例如中国国家大剧院、上海市政府办公楼、中国经济日报社综合楼等。

2. 施工技术

(1) 施工准备。种植屋面的防水层要采用耐腐蚀、耐霉烂、耐穿刺性能好的材料。种植介质要符合设计要求,满足屋面种植的需要,宜选择长日照的浅根植物,如各种花卉、草等。

(2) 施工工序。种植屋面的施工工序为:屋面防水施工→保护层施工→人行道及挡板施工→泄水孔前放置过水砂卵石→种植→区内放置种植介质→完工清理。

(3) 施工注意事项。

1) 种植屋面一般由结构层、找平层、防水层、蓄水层、滤水层、种植层等构造层组成。

2) 种植屋面应采用整体浇筑或预制装配的钢筋混凝土屋面板作结构层,其质量应符合国家现行各相关规范的要求。结构层的外加荷载设计值(除结构层自重以外)应根据其上部具体构造层及活荷载计算确定。

3) 防水层应采用设置涂膜防水层和配筋细石混凝土刚性防水层两道防线的复合防水设防的做法,以确保其防水质量。

4) 在结构层上做找平层,找平层宜采用1:3水泥砂浆,其厚度根据屋面基层种类确定(一般为15～30mm厚),找平层应坚实平整。找平层宜留设分格缝,缝宽为20mm,并嵌填密封材料,分格缝最大间距为6m。

5) 种植屋面坡度不宜大于3%,以免种植介质流失。

6) 四周挡墙下的泄水孔不得堵塞,应能保证排水。

(四) 蓄水屋面

1. 基本概念及其应用

蓄水屋面就是在屋面上储一薄层水用来提高屋顶的隔热能力。水在屋顶上能起隔热作用的原因,主要是水在蒸发时要吸收大量的汽化热,而这些热量大部分从屋面所吸收的太阳辐射中摄取,所以大大减少了经屋顶传入室内的热量,相应地降低了屋面的内表面温度。蓄水深度与隔热效果热工测试数据见表9-27。

表 9-27　　　　　　　　　　　不同厚度蓄水层屋面热工测定数值

| 测 试 项 目 | 蓄水层厚度 (mm) | | | |
|---|---|---|---|---|
| | 50 | 100 | 150 | 200 |
| 外表面最高温度 (℃) | 43.63 | 42.90 | 42.90 | 41.58 |
| 外表面温度波幅 (℃) | 8.63 | 7.92 | 7.60 | 5.68 |

续表

| 测 试 项 目 | 蓄水层厚度（mm） | | | |
|---|---|---|---|---|
| | 50 | 100 | 150 | 200 |
| 内表面最高温度（℃） | 41.51 | 40.65 | 39.12 | 38.91 |
| 内表面温度波幅（℃） | 6.41 | 5.45 | 3.92 | 3.89 |
| 内表面最低温度（℃） | 30.72 | 31.19 | 31.51 | 32.42 |
| 内外表面最大温差（℃） | 3.59 | 4.48 | 4.96 | 4.86 |
| 室外最高温度（℃） | 38.00 | 38.00 | 38.00 | 38.00 |
| 室外温度波幅（℃） | 4.40 | 4.40 | 4.40 | 4.40 |
| 内表面热流最高值（W/m²） | 21.92 | 17.23 | 14.46 | 14.39 |
| 内表面热流最低值（W/m²） | −15.56 | −12.25 | −11.77 | −7.76 |
| 内表面热流平均值（W/m²） | 0.5 | 0.4 | 0.73 | 2.49 |

用水隔热是利用水的蒸发耗热作用，而蒸发量的大小与室外空气的相对湿度和风速之间的关系最密切。相对湿度的最低值发生在中午 14～15 点附近。我国南方地区中午前后风速较大，故在 14 点左右水的蒸发作用最强烈，从屋面吸收而用于蒸发的热量最多。而这个时刻内的屋顶室外综合温度恰恰最高，即适逢屋面传热最强烈的时刻。这时就是在一般的屋顶上喷水、淋水，也会起到蒸发耗热而削弱屋顶的传热作用。因此在夏季气候干热，白天多风的地区，用水隔热的效果必然显著。

蓄水屋顶也存在一些缺点，在夜里屋顶蓄水后外表面温度始终高于无水屋面，这时很难利用屋顶散热。且屋顶蓄水也增加了屋顶静荷重，还要加强屋面的防水措施。在实际中一般将种植屋面与蓄水屋面结合起来以达到良好的效果，典型的工程有泰州明珠小区以及南京湖滨世纪花园等。

2. 施工技术

（1）施工准备。防水层的细石混凝土和砂浆中，粗骨料的最大粒径不宜大于 15mm，含泥量不应大于 1%；细骨料应采用中砂或粗砂，含泥量不应大于 2%；拌和用水应采用不含有害物质的洁净水。

（2）施工工序。蓄水屋面的施工工序为：结构层、隔墙施工→板缝及节点密封处→水管安装→管口密封处理→基层清理→防水层施工→蓄水养护。

（3）施工注意事项。

1）蓄水屋顶的蓄水深度以 150～200mm 为宜，因水深超过 200mm 时屋面温度与相应热流值下降不很显著，水层深度以保持在 200mm 左右为宜。

2）屋盖的荷载。当水层深度 $d=200mm$ 时，结构基层荷载等级采用 3 级（即允许荷载 $P=300kg/m^2$）；当水层 $d=150mm$ 时，结构基层荷载等级采用 2 级（即允许荷载 $P=250kg/m^2$）。

3）刚性防水层。工程实践证明，防水层的做法采用 40mm 厚、C20 细石混凝土加水泥用量 0.05% 的三乙醇胺，或水泥用量 1% 的氯化铁，1% 的亚硝酸钠（浓度 98%），内设 $\phi4$、200×200 的钢筋网，防渗漏性最好。

4）分格缝或分仓。分格缝的设置应符合屋盖结构的要求，间距按板的布置方式而定。

对于纵向布置的板，分格缝内的无筋细石混凝土面积应小于 $50m^2$；对于横向布置的板，应按开间尺寸以不大于 4m 设置分格缝。

5）泛水。泛水对渗漏水影响很大，应将防水层混凝土沿檐墙内壁上升，高度应超过水面 100mm。由于混凝土转角处不易密实，宜在该处填设如油膏之类的嵌缝材料。

6）所有屋面上的预留孔洞、预埋件、给水管、排水管等，均应在浇筑混凝土防水层前做好，不得事后在防水层上凿孔打洞；

7）混凝土防水层应一次浇筑完毕，不得留施工缝，立面与平面的防水层应一次做好，防水层施工气温宜为 5～35℃，应避免在负温或烈日暴晒下施工，刚性防水层完工后应及时养护，蓄水后不得断水。

## 第四节　节能型建筑检测与评估技术

### 一、基本概念及其应用

节能型建筑检测与评估技术是对建筑物的节能状况进行评估，是衡量建筑物是否节能的一种方是法和手段。衡量建筑物是否为节能型建筑，各地区使用的方法和评价指标是不同的。

严寒和寒冷地区主要是对建筑物耗热量指标进行评定，它包括围护结构的传热耗热量、空气渗透耗热量和建筑物内部的热量。对于建筑物本身而言，其围护结构的热工性能是衡量建筑物是否节能的标志，包括墙、屋顶、地面和外窗的传热系数。

夏热冬冷地区是以建筑物耗热量、耗冷量指标和采暖、空调年耗电量，确定建筑物的节能综合指标，对于建筑物本身的热工性能是通过围护结构传热系数和热惰性指标（包括墙、屋顶、地面和外窗）来体现的，建筑物耗热量指标和耗冷量指标直接反映节能型建筑物的能耗水平，围护结构传热系数和热惰性指标间接反映节能型建筑物的能耗水平。

夏热冬暖地区可采用空调采暖年耗电指数，也可直接采用空调年耗电量确定建筑物的节能综合指标，对于建筑物本身的热工性能是通过围护结构传热系数和热惰性指标（包括墙、屋顶、地面和外窗）来体现的。

以上各指标可根据测试结果进行计算，并按照当地住宅节能设计标准进行评估，也可用软件进行模拟计算。该种技术在我国各地区广泛使用，已应用的典型工程有北京市天通苑东区 E-2 组团、河北保定节能示范楼、中国建筑文化中心和三里河国家计委住宅楼等。

### 二、测试方法和测试内容

（一）严寒和寒冷地区

1. 建筑物耗热量指标测试

在采暖稳定期，有效连续测试时间不少于 7d。使用超声波热量计法测试，在被测楼供热管道入口处安装超声波热量计或将流量计直接安装在管道内，测试室内、外空气温度，供回水温度和流量，利用测试数据计算建筑物耗热量指标。

2. 围护结构传热系数测试

建筑外窗的传热系数可采用厂家提供的检测部门的建筑外窗的传热系数的报告或根据公式进行计算；墙、屋顶和地面的传热系数测试可用热流计法和热箱法（RX-Ⅱ型传热系数检测仪）进行测试。

热流计法应在冬季最冷月进行测试，热流计的标定和使用按照《建筑用热流计》(JG/T 3016—1994)和北京市标准《民用建筑节能现场检验标准》(DB11/T 555—2008)。该方法受季节限制，可使用时间短。

热箱法可用冷热箱式传热系数检测仪进行测试，其中 RX-Ⅱ 型传热系数检测仪可自动采集、自动记录和计算；测试时间基本不受季节限制，除雨季外一年大部分时间均可测试，适合节能建筑的竣工测试和研究使用，热箱法的使用应符合北京市标准《民用建筑节能现场检验标准》(DB11/T 555—2008)。

（二）夏热冬暖和夏热冬冷地区

1. 建筑物耗热量指标和耗冷量指标测试

如果用建筑物空调采暖年耗热量指标可按《夏热冬暖地区居住建筑节能设计标准》(JGJ 75—2012)附录 B 中的方法计算；也可直接采用空调年耗电量确定建筑物的节能综合指标。

如果进行测试，则用空调采暖和制冷，测试室内、外空气温度，耗电量（耗电指数），计算建筑物耗热量和耗冷量指标。

2. 围护结构传热系数测试

建筑外窗的传热系数、材料的热惰性指标可采用厂家提供的检测部门的建筑外窗的传热系数的报告；外窗的综合遮阳系数可根据《夏热冬暖地区居住建筑节能设计标准》(JGJ 75—2012)的附录 A 进行计算；墙、屋顶和地面的传热系数测试可选热流计法和热箱法测试。公共建筑节能测试可参考上述方法进行测试和计算。

**三、节能型建筑的评估**

依据《严寒和寒冷地区居住建筑节能设计标准》(JGJ 26—2010)、《夏热冬冷地区居住建筑节能设计标准》(JGJ 134—2010)、《夏热冬暖地区居住建筑节能设计标准》(JGJ 75—2012)、地方标准法规和设计值进行比较评估。

（一）分别参比法

分别参比法又称为对比评定法，是将测得的和计算的数据，如围护结构传热系数、热惰性指标、室内外温差和耗电量等分别与标准（设计）要求值比较，若均符合，判定为符合标准（设计）；若某一项不符合，应进行综合计算。

采用分别参比法评价住宅建筑节能效果，关键在于按照节能标准正确选取参照建筑。"分别参比法"是一种灵活、切实的方法，已被《夏热冬暖地区居住建筑节能设计标准》(JGJ 75—2012)、上海市《公共建筑节能设计标准》(DGJ 08-107—2012)以及国外许多建筑节能标准所广泛采用。

（二）综合评价法

综合评价法又称为综合指标限值法，测试建筑物的采暖能耗、采暖空调能耗、空调能耗，与标准规定值比较；或测试部分参数，经计算综合能耗，与标准值比较。符合即判定为符合标准（设计）；不符合即判定为不合格。因此限值法中的"限值'实质上是典型多层标准建筑的全年采暖空调耗电量值。

限值法虽操作方便，但因采用固定数值来评估所有类型建筑的节能效果，故对高层建筑节能评估不很理想。

# 第五节　预拌砂浆技术

## 一、预拌砂浆与应用优点

### （一）预拌砂浆分类

预拌砂浆也称商品砂浆，是指由专业化厂家生产，用于建筑工程中的各种砂浆拌和物。按生产方式可分为预拌湿砂浆和干拌砂浆两大类。

预拌湿砂浆指由水泥、砂、保水增稠材料、水、粉煤灰或其他矿物掺和外加剂等成分，按一定比例，在搅拌站（厂）经计量集中拌制后，用搅拌运输车送至使用地点，放入容器或存放池储存，并在规定时间内使用完毕的砂浆拌和物。

干拌砂浆又称为干混砂浆、干粉砂浆，是由专业生产厂家将经过烘干筛分处理的细骨料与水泥等无机胶凝材料、保水增稠材料、矿物掺和料和添加剂等原材料按一定比例在干燥状态下混合而成的一种颗粒或粉状混合物，运至使用地后按规定比例加水拌和使用。

预拌砂浆按用途分为五类：预拌砌筑砂浆、预拌抹灰砂浆、预拌地面砂浆、预拌防水砂浆和特种预拌砂浆（例如瓷砖粘贴砂浆、耐磨砂浆、自流平砂浆、保温砂浆、耐酸碱砂浆等）。此处主要对预拌砌筑砂浆、预拌抹灰砂浆、预拌地面砂浆和预拌防水砂浆进行说明。

### （二）应用优点

相比于传统的现场配制搅拌砂浆，预拌砂浆具有如下技术性能优点：

（1）品种丰富，可满足不同工程及施工需要，例如砌筑砂浆、抹灰砂浆、地面砂浆、防水砂浆、保温砂浆、装饰砂浆、自流平砂浆等。

（2）产品性价比高，品质稳定。预拌砂浆采用优质原材料，并掺入高性能的添加剂，砂浆性能得以显著改善；且由于实现工厂化生产，配比得以严格控制，计量准确，可以精确达到预期设计性能。

（3）属于绿色环保型产品。原材料损耗低，可利用大量工业废渣；避免了传统砂浆现场配制搅拌的粉尘、噪声等环境污染。

（4）节省劳力，节省施工现场占用面积，减轻工人劳动强度，使施工效率大大提高。

随着建筑业的迅猛发展，近年来各大中城市每年建筑砂浆的用量极其庞大（仅北京和上海每年就分别达到千万吨以上）。为适应建设和谐社会的要求，现在上百所城市已经禁止现场搅拌砂浆、强制性推广预拌砂浆。预拌砂浆具有明显的技术经济效益、环境效益和社会效益，将逐步取代传统砂浆的生产和使用。

## 二、预拌砂浆的技术内容

### （一）技术性能

预拌砂浆主要技术性能包括：预拌砂浆强度等级，砂浆拌和物的流动性、保水性、凝结时间等，硬化砂浆的抗压强度、抗冻性、抗渗性、收缩性能、黏结性能等。根据工程的不同要求，选择确定预拌砂浆应具备的技术性能内容。

### （二）主要性能指标及适用范围

预拌砂浆技术可用于一般工业与民用建筑物的砌筑、抹灰和地面（屋面）砂浆；装饰装修工程的黏结剂、填缝胶粉和界面（处理）剂、表层饰面材料，防水砂浆等。此项技术已在国内经济较发达的大中城市许多建筑工程中得以成功应用，综合效益比较显著。典型的工程有国家体育场、东方之门、上海中心大厦、人民日报社新办公楼、中国 117 大厦等。

湿拌或干混砂浆抗压强度见表 9-28；湿拌砂浆主要性能指标见表 9-29；干混砂浆主要性能指标见表 9-30。

**表 9-28** 湿拌或干混砂浆抗压强度

| 强度等级 | M5 | M7.5 | M10 | M15 | M20 | M25 | M30 |
|---|---|---|---|---|---|---|---|
| 28d 抗压强度（MPa） | ≥5.0 | ≥7.5 | ≥10.0 | ≥15.0 | ≥20.0 | ≥25.0 | ≥30.0 |

**表 9-29** 湿拌砂浆主要性能指标

| 项 目 | | 湿拌砌筑砂浆 | 湿拌抹灰砂浆 | 湿拌地面砂浆 | 湿拌防水砂浆 |
|---|---|---|---|---|---|
| 代号 | | WM | WP | WS | WW |
| 强度等级 | | M5、M7.5、M10、M15、M20、M25、M30 | M5、M10、M15、M20 | M20、M25 | M10、M15、M20 |
| 抗渗等级 | | — | — | | P6、P8、P10 |
| 稠度（mm） | | 50、70、90 | 70、90、110 | 50 | 50、70、90 |
| 保水率（%） | | ≥88 | | | |
| 凝结时间（h） | | ≥8、≥12、≥24 | ≥8、≥12、≥24 | ≥4、≥8 | ≥8、≥12、≥24 |
| 14d 拉伸黏结强度（MPa） | | — | M5：≥0.15 大于 M5：≥0.20 | | ≥0.20 |
| 28d 收缩率（%） | | | ≤0.15 | | ≤0.15 |
| 抗冻性[1] | 强度损失率（%） | ≤25 | | | |
| | 质量损失率（%） | ≤5 | | | |

[1] 有抗冻性要求时，应进行抗冻性试验。

**表 9-30** 干混砂浆主要性能指标

| 项 目 | | 干混砌筑砂浆 | | 干混抹灰砂浆 | | 干混地面砂浆 | 干混普通防水砂浆 |
|---|---|---|---|---|---|---|---|
| | | 普通 | 薄层[1] | 普通 | 薄层[1] | | |
| 代号 | | DM | | DP | | DS | DW |
| 强度等级 | | M5、M7.5、M10、M15、M20、M25、M30 | M5、M10 | M5、M10、M15、M20 | M5、M10 | M20、M25 | M15、M20 |
| 抗渗等级 | | — | | — | | — | P6、P8、P10 |
| 保水率（%） | | ≥88 | ≥99 | ≥88 | ≥99 | | ≥88 |
| 凝结时间（h） | | 3~9 | — | 3~9 | | | 3~9 |
| 2h 稠度损失率（%） | | ≤30 | | ≤30 | | | ≤30 |
| 14d 拉伸黏结强度（MPa） | | — | | M5：≥0.15 大于 M5：≥0.20 | | — | ≥0.20 |
| 28d 收缩率（%） | | — | | ≤0.15 | ≤0.25 | — | ≤0.15 |
| 抗冻性[2] | 强度损失率（%） | ≤25 | | | | | |
| | 质量损失率（%） | ≤5 | | | | | |

[1] 干混薄层砌筑砂浆宜用于灰缝厚度不大于 5mm 的砌筑；干混薄层抹灰砂浆宜用于砂浆层厚度不大于 5mm 的抹灰。

[2] 有抗冻要求时，应进行抗冻性试验。

　　湿拌砂浆可直接使用，不能储存，环境污染小；干混砂浆现场搅拌，可储存，但容易造成周围环境污染。预拌普通砌筑砂浆用于灰缝 8～12mm 的砌筑工程，干混薄层砌筑砂浆用于灰缝不大于 5mm 的砌筑工程；预拌普通抹灰砂浆用于砂浆层厚度大于 6mm 的抹灰工程，干混薄层抹灰砂浆用于砂浆层厚度不大于 5mm 的抹灰工程；预拌普通地面砂浆用于建筑楼地面及屋面工程；预拌普通防水砂浆用于一般防水工程中抗渗部位。

### 三 、工程应用技术要点

#### （一）预拌砂浆使用技术要点

（1）预拌砂浆应严格按使用说明书的要求操作使用。

（2）预拌砂浆生产和使用应采用机械搅拌。

（3）干拌砂浆施工前搅拌如采用连续式搅拌器，应按产品说明书要求的加水量，并根据现场施工流动度微调拌和加水量进行操作；如采用手持式电动搅拌器，应严格按照产品说明书规定的加水量进行搅拌，先在容器内放入规定量的拌和水，再在不断搅拌的情况下陆续加入干拌砂浆，搅拌时间宜为 3～5min，静停 10min 后再搅拌不少于 0.5min。

（4）搅拌好的砂浆拌和物应在使用说明书规定的时间内用完，特殊天气时应采取相应的防护措施；砂浆拌和物应在初凝前使用完毕，超过初凝时间严禁加水重复使用。

（5）严禁由使用者自行添加某种成分来变更预拌砂浆的用途和等级。

（6）施工时砂浆拌和物温度应不低于 5℃；当气温或施工基面的温度低于 5℃时，应对施工后的砂浆采取保温措施；砂浆在施工后的硬化初期严禁受冻。施工中及施工后如遇雨雪，应采取有效措施防止雨雪损坏未凝结的砂浆。

（7）散装干拌砂浆应储存在有标识的专用储料罐内。不同品种、标号的产品必须分别存放，不得混存混用。袋装干拌砂浆宜采用糊底袋，在施工现场储存应采取防雨、防潮措施，并按不同品种、强度等级分别堆放。干拌砂浆超过储存期不得使用。

#### （二）预拌砌筑砂浆使用技术要点

（1）进行砌筑施工时，应根据厂家使用说明书的要求，决定是否需要预先对砌体材料浇水润湿，砌筑时砌体材料的含水率应符合其说明书要求。

（2）干拌砌筑砂浆可用原浆对墙面勾缝，但必须随砌随勾。

（3）其他应按《砌体结构工程施工质量验收规范》（GB 50203—2011）的有关规定执行。

#### （三）预拌抹灰砂浆使用技术要点

（1）应根据生产厂使用说明书的要求，决定是否需要预先润湿墙体基面。

（2）抹灰前应将基层表面清除干净；光滑基层表面抹灰前宜预先作界面处理。

（3）抹灰工程应分层进行，抹灰砂浆的每遍施工厚度不宜超过 15mm，第一遍抹灰凝结硬化后进行第二遍抹灰；当抹灰总厚度大于或等于 35mm 时，应使用加强网，加强网的搭接宽度不应小于 100mm。

（4）抹灰砂浆平均总厚度应符合设计规定及《建筑装饰装修工程质量验收规范》（GB 50210—2001）的规定。

（5）抹灰砂浆应施工在比其强度高的抹灰砂浆层上。

（6）采用机械喷涂抹灰时，尚应符合《机械喷涂抹灰施工规程》（JCJ/T105—2011）的规定。

（7）其他应按《建筑装饰装修工程质量验收规范》（GB 50210—2001）的有关规定执行。

**（四）预拌地面砂浆使用技术要点**

（1）应根据生产厂使用说明书的要求，决定是否需要预先润湿基层。

（2）在铺设地面砂浆层前，应将基层表面清理干净。对松散填充料应予铺平压实，对光滑表面，应预先做界面处理。

（3）整体面层的抹平和压光应在砂浆凝结前完成。

（4）其他应按《建筑地面工程施工质量验收规范》（GB 50209—2010）中的有关规定执行。

**（五）预拌防水砂浆使用技术要点**

（1）外墙防水砂浆施工前应先安装门窗框、护栏等，并应将墙上的施工孔洞堵塞密实。

（2）地面防水砂浆施工前必须对立管、套管和地漏与楼板节点之间进行密封处理；排水坡度应符合设计要求。

（3）地下防水工程的防水砂浆施工时，宜采用多层抹压法施工，并按设计要求留分格缝。

（4）防水砂浆施工完成后应及时养护，养护期根据气候状况不宜少于7~14d。

（5）其他应按《地下工程防水技术规范》（GB 50108—2008）、《屋面工程质量验收规范》（GB 50207—2012）、《地下防水工程质量验收规范》（GB 50208—2011）中的有关规定执行。

# 第六节　环保型混凝土技术

近年来各种混凝土应用在工程实践中，如高性能混凝土、纤维混凝土、环保型混凝土等。结合本章建筑节能及环保，对环保型混凝土中的再生骨料混凝土及透水混凝土做简要介绍。

**一、再生骨料混凝土**

**（一）概述**

再生骨料混凝土（Recycled Aggregate Concrete）是将废弃混凝土破碎、清洗、筛分分级且按照一定的比例相互配合后得到的骨料，利用再生骨料部分或者全部代替砂石制备的混凝土，再生骨料混凝土的发展和应用不仅可节省大量废弃混凝土的清理和处理费用，而且减少了混凝土工业对天然砂石的开采，从根本上解决了天然骨料日益匮乏和大量砂石开采对生态环境的破坏，保护了生态环境，保证了人类社会的可持续发展，具有良好的社会效益和经济效益。

**（二）主要技术内容**

1. 再生骨料的主要来源

（1）建筑物因达到使用年限或因老化被拆毁，产生废弃混凝土块，这是废弃混凝土块的主要来源。

（2）市政工程的动迁及重大基础设施的改造产生废弃混凝土块（随社会经济的发展，此项所占比例将越来越大。

（3）商品混凝土工厂由于质量原因以及调度原因产生废弃混凝土为其年产量的1%～3%，数量巨大。

（4）因意外原因，如地震、台风、洪水、战争等造成建筑物倒塌而产生的废弃混凝土块。

2. 再生骨料的制备

废弃混凝土块制备再生骨料的过程就是把不同的破碎设备、筛分设备、传送设备及除去杂质的设备合理地组合在一起的生产工艺过程，制备过程如图9-6所示。实际的废弃混凝土块中不可避免地存在着钢筋、木块、塑料碎片、玻璃、建筑石膏等各种杂质，为确保再生混凝土的品质，必须采取一定的措施将这些杂质除去。

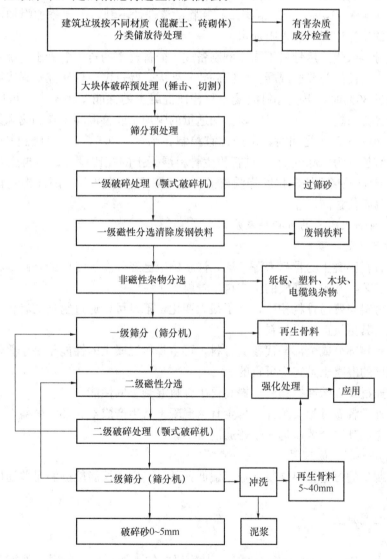

图9-6　再生混凝土骨料的制备过程

为提高再生骨料混凝土的性能，需要对再生骨料进行强化处理，常见到的强化方法有物理强化和化学强化。物理强化即使用机械设备对简单破碎再生骨料进行处理，除去简单破碎再生骨料表面附着的水泥砂浆和有薄弱连接的颗粒棱角；化学强化即采用不同性质的材料（如聚合物、有机硅防水剂、纯水泥浆、水泥外掺 Kim 粉、水泥外掺一级粉煤灰等）对简单破碎再生骨料进行浸渍、淋洗、干燥等处理，使简单破碎再生骨料得到强化的方法。

3. 再生骨料混凝土的配制

在再生骨料混凝土中，可采用再生粗骨料（粒径大于 5mm）、再生细骨料（粒径小于 5mm）取代部分或全部天然砂石、矿物细掺料（II级粉煤灰）代替部分水泥。

普通混凝土配合比计算按照《普通混凝土配合比设计规程》（JGJ 55—2011）进行，再生混凝土与普通混凝土在配合比设计的主要区别是单位体积用水量的不同。再生骨料表面部分附着水泥砂浆，表面粗糙、颗粒棱角较多、孔隙率高，再生骨料的吸水率明显高于普通骨料，大致维持在 4%～10%，故对混凝土拌和物的流动性不利，需要添加附加水来改善，常采用在混凝土的搅拌过程中加入附加水。

根据再生骨料取代天然骨料不同比例制备成不同替代率的再生混凝土，随着替代率的提高，再生混凝土的性能与普通混凝土之间的差异变大。经过国内外研究资料表明，当再生骨料替代率不超过 30% 时，再生骨料混凝土与普通混凝土的性能差距不大，可以按照普通混凝土配合比设计方法进行设计，只需要添加适量的附加水改善混凝土拌和物和易性；若再生骨料替代率在 30%～70% 之间时，水灰比宜控制在 0.35～0.5，砂率宜控制在 0.35～0.4，最小水泥用量宜控制为 330kg/m³，进行再生骨料混凝土的配比设计；当再生骨料替代率超过 70%，再生骨料混凝土抗压强度降低较多，最大降幅达到 30%，因此再生骨料混凝土中的再生骨料不易替代过高。

（三）再生骨料混凝土的可行性及应用

1. 再生骨料混凝土可行性

（1）再生骨料混凝土的骨料来源广泛，许多国家已经开发了专门的破碎机械设备和设计了有效的生产工艺，开始大规模的生成再生骨料。

（2）再生骨料与普通骨料相比，有了很大变化，不过可以通过物理或者化学方法对再生骨料进行强化使其更接近普通骨料。

（3）再生骨料部分或全部替代普通骨料，再生骨料混凝土的性能稍差于普通混凝土，不过再配制低强度的混凝土是完全可行的。

（4）可以通过掺入活性掺和料来提高再生骨料混凝土的性能。

（5）国内外学者做过相关统计，再生骨料混凝土从生产成本、环境效益、经济效益和社会效益等方面考虑其综合效益远大于普通混凝土。

2. 再生骨料混凝土的应用

目前所能制备的再生骨料混凝土强度偏低，不过其力学性能能够满足普通民用建筑使用和设计要求。

**二、透水性混凝土**

（一）概述

透水混凝土（Pervious Concrete）是由特定级配的水泥、水、骨料、外加剂、掺和料和无机颜料等按特定配合比经特殊工艺制备而成的具有连续空隙的生态环保型混凝土。透水混凝土表观密度一般为 1600～2100kg/m³，28d 抗压强度为 10～30MPa，抗折强度为 2～6MPa，透水系数为 0.5～20mm/s。

（二）主要技术内容

1. 原材料品种及选择

（1）在透水混凝土中，水泥石与骨料界面的黏结强度是混凝土的最薄弱环节，是决定混凝土强度的关键因素，因此水泥的活性、品种、数量的选择尤为重要。透水混凝土要采用强度较高、混合材料掺量较少的水泥或普通硅酸盐水泥。

（2）粗骨料是透水混凝土的结构骨架，骨料粒径的大小视透水混凝土结构的厚度、强度、透水性而定。试验资料表明，透水混凝土的颗粒级配是决定其强度和透水的主要因素之一，为保证透水混凝土强度及其透水功能，粗骨料常用颗粒较小的单粒径。

（3）拌和及养护用水一般采用自来水。

（4）其他外加剂、掺和料、无机颜料等根据实际情况添加。

2. 配合比设计

透水混凝土单位体积透水混凝土的重量等于单位体积骨料、胶结材料之和。透水混凝土的配合比计算方法，即根据设计要求选用原材料，确定单位体积透水混凝土中骨料的用量［单位体积混凝土中粗骨料的用量为紧密堆积状态下的质量，考虑到实际情况一般乘以骨料修正系数（一般取 0.98）］；根据骨料的表观密度和设计要求的孔隙率确定胶结材料用量；按成型工艺的要求确定水灰比，从而计算水泥用量和拌和水用量，透水混凝土中各材料的含量即可得到。孔隙率为 15%、水灰比为 0.28 的透水混凝土的配合比，见表 9-31。

表 9-31　　　　　　　　　　　　　　透水混凝土配合比

| 骨料粒径 (mm) | 骨料修正系数 | 目标孔隙率 (%) | 水灰比 | 单位体积原材料用量 (kg/m³) | | |
|---|---|---|---|---|---|---|
| | | | | 石子 | 水泥 | 水 |
| 2.36～4.75 | 0.98 | 15 | 0.28 | 1568 | 405 | 113 |
| 4.75～9.5 | 0.98 | 15 | 0.28 | 1546 | 392 | 109 |
| 9.5～16 | 0.98 | 15 | 0.28 | 1538 | 385 | 107 |

透水混凝土的孔隙率一般在 15%～30% 之间；水灰比一般控制在 0.25～0.35 之间，实际工作中，往往是根据经验来确定水灰比，具体方法是取一些拌和好的混凝土拌和物，观察其水泥浆在骨料颗粒表面的包裹是否均匀，有无水泥浆下滴的现象及颗粒有无类似金属的光泽等，如符合以上情况，则说明水灰比较为合适；另外随着透水混凝土中添加减水剂等外加剂，水灰比应作出适当降低。

（三）透水混凝土路面施工技术

1. 透水混凝土的配制

根据《透水水泥混凝土路面技术规程》（CJJ/T 135—2009）规定，每立方米透水混凝土中材料的推荐用量为：胶凝材料 300～450kg；碎石料 1300～1500kg；水胶比 0.28～0.32。彩色透水混凝土颜料掺入量根据工程要求，经现场试验后确定。

2. 透水混凝土的模板

（1）模板应选用质地坚实、变形小、刚度大的材料，模板的高度应与混凝土路面厚度一致。

（2）立模的平面位置与高程，应符合设计要求，模板与混凝土接触的表面应涂隔离剂。

（3）透水混凝土拌和物摊铺前，应对模板的高度、支撑稳定情况等进行全面检查。

3. 透水混凝土的摊铺与压实

透水混凝土拌和物摊铺时，以人工均匀摊铺，找准平整度与排水坡度，摊铺厚度应考虑其摊铺系数，其松铺系数宜为 1.1。施工时对边角处特别注意有无缺料现象，要及时补料进行人工压实。

透水混凝土宜采用专用低频振动压实机，或采用平板振动器振动和专用滚压工具滚压。用平板振动器振动时避免在一个位置上持续振动使用振动器振捣，采用专用低频振动压实机压实时应辅以人工补料及找平，人工找平时，施工人员应穿上减压鞋进行操作，并应随时检查模板，如有下沉、变形或松动，应及时纠正。

透水混凝土压实后，宜使用机械对透水性混凝土面层进行收面，必要时配合人工拍实、抹平。整平时必须保持模板顶面整洁，接缝处板面平整。

4. 透水混凝土的养护

透水混凝土路面施工完毕后，宜采用覆盖塑料薄膜和彩条布及时进行保湿养护。养护时间根据透水混凝土强度增长情况而定，养护时间不宜少于 14d。

养护期间透水混凝土面层不得行人、通车，养护期间应保护塑料薄膜的完整，当破损时应立即修补。

（四）技术特点

透水混凝土具有以下技术特点：

（1）孔隙率达 15%～30%，具有透水性和透气性，以及一定的强度和收缩性。

（2）与普通混凝土相比，透水性混凝土具有透水、透气、净化水体、吸声降噪、保护地下水资源、缓解城市热岛效应和改善土壤生态环境等众多优良的使用性能。

在可持续发展与保持生态平衡等战略思想的指导下，对透水混凝土的配合比设计方法、施工、养护、管理等已形成国家级的标准规范，并已广泛应用在市政工程、园林工程、环境工程和生态环保工程等多个领域，取得了良好的效果。

## 复习思考题

9-1　何为节能型建筑？建筑节能的途径有哪些？关键技术是什么？

9-2　常见的新型墙体材料有哪些？

9-3　砌体施工中存在的主要问题是什么？如何控制？

9-4　现在推广的节能型门窗应用技术有哪些？

9-5　中空玻璃门窗的安装要点是什么？

9-6　简述内循环双层玻璃幕墙的施工工艺。

9-7　简述现浇混凝土模板内置（聚苯板）外墙外保温体系中有网体系施工的施工要点。

9-8　简述硬泡聚氨酯外墙喷涂保温体系施工要点。

9-9　描述倒置式屋面、通风屋面、种植屋面与普通屋面的做法区别以及保温性能差别。

9-10　节能型建筑如何评估？

9-11　简述预拌砂浆的种类和技术特点。

9-12　简述再生骨料混凝土、透水混凝土的优点及应用范围。

# 第十章 绿色建筑与建筑智能化技术

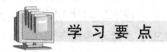

学 习 要 点

本章介绍了绿色建筑的概念、特点、原则、评价体系和实现途径；绿色施工的概念、原则、技术要点和绿色施工管理；建筑智能化技术的概念、组成、功能和技术指标。通过本章的学习，熟悉绿色建筑和绿色施工的概念、特点、原则、评价体系以及实现的途径，熟悉建筑智能化技术及其功能，掌握建筑智能化技术的有关概念、分类、各子系统的技术原理。

## 第一节 绿 色 建 筑

### 一、基本概念

绿色建筑即"资源可有效利用或可循环利用的建筑"，是指在建筑的全寿命周期内，最大限度地节约资源（节能、节地、节水、节材）、保护环境和减少污染，为人们提供健康、舒适和高效的使用空间，同时在建筑全生命周期（物料生产，建筑规划、设计、施工、运营维护及拆除过程）中实现高效率地利用资源（能源、土地、水资源、材料）、最低限度地影响环境的建筑物。设计时应符合可持续发展原理，减少不可再生能源和资源的使用，尽量避免使用建筑构件或建筑产品，加强对老旧建筑的修复和某些构成材料的重复使用。这种建筑通过各种方式节能和减少对环境的影响，又称为"生态建筑"或"可持续建筑"。它是实现"以人为本"、"人—建筑—自然"三者和谐统一的重要途径，是绿色文化的重要组成部分。也是我国实施 21 世纪可持续发展战略的重要组成部分。

### 二、绿色建筑的特点

（1）绿色化。绿色建筑要遵循节约能源资源、无害化、无污染、可循环等原则。绿色建筑具有选址规划绿色合理、资源利用高效循环、综合措施有效节能、建筑环境健康舒适、废物排放减量无害、建筑功能灵活适宜等六大特点，不仅可满足人们的生理和心理需求，而且其能源和资源的消耗最为经济合理，对绿色环境的冲击最小。

（2）以人为本。绿色建筑要求追求高效节能的同时，更应该提高人的生活质量、舒适性，保证人的健康。

（3）因地制宜。建筑设计应充分结合当地的气候特点及其他地域条件，最大限度地利用自然采光、自然通风、被动式集热和制冷措施，从而减少因采光、通风、供暖、空调所导致的能耗和污染。

（4）整体设计。结合当地的气候、文化、经济等诸多因素进行综合分析、整体设计，不盲目照搬所谓的先进绿色技术，也不仅仅着眼于一个局部而不顾整体。

### 三、绿色建筑应遵循的原则

绿色建筑应坚持"可持续发展"的建筑理念。理性的设计思维方式和科学程序的把握，是提高绿色建筑环境效益、社会效益和经济效益的基本保证。绿色建筑除满足传统建筑的一般要求外，尚应遵循以下基本原则。

（一）关注建筑的全寿命周期

建筑从最初的规划设计，到之后的施工建设、运营管理，直至最终拆除，形成了一个全寿命周期。关注建筑的全寿命周期，意味着不仅在规划设计阶段充分考虑并利用环境因素，而且在施工过程中确保对环境的影响最低，运营管理阶段能为人们提供健康、舒适、低耗、无害的空间，拆除后又确保对环境危害最小，并使拆除材料尽可能再循环利用。

（二）适应自然条件，保护自然环境

（1）保护建筑场地周边环境。充分利用建筑场地周边的自然条件，尽量保留和合理利用现有适宜的地形、地貌、植被和自然水系。

（2）注意气候和环境影响。在建筑的选址、朝向、布局、形态等方面，充分考虑当地气候特征和生态环境。

（3）保护文化遗产。建筑风格与规模和周围环境保持协调，保持历史文化与景观的连续性。

（4）尽可能减少对自然环境的负面影响。如减少有害气体和废弃物的排放，减少对生态环境的破坏。

（三）创建舒适与健康的环境

（1）舒适度。绿色建筑应优先考虑使用者的适度需求，努力创造优美和谐的环境。

（2）环境安全性。保障使用的安全，降低环境污染，改善室内环境质量。

（3）环境健康性。满足人们生理和心理的需求，同时为人们提高工作效率创造条件。

（四）加强资源节约与综合利用，减轻环境负荷

（1）优化生产工艺。通过优良的设计和管理，优化生产工艺，采用适当技术、材料和产品。

（2）合理利用和优化资源配置。改变消费方式，减少对资源的占有和消耗。

（3）提高资源利用率。最大限度地提高资源的利用效率，积极促进资源的综合循环利用，因地制宜，最大限度利用本地材料与资源。

（4）延长使用寿命。增强耐久性及适应性，延长建筑物的整体使用寿命。

（5）无污染。尽可能使用可再生的、清洁的资源和能源。

### 四、绿色建筑的评价与等级划分

1990 年由英国的建筑研究中心提出的《建筑研究中心环境评估法》（BREEAM）是世界上第一个绿色建筑综合评估系统，也是国际上第一套实际应用于市场和管理之中的绿色建筑评价办法。其目的是为绿色建筑实践提供指导，以期减少建筑对全球和地区环境的负面影响。BREEAM 主要包含的评估条款覆盖了管理优化、能源节约、健康舒适、污染、运输、土地使用的生态价值、材料、水资源消耗和使用效率 9 个方面，分别归类于"全球环境影响"、"当地环境影响"及"室内环境影响" 3 个环境表现类别。

20 世纪 80 年代，伴随建筑节能问题的提出，绿色建筑概念开始进入我国。在 2000 年前后形成讨论热点。2005 年，在国务院《关于做好建设节约型社会近期重点工作的通知》

和建设部《关于建设领域资源节约今明两年重点工作的安排意见》中均提出了完善资源节约标准的要求，并提出了编制《绿色建筑技术导则》、《绿色建筑评价标准》等标准的具体要求。

与此同时，建设部组织中国建筑科学研究院、上海市建筑科学研究院会同中国城市规划设计研究院、清华大学、中国建筑工程总公司、中国建筑材料科学研究院、国家给水排水工程技术中心、深圳市建筑科学研究院、城市建设研究院等单位共同编制《绿色建筑评价标准》，其主要内容是节能、节地、节水、节材与环境保护，注重以人为本，强调建筑的可持续发展。

绿色建筑评价指标体系由节地与室外环境、节能与能源利用、节水与水资源利用、节材与材料资源利用、室内环境质量和运营管理（住宅建筑）或全生命周期综合性能（公共建筑）6 类指标组成。每类指标包括控制项、一般项及优选项，其中控制项为绿色建筑的必备条件，一般项和优选项为划分绿色建筑等级的可选条件，而优选项是难度大、综合性强和对绿色度要求较高的可选项。

绿色建筑的评价原则以住区或公共建筑为对象，也可以以单栋住宅为对象进行评价。评价单栋住宅时，凡涉及室外环境的指标，以该栋住宅所处地环境的评价结果为准。对新建、扩建与改建的住宅建筑或公共建筑的评价，在其投入使用一年后进行。按满足一般项数和优选项数的程度，绿色建筑划分为三个等级，依次为一星、二星、三星，其中三星为最高标准，一星是合格标准，要达到一星标准，住宅建筑则需符合 40 项要求中的 19 项，等级按表10-1、表 10-2 确定。

**表 10-1　　　　　　划分绿色建筑等级的项数要求（住宅建筑）**

| 等级 | 一般项数（共 40 项） | | | | | | 优选项数（共 6 项） |
| --- | --- | --- | --- | --- | --- | --- | --- |
| | 节地与室外环境（共 9 项） | 节能与能源利用（共 5 项） | 节水与水资源利用（共 7 项） | 节材与材料资源利用（共 6 项） | 室内环境质量（共 5 项） | 运营管理（共 8 项） | |
| ★ | 4 | 2 | 3 | 3 | 2 | 5 | — |
| ★★ | 6 | 3 | 4 | 4 | 3 | 6 | 2 |
| ★★★ | 7 | 4 | 6 | 5 | 4 | 7 | 4 |

注　根据住宅建筑所在地区、气候与建筑类型等特点，符合条件的一般项数可能会减少，表中对一般项的要求可按比例调整。

**表 10-2　　　　　　划分绿色建筑等级的项数要求（公共建筑）**

| 等级 | 一般项数（共 43 项） | | | | | | 优选项数（共 21 项） |
| --- | --- | --- | --- | --- | --- | --- | --- |
| | 节地与室外环境（共 8 项） | 节能与能源利用（共 10 项） | 节水与水资源利用（共 6 项） | 节材与材料资源利用（共 5 项） | 室内环境质量（共 7 项） | 全生命周期综合性能（共 7 项） | |
| ★ | 3 | 5 | 2 | 2 | 2 | 3 | — |
| ★★ | 5 | 6 | 3 | 3 | 4 | 4 | 6 |
| ★★★ | 7 | 8 | 4 | 4 | 6 | 6 | 13 |

注　根据建筑所在地区、气候与建筑类型等特点，符合条件的项数可能会减少，表中对一般项数和优选项数的要求可按比例调整。

**五、绿色建筑指标体系**

绿色建筑指标体系是指按定义对绿色建筑性能做出的一种完整表述，它可用于评估实体建筑与按定义表述的绿色建筑在性能上的差异。绿色建筑指标体系由节地与室外环境、节能与能源利用、节水与水资源利用、节材与材料资源、室内环境质量和运营管理 6 类指标组成。这 6 类指标涵盖了绿色建筑的基本要素，包含了建筑物全寿命周期内的规划设计、施工、运营管理及回收各阶段的评定指标的子系统。表 10-3 为绿色建筑的分项指标与重点应用阶段汇总。

**表 10-3** 　　　　　　　　　　　　　**绿色建筑指标体系框图**

| 项　　目 | 分项指标 | 重点应用阶段 |
| --- | --- | --- |
| 节地与室外环境 | 建筑场地 | 规划、施工 |
| | 节地 | 规划、设计 |
| | 降低环境负荷 | 全寿命周期 |
| | 绿化 | 全寿命周期 |
| | 交通设施 | 规划、设计、运营管理 |
| 节能与能源利用 | 降低建筑能耗 | 全寿命周期 |
| | 提高用能效率 | 设计、施工、运营管理 |
| | 使用可再生能源 | 规划、设计、运营管理 |
| 节水与水资源利用 | 节水规划 | 规划 |
| | 提高用水效率 | 设计、运营管理 |
| | 雨、污水综合利用 | 规划、设计、运营管理 |
| 节材与材料资源 | 节材 | 设计、施工、运营管理 |
| | 使用绿色建材 | 设计、施工、运营管理 |
| 室内环境质量 | 光环境 | 规划、设计 |
| | 热环境 | 设计、运营管理 |
| | 声环境 | 设计、运营管理 |
| | 室内空气品质 | 设计、运营管理 |
| 运营管理 | 智能化系统 | 规划、设计、运营管理 |
| | 资源管理 | 运营管理 |
| | 改造利用 | 设计、运营管理 |
| | 环境管理体系 | 运营管理 |

### 六、推进绿色建筑技术产业化

**（一）绿色建筑技术产业化**

绿色建筑技术产业化应以政府引导下的市场需求为导向，构建绿色建筑的技术保障体系、建筑结构体系、部品与构配件体系和质量控制体系。开展绿色建筑技术产业化基地示范工程，将绿色建筑的研究、开发、设计、施工、部品与构配件的生产、销售和服务等诸环节联结为一个完整的产业系统。实现绿色建筑技术的标准化、系列化、工业化、工程化与集约化。

**（二）发展绿色建筑的新技术、新产品、新材料与新工艺**

发展适合绿色建筑的资源利用与环境保护技术，如新型结构体系、围护结构体系、室内环境污染防治与改善技术、废弃物收集处理与回用技术、计算机模拟分析、太阳能利用与建筑一体化技术、分质供水技术与成套设备、污水收集、处理与回用成套技术、节水器具与设施等。先发展量大面广、可推广应用、见效快、产业化前景好的技术项目，如太阳能利用、地源热泵、垃圾处理、污水处理、节能型空调等新技术。

加强信息技术应用，如规划设计中应用 GIS（地理信息系统）技术、虚拟仿真技术等工具，建立三维地表模型，对场地的自然属性及生态环境等进行量化分析，辅助规划设计；在建筑设计与施工中采用 CAD（计算机辅助设计）、CAC（计算机辅助施工）技术和基于网络的协同设计与建造等技术；建立新型的运营管理方式，实现传统物业管理模式向数字化物业管理模式的提升等。通过应用信息技术，进行精密规划、设计、精心建造和优化集成，实现与提高绿色建筑的各项指标。

发展新型绿色建筑材料，加强材料性能、环境等指标的检测，及时淘汰落后产品，加速新型绿色建材的推广应用。

（三）发展绿色建筑的智能技术

发展以智能技术为支撑的系统与产品，提高绿色建筑性能。发展节能与节水控制系统与产品、利用可再生能源的智能系统与产品、室内环境综合控制系统与产品等。可采用综合性智能采光控制、地热与协同控制、外遮阳自动控制、能源消耗与水资源消耗自动统计与管理、空调与新风综合控制、中水雨水利用综合控制等技术。

**七、绿色建筑的实现**

《国家新型城镇化规划（2014～2020）》提出，城镇绿色建筑占新建建筑比重将从 2012 年的 2％提升到 2020 年的 50％。推进绿色建筑发展，要大力宣传在建筑领域推进可持续发展的必要性，增强危机意识。推进绿色建筑发展要各方面通力合作，绝非建设部门一家之事。要针对有关建筑用的不同资源，制定分步的节约、代用、再生利用的实施目标和技术措施。加大研究开发力度，调动各方面积极性筹集资金，群策群力集思广益，研究解决推进绿色建筑所需的单项和综合技术（材料、设备、工艺、方法等）及其生产、工程应用问题，为发展绿色建筑提供技术保障。与此同时，国家也加大了绿色建筑的激励政策。凡是新建建筑全部是绿色建筑的且两年内开工建设面积不少于 200 万 m² 的城区，国家财政一次性给予补助 5000 万元，并命名为绿色建筑示范城区。对二星级以上的高等级绿色建筑，中央财政直接补贴，其中三星级每平方米补贴 80 元，二星级每平方米补贴 45 元。此外，不少省份也结合地方实际制订相应的补助激励标准。通过工程示范，以典型引路增强信心，并将可用的经验大力推广。修订制定有利于绿色建筑发展的标准规范，将节约矿物、能源、土地、水、森林等资源，扩大代用、再生利用材料资源，开发利用可再生能源等有用的经验转化为标准、规范条文。尽早建立绿色建筑性能认定准则及认定标识制度，为实施优惠政策提供判定依据。制定和实施绿色建筑优惠政策，引导业主关心投入绿色建筑的建设。例如西安市从 2014 年 7 月 1 日开始实施的《西安市绿色建筑行动实施意见》，提出如下具体要求和措施。

（1）推进绿色建筑的技术研发与推广。

1）开展绿色建筑技术的集成推广。开展技术标准规范研究和关键技术研发，编制重点技术推广目录；推广自然采光、自然通风、太阳能光热、光伏、高效空调、热泵、隔音、雨水收集、屋顶绿化、立体绿化、再生水规模化利用等成熟技术，普及高效节能照明、风机、水泵、热水器及节水器具等节能产品及系统。

2）推广应用绿色建材。推广防火隔热、御寒性能好的新型建筑保温材料，研发与建筑同寿命的建筑材料，大力支持烧结空心用品、加气混凝土用品、多功能复合一体化墙体材料、一体化屋面、低辐射镀膜玻璃、断桥隔热门窗等新型墙体和屋面节能材料的发展，到"十二五"末，淘汰圆形孔洞烧结砖和多孔砖。推广应用高性能混凝土和高强钢；市区预拌混凝土使用率达到 100%，预拌砂浆使用率达到 98% 以上。

（2）推广建筑工业化发展。编制完成节能预制装配式建筑设计技术应用规范，支持集设计、生产、施工于一体的建筑节能工业化基地建设，鼓励新建建筑采用先进、适用的技术、工艺和装备，促进施工专业化。发展预制和装配技术，推广适合工业化生产的预置装配式混凝土、钢结构等建筑体系，提高建筑工业化技术集成水平。鼓励新建住宅一次装修到位或菜单式装修，促进个性化装修和产业化装修相统一。

（3）严格建筑物拆除管理程序。继续维护城市规划的严肃性和稳定性，凡符合城市规划和工程建设标准并在正常寿命期内的建筑物，除基本的公共利益需要外，不得随意拆除；需拆除的 2 万 m² 以上大型公共建筑，市房屋征收行政管理部门应提前向社会公示征求意见。

（4）推进建筑废弃物资源化利用。落实建筑废弃物处理责任制，按照"谁产生、谁负责"的原则进行建筑废弃物的收集、运输和处理，推行建筑废弃物集中处理和分级利用。建设工程前期，对拆迁房屋建筑垃圾进行再利用评估，在不影响环境的前提下，最大限度利用废弃物建造景观；鼓励使用建筑废弃物再生骨料制作的混凝土砌块、水泥制品和配置再生混凝土。对于建筑垃圾掺加量 30% 以上的免烧砖、砌块、墙板、混凝土等产品可申报免征增值税认定。

## 第二节 绿 色 施 工

**一、基本概念**

绿色施工是指工程建设中，在保证质量、安全等基本要求的前提下，通过科学管理和技术进步，最大限度地节约资源与减少对环境负面影响的施工活动，实现"四节一环保"（节能、节地、节水、节材和环境保护）。绿色施工是对施工策划、材料采购、现场施工、工程验收等进行控制，强调的是施工全过程的"四节一环保"。

**二、绿色施工原则**

（1）要保证总体方案最优。

（2）注重规划、设计阶段。在规划、设计阶段，应充分考虑绿色施工的总体要求，为绿色施工提供基础条件。

（3）加强控制整个施工过程。对施工策划、材料采购、现场施工、工程验收等各阶段进行控制，加强对整个施工过程的管理和监督。

**三、绿色施工技术要点**

（一）环境保护技术要点

1. 扬尘控制

（1）运送土方、垃圾、设备及建筑材料等，不污损场外道路。运输容易散落、飞扬、流漏的物料的车辆，必须采取措施封闭严密，保证车辆清洁。施工现场出口应设置洗车槽。

（2）土方作业阶段，采取洒水、覆盖等措施，达到作业区目测扬尘高度小于 1.5m，不扩散到场区外。

（3）结构施工、安装装饰装修阶段，作业区目测扬尘高度小于 0.5m。对易产生扬尘的堆放材料应采取覆盖措施；对粉末状材料应封闭存放；场区内可能引起扬尘的材料及建筑垃圾搬运应有降尘措施，如覆盖、洒水等；浇筑混凝土前清理灰尘和垃圾时尽量使用吸尘器，避免使用吹风器等易产生扬尘的设备；机械剔凿作业时可用局部遮挡、掩盖、水淋等防护措施；高层或多层建筑清理垃圾应搭设封闭性临时专用道或采用容器吊运。

（4）施工现场非作业区达到目测无扬尘的要求。对现场易飞扬物质采取有效措施，如洒水、地面硬化、围挡、密网覆盖、封闭等，防止扬尘产生。

（5）构筑物机械拆除前，做好扬尘控制计划。可采取清理积尘、拆除体洒水、设置隔挡等措施。

（6）构筑物爆破拆除前，做好扬尘控制计划。可采用清理积尘、淋湿地面、预湿墙体、屋面敷水袋、楼面蓄水、建筑外设高压喷雾状水系统、搭设防尘排栅和直升机投水弹等综合降尘。选择风力小的天气进行爆破作业。

（7）在场界四周隔挡高度位置测得的大气总悬浮颗粒物（TSP）月平均浓度与城市背景值的差值不大于 $0.08mg/m^3$。

2. 噪声与振动控制

（1）现场噪声排放不得超过国家标准《建筑施工场界环境噪声排放标准》（GB 12523—2011）的规定。

（2）使用低噪声、低振动的机具，采取隔声与隔振措施，避免或减少施工噪声和振动。

3. 光污染控制

（1）尽量避免或减少施工过程中的光污染。夜间室外照明灯加设灯罩，透光方向集中在施工范围。

（2）电焊作业采取遮挡措施，避免电焊弧光外泄。

4. 水污染控制

（1）施工现场污水排放应达到国家标准《污水综合排放标准》（GB 8978—1996）的要求。

（2）在施工现场应针对不同的污水，设置相应的处理设施，如沉淀池、隔油池、化粪池等。

（3）污水排放应委托有资质的单位进行废水水质检测，提供相应的污水检测报告。

（4）保护地下水环境。采用隔水性能好的边坡支护技术。在缺水地区或地下水位持续下降的地区，基坑降水尽可能少地抽取地下水；当基坑开挖抽水量大于 50 万 $m^3$ 时，应进行地下水回灌，并避免地下水被污染。

（5）对于化学品等有毒材料、油料的储存地，应有严格的隔水层设计，做好渗漏液收集和处理。

5. 土壤保护

（1）保护地表环境，防止土壤侵蚀、流失。因施工造成的裸土，及时覆盖砂石或种植速生草种，以减少土壤侵蚀；因施工造成容易发生地表径流土壤流失的情况，应采取设置地表排水系统、稳定斜坡、植被覆盖等措施，减少土壤流失。

（2）沉淀池、隔油池、化粪池等不发生堵塞、渗漏、溢出等现象。及时清掏各类池内沉淀物，并委托有资质的单位清运。

（3）对于有毒有害废弃物，如电池、墨盒、油漆、涂料等，应回收后交有资质的单位处理，不能作为建筑垃圾外运，避免污染土壤和地下水。

（4）施工后应恢复施工活动破坏的植被（一般指临时占地内）。与当地园林、环保部门或当地植物研究机构进行合作，在先前开发地区种植当地或其他合适的植物，以恢复剩余空地地貌或科学绿化，补救施工活动中人为破坏植被和地貌造成的土壤侵蚀。

6. 建筑垃圾控制

（1）制定建筑垃圾减量化计划，如住宅建筑，每万平方米的建筑垃圾不宜超过 400t。

（2）加强建筑垃圾的回收再利用，力争建筑垃圾的再利用和回收率达到 30%，建筑物拆除产生的废弃物的再利用和回收率大于 40%。对于碎石类、土石方类建筑垃圾，可采用地基填埋、铺路等方式提高再利用率，力争再利用率大于 50%。

（3）施工现场生活区设置封闭式垃圾容器，施工场地生活垃圾实行袋装化，及时清运。对建筑垃圾进行分类，并收集到现场封闭式垃圾站，集中运出。

7. 地下设施、文物和资源保护

（1）施工前应调查清楚地下各种设施，做好保护计划，保证施工场地周边的各类管道、管线、建筑物、构筑物的安全运行。

（2）施工过程中一旦发现文物，立即停止施工，保护现场并通报文物部门，并协助做好工作。

（3）避让、保护施工场区及周边的古树名木。

（4）逐步开展统计分析施工项目的 $CO_2$ 排放量，以及各种不同植被和树种的 $CO_2$ 固定量的工作。

（二）节材与材料资源利用技术要点

1. 节材措施

（1）图纸会审时，应审核节材与材料资源利用的相关内容，达到材料损耗率比定额损耗率降低 30%。

（2）根据施工进度、库存情况等合理安排材料的采购、进场时间和批次，减少库存。

（3）现场材料堆放有序。储存环境适宜，措施得当。保管制度健全，责任落实。

（4）材料运输工具适宜，装卸方法得当，防止损坏和遗洒。根据现场平面布置情况就近卸载，避免和减少二次搬运。

（5）采取技术和管理措施提高模板、脚手架等的周转次数。

（6）优化安装工程的预留、预埋、管线路径等方案。

（7）应就地取材，施工现场 500km 以内生产的建筑材料用量占建筑材料总重量的 70% 以上。

2. 结构材料

（1）推广使用预拌混凝土和商品砂浆。准确计算采购数量、供应频率、施工速度等，在施工过程中动态控制。结构工程使用散装水泥。

（2）推广使用高强钢筋和高性能混凝土，减少资源消耗。

（3）推广钢筋专业化加工和配送。

（4）优化钢筋配料和钢构件下料方案。钢筋及钢结构制作前应对下料单及样品进行复核，无误后方可批量下料。

（5）优化钢结构制作和安装方法。大型钢结构宜采用工厂制作，现场拼装；宜采用分段吊装、整体提升、滑移、顶升等安装方法，减少方案的措施用材量。

（6）采取数字化技术，对大体积混凝土、大跨度结构等专项施工方案进行优化。

3. 围护材料

（1）门窗、屋面、外墙等围护结构选用耐候性及耐久性良好的材料，施工确保密封性、防水性和保温隔热性。

（2）门窗采用密封性、保温隔热性能、隔声性能良好的型材和玻璃等材料。

（3）屋面材料、外墙材料具有良好的防水性能和保温隔热性能。

（4）当屋面或墙体等部位采用基层加设保温隔热系统的方式施工时，应选择高效节能、耐久性好的保温隔热材料，以减小保温隔热层的厚度及材料用量。

（5）屋面或墙体等部位的保温隔热系统采用专用的配套材料，以加强各层次之间的黏结或连接强度，确保系统的安全性和耐久性。

（6）根据建筑物的实际特点，优选屋面或外墙的保温隔热材料系统和施工方式，例如保温板粘贴、保温板干挂、聚氨酯硬泡喷涂、保温浆料涂抹等，以保证保温隔热效果，并减少材料浪费。

（7）加强保温隔热系统与围护结构的节点处理，尽量降低热桥效应。针对建筑物的不同部位保温隔热特点，选用不同的保温隔热材料及系统，做到经济适用。

4. 装饰装修材料

（1）贴面类材料在施工前，应进行总体排版策划，减少非整块材的数量。

（2）采用非木质的新材料或人造板材代替木质板材。

（3）防水卷材、壁纸、油漆及各类涂料基层必须符合要求，避免起皮、脱落。各类油漆及黏结剂应随用随开启，不用时及时封闭。

（4）幕墙及各类预留预埋应与结构施工同步。

（5）木制品及木装饰用料、玻璃等各类板材等宜在工厂采购或定制。

（6）采用自粘类片材，减少现场液态黏结剂的使用量。

5. 周转材料

（1）应选用耐用、维护与拆卸方便的周转材料和机具。

（2）优先选用制作、安装、拆除一体化的专业队伍进行模板工程施工。

（3）模板应以节约自然资源为原则，推广使用定型钢模、钢框竹模、竹胶板。

（4）施工前应对模板工程的方案进行优化。多层、高层建筑使用可重复利用的模板体系，模板支撑宜采用工具式支撑。

（5）优化高层建筑的外脚手架方案，采用整体提升、分段悬挑等方案。

（6）推广采用外墙保温板替代混凝土施工模板的技术。

（7）现场办公和生活用房采用周转式活动房。现场围挡应最大限度地利用已有围墙，或采用装配式可重复使用围挡封闭。力争工地临房、临时围挡材料的可重复使用率达到70%。

（三）节水与水资源利用的技术要点

1. 提高用水效率

（1）施工中采用先进的节水施工工艺。

（2）施工现场喷洒路面、绿化浇灌不宜使用市政自来水。现场搅拌用水、养护用水应采取有效的节水措施，严禁无措施浇水养护混凝土。

（3）施工现场供水管网应根据用水量设计布置，管径合理、管路简捷，采取有效措施减少管网和用水器具的漏损。

（4）现场机具、设备、车辆冲洗用水必须设立循环用水装置。施工现场办公区、生活区的生活用水采用节水系统和节水器具，提高节水器具配置比率。项目临时用水应使用节水型产品，安装计量装置，采取针对性的节水措施。

（5）施工现场建立可再利用水的收集处理系统，使水资源得到梯级循环利用。

（6）施工现场分别对生活用水与工程用水确定用水定额指标，并分别计量管理。

（7）大型工程的不同单项工程、不同标段、不同分包生活区，凡具备条件的应分别计量用水量。在签订不同标段分包或劳务合同时，将节水定额指标纳入合同条款，进行计量考核。

（8）对混凝土搅拌站点等用水集中的区域和工艺点进行专项计量考核。施工现场建立雨水、中水或可再利用水的搜集利用系统。

2. 非传统水源利用

（1）优先采用中水搅拌、中水养护，有条件的地区和工程应收集雨水养护。

（2）处于基坑降水阶段的工地，宜优先采用地下水作为混凝土搅拌用水、养护用水、冲洗用水和部分生活用水。

（3）现场机具、设备、车辆冲洗、喷洒路面、绿化浇灌等水，优先采用非传统水源，尽量不使用市政自来水。

（4）大型施工现场，尤其是雨量充沛地区的大型施工现场建立雨水收集利用系统，充分收集自然降水用于施工和生活中适宜的部位。

（5）力争施工中非传统水源和循环水的再利用量大于30%。

3. 用水安全

在非传统水源和现场循环再利用水的使用过程中，应制定有效的水质检测与卫生保障措施，确保避免对人体健康、工程质量以及周围环境产生不良影响。

（四）节能与能源利用的技术要点

1. 节能措施

（1）制订合理施工能耗指标，提高施工能源利用率。

（2）优先使用国家、行业推荐的节能、高效、环保的施工设备和机具，如选用变频技术的节能施工设备等。

（3）施工现场分别设定生产、生活、办公和施工设备的用电控制指标，定期进行计量、核算、对比分析，并有预防与纠正措施。

（4）在施工组织设计中，合理安排施工顺序、工作面，以减少作业区域的机具数量，相邻作业区充分利用共有的机具资源。安排施工工艺时，应优先考虑耗用电能的或其他能耗较少的施工工艺。避免设备额定功率远大于使用功率或超负荷使用设备的现象。

（5）根据当地气候和自然资源条件，充分利用太阳能、地热等可再生能源。

2. 机械设备与机具

（1）建立施工机械设备管理制度，开展用电、用油计量，完善设备档案，及时做好维修保养工作，使机械设备保持低耗、高效的状态。

（2）选择功率与负载相匹配的施工机械设备，避免大功率施工机械设备低负载长时间运行。机电安装可采用节电型机械设备，如逆变式电焊机和能耗低、效率高的手持电动工具等，以利节电。机械设备宜使用节能型油料添加剂，在可能的情况下，考虑回收利用，节约油量。

（3）合理安排工序，提高各种机械的使用率和满载率，降低各种设备的单位耗能。

3. 生产、生活及办公临时设施

（1）利用场地自然条件，合理设计生产、生活及办公临时设施的体形、朝向、间距和窗墙面积比，使其获得良好的日照、通风和采光。南方地区可根据需要在其外墙窗设遮阳设施。

（2）临时设施宜采用节能材料，墙体、屋面使用隔热性能好的材料，减少夏天空调、冬天取暖设备的使用时间及耗能量。

（3）合理配置采暖、空调、风扇数量，规定使用时间，实行分段分时使用，节约用电。

4. 施工用电及照明

（1）临时用电优先选用节能电线和节能灯具，临电线路合理设计、布置，临电设备宜采用自动控制装置。采用声控、光控等节能照明灯具。

（2）照明设计以满足最低照度为原则，照度不应超过最低照度的20%。

（五）节地与施工用地保护的技术要点

1. 临时用地指标

（1）根据施工规模及现场条件等因素合理确定临时设施，如临时加工厂、现场作业棚及材料堆场、办公生活设施等的占地指标。临时设施的占地面积应按用地指标所需的最低面积设计。

（2）要求平面布置合理、紧凑，在满足环境、职业健康与安全及文明施工要求的前提下尽可能减少废弃地和死角，临时设施占地面积有效利用率大于90%。

2. 临时用地保护

（1）应对深基坑施工方案进行优化，减少土方开挖和回填量，最大限度地减少对土地的扰动，保护周边自然生态环境。

（2）红线外临时占地应尽量使用荒地、废地，少占用农田和耕地。工程完工后，及时对红线外占地恢复原地形、地貌，使施工活动对周边环境的影响降至最低。

（3）利用和保护施工用地范围内原有绿色植被。对于施工周期较长的现场，可按建筑永久绿化的要求，安排场地新建绿化。

3. 施工总平面布置

（1）施工总平面布置应做到科学、合理，充分利用原有建筑物、构筑物、道路、管线为施工服务。

（2）施工现场搅拌站、仓库、加工厂、作业棚、材料堆场等布置，应尽量靠近已有交通线路或即将修建的正式或临时交通线路，缩短运输距离。

（3）临时办公和生活用房应采用经济、美观、占地面积小、对周边地貌环境影响较小，且适合于施工平面布置动态调整的多层轻钢活动板房、钢骨架水泥活动板房等标准化装配式结构。生活区与生产区应分开布置，并设置标准的分隔设施。

（4）施工现场围墙可采用连续封闭的轻钢结构预制装配式活动围挡，减少建筑垃圾，保护土地。

（5）施工现场道路按照永久道路和临时道路相结合的原则布置。施工现场内形成环形通路，减少道路占用土地。

（6）临时设施布置应注意远近结合（本期工程与下期工程），努力减少和避免大量临时建筑拆迁和场地搬迁。

**四、绿色施工管理**

（一）组织管理

组织管理就是设计并建立绿色施工管理体系，通过制定系统完整的管理制度和绿色施工整体目标，将绿色施工有关内容分解到管理体系目标中去，使参建各方在建设单位的组织协调下各司其职地参与到绿色施工过程中，使绿色施工规范化、标准化。

1. 绿色施工管理体系

（1）设立两级绿色施工管理机构，总体负责项目绿色施工实施管理。一级机构为建设单位组织协调的管理机构（绿色施工管理委员会），其成员包括建设单位、设计单位、监理单位、施工单位。二级机构为施工单位建立的管理实施机构（绿色施工管理小组），主要成员为施工单位各职能部门和相关协力单位。建设单位和施工单位的项目经理应分别作为两级机构绿色施工管理的第一责任人。

（2）各级机构中任命分项绿色施工管理责任人，负责该机构所涉及的与绿色施工相关的分项任务处理和信息沟通。

（3）以管理责任人为节点，将机构中不同组织层次的人员都融入到绿色施工管理体系中，实现全员、全过程、全方位、全层次管理。

2. 任务分工及职能责任分配

（1）管理任务分工。在项目实施阶段应对各参建单位的管理任务进行分解（图 10-1）。管理任务分工应明确表示各项工作任务由哪个单位或部门（个人）负责，由哪些单位或部门（个人）参与，并在项目实施过程中不断对其进行跟踪调整完善。

（2）管理职能责任分配。通过管理任务分解，建立责任分配矩阵。

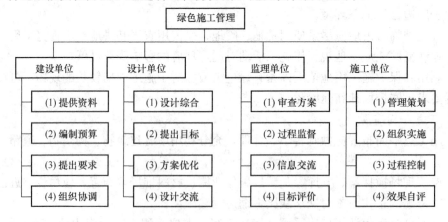

图 10-1　绿色施工管理任务分解结构

3. 建立项目内外沟通交流机制

绿色施工管理体系应建立良好的内部和外部沟通交流机制，使得来自项目外部的相关政策、项目内部绿色施工实施执行的情况和遇到的主要问题等信息能够有效传递。

## （二）规划管理

规划管理主要是指编制执行总体方案和独立成章的绿色施工方案，实质是对实施过程进行控制，以达到设计所要求的绿色施工目标。

### 1. 总体方案编制实施

建设项目总体方案的优劣直接影响到管理实施的效果，要实现绿色施工的目标，就必须将绿色施工的思想体现到总体方案中去。同时，根据建筑项目的特点，在进行方案编制时，应该考虑各参建单位的因素。

（1）建设单位应向设计、施工单位提供建设工程绿色施工的相关资料，并保证资料的真实性和完整性；在编制工程概算和招标文件时，建设单位应明确建设工程绿色施工的要求，并提供包括场地、环境、工期、资金等方面的保障，同时应组织协调参建各方的绿色施工管理等工作。

（2）设计单位应根据建筑工程设计和施工的内在联系，按照建设单位的要求，将土建、装修、机电设备安装及市政设施等专业进行综合，使建筑工程设计和各专业施工形成一个有机统一的整体，便于施工单位统筹规划，合理组织一体化施工。同时，在开工前设计单位要向施工单位作整体工程设计交底，明确设计意图和整体目标。

（3）监理单位应对建设工程的绿色施工管理承担监理责任，审查总体方案中的绿色专项施工方案及具体施工技术措施，并在实施过程中做好监督检查工作。

（4）实行施工总承包的建设工程，总承包单位应对施工现场绿色施工负总责，分包单位应服从总承包单位的绿色施工管理，并对所承包工程的绿色施工负责。实行代建制管理的，各分包单位对管理公司负责。

### 2. 绿色施工方案编制实施

在总体方案中，绿色施工方案应独立成章，将总体方案中与绿色施工有关的内容进行细化。

（1）应以具体的数值明确项目所要达到的绿色施工具体目标，比如材料节约率及消耗量、资源节约量、施工现场环境保护控制水平等。

（2）根据总体方案，提出建设各阶段绿色施工控制要点。

（3）根据绿色施工控制要点，列出各阶段绿色施工具体保证实施措施，如节能措施、节水措施、节材措施、节地与施工用地保护措施及环境保护措施等。

（4）列出能够反映绿色施工思想的现场各阶段的绿色施工专项管理手段。

## （三）实施管理

实施管理是指绿色施工方案确定之后，在项目的实施管理阶段，对绿色施工方案实施过程进行策划和控制，以达到绿色施工目标。

### 1. 绿色施工目标控制

建设项目随着施工阶段的发展必将对绿色施工目标的实现产生干扰。为了保证绿色施工目标顺利实现，可以采取相应措施对整个施工过程进行控制。

（1）目标分解。绿色施工目标包括绿色施工方案目标、绿色施工技术目标、绿色施工控制要点目标以及现场施工过程控制目标等，可以按照施工内容的不同分为几个阶段，将绿色施工策划目标的限值作为实际操作中的目标值进行控制。

（2）动态控制。在施工过程中收集各个阶段绿色施工控制的实测数据，定期将实测数据与目标值进行比较,当发现偏离时,及时分析偏离原因、确定纠正措施、采取纠正行动,实现 PDCA 循环控制管理,将控制贯穿到施工策划、施工准备、材料采购、现场施工、工程验收等各阶段的管理和监督之中,直至目标实现为止。

2. 施工现场管理

建设项目环境污染和资源能源消耗浪费主要发生在施工现场,因此施工现场管理的好坏,直接决定绿色施工整体目标能否实现。绿色施工现场管理应包含的内容有:

(1) 明确绿色施工控制要点。结合工程项目的特点,将绿色施工方案中的绿色施工控制要点进行有针对性的宣传和交底,营造绿色施工的氛围。

(2) 制定管理计划。明确各级管理人员的绿色施工管理责任,明确各级管理人员相互间、现场与外界(项目业主、设计、政府等)间的沟通交流渠道与方式。

(3) 制定专项管理措施,加强一线管理人员和操作人员的培训。

(4) 监督实施。对绿色施工控制要点要确保贯彻实施,对现场管理过程中发现的问题进行及时详细的记录,分析未能达标的原因,提出改正及预防措施并予以执行,逐步实现绿色施工管理目标。

(四)人员安全与健康管理

贯彻执行 ISO 14000 和 OHSAS 18000 管理体系,制订施工防尘、防毒、防辐射等措施,保障施工人员的长期职业健康。合理布置施工场地,保护生活及办公区不受施工活动的有害影响。提供卫生、健康的工作与生活环境,加强对施工人员的住宿、膳食、饮用水等生活与环境卫生等管理,改善施工人员的生活条件。施工现场建立卫生急救、保健防疫制度,并编制突发事件预案,设置警告提示标志牌、现场平面布置图和安全生产、消防保卫、环境保护、文明施工制度板、公示突发事件应急处置流程图。

(五)评价管理

绿色施工管理体系中应建立评价体系。根据绿色施工方案,对绿色施工效果进行评价。评价应由专家评价小组执行,制定评级指标等级和评分标准,分阶段对绿色施工方案、实施过程进行综合评估,判定绿色施工管理效果。根据评价结果对方案、施工技术和管理措施进行改进、优化。常用的评价方法有层次分析法、模糊综合评判法、数据包络分析法、人工神经网络评价法、灰色综合评价法等。

# 第三节　建筑智能化技术

## 一、智能建筑在我国的发展及应用状况

智能建筑这个概念进入我国的技术领域并不晚,大体上在 20 世纪 80 年代中期以后,中国科学院计算技术研究所就曾进行了"智能化办公大楼可行性研究",对智能办公楼的发展进行了探讨。智能建筑真正的普及和推广是在 1992 年改革开放大潮中兴起的房地产热潮,从此我国智能建筑发展迅速,呈现出巨大的市场潜力,社会、经济效益显著。随着通信技术、网络技术、计算机技术等在我国的迅猛发展,智能建筑在各方面也有大的提高。据统计,目前智能建筑的投资约占总投资的 5%～8%,有的可达到 10%。智能建筑的真正意义在于满足使用需要。

由于中国智能建筑市场发展的规模和速度均为世界之最,当前智能建筑的发展亟待解决

以下 6 个问题：

（1）设计与实施不协调。目前功能需求由业主提出，设计通常由设计院负责，而智能化的深化设计与具体实施由系统集成商来完成，普遍存在不协调甚至脱节，以致工程建成后，系统运行不能达到预期目标。

（2）规范和法规不健全。在工程规划、设计、施工、管理、质量监督、竣工验收等环节，缺乏相应的配套标准规范和技术法规。

（3）缺乏智力支持。技术产品方面，从智能建筑技术的研究到智能建筑产品的开发，缺少必要的引导、协调和支持，缺乏具有自主知识产权的智能建筑硬、软件产品。

（4）工程技术与产品评估、工程咨询与管理等技术服务不足。

（5）缺乏管理。当前"重建轻管"的现象相当普遍，缺乏相应的政策、管理规范和服务体系，物业管理人员的技术水平尚达不到保障智能化系统正常运营的需求。

（6）不重视环保。生态、节能和保护环境方面重视不够。

**二、建筑智能化的相关概念**

（一）基本概念

智能建筑是指利用系统集成的方法，将智能计算机技术、通信技术、信息技术与建筑艺术有机结合，通过对设备的自动监控，对信息资源的管理和对使用者的信息服务及其与建筑物的优化组合，获得投资合理、适合信息社会需要并且具有安全、高效、舒适、便利和灵活特点的建筑物。宏观的看，智能建筑还应包括良好的建筑环境（如造型、层高、净空、采光等）、力学结构、机电设备配置（如空调、新风机、电梯、智能化车库等）等。

（二）建筑智能化的分类

智能建筑可分为两大类：一类是以公共建筑为主的智能大厦，如写字楼、综合楼、宾馆、饭店、医院、机场航站、城市轨道交通车站、体育场馆和电视台等；另一类就是住宅智能化小区。

智能建筑工程主要包括通信网络系统、信息网络系统、建筑设备监控系统、安全防范系统、火灾自动报警及消防联动系统、综合布线系统、智能化系统集成、电源与接地、环境和住宅（小区）智能化等。

（三）建筑智能化的功能

（1）应具有信息处理能力。

（2）各种信息应能进行通信。信息通信范围不局限于建筑物内，应有可能在城市、地区或国家间进行。

（3）建筑设应实现自动控制。要能对建筑物内照明、电力、供暖、通风、空调、给排水、消防、安防等设备进行综合自动控制。

（4）实现建筑设备的自动化。能实现各种设备运行状态监视和统计记录的设备管理自动化，应实现以安全状态监控为中心的防灾自动化。

（5）可扩展建筑的功能。所有的功能，应可随技术的进步和社会的需要而发展，建筑物具有充分的适应性和可扩展性。

（四）建筑智能化的特点

相对于传统建筑，智能建筑有以下几个方面的特点：

（1）具有一定的工程建设规模和系统的复杂性特点。智能建筑绝大部分的建筑楼层较多、工程规模较大、总建筑面积也较大，即智能建筑一般都具有一定的工程建设规模。

（2）具有技术先进、开放性好、集成度高的特点。智能建筑是现代自动化技术、现代通信技术、计算机技术的综合体现和应用，各种先进技术在智能建筑中的应用层出不穷。并且随着社会的发展，这些科学技术在不断的进步，应用在建筑中的技术也在不停地向更高、更现代化水平飞速发展，从而使智能建筑的各子系统的集成化程度也越来越高。

（3）应用系统配套齐全，协调性要求较高。能满足多种用户对不同环境功能的要求。除普通建筑配备的常规公用设施外，智能建筑又根据其自身的使用功能和业务需要配备了各种高科技系统，以提高它的服务质量和功能水平，同时这也需要它具有好的密切配合和综合协调能力。

（4）智能建筑创造了安全、健康、舒适宜人和能提高工作效率的办公和居住环境。智能建筑首先确保安全和健康，其防火与保安系统均已智能化，同时对温度、湿度、照度均加以自动调节，使人们处于舒适的环境中生活、工作。

（5）节能：利用最新技术节约能源。

**三、通信网络系统**

（一）相关概念

通信网络系统是智能建筑中普遍应用的智能化系统，智能建筑的通信系统一般包括：通信系统、卫星电视及有线电视系统、公共广播与紧急广播系统等。其中通信系统又包括电话交换系统、会议电视系统及接入网设备。

（二）通信网络系统的基本组成

1. 通信系统

现代智能建筑中，一般通过综合布线建成建筑内部的通信系统。智能建筑的通信系统既要保证建筑物或建筑群内用户的各种应用业务，又需与外部进行信息交换。通信系统一般包括：电话系统、综合业务数字网（ISDN）、会议电视系统和接入网系统。

2. 卫星电视及有线电视系统

卫星电视和有线电视系统是为适应人们的使用功能需求而普遍设置的基本系统，此系统随着人们对电视收看质量要求的提高和有线电视技术的发展，在应用和设计技术上不断地完善。从目前我国智能化大楼的建设来看，此系统已经成为必不可少的部分。卫星电视及有线电视系统包括：有线电视系统和卫星电视接收系统。

3. 公共广播及紧急广播系统

（1）广播接收机。接收机有调幅（AM）收音机和调频（FM）接收机之分。广播接收机是由高频放大器、本地振荡器、混频器、中频放大器、检波器、功率放大器和扬声器等组成。

（2）扩声系统及其系统设备。扩声系统包括：把声信号转变为电信号的传声器、放大电信号并对信号处理的电子设备、传输线、把电功率信号转为声信号的扬声器和听众区的声学环境。扩声系统设备通常分成4部分：传声器及节目源、前级控制台、功率放大器、扬声器和电源。

（3）广播音响系统。在民用建筑工程设计中，广播音响系统大致可分为面向公众区的公共广播（PA）系统；面向宾馆客房的广播音响系统，以礼堂、剧场、体育场为代表的厅堂扩音系统；面向歌舞厅、宴会厅、卡拉OK厅等的音响系统和面向会议室报告厅等的广播音响系统。

## 四、计算机网络系统

### （一）相关概念

计算机网络是计算机设备的互联集合体。它利用通信设备和线路将地理位置不同、功能独立的多个计算机或计算机系统互连起来，以功能完善的网络软件（即网络通信协议、信息交换方式及网操作系统等）实现网络中资源共享和信息传递。

### （二）网络基本组成

计算机网络系统由综合布线系统、网络交换设备、网络接入设备、网络互联设备、网络服务器、工作站、网络外设、UPS 电源、网络操作系统、网络应用平台与应用软件、网络管理系统和网络安全系统组成。其中综合布线系统是计算机网络通信系统的基础设施，主要用于网络设备和终端设备的互联。网络操作系统主要提供网络运行管理、网络资源管理、文件管理、用户管理和系统管理等功能，是网络系统的核心和灵魂。

### （三）建设方式

对于酒店和办公大楼，其用户类型较为单一，用户对网络系统的需求较为明确，因此网络系统设计可以做得很具体、细致，包括主干网络、子网划分，甚至用户信息点具体位置和速率要求都可以准确地定下来，因此可以按照 Internet 网络系统的模式进行建设。对于高层商用写字楼和智能化小区等对于用户需求不确定的两类建筑系统，在进行网络系统设计时，应该首选 ISP（Internet Service Provider）接入服务方式，而不是 Intranet 方式，以满足不同用户的各种需求。

总之，无论按哪种方式建设计算机网络系统，目的都是为智能建筑的各子系统提供信息交换的平台。智能建筑的计算机网络包括主干网、楼内（楼层 LAN）和对外互联网。

### （四）信息安全系统

#### 1. 相关概念

信息安全保障体系，是把信息安全涉及的各个要素与安全要达到的目标进行严格的对照，明确之间的对应关系，从而为实现信息安全保障的目标提供严密体系化的指导措施。全面的安全管理是信息网络安全的一个基本保证，只有通过切实的安全管理，才能够保证各种安全技术能够真正起到其应有的作用。安全管理包括的范围很广，包括对人员的安全意识教育，安全技术培训，对各种网络设备、硬件设备，应用软件、存储介质等的安全管理，对各项安全管理制度贯彻执行的保障和监督措施等。

#### 2. 信息安全系统的组成

（1）物理平台安全。目的是保护路由器、交换机、工作站、各种网络服务器、打印机等硬件实体和通信链路免受自然灾害、人为破坏和搭线窃听攻击。验证用户的身份和使用权限、防止用户越权操作，确保网络设备有一个良好的电磁兼容工作环境，建立完备的机房安全管理制度，妥善保管备份磁带和文档资料，防止非法人员进入机房进行偷窃和破坏活动。抑制和防止电磁泄漏是物理安全的一个主要问题。

（2）网络平台安全。主要是保证网络层上的安全，防范来自内、外部网络的安全威胁，尽早发现安全隐患和安全事件，把它们控制在一个比较小的网络范围内。

（3）系统平台安全。主要对各种网络设备、服务器、桌面主机等进行保护，保证操作系统和网络服务平台的安全，防范通过系统攻击对数据的破坏。

（4）应用平台安全。通过网络安全子系统、主机安全子系统的配置，可以防范对网络的各种系统攻击，避免因为病毒传播对应用服务器造成的破坏。但是应用系统的统一的安全管理等需求并未得到满足，需要在应用安全子系统中解决。

**五、建筑设备监控系统**

**（一）相关概念**

建筑设备监控系统（简称 BAS）是以微计算机为中心工作站，由符合工业标准的控制网络，对分布于监控现场的区域控制器和智能型控制模块进行连接，通过特定的末端设备，实现对建筑物或建筑群内的机电设备监控和管理的自动化控制，是具有分散控制功能和集中操作管理的综合监控系统。BAS 系统采用现代化的计算机技术、控制网络技术、自动控制技术对建筑物或建筑群内的机电设备进行全面有效的监控和管理，确保建筑物内被控机电设备处于高效、节能、合理的运行状态。

**（二）监控范围及内容**

建筑设备监控系统的监控范围为空调与通风系统、变配电系统、照明系统、给排水系统、热源和热交换系统、冷冻和冷却系统、电梯和自动扶梯系统等各子系统。

1. 空调与通风系统

（1）新风机组的控制。新风机组的控制包括送风温度控制、送风相对湿度控制、防冻控制、CO 浓度控制以及各种连锁控制。其中送风温度以保持恒定值为原则。冬、夏送风温度应有不同的控制值，必须要考虑到控制器的冬、夏季工况的转换问题。防冻连锁是指在冬季室外气温低于 0℃ 的地区，应考虑盘管的防冻问题。从电气及控制方面，应采取一定的措施。

（2）空调与通风系统的控制。空调与通风系统与新风机组相比，从控制的角度来看，控制调节对象是房间的温度和湿度，而不是送风参数，要求房间的温度和湿度全年均处于舒适区范围内，同时要研究系统节能的控制方法，有回风回到空调机组，不再是全新风系统，尤其是新/回风比可以变化，可尽量利用新风降温。

2. 冷冻和冷却水系统

冷冻和冷却水系统的被控设备主要由冷水机组、冷却水泵、冷冻水泵、电动阀门和冷却塔组成，自动控制的主要目的是协调设备之间的连锁控制关系进行自动启/停，同时根据供回水温度、流量、压力等参数计算系统冷量，控制机组运行以达到节能目的。包括：一次泵冷冻水系统、二次泵冷冻水系统及冷冻和冷却水系统的控制。

3. 热源和热交换系统

（1）电锅炉机组的监测与控制，包括电锅炉运行参数的监测、电锅炉运行参数的自动控制。其中电锅炉运行参数包括锅炉出口热水温度、锅炉出口热水压力、锅炉出口热水流量、锅炉回水干管压力、锅炉用电量计量、锅炉热量计算和电锅炉、给水泵的状态显示及故障报警。电锅炉运行参数的自动控制包括锅炉补水泵的自动控制、锅炉供水系统的节能控制和锅炉的联锁控制。

（2）热交换站的监测与控制，包括热交换站运行参数的监测和热交换站运行参数的自动控制。其中热交换站运行参数的监测内容包括一次网供水温度、一次网回水温度、热交换器二次水出口温度、分水器供水温度、集水器回水温度、二次网回水流量、二次网供、回水压差、膨胀水箱液位、电动调节阀的阀位显示、二次水循环泵及补水泵运行状态显示及故障报警。热交换站运行参数的自动控制包括热交换站一次网回水调节、二次网供、回水压差控制、二次网补水泵的控制和热交换站节能控制。

4. 给排水系统

给排水系统的控制主要是为了保证系统的正常运行，其基本功能是对各给水泵、排水泵、污水泵及饮用水泵运行状态的监视，对各种水箱及污水池（箱）的水位监视，给水系统压力监视，以及根据这些水位及压力状态，启停相应的水泵，自动切换备用水泵，根据监视和设备的启停状态非正常情况进行故障报警，并实现给排水系统的节能控制运行。

（1）给水系统的控制。智能建筑中的生活给水系统可以采用恒压供水、高位（屋顶）水箱、生活给水泵和低位（或地下）蓄水池供水。对于超高层建筑，由于水泵扬程限制，则需采用接力泵及中途水箱。给水系统控制内容包括给水泵启/停控制、检测及报警和设备运行时间累计。

（2）排水监控系统。建筑物内的污水一般集中于污水集水坑（池），然后用排水泵将污水提升至室外排水管中，排水泵为自动控制，排水监控系统应保证排水系统完全通畅。排水监控系统的监控对象为集水坑（池）和排水泵。监控功能有：污水集水坑（池）与废水集水坑（池）水位监测及超限报警、排水泵的启停控制、排水泵运行状态的监测、发生故障时报警和累计设备运行时间。

5. 变配电监测系统

变配电系统监测控制最基本的是对各级开关设备的状态监测，主要回路的电流、电压及功率因数的监测，关键是确保建筑物安全可靠的供电。变配电系统的监测内容：监测运行参数，监视电气设备运行状态，对所有用电设备的用电量进行统计及电费计算与管理，绘制用电负荷曲线，对各种设备的检修、保养维护进行管理，对应急柴油发电机组监测和对蓄电池组的监测。

6. 公共照明控制系统

公共照明控制系统对整个建筑物的照明系统进行集中控制和管理。照明系统的控制与节能有重要关系，好的公共照明系统控制可节电30%～50%，这主要是对门厅、走廊、庭园和停车场等处照明的定时控制和光照度控制，对照明回路分组控制以及对厅堂、办公室及客房"无人熄灯"控制。将建筑物内外照明设备按需分成若干组别，通过在计算机上设定启动时间表，以时间区域程序来设定开/关，也可以通过采用门锁、红外线探测是否无人进行照明控制，以达到节能效果。当建筑物内有突发事件发生时，照明设备组应作出相应的联动配合。

7. 电梯和自动扶梯系统

连接与电梯系统的网络通信，对其进行集中监测和管理。通过系统管理中心，以图形方式显示电梯的运行状态，当电梯发生故障时，向系统管理中心报警，建立电梯运行档案和维护档案，对系统自动作出维护工作。电梯群控系统是现代电梯技术的又一重要组成部分。它不但有完善的分区服务、运行监控、客流交通统计分析等功能，还具备故障诊断功能。电梯远程监控系统是当今电梯控制领域的先进技术，是电梯行业继可编程控制器（PLC）控制和变频调速（VVVF）系统之后的又一次大的技术进步。采用这种技术意味着可以提供高层次的服务。

8. 建筑设备管理系统

建筑设备管理系统，也称BAS中央管理工作站，担负着数据采集、分析处理、协调各数据信道卡（DCU）间的控制调节，并作为操作者和计算机系统间的人—机接口。中央管理工作站的基本要求有：显示功能、设备操作功能、数据库功能、定时控制功能、统计分析功能、设备管理功能和故障诊断功能。

### 六、火灾自动报警及联动系统

火灾自动报警系统一般由触发器件、火灾警报装置、火灾报警装置和电源四部分组成。复杂系统还包括消防控制设备。

1. 触发器件

在火灾自动报警系统中，自动或手动产生火灾报警信号的器件称为触发器件，主要包括火灾探测器和手动火灾自动报警按钮。火灾探测器是能对火灾参数（如烟、温、光、火焰辐射可燃气体浓度等）响应，并自动产生火灾报警信号的器件。按响应火灾参数的不同，火灾探测器分成感温火灾探测器、感烟火灾探测器、感光火灾探测器、可燃气体火灾探测器和复合火灾探测器五种基本类型。近年来随着火灾探测报警技术的发展，出现了一种新型火灾探测器，称为模拟量火灾探测器。火灾探测器是火灾自动报警系统中应用量最大、应用面最广、最基本的触发器件。另一类触发器件是手动火灾报警按钮，它是用手动方式产生火灾报警信号、启动火灾自动报警系统的器件，也是火灾自动报警系统中不可缺少的组成部分之一。

2. 火灾警报装置

在火灾自动报警系统中，用以发出区别于环境声、光的火灾警报信号的装置称为火灾警报装置。火灾警报器是一种最基本的火灾警报装置，它以声、光音响方式向报警区域发出火灾警报信号，以警示人们采取安全疏散、灭火救灾措施。

3. 火灾报警装置

在火灾自动报警系统中，用以接收、显示和传递火灾报警信号，并能发出控制信号和具有其他辅助功能的控制指示设备称为火灾报警装置。火灾报警控制器具有为火灾探测器供电，接收、显示和传输火灾报警信号，对自动消防设备发出控制信号的完整功能，是火灾自动报警系统中的核心组成部分。在火灾报警装置中，还有一些火灾报警控制器的演变或补充，如中继器、区域显示器、火灾显示盘等功能不完整的报警装置。

4. 消防控制设备

消防控制设备是指在火灾自动报警系统中，当接收到来自触发器件的火灾报警信号时，能自动或手动启动相关消防设备及显示其状态的设备。消防控制设备一般设置在消防控制中心，以便于实行集中统一控制。主要包括火灾报警控制器、自动灭火系统的控制装置、室内消火栓系统的控制装置、防烟排烟系统及空调通风系统的控制装置、常开防火门、防火卷的控制装置、电梯回降控制装置、火灾应急广播、火灾报警装置、火灾应急照明与疏散指示标志的控制装置等十类控制装置中的部分或全部。

5. 电源

火灾自动报警系统属于消防用电设备，其主要电源应采用消防电源，备用电源采用蓄电池。系统电源除为火灾报警控制器供电外，还为与系统相关的消防控制设备等供电。

6. 火灾自动报警系统的基本形式

火灾自动报警系统的基本保护对象是工业与民用建筑。各种保护对象的具体特点千差万别，对火灾报警系统的功能要求也不尽相同。从技术设计的角度来看，火灾自动报警系统的结构形式可以做到多种多样。但从标准化的基本要求来看，系统结构形式应尽可能简化、统一，避免五花八门。火灾自动报警系统的基本形式有三种，即区域报警系统、集中报警系统和控制中心报警系统。

### 七、安全防范系统

**（一）相关概念**

安全防范是指在建筑物内（含周边）通过采用人力防范、技术防范和物理防范等方式综合实现对人员、建筑、设备的安全防范。通常所说的安全防范主要是指技术防范，是指通过采用安全技术防范设备和防护设施实现的安全防范。

**（二）基本组成**

安全防范系统包括视频（电视）监控系统、入侵报警系统、出入口控制（门禁）系统、巡更管理系统、停车场（库）管理系统等子系统。子系统的设立是根据建筑物的性质、安全防范管理的需要确定的。

1. 视频（电视）监控系统

视频（电视）监控系统是对建筑物内主要公共场所、通道、重要部位以及建筑物周边进行监视、录像的系统。它具有实时监视功能、图像复核功能及与防盗报警系统、出入口控制系统等的联动功能。视频（电视）监控系统分为模拟式视频（电视）监控系统和数字式视频（电视）监控系统两类。

2. 报警系统

报警系统是通过对建筑物各种不同功能区域的各种探测器的自动监测管理，实现对不同性质的入侵行为的探测、识别、报警以及报警联动的系统。根据其防范的目的、采用的探测器不同，报警系统通常包括入侵报警和对周围环境情况报警两类。其中入侵报警包括周界入侵报警和室内入侵报警，周围环境情况报警主要是指周围环境空气中的异常报警，报警系统中还包括一些人工报警装置，如报警按钮、脚挑开关等，其报警信号也接入报警系统。

3. 出入口控制（门禁）系统

出入口控制系统，是指采用现代电子与信息技术，对建筑物、建筑物内部的区域、房间的进出人员实施放行、拒绝、记录和报警等操作的一种电子自动化系统。它由出入口目标识别、出入口信息管理、出入口控制执行机构等三部分组成。出入口控制（门禁）系统的区别主要在出入口目标识别系统所采用的技术。目标识别系统可分为对物的识别和对人体生物特征的识别两大类。

4. 巡更系统

巡更系统的功能是加强对巡更工作的管理，防止巡更的差错和保护巡更人员的安全。系统应具有设定多条巡更路线的功能，可对巡更路线和巡更时间进行预先编程。巡更系统通常分为离线式巡更系统和在线式巡更系统两大类。离线式巡更系统投资省、增加巡更点方便，但当巡更中出现违反顺序、早报到或迟报到等现象时不能及时发出报警信号。在线式巡更系统在巡更中不按预定的路线和时间就可发出报警。巡更中如出现违反顺序、早报到或迟报到都会发生警报，保证及时巡更，并保障了巡更人员的安全。

5. 停车场（库）管理系统

停车场（库）管理系统是对出入停车库（场）车辆的通行实施管理、监视，以及行车指示、停车计费等综合管理的系统。系统通常由入口管理系统、出口管理系统和管理中心等部分组成。停车库（场）管理系统根据其工作模式的区别分为半自动停车库（场）管理系统和自动停车库（场）管理系统。其中自动车库（场）管理系统按功能不同可分为非收费、收费停车库（场）管理系统和附加图像对比功能的停车库（场）管理系统。

6. 安全防范综合管理系统

安全防范综合管理系统即安全防范的集成管理系统。是指对建筑内的安全防范的各个子系统进行综合管理的系统，安全防范综合管理系统通常设在建筑物的监控中心，与建筑设备管理系统、火灾报警与消防联动控制系统、公共广播系统等的监控室放在一起，以便于管理和系统间的联系和协调。它对安全防范系统的视频监控系统、报警系统、出入口管理系统、巡更系统、停车场（库）管理系统等进行管理，从而形成一个综合安全防范系统，负责整个建筑安全防范的管理、协调和指挥。管理重点是各子系统以及建筑物内其他智能化系统之间的联动。综合安全防范系统本身也是实现建筑智能化集成系统（BMS、IBMS）的基础。

## 八、综合布线系统

### （一）基本概念

综合布线系统指通信电缆、光缆、各种软电缆及有关连接硬件构成的通用布线系统。它是指一幢建筑物内（或综合性建筑物）或建筑群体中的信息传输媒质系统，它将相同相似的缆线、连接硬件按一定秩序和内部关系集成为整体，是建筑物内的"信息高速公路"。

### （二）基本组成

综合布线系统由6个子系统组成：工作区（终端）子系统、配线子系统（水平子系统）、干线子系统（垂直子系统）、设备间子系统、管理子系统、建筑群子系统。工作区（终端）子系统由终端设备连接到信息插座的连线组成。配线子系统（水平子系统）由信息插座、配线电缆或光缆、配线设备和跳线等组成，它将电缆从楼层配线架连接到各用户工作区上的信息插座上。干线子系统（垂直子系统）由配线设备、干线电缆或光缆、跳线等组成，它将主配线架系统与各楼层配线架系统连接起来。设备间是安装各种进出线设备、网络互连设备的房间，设备间子系统由设备间中的电缆、连接器和相关支撑硬件组成。管理子系统设置在楼层配线间内，针对设备间、交接间、工作区的配线设备、缆线、信息插座等设施，按一定模式进行标识和记录。建筑群子系统由配线设备、建筑物之间的干线电缆或光缆、跳线等组成，它将主建筑物内的缆线延伸到建筑群中的另外一些建筑群内的通信设备和装置上。

## 九、智能化系统集成

### （一）基本概念

智能化系统集成是指能将建筑物内的设备自控系统、通信系统、商业管理系统、办公自动化系统，以及具有人工智能的智能卡系统、多媒体音像系统，集成为一体化的综合计算机管理系统。概括的讲，智能建筑系统集成是将办公自动化、楼宇自动化和通信网络管理自动化的内部各子系统集成，从而达到信息、资源和任务的综合共享和全局一体化的综合管理，可以为物业管理者提供高效、便利、可靠的管理手段，给物业使用者提供全面、优质、安全、舒适的综合服务。

### （二）主要功能

（1）汇集建筑物内外各类信息。

（2）对建筑物各个子系统进行综合管理。

（3）对建筑物内的信息进行实时处理，并具有很强的信息处理及信息通信能力。

（三）系统集成设计原则

（1）开放性。集成后的系统应是一个开放系统，应能提供标准的数据通信接口协议、界面接口软件和应用软件接口，具有良好的灵活性和可扩展性，具有很强的兼容性和应用软件可移植性。

（2）标准化和结构化。既可使不同厂商的设备产品综合和互联在同一个系统中，得到高度的信息共享，又可使系统在日后能得到方便的扩充。

（3）模块化。在系统结构和管理体系上采用模块方式，系统软件功能模块、硬件设备具有可重组性。

（4）安全性。通过防火墙实现网络的安全性，防止非善意访问和恶意破坏网络。

（5）可靠性和容错性。作为现代化的智能建筑，必须保证其安全可靠，当局部发生故障时，整个系统不致崩溃。

（6）合理化和经济性。经济成本是系统集成必须考虑的因素之一，要求系统设计者从系统目标和用户需求出发，经过充分论证，选择合适的产品。

**十、住宅（小区）智能化**

（一）相关概念

智能小区是智能建筑的一种类型，是指将各种与信息相关的住宅设备通过家庭总线系统连接起来，并保持这些设备与住宅的协调，从而构成舒适的信息化居住空间，以适应人们在信息社会中快节奏和开放性的生活。

（二）小区智能化系统的功能划分

1. 住宅智能化系统

住宅智能化系统的组成如图 10-2 所示。

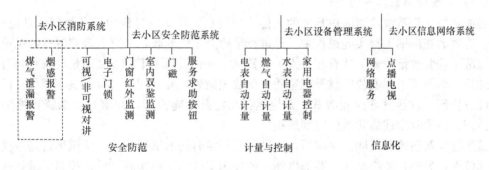

图 10-2　住宅智能化系统

2. 小区智能化系统

小区智能化系统的组成框图如图 10-3 所示。小区智能化系统除小区的智能化系统外，还包括对住户内部的智能化设施和单元门或楼门智能化系统的管理。

（三）小区与公共建筑智能化的比较

住宅小区的智能化是由公共建筑智能化演变而来的，其系统的划分、架构、系统的内涵都沿袭公共建筑的智能化系统。但住宅小区在建筑的形式、组成，以及使用者的需求、智能化系统建设的投资强度等方面又有它本身的特点。此外它还与小区的规模有关，一般小区的住户越多，智能化的内容和要求越全一些、高一些。相同：表示从系统的架构、内容、到所采用的设备等方面来讲小区智能化系统与公共建筑智能化系统是相同的，如通信网络系统、

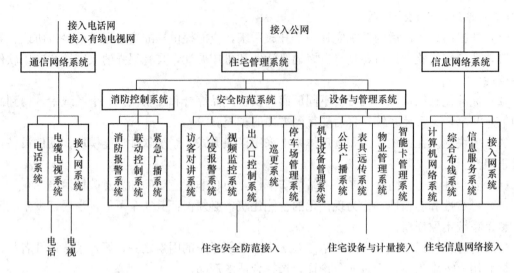

图 10-3　小区智能化系统框图

信息网络系统等。基本相同：是指小区智能化系统的架构、所采用的技术与公共建筑智能化系统基本相同，只是在系统监控的重点、所采用的设备等方面与公共建筑有差异，如设备监控系统、火灾自动报警和消防联动系统、综合布线系统等。

## 第四节　建筑智能化系统检测与评估

### 一、系统检测

#### (一) 系统检测应具备的条件

智能建筑工程系统检测时应具备的条件，包括在工程实施过程中质量控制文件应齐全、完备、有效。在前期工程实施过程中，已进行了隐蔽工程验收，并具有合格的验收结论，填写了隐蔽工程验收记录表，并有相关人员的签字意见；进行了工程安装质量验收，具有验收合格结论，填写了工程安装质量及观感质量验收记录表，并有相关人员的签字意见；已进行了系统自检测，包括设备性能测试、系统运行功能及性能检测，并填写了系统自检测记录表，系统自检测时出现的问题已得到解决。

试运行是指系统安装调试完成后，已进行了规定时间的试运行，系统试运行是系统检测的基本条件；另外在系统检测时要提供相应的技术文件和工程实施及质量控制记录，这里的相应技术文件是指工程合同技术文件、施工图设计文件、设计变更审核文件、设备及产品技术文件等；工程实施及质量控制记录是指工程实施过程中形成的设备材料进场检验记录、隐蔽工程和过程检查验收记录、工程安装质量检查及观感质量验收记录、设备及系统自检测记录、系统试运行记录及相关其他文件。检测机构应对技术文件进行了解，掌握工程的规模、特性、特点及建设方的具体需求，了解工程的重点及对系统的技术要求，以便有针对性地实施检测；对工程实施及质量控制记录进行审核，主要是对工程实施过程中的基本情况进行把握，对系统目前的运行状况进行了解，发现工程实施过程中存在的问题，掌握基本情况，做到心中有数。系统检测时应注意检查在工程实施及质量控制阶段出过问题的薄弱环节。

#### (二) 系统检测工作流程

(1) 一般由工程建设单位，也可由工程承包方或使用单位向检测机构申请办理系统检测委托手续。

（2）检测单位应认真熟悉委托方提供的工程有关文件资料，对工程的基本情况有较好的了解，对前期工程的实施及质量控制情况做到基本掌握，在熟悉委托方对工程检测需求的基础上，制订系统检测方案或检测大纲。检测方案应符合《智能建筑工程质量验收规范》（GB 50339—2013）的规定，并根据系统的具体内容和建筑工程功能的具体要求，明确系统的检测项目、检测数量、检测方法以及时间和步骤的安排。

（3）检测单位按系统检测方案对各智能化系统进行检测。

（4）现场检测及检测分析完成后，应及时出具检测报告。

（三）智能建筑工程检测的基本要求

智能建筑工程检测应按《智能建筑工程质量验收规范》（GB 50339—2013）、《火灾自动报警及联动系统工程验收规范》（GB 50116—2013）、《建筑与建筑群综合布线工程验收规范》（GB/T 50312—2007）、《智能建筑工程检测规程》（CECS 182：2005）等规定进行。

1. 检测顺序

系统检测可对系统（子分部工程）集中进行检测，也可根据工程进度对系统中各子系统（分项工程）分别进行检测，凡一次检测未通过的项目，可以经过整改后，再次检测。但必须提交整改报告，整改内容为必须检测内容。

2. 系统常用的检测方法

系统常用检测方法包括使用仪表和量具测量法、比对法、模拟测试法、黑箱法等，常用计算机病毒检测方法包括特征代码法、校验和法、行为监测法等。

3. 检测数量

检测的数量应符合下列要求：

（1）系统检测采用全检和抽检的方式进行。

（2）抽检的数量可依照委托方的要求，但不应低于《智能建筑工程质量验收规范》（GB 50339—2013）中的要求。

4. 检测结论

（1）检测结论分为合格和不合格。

（2）主控项目有一项不合格，则系统检测不合格；一般项目两项或两项以上不合格，则系统检测不合格。主控项目一般是指对工程的基本质量起重要影响的检测项目。

（3）系统检测不合格应限期整改，然后重新检测，直至检测合格，重新检测时抽检数量应加倍；系统检测合格，但存在不合格项，应对不合格项进行整改，直到整改合格，并应在竣工验收时提交整改结果报告。

5. 对检测单位和检测人员的要求

智能建筑工程检测应由具备相应资质的专业检测机构组织实施，作为智能建筑工程的专业检测机构应严格执行国家关于智能建筑工程和产品质量的法律法规，依据国家标准规范、行业标准和其他相关标准，承担智能建筑工程的质量监督检验检测工作。专业检测机构应有一定数量的能完全胜任智能建筑工程检测工作的专业技术人员，具有能符合检测要求的各类检测仪器设备。在工程现场实施检测的专业检测机构检测人员，必须是经过上岗培训、且经考核合格的专业技术人员，现场检测至少应由两名以上检测人员承担。

6. 强制性条文的检测

　　规范所含的强制性条文，以直接保护人身和系统及设备安全、人身健康、环境保护和其他公众利益为目的。强制性条文的检测项目如有不合格，系统检测结论为不合格。

　　7. 检测用仪器设备

　　智能建筑工程检测时所使用的仪器设备应获得相关产品认证及相关计量许可证书。检测用的仪器、仪表和设备应经国家、省市级专业计量机构的标定和认定，且在检定的有效期内，并处于正常状态。对有精度要求的参数检测，现场检测使用各种仪器仪表的精度指标，一般应高于工程设计参数精度要求一个等级。在测试过程中如发现有故障、损伤或误差超过允许值时，应及时更换或修复，经修复的仪器、仪表和设备应经过相同的标定和校验，取得合格证后，方可在工程中使用。

　　8. 检测报告

　　检测报告应包含的内容有：

　　(1) 委托检测单位、设计单位、施工单位及监理单位名称。

　　(2) 被检测建筑工程名称、各智能化系统规模及现状。

　　(3) 检测项目、抽检数量、检测方法及依据的标准。

　　(4) 检测项目检测结果及汇总、检测结论。

　　(5) 检测日期、报告完成日期。

　　(6) 检测、审核和批准人员签名，加盖检测机构检测报告专用章或检测机构公章。

**二、建筑智能系统评估内容**

　　根据《智能建筑设计标准》(GB 50314—2006)，按照各类工程的使用功能、管理要求以及工程建设的投资标准，把智能建筑划分为甲、乙、丙三级。其中甲级，适用于配置智能化系统标准高而齐全的建筑中；乙级，适用于配置基本智能化系统而综合性较强的建筑中；丙级，适用于配置部分主要智能化系统，并有发展和扩充需要的建筑中。目前已经应用于北京发展大厦、首都博物馆、中华世纪坛、北京饭店、北潞园小区、上海金茂大厦、中银大厦、东方城小区、浙江电力大楼、温岭锦园小区的工程。

　　1. 通信网络系统的甲级标准条件

　　(1) 全数字式程控交换机系统。应设置电脑话务员服务、分租用户服务等一系列服务功能以及各类通信接口。

　　(2) 应设置话音信箱、电子信箱、语音应答和可视图文系统。

　　(3) 微小区域(建筑物内)无绳通信(电话)系统。应在建筑物内各层设置一定数量的收发基站，供各层用户进行双向通信。

　　(4) 可视电话和电视会议系统。应设置相关设备，并进行远距离的双向图像通信。

　　(5) 卫星通信系统。应设置多颗卫星通信接收站，向收看用户提供多路的图像节目，并可通过卫星接收和发送的相关设备，进行多路数据双向传输。

　　(6) 共用天线电视系统(含闭路电视系统)。应向收看用户提供当地多套开路电视以及建筑物内多套闭路(自制)电视节目。

　　(7) 公共广播传呼系统。应设置一套独立的多音源的开、闭路播音柜，向建筑物内公共场所提供音乐节目和公共传呼信息，并可和紧急广播系统结合一起，进行紧急播音传呼。

　　(8) 建筑物内信息管理系统。应具有物业管理子系统、综合服务管理子系统、共同信息库管理子系统。

（9）建筑物内办公自动化系统。应根据用户要求，进行不同的设置。

（10）建筑物内、外各信息传输网络管理系统。应设置连接附近电话交换局的高质量的线缆、建筑物内的信息传输网以及设置网络管理设备。

2. 建筑设备监控系统的甲级标准条件

（1）空调系统监控。应具有以下功能：冷、热源机组运行控制，空调设备的工况优化控制，空调用受电设备的监视，空调房间的有关参数的监测，温、湿度应能分区控制，新风系统应能控制。

（2）电力系统。应能对电流、电压、频率、有功、无功、电度量、功率因数等进行测量、纪录。

（3）给水系统。应能对流量、压力、液位进行监视、控制、测量、记录；排水系统应能对流量进行测量、记录；对阻塞显示等。

（4）冷、热源系统。应能对流量、温度、压力进行监视、控制、测量记录等。

（5）必须具有管理系统的功能。

（6）对垂直升降电梯、自动扶梯设有运行监视。

3. 火灾报警与消防联动控制的甲级标准条件

（1）火灾报警系统。应是以设置烟、温或光电及可燃气体探测器为主体。

（2）系统应能显示各报警区域、报警点的状态信号、平面位置及所有消防装置的状态情况且担负总体灭火的联络与调度职能。

（3）系统应与 BAS 合用或作为其一个子系统，实现自动报警、灭火、消防联动等各项功能，当管理体制上有困难时，可单独组成系统，但应留有接口，使其与 BAS 系统联网。

（4）各区域楼层中应设置识别火灾部位的声光显示装置及区域联动装置。

（5）系统中应设置整个监控范围中的人工报警及消防灭火设备监控。

（6）应设置火灾时电梯运行管制。

（7）应设置火灾警铃、紧急疏散广播系统。

（8）应设置消防专用通话。

（9）应设置防火（卷帘）门监控。

（10）应设置建筑物内的防烟排烟监控，联动系统。

（11）设置火灾时的应急照明，火灾时有选择性地对非消防电源切除，并采用声响附加型诱导灯。

（12）建筑物中应设消防控制中心，系统主机、监控主机、火灾事故广播设备的控制装置。消防专用通信设备应设在消防中心内。

（13）所有配电设备应采用阻燃型或难燃型，对重要负荷的电源、控制线应采用耐燃型配电设备或其他防火措施。

（14）在发电机房等可燃机房、信息通信机房等重要场所中应设置自动灭火装置。

4. 安全防范系统的甲级标准条件

（1）计算机安全综合管理系统。①系统应能通过系统通信网络，连接安全管理中央控制设备及子系统设备，实现由中央监控室对全系统进行集中的自动化管理。②系统应能对各子系统运行状态进行监测和控制，对现场监测报警进行自动检测，能提供可靠的监测数据和报警信息。③系统应能记录系统运行状况和报警信息数据等。

（2）监视电视系统。①根据各类建筑安全防范管理的需要，必须对主要公共活动场所、通道以及重要部位再现画面进行有效监视和记录。②系统的画面显示应能够任意编程，能自动或手动切换，在画面上应有摄像机的编号，摄像机的部位地址和时间、日期等。③监视系统应能与报警系统、出入口控制系统联动，能根据需要自动把现场图像切换到指定的监视器上显示，并自动录像。④系统应能对重要或要害部门和设施的特殊部位进行长时间的录像。⑤系统应能与计算机安全综合管理系统联网，计算机系统能对电视监视系统进行集中管理和控制。

（3）防盗报警系统。①应根据各类建筑公共安全防范部位的具体要求，安装红外或微波等各种类型报警探测器。②系统应能按时间、区域部位任意编程设防或撤防。③系统应能对运行状态和信号传输线路进行检测，能及时发出故障报警和指示故障位置。④系统应能显示报警部位和有关报警数据，并能记录及提供联动控制接口信号。⑤系统对重要区域和重要部位报警时，应能有现场声音与现场摄像机图像进行复合。⑥系统应能与计算机安全综合管理系统联网，计算机系统能对防盗报警系统进行集中管理和控制。

（4）出入口控制系统。①根据各类建筑的公共安全防范管理的需要，应对楼内部分区域的通行门、出入口通道、电梯等设出入口控制系统。②系统应能对设防区域的位置，通行对象及通行时间等进行实时控制或设定程序控制。③系统必须与消防系统联动，在火灾报警时能及时封锁有关通道和灯，并迅速启动消防通道和安全门。④系统应能与计算机安全综合管理系统联网，计算机系统能对出入口控制系统进行集中管理和控制。

（5）访客和报警系统。①系统应能使来访客人与楼内居住的人员双向通话并且可视通话画面图像。②系统应具有能使楼内居住的人员进行遥控开启或关闭大楼入口门的控制装置。③系统应能实现楼内居住的人员向中央保安值班室直接报警。④系统应与计算机安全综合管理系统联网，计算机系统能对访客报警系统进行集中管理和控制。

（6）汽车库综合管理系统。①系统应具有包括汽车库进出口及车库内通道的行车信号指示、车位状态显示、车库出入口自动检索、自动计费、栅栏门自动控制、车辆和车牌号的自动识别装置等功能。②系统应与计算机安全综合管理系统联网，计算机系统能对汽车管理系统进行统一管理的控制。

5. 综合布线系统的甲级标准条件

（1）综合布线系统设计（连接）内容为：语音、数据、图像、监控、安保、对讲传呼、时钟、广播、消防报警等系统；

（2）综合布线系统工作站（区）信息终端（单孔）端点平面布置，商住楼每 20 ㎡ 应为 3~4 个端点，办公楼（综合楼）每 20m$^2$ 应为 4~5 个端点。

6. 智能化系统集成的甲级标准条件

（1）必须具有各智能化系统的集成。接口界面应标准化、规范化，实现各智能化系统之间的信息交换及通信协议（接口、命令等）。

（2）建筑物内的各种网络管理，必须具有很强的信息处理及数据通信的能力。

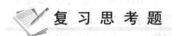 复习思考题

10-1　简述绿色建筑的概念和特点。

10-2 简述发展绿色建筑的基本要求和原则。

10-3 试述绿色建筑的实现途径。

10-4 绿色建筑如何划分？其评价体系有哪些？

10-5 如何推动绿色建筑技术产业化发展？

10-6 何谓绿色施工？绿色施工的原则是什么？

10-7 简答绿色施工有哪几个技术要点。

10-8 绿色施工管理包括哪几个方面？各处于施工过程的哪个阶段？

10-9 简述几种不同的绿色施工管理形式的内容和作用。

10-10 简述智能建筑的概念、特点和功能。

10-11 什么是通信网络系统，有哪些内容？

10-12 什么是计算机网络系统，有哪些部分组成？

10-13 建筑设备监控系统的监控内容有哪些？

10-14 简述火灾自动报警及联动系统的基本组成。

10-15 什么是安全防范系统，由哪些部分组成？

10-16 什么是综合布线系统，由哪些部分组成？

10-17 智能化系统集成的设计原则是什么？

10-18 什么是智能小区，与公共建筑智能化建筑有什么异同？

10-19 建筑智能化系统检测有哪些基本要求？

10-20 建筑智能化系统评估的依据是什么？

# 第十一章 施工过程监测和控制技术

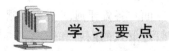 学 习 要 点

本章主要介绍了土木工程施工的关键测量技术和特殊施工过程的监测、控制技术。通过本章学习，应掌握施工控制网的建立方法，熟悉施工放样技术的分类和方法，地下工程导向测量系统的组成、功能和工作原理，以及几种特殊施工过程监测和控制技术的技术内容和技术指标，包括深基坑工程监测和控制，大体积混凝土温度监测和控制，大跨度结构施工过程中受力与变形监测和控制。

## 第一节　施工过程测量技术

### 一、施工控制网建立技术

施工控制网是为工程施工所建立的控制网，是施工放样的依据，其精度要求高，测设困难。利用 GPS 定位技术和全站仪观测技术建立施工控制网，能达到省时、省力、提高工作效率的目的，且成果的可靠性有保障。

（一）GPS 建网技术

1. 有关概念

（1）GPS 的概念。GPS 即全球定位系统，是一种利用接收 GPS 卫星信号实现全方位实时三维导航与定位能力的新一代卫星导航与定位系统。它能够全天候作业、观测操作简便、布点自由、观测与数据处理自动化程度高。GPS 系统包括空间星座部分、地面监控部分和用户设备部分，用户设备部分由 GPS 接收机、数据处理软件及相应的用户设备（如计算机）等组成。根据接收机在定位过程中所处的不同状态，可将 GPS 定位分为静态和动态定位，在建立施工控制网时一般采用静态定位，接收机的天线在整个观测过程中的位置是保持不变的。

（2）差分 GPS 定位的概念。差分 GPS 就是在已知坐标的点上安置一台 GPS 接收机（称为基准站），利用已知坐标和卫星星历计算出观测值的校正值，并通过无线电通信设备将校正值发给用户站的 GPS 接收机，用户站接到校正值后对自己的观测值进行改正，以消除公共的误差源，从而获得精确的定位结果。

2. GPS 测量的实施

使用 GPS 进行控制测量的过程为方案设计、外业观测和内业数据处理等。

（1）精度指标。GPS 测量控制网的精度指标是以网中相邻点之间的距离误差 $m_D$ 来表示的，是 GPS 控制网优化设计的重要衡量指标，城市及工程控制网的精度指标见表 11-1。

$$m_D = a + b \times 10^{-6} D \qquad (11\text{-}1)$$

式中　$a$——固定误差；

　　　$b$——比例误差；

　　　$D$——相邻点之间的距离，km。

通常称 $1 \times 10^{-6}$ 为 1ppm，表示 1km 的比例误差为 1mm。

表 11-1　　　　　　　　　　城市及工程 GPS 控制网精度指标

| 等级 | 平均距离（km） | $a$（m） | $b$（ppm） | 最弱边相对中误差 |
|---|---|---|---|---|
| 二等 | 9 | ≤10 | ≤2 | 1/12 万 |
| 三等 | 5 | ≤10 | ≤5 | 1/8 万 |
| 四等 | 2 | ≤10 | ≤10 | 1/4.5 万 |
| 一级 | 1 | ≤10 | ≤10 | 1/2 万 |
| 二级 | <1 | ≤15 | ≤20 | 1/1 万 |

（2）观测要求。在同步观测中，测站从开始接收卫星信号到停止数据记录的时段称为观测时段；卫星接收机天线的连线相对水平面的夹角称为卫星高度角；反映一组卫星与测站所构成的几何图形形状与定位精度关系的数值称为点位图形强度因子 PDOP。规范对 GPS 测量作业的基本要求见表 11-2。

表 11-2　　　　　　　　　　静态 GPS 测量作业技术规定

| 等级 | 二等 | 三等 | 四等 | 一级 | 二级 |
|---|---|---|---|---|---|
| 卫星高度角（°） | ≥15° | ≥15° | ≥15° | ≥15° | ≥15° |
| PDOP | ≤6 | ≤6 | ≤6 | ≤6 | ≤6 |
| 有效观测卫星数 | ≥4 | ≥4 | ≥4 | ≥4 | ≥4 |
| 平均重复设站数 | ≥2 | ≥2 | ≥1.6 | ≥1.6 | ≥1.6 |
| 时段长度（min） | ≥90 | ≥60 | ≥45 | ≥45 | ≥45 |
| 数据采样间隔（s） | 10～60 | 10～60 | 10～60 | 10～60 | 10～60 |

（3）网形要求。GPS 测量控制网的点与点之间不要求通视，因此其图形布设比较灵活。根据 GPS 测量的不同用途，GPS 网的独立观测边均应构成一定的几何图形。控制网的网形应有足够的几何强度，并能保证观测数据有足够的可靠度。

（4）观测工作。首先要安置好天线，静态定位时，应采用三脚架安置天线，以保证其精度要求。观测过程中，GPS 接收机的主要任务是锁定 GPS 卫星信号，对其进行跟踪测量，以获取需要的定位观测数据，并对其进行自动存储。

（5）数据处理。GPS 接收机采集到的观测数据需要经过一系列的处理，才可以得到最终测量定位成果。数据处理一般分为数据预处理、基线解算和平差等几个阶段。数据预处理是对 GPS 原始观测数据进行编辑、加工整理，对数据进行平滑滤波，消除观测噪声，对周跳（卫星信号由于受到障碍物遮挡视线或无线电干扰而短时间失锁，使相位观测值的整周数发生跳变）进行探测和修复等。基线解算是对于两台或两台以上接收机的同步观测值进行独立基线向量的平差计算。对于 GPS 网的平差来说，需要检查同步环闭合差、异步环闭合差和重复基线较差，不合格的基线应对其结果进行残差分析，然后重新解算，对于重新解算仍然不合格的基线需重新进行测量。同步环闭合差就是由同步观测基线所构成的闭合环的闭合差，对于非同步观测基线所组成的闭合环称为异步环，其闭合差称为异步环闭合差。理论上，同步环闭合差应该为零，但是由于存在各种误差，实际上同步环闭合差不为零。国家测绘行业的 GPS 测量规范中对同步环闭合差和异步环闭合差都有相应的规定，其值应小于或等于规范中的容许值。重复基线的较差为同一条基线任意两个时段进行重复测量的互差。对于重复基线的较差，根据国家测绘行业 GPS 测量规范规定应小于接收机标称精度的 $2\sqrt{2}$ 倍。

（二）全站仪建网技术

1. 概念

全站型电子速测仪简称全站仪，是由电子测角、电子测距、电子计算和数据存储等单元组成的三维坐标测量系统，能自动显示测量结果，能与外围设备交换信息的多功能测量仪器。常见的有日本（SOKKIA）SET 系列、拓普康（TOPOCON）GTS 系列、尼康（NIKON）DTM 系列、瑞士徕卡（LEICA）TPS 系列，我国的 NTS 和 ETD 系列。

2. 全站仪建网的实施

（1）控制网点位的确定。控制网点位的确定主要取决于控制的范围，便于施工放样，点位的通视、安全和施工干扰小等要求。另外，在控制网选点前，应了解工程区域的地质情况，尽量将点位布设在稳固的区域，以保证点位的稳定性。

（2）施工控制网的布设。施工控制网一般分首级控制网和二级网两级布设，以首级控制网点控制整体工程及与之相关的重要附属工程，以二级网对工程局部位置进行施工放样。在通常情况下，首级施工控制网在工程施工前就应布设完毕，而二级加密网一般在施工过程中，根据施工的进度和工程施工的具体要求布设。

（3）采用三角网形式建立施工控制网时，应使所选的控制网点有较好的通视条件，能构成较好的图形，避免大于 $120°$ 的钝角和小于 $30°$ 的锐角，以保证控制网有较好的图形强度。对于利用交会法放样的工程，还应考虑到主要工程部位施工放样有较好的交会角度，以保证施工放样的精度。现代工程控制网的施测常采用测边、边角等方法建网，对这些施测方法而言，大地四边形有较好的多余观测条件，有利于粗差检测和提高外业观测精度。

（4）混凝土观测墩。大型工程的建设工期一般均在 2 年以上，施工周期长，控制网点频繁使用，为便于施工放样和提高精度，常用的控制网点宜建造混凝土观测墩，并埋设强制归心设备。混凝土观测墩的基本构造如图 11-1 所示。

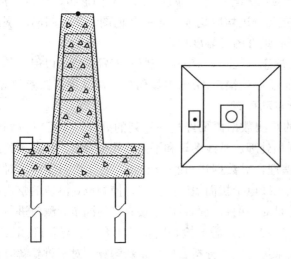

图 11-1 平面控制点观测墩结构图

（5）投影面的选择。在施工控制网的建立过程中，通常会遇到控制网的投影面问题，投影面问题的产生主要是由于地球是一个近似的圆球，在不同的高程面，其计算边长不同，高程越大，其投影后的边长越大。为保证施工后的关键部位与设计值相同，选择合理的投影面和放样方法是保证施工质量的关键。控制网投影面的选择与工程设计和放样方法有关，一般选择平均高程面作为投影面即可满足施工放样的要求。

（6）测边网。平面控制网的建立方法有三角网、导线网、测边网、边角网等。要使控制网网中的观测元素达到设计精度等级，测距比测角更易达到，而且测距的效率也比测角高。因此，目前的控制网建网基本上不用纯三角网，而大多采用测边网。

（7）精度的评定。控制网外业观测结束后，首先应进行网中观测元素外业观测精度的评定。水平角观测值，在计算各三角形角度闭合差后，按菲列罗公式评定精度。边长往返测值，在经过气象改正以及测距仪加乘常数改正后，化为平距，再投影到控制网坐标基准面上，计算各边往返测距离的较差，再按公式评定水平距离每公里测距的单位权先验中误差，只有在网中观测元素外业观测精度评定达到其设计精度后才可进行控制网的严密平差计算。

（8）平差。控制网的严密平差计算常采用间接平差进行，平差后给出各网点的坐标平差值及其点位中误差和点位误差椭圆元素，观测角度和观测边长的平差值及其中误差，各边的方位角平差值及其中位差。最后根据网中观测元素的验前精度评定结果和验后单位权中误差以及网中最弱边的相对中误差和最弱点的点位中误差，评价施测后的施工控制网是否达到设计的精度要求。

## 二、施工放样技术

（一）全站仪坐标法放样技术

全站仪坐标放样法充分利用了全站仪测角、测距和计算一体化的特点，只需知道待放样点的坐标，就可以在现场放样，操作十分方便。

1. 基本原理

全站仪架设在已知点 $A$ 上，只要输入测站点 $A$、后视点 $B$ 以及待放样点 $P$ 的三点坐标，瞄准后视点定向，按下反算方位角键，则仪器自动将测站与后视的方位角设置在该方向上。然后按下放样键，仪器自动在屏幕上用左右箭头提示，应该将仪器向左或右旋转，这样就可以使仪器到达设计的方向线上。接着通过测距离，仪器自动提示棱镜前后移动，直到放样出设计的距离，这样就能方便地完成点位的放样。

若需要放样下一个点位，只要重新输入或调用待放样点的坐标即可，按下放样键后，仪器会自动提示旋转的角度和移动的距离。

用全站仪放样点位，可事先输入气象元素即现场的温度和气压，仪器会自动进行气象改正。因此用全站仪放样点位既能保证精度，同时操作十分方便，无须作任何手工计算。

如图 11-2 所示，$O$ 为测站点，$P$ 为放样点，$S$ 为斜距，$Z$ 为天顶距，$\alpha$ 为水平方向值，则 $P$ 点相对测站点的三维坐标为

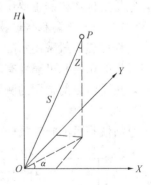

$$\left.\begin{array}{l} X = S\sin Z\cos\alpha \\ Y = S\sin Z\sin\alpha \\ H = S\cos Z \end{array}\right\} \qquad (11\text{-}2)$$

图 11-2　坐标测量原理

上述计算结果立即显示在全站仪的显示屏上，并可记录在袖珍计算机中。由于计算工作由仪器的计算程序自动完成，因而减少了人工计算出错的机会，同时提高了速度。

2. 精度分析

按照测量误差理论，从上述计算式可求得三维坐标法放样的精度为

$$M_X^2 = m_S^2 \sin^2 Z \cos^2 \alpha + S^2 \cos^2 Z \cos^2 \alpha \times m_Z^2/\rho^2 + S^2 \sin^2 Z \sin^2 \alpha \times m_\alpha^2/\rho^2$$

$$M_Y^2 = m_S^2 \sin^2 Z \sin^2 \alpha + S^2 \cos^2 Z \sin^2 \alpha \times m_Z^2/\rho^2 + S^2 \sin^2 Z \cos^2 \alpha \times m_\alpha^2/\rho^2 \qquad (11\text{-}3)$$

$$M_Z^2 = m_S^2 \cos^2 Z + S^2 \sin^2 Z \times m_Z^2/\rho^2 \ ; \quad \rho = 206265$$

放样点平面位置的点位中误差可表示为

$$M_P^2 = m_S^2 \sin^2 Z + S^2 \cos^2 Z \times m_Z^2/\rho^2 + S^2 \sin^2 Z \times m_\alpha^2 \qquad (11\text{-}4)$$

由式（11-3）可以看出：坐标法放样的精度主要受测距误差、天顶距测量误差和水平角测量误差三方面的影响。

设 $m_S = 2\text{mm} + 2\text{ppm} \times D$，$m_\alpha = m_Z = \pm 2''$，天顶距 $Z$ 分别采用 $85°$、$45°$ 和 $10°$，则放样点位的中误差见表 11-3。

**表 11-3　　　　　　　　　　　　　　点 位 中 误 差 分 析**

| 斜距（m） | 点位中误差（$Z=85°$）（mm） | 点位中误差（$Z=45°$）（mm） | 点位中误差（$Z=10°$）（mm） |
|---|---|---|---|
| 100 | 2.4 | 1.8 | 1.0 |
| 200 | 3.1 | 2.6 | 2.0 |
| 300 | 3.9 | 3.4 | 2.9 |
| 400 | 4.8 | 4.4 | 3.9 |
| 500 | 5.7 | 5.3 | 4.9 |
| 600 | 6.6 | 6.2 | 5.8 |
| 700 | 7.6 | 7.2 | 6.8 |
| 800 | 8.5 | 8.2 | 7.8 |

距离测量误差主要受仪器测量精度的限制，在通常情况下，其测量精度比较可靠，但在某些特殊情况下（如强磁场、高辐射、雾气大等），其测量精度也会受到一定的影响，因此，在观测过程中，应选择良好的气象条件和外部环境。天顶距的测量误差主要受仪器的测量精度和大气垂直折光的影响。水平角的测量误差主要受外界条件、仪器误差和测量过程的影响，它是坐标放样的主要误差来源。

**（二）全站仪高程传递技术**

高程传递一般采用水准测量和悬挂钢尺的方法，这些方法劳动强度大，所需时间长，且测量成果的精度和可靠性有时得不到保证。现代测距仪具有测量精度高，观测快捷、方便等优点，只需将目前常用的测距仪或全站仪稍作改进，就可完成高程传递的测量工作。

**1. 基本原理**

全站仪是目前施工放样中最常用的测量仪器，它的最大特点是可以直接放样出所需要的点位，另外，许多全站仪都有高精度的测距系统，能方便、快捷地测量出两点之间的距离。在施工放样时，如果将全站仪的望远镜对准天顶，则测出的距离实际上就是两点的高差，利用这个原理，可以实施高精度的高程传递。

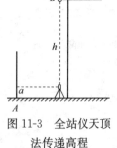

图 11-3　全站仪天顶法传递高程

如图 11-3 所示，在建筑物的底部（地面）设置全站仪，在建筑物的顶部设置棱镜，要求仪器和棱镜在同一条铅垂线上，棱镜的镜面朝下，这时测出的距离就是全站仪中心到棱镜中心的高差。如果全站仪是直接架设在水准点上，则通过丈量仪器高，即可获得置镜点 $B$ 的高程；

如果仪器没有架设在水准点上，则可将望远镜严格置平，读取水准点 $A$ 上标尺的读数，进而计算 $B$ 点的高程。$B$ 点的高程为

$$H_B = H_A + a + h \tag{11-5}$$

由于通用的棱镜装置是用于视线基本水平的情况的，因此，在实际作业过程中，首先应将通用棱镜装置进行改造，或特制专用的机座，使之能适合垂直方向的测距。另外，当高程传递结束后，应立即将高程系统传到稳固的临时水准点上。

2. 误差分析

全站仪天顶法传递高程的误差主要来源于测距误差和量取仪器高的误差，因此，在实际作业时，应精确测定各气象元素。在许多情况下，由于视线紧贴建筑物的表面，测距容易受到大气湍流的影响，因此，实际作业宜在阴天等气象条件较好的时候进行。另外，棱镜经改装后，其常数一般会发生改变，因此，应对棱镜的常数进行检验。

将相位法测距的基本公式取全微分后转换成中误差表达式为

$$m_D^2 = \left[ \left( \frac{m_c}{c} \right)^2 + \left( \frac{m_n}{n} \right)^2 + \left( \frac{m_f}{f} \right)^2 \right] D^2 + \left( \frac{\lambda}{4\pi} \right) 2 m_\varphi^2 + m_k^2 \tag{11-6}$$

式中　$\lambda$——调制波的波长 $\left( \lambda = \dfrac{c}{f} \right)$；

　　　$m_c$——真空中光速值测定中误差；

　　　$m_n$——折光率求定中误差；

　　　$m_f$——测距频率中误差；

　　　$m_\varphi$——相位测定中误差；

　　　$m_k$——仪器中加常数测定中误差。

目前，仪器的测距中误差一般用下式表示

$$m_D = \pm (A + BD) \tag{11-7}$$

式中　$A$——固定误差，即加常数误差；

　　　$B$——比例误差系数，即乘常数误差。

加常数误差主要由仪器加常数的测定误差、对中误差、测相误差等引起；乘常数误差主要由光速值误差、大气折射率误差和测距频率误差构成。实际工作中，因对中、温度变化而引起的频率变化、大气折射率变化等误差会使检定所得的加、乘常数值发生变化，最终反映到测距误差中去。对于精密的测距仪，除了利用其本身的各种补偿功能来确定测距的精度外，操作人员还必须严格遵循操作规范，特别是测线气象表征参数应尽可能精确，否则将达不到仪器标称的测距精度。因此，在精密测距时，必须避免大气条件恶劣、测线所经地形条件十分复杂的情形。

**三、地下工程自动导向测量技术**

随着计算机与激光技术、自动跟踪全站仪的发展与使用，精密自动导向技术在我国交通隧道工程、水利工程、市政工程等领域得到了广泛的应用。采用该技术可以准确、实时动态、自动快速地检测地下盾构机头中心的偏离值，保证工程按设计要求准确贯通，达到自动控制的目的。目前，德国 VMT 公司的 SLS-T 自动导向系统和旭普林公司的自动导向系统（TUMA 系统），在我国重大工程中均有成功的应用。

（一）SLS-T 隧道导向系统

SLS-T 隧道施工导向系统是德国 VMT 公司开发的一种先进的激光同步自动导向系统，

是目前在国际上处于领先地位的自动导向系统。

1. 系统的组成与功能

(1) SLS-T 系统主要由以下四部分组成。

1) 具有自动照准目标的全站仪。主要用于测量（水平和垂直的）角度和距离、发射激光束。通过 RS232 接口与电脑相连接，并受其控制。全站仪内有数码相机，能检测来自反射棱镜的反射光束，计算得出水平和垂直距离（称为 ATR 模式）。

2) ELS（电子激光系统），也称为标板或激光靶板。电子激光系统的觇标安置在盾构机上，用来测定入射激光束的 $X$、$Y$ 坐标。

3) 计算机及隧道掘进软件。SLS-T 软件是自动导向系统的核心，它从全站仪和 ELS 等通信设备接收数据，盾构机的位置在该软件中计算，并以数字和图形的形式显示在计算机的屏幕上。

4) 黄色箱子。它主要给全站仪供电，保证计算机和全站仪之间的通信和数据传输。

(2) SLS-T 系统的主要功能。

1) 计算并显示隧道掘进机、管片环安装后的位置和运动趋势。

2) 计算隧道掘进机的修正曲线。

3) 提供隧道掘进施工的掘进记录和工作日记。

4) 激光方位和方位角的监控的自动检测。

5) 激光经纬仪的自动定位测量。

2. 系统操作过程

(1) 坐标系统的确定。SLS-T 系统的应用有三种坐标系统：一是国家统一坐标系统，测量工程师用它计算全部控制点、放样点的坐标；二是隧道掘进机（TBM）坐标系统，以 TBM 的轴为基准，计算 ELS 觇标、控制点和基准点的坐标；三是隧道设计轴线（DTA）坐标系统，确定里程以及水平和垂直支距。

(2) TBM 在开始掘进前的定位。基准点应设置在盾构机上，测得其统一坐标，并转换为 DTA 坐标。

(3) TBM 在掘进中的定位。TBM 的位置是根据已知国家统一坐标的全站仪控制点确定的，这个点至基准点的方位角为已知，然后全站仪的激光束射向 ELS，由此求得偏转角。直接利用安置在 ELS 里的测斜仪测定侧倾角和纵倾角，用光电测距得到的激光经纬仪至 ELS 的距离就可获得 TBM 沿着隧道设计轴线推进的里程。用这些量测的数据可计算 TBM 的统一坐标位置。

(4) 衬砌环的定位。根据 TBM 的位置和所测得的千斤顶伸长量，进行末尾环的安装。

(5) 衬砌环排序和 TBM 掘进的计算。在 TBM 定位后，测定了末尾安装了的衬砌环，这样就能计算下一个推进。如果改正数达到几厘米，就需要计算改正曲线，并得出所要求的千斤顶伸长量，通过计算机来达到所需要的压力，从而很快使 TBM 转向 DTA 方向。

(6) 推进数据的记录。衬砌环与盾构的测量数据都被存储起来，在任何时候都可显示或打印出来，同样也可打印出隧道掘进过程和衬砌环安装过程的曲线图。

(7) 把数据传输到地面办公室。TBM 的位置一般通过已有的电话线连接传输到地面办公室，隧道的掘进也就同步地通过地面监视器进行跟踪。

(8) 全站仪与托架的移动。激光经纬仪的移动在软件的指引下进行，只需要熟练的测量人员就能解决问题。

（9）TBM 操纵的检查。对 TBM 的位置用正规的测量方法进行检查，它独立于 STS—T 系统之外。一般每掘进 15～20m 进行一次检查，这主要取决于隧道的条件，特别是折光对导向的影响，折光是由于温度梯度引起的。

（二）TUMA 自动导向测量系统

1. 系统硬件

该系统硬件设备主要由数台（4～5 台）自动驱动的全站仪（Ⅰ或Ⅱ级）、工业计算机（PC 机）、遥控觇牌（棱镜 RMT）、自动整平基座（AD-12）、接线盒和一些附件（测斜仪、行程显示器及反偏设备）等组成。

2. 系统软件

系统软件主要是控制全站仪、计算测量结果和数据显示的系统软件。自动导向系统的软件主要包括必要的控制器的驱动程序和测量控制、计算程序软件。测量系统如图 11-4 所示。

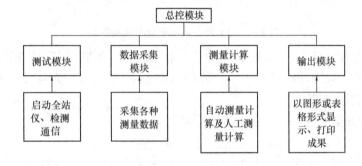

图 11-4　自动导向系统的模块和功能

3. 工作原理

（1）横向偏差测量原理。TUMA 自动导向系统横向偏差测定是通过布设支导线，观测各台全站仪之间的转角和水平距离，再根据相对于盾构机头水平偏离值 $\Delta S$，求得盾构机头中心 $G$ 处的坐标，与该里程设计坐标相比较，得出横向偏差值，如图 11-5 所示。

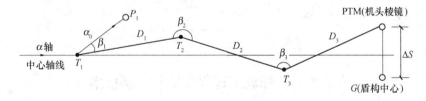

图 11-5　横向偏差测量原理

设中心轴线坐标方位角为 $\alpha_{轴}$（由两洞口中心设计坐标反算），支导线各边相对于中心轴线夹角 $\Delta\beta_i$（可由 $\alpha_{轴}-\alpha_i$ 求取），由测斜仪测定机头水平偏离值 $\Delta S=L\sin\alpha$，支导线各边边长为 $D_1$、$D_2$、$D_3$。则横向偏差 $\mathrm{d}y$ 为

$$\mathrm{d}y = D_1\sin\Delta\beta_1 + D_2\sin\Delta\beta_2 + D_3\sin\Delta\beta_3 + \Delta S \tag{11-8}$$

机头里程 $D$ 为

$$D = D_1\cos\Delta\beta_1 + D_2\cos\Delta\beta_2 + D_3\cos\Delta\beta_3 \tag{11-9}$$

相应横向偏差的精度 $m_{dy}$ 为

$$m_{dy} = \sqrt{\frac{m_\beta^2}{\rho^2}\Big[\sum_1^3 D_i^2 + \sum_2^3 D_i^2 + D_3^2\Big] + \frac{m_{\alpha 0}^2}{\rho^2}\sum_1^3 D_i^2 + m_{\Delta s}^2} \tag{11-10}$$

（2）竖向偏差测量原理。TUMA 自动导向系统是利用三角高程测量原理测定机头中心的高程，如图 11-6 所示。

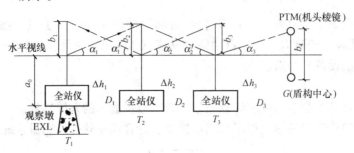

图 11-6　TUMA 系统的竖向偏差测量

$\alpha_0$ 为 EXL 观测墩面至 $T_1$ 仪器水平视线高差；$b_0$ 为机头棱镜 PTM 至盾构中心 $G$ 的高差；$b_1$、$b_2$、$b_3$ 为各段测站棱镜至水平视线的高差；$D_1$、$D_2$、$D_3$ 为各段的水平距离；$\Delta h_1$、$\Delta h_2$、$\Delta h_3$ 为各段的高差值。

EXL 观测墩面至盾构中心 $G$ 的高差 $\Delta h$ 为

$$\Delta h = \alpha_0 + \Delta h_1 + \Delta h_2 + \Delta h_3 - b_0 \tag{11-11}$$

其中，$\Delta h_1 = (h_{12} - h_{21} + b_1 - b_2)/2$；$\Delta h_2 = (h_{23} - h_{32} + b_2 - b_3)/2$；$\Delta h_3 = h_{3PTM}$（单向）；$b_0 = L\cos\alpha$（$L$ 为机头棱镜中心至盾构机头中心 $G$ 的距离，$\alpha$ 为机头棱镜的铅垂钱与盾构机头中心 $G$ 方向的夹角，由测斜仪测取）。

若已知洞口 EXL 观测墩面高程 $H_{EXL}$，盾构机头中心 $G$ 处设计高程为 $H_G$，则竖向偏差 dz 为

$$dz = H_{EXL} + \Delta h - H_G \tag{11-12}$$

相应竖向偏差的精度 $m_{dz}$ 为

$$m_{dz} = \sqrt{m_{H_{EXL}}^2 + m_{\Delta h}^2 + m_{H_G}^2} \tag{11-13}$$

## 第二节　特殊施工过程监测和控制技术

### 一、深基坑工程监测和控制

**（一）概述**

深基坑工程是指开挖深度大于 5m 的基坑工程。深基坑工程的监测与控制是一种比较复杂的信息反馈与控制。

1. 深基坑工程监测和控制的目的

深基坑工程监测是在深基坑开挖施工过程中，借助仪器设备和其他一些手段，对围护结构、基坑周围的环境（包括土体、建筑物、构筑物、道路、地下管线等）的应力、位移、倾斜、沉降、开裂、地下水位的动态变化、土层孔隙水压力变化等进行综合监测。

深基坑工程控制则是根据前段开挖期间的监测信息，一方面与勘察、设计阶段预测的形状进行比较，对设计方案进行评价，判断施工方案的合理性；另一方面通过反分析方法或经验方法计算与修正岩土的力学参数，预测下阶段施工过程中可能出现的问题，为优化和合理组织施工提供依据，并对进一步开挖与施工的方案提出建议，对施工过程中可能出现的险情进行及时的预报，以便采取必要的工程措施。

2. 深基坑工程监测和控制的应用

深基坑工程监测与控制可用于建筑工程、市政工程等的基坑开挖中的支护结构、主体结构基础、邻近建筑物、构筑物、地下管线等安全与保护。比较典型的工程有上海耀华皮尔金顿浮法玻璃熔窑基坑、上海三角地广场基坑等。

（二）深基坑工程的监测

深基坑工程监测的内容、监测仪器设备以及相关要求有：

（1）围护结构完整性和强度。灌注桩用低应变动测法，检测灌注桩缩颈、离析、夹泥、断裂等；水泥土用轻便触探法，检测旋喷桩、水泥土搅拌桩强度和均匀性；地下连续墙用超声检测仪，检测地下连续墙混凝土缺陷分布、均匀性和强度。

（2）墙顶水平位移。采用铟钢丝、钢卷尺两用式位移收敛计进行收敛两侧，用精密光学经纬仪进行观测。一般沿围护结构纵向每间隔5～8m设1个监测点，在基坑转折处、距周围建筑物较近处等重要部位应适当加密布点。基坑开挖初期，可每隔2～3d监测1次，随着开挖过程进行，可适当增加观测次数，以1d观测1次为宜。位移较大时，每天观测1～2次。

（3）墙体变形。采用测斜仪测量，一般每边可设置1～3个测点，测斜管埋置深度一般为2倍基坑开挖深度。测斜管放置于围护结构后，一般用中细砂回填围护结构与孔壁之间的空隙。

（4）围护结构应力。采用钢筋应力计和混凝土应变计进行观测，对桩身钢筋和锁口梁钢筋中较大应力断面处应力进行监测，以防止围护结构的结构性破坏。

（5）支锚结构轴力。采用轴力计、钢筋应力计、混凝土应变计、应变片测量，对锚杆，施工前应进行锚杆现场拉拔试验。施工过程中用锚杆测力计监测锚杆实际受力情况。对内支撑，可用压应力传感器或应变计等监测其受力状态的变化。

（6）基坑底部隆起。采用辅助测杆和钢尺锤，观测采用几何水准法，观测次数不小于3次：即第一次观测在基坑开挖之前，第二次在基坑开挖好之后，第三次在浇灌基础底板混凝土之前。在基坑中央和距底边缘的1/4坑底处及其他变形特征位置必须设点。方形、圆形基坑可按单向对称布点，矩形基坑可按纵横向布点，复合矩形基坑，可多向布点。场地地层情况复杂时，应适当增加点数。

（7）邻近建（构）筑物沉降和倾斜。采用水准仪和经纬仪，观测点布置应根据建筑物体积、结构、工程地质条件、开挖方案等因素综合考虑。一般应在建筑物角点、中点及周边设置，每栋建（构）筑物观测点不少于8个。

（8）邻近道路、管线变形。采用水准仪和经纬仪，用于水平位移及沉降的控制点一般应设置在基坑边2.5～3.0倍开挖距离以外。观测点位置和数量应根据管线走向、类型、埋深、材料、直径以及管道每节长度、管壁厚度、管道接头形式和受力要求等布置。开挖过程中，每天观测1次。变化较大时，应上下午各观测1次；混凝土底板浇完10d以后，每2～3d观测 1 次，直到地下室顶板完工，其后可每周观测 1 次，直到回填土完工。用钢板桩作围护时，起拔钢板桩时，应每天跟踪观测，直到钢板桩拔完地面稳定。

（9）基坑周围表面土体位移。采用水准仪和经纬仪，监测范围重点为基坑边开挖深度 1.5~2.0 倍范围内，对基坑周围土体位移监测可及时掌握基坑边坡稳定性。

（10）基坑周围土体分层位移。采用分层沉降仪监测旨在测量各层土的沉降量和沉降速率，分层标埋好后，至少在 5d 之后才能进行观测。分层沉降观测点相对于邻近工作基点的高差中误差应小于±1.0mm。每次观测结束都应提供不同深度处的沉降—时间曲线。

（11）土压力。采用钢弦式和电阻应变式压力盒，开挖过程中对桩侧土压力进行监测可以掌握桩侧土压力发展过程，对设计中可能存在的问题及时加以解决。

（12）地下水位与孔隙水压力。采用水位观测井、孔隙水压力计，开挖过程中，每天观测 1 次，变化大时加密观测次数。

（三）深基坑工程的控制

深基坑工程的安全控制包括两个方面，即围护结构本身的要求，同时基坑变形必须满足坑内和坑外周边环境两方面的控制要求。

对围护结构和支、锚结构材料强度的控制一般是通过监测结构的内力进行的，包括支撑的轴力、锚杆的内力、墙体的钢筋应力等的监控。结构的内力也和构件的变形密切相关，随着墙体的相对变形的增长，结构内力增大，控制墙体的相对变形（即墙体的水平位移与基坑开挖深度之比）可以有效地控制墙体内力。如果不监测墙体结构内力，可以通过监测与控制墙体变形以达到相同的目的。

基坑周围土体的稳定性虽然可以通过孔隙水压力的监测进行分析，但并不是直接控制的指标，通常通过土体变形监测进行控制，因为土体的破坏总是变形大量发展和积累的结果，变形量的大小和变形速率的快慢标志着土体中塑性区的发展状况，用变形限量控制也可以满足基坑稳定性的要求。

对周边环境的安全控制，一般直接监测有关建筑物或管线的沉降或水平位移，根据被保护对象的结构类型或使用要求确定变形控制值。

为了保护周围环境，必须根据周围建（构）筑物和管线的允许变位，确定基坑开挖引起的地层位移及相应围护结构的水平位移、周围地表沉降的允许值，以此作为基坑安全的控制标准。不同的地区有不同的标准可以参照执行。

在基坑工程中，监测项目的警戒值应根据基坑自身的特点、监测目的、周围环境的要求，结合当地工程经验并和有关部门协商综合确定。一般情况下，每个项目的警戒值应由累计允许变化值和变化速率两部分控制。

对于不同等级的基坑，应按不同的变形标准进行设计和监测。此外，确定变形控制标准时，应考虑变形的时间和空间效应，并控制监测值的变化速率，一级工程宜控制在 2mm/d 之内，二级工程应控制在 3mm/d 之内。

（四）深基坑工程的安全控制方法与措施

1. 预防措施

预防措施可分为管理措施和技术措施两类。

管理措施包括：①基坑工程的勘察、设计、施工、监测和监理等项工作均应由具有相应资质的单位承担；②重要的基坑工程设计方案应组织专家进行技术论证，技术把关；③建立监测成果的日报制度和达到警戒值的及时报告制度；④建立基坑工程的指挥小组或抢险领导小组，统一指挥协调基坑的施工。

技术措施包括：①调查基坑邻近地区的建筑物、地下管线和市政设施的现状，了解它们对基坑变形控制的要求以及估计基坑开挖对它们可能的影响；②应与设计方案、施工组织计划同时配套形成对基坑工程施工的监测方案，明确每项监测项目的技术要求、测点的位置、监测频率与报警值；③了解类似场地已发生过的事故经验与教训，对于所采用的基坑方案，要充分估计可能存在的隐患及可能引发的事故，采取预防保护措施，制定各种应急措施和抢救的方案，做好抢救材料和抢救设备的准备，有备无患；④严格按设计验算工况的要求施工，控制基坑周边地面荷载，严禁超挖，严禁一次挖土过深，同时应采取措施防止施工机械碰撞支撑或立柱。

2. 动态设计

动态设计遵循一种根据实际反馈逐步修改设计的思路，分为预设计、采集信息反馈和修改设计三个阶段。

预设计基本上与常规设计相同，但应通过预设计提出需要重点监测和控制的项目、测点位置和控制界限。

采集信息反馈应当包括监测和分析两个方面的内容。分析是从实测数据中归纳出规律性的东西，预测可能的发展，还包括从实测资料中反求参数（反分析方法）。

修改设计是动态设计的核心，也是控制技术的具体体现，是根据监测数据和数据分析得出的响应，对不适应实际情况的部分进行修改，包括降水措施、回灌措施、卸载措施、压重措施、补漏措施和加固措施。当然，也包括根据原设计方案但需加快施工速度，抢浇垫层和底板、快速完成支撑的浇筑或安装等施工措施。

3. 处理措施

处理措施分为比较一般的施工措施和特殊的技术措施两类。一般的施工措施指通常的临时加撑、回填和补漏等。特殊处理措施有：降水与回灌、卸载与压重、补漏与加固。

**二、大体积混凝土温度监测和控制**

（一）概述

1. 概念

混凝土结构实体最小尺寸等于或大于1m，或水泥水化热引起内外温差过大容易发生裂缝的混凝土结构统称为大体积混凝土结构。

2. 适用范围

大体积混凝土温度监测和控制技术适用于高层建筑筏板基础、箱基底板，桩基承台，大型设备基础，结构物中其他厚度较大的混凝土梁、墙等，比较典型的有上海金茂大厦厚筏基础、江阴长江公路大桥锚碇大体积混凝土等。

3. 大体积混凝土温度监测和控制的目的

大体积混凝土结构一般要求一次性整体浇筑，浇筑后，水泥因水化过程中的化学反应产生大量水化热，由于混凝土体积大，聚集在内部的水泥水化热不易散发，混凝土内部温度将显著升高，而其表面则散热较快，形成了较大的温度差，使混凝土内部产生压应力，表面产生拉应力。当温差产生的表面抗拉应力超过混凝土极限抗拉强度，则会在混凝土表面开裂。对大体积混凝土进行温度监测和控制，目的就是通过一定的措施，减小混凝土的降温幅度，降低温度应力，确保混凝土的完整性和工程质量。

（二）监测方法

1. 测量元件及仪表

选择测量元件及仪表的原则是保证其有足够的精度和可靠性，能满足温控施工的需要。

2. 测点布设

测温点的布设要有代表性和可比性，沿浇筑的高度方向，应布置在底部、中部和表面，垂直测点间距一般为 500～800mm，沿平面方向则应布置在边缘与中间，平面测点间距一般为 2.5～5m。

3. 数据采集

在混凝土温度上升阶段（1～4d）每 2～4h 测一次，温度下降阶段每 8h 测一次。测温延续时间与结构厚度有关，对厚度较大（2m 以上）或者重要工程，测温时间不能小于 15d。如果内部最高温度或内外温差、降温速率超过警戒值，应立刻调整养护方案。

4. 监测内容

大体积混凝土温度监测是对水泥的水化热、混凝土浇筑过程中的浇筑温度、养护过程中混凝土浇筑块体升降温、里外温差、降温速度及环境温度等进行测试和监测。监测工作将给施工组织者及时提供信息，反映大体积混凝土浇筑块体内温度变化的实际情况及所采取的施工技术措施效果，为施工组织者在施工过程中及时准确采用温控对策提供科学依据。

（三）温度控制措施

大体积混凝土温度控制的目的是防止混凝土由于内外温差产生温度应力和裂缝，核心措施是减小混凝土结构内的温度梯度，技术措施就是"内降外保"，一般可以采取的措施有：

（1）控制原材料温度。

（2）控制混凝土配合比，使用高效减水缓凝剂降低混凝土水化热量。拌和前，对混凝土采用水冷或风冷的方式进行预冷。

（3）控制混凝土的浇筑的时间和速度，及时振捣，并在浇筑仓内配备鼓风机，有效降低仓内有效水环境温度。

（4）对混凝土进行保温保湿养护，可以降低混凝土内外温差，减少混凝土块体的自约束应力，还可以降低混凝土块体的降温速度，充分利用混凝土的抗拉强度，以提高其承受外约束应力的抗裂能力。

（四）主要技术指标

根据国家标准《混凝土结构工程施工及验收规范》（GB 50204—2011）规定：对大体积混凝土的养护，应根据气候条件采取控温措施，并按需要测定浇筑后的混凝土表面和内部温度，将温差控制在设计要求的范围以内，当设计无具体要求时，温差不宜超过 25℃，降温速度一般要小于 1.0～1.5℃/d。

**三、大跨度结构施工过程中受力与变形监测和控制**

（一）概述

近年来，大跨度结构在工程中被日益广泛的应用，它们一般都是重要的公共设施，因此对其施工过程进行监测和控制具有重大意义。大跨度结构施工监测与控制适用于包括预应力混凝土结构、钢结构、轻型结构、桥梁等大跨度结构施工中的受力与变形监控。已应用的典型工程有国家大剧院主体建筑钢结构、上海大剧院钢屋盖、上海体育场马鞍形屋盖、上海浦东国际机场候机楼钢屋架、上海国际会议中心单层球网壳等重大工程。

（二）主要技术内容

大跨度结构施工监测是对施工全过程中实际发生的各项影响结构内力与变形的参数进行测量与分析。测量是施工监控中的重要环节，它包括几何指标参量的测量和力学指标参量的测量两部分。受力监测包括结构截面的应力（包括混凝土应力、钢筋应力、钢结构应力等）、预应力水平、温度应力的监测。施工控制包括结构变形控制、结构应力控制、结构稳定性控制等。

大跨度结构施工控制则是结合实测的内力与变形数据，随时分析各施工阶段结构内力、变形与设计预测值的差异并找出原因，提出修正对策，以确保在建成后结构的内力、外形曲线与设计尽量相符。

（三）主要技术指标

大跨度结构施工监测监控是一个"施工—测量—计算分析—修正—预告"的循环过程，根本要求是在确保结构安全施工的前提下，要做到结构形状和内力符合设计规定的允许误差范围。具体实施时必须遵照《钢结构工程施工质量验收规范》（GB 50205—2012）和《混凝土结构工程施工质量验收规范》（GB 50204—2011）。

## 复 习 思 考 题

11-1　什么是施工控制网？为何要建立施工控制网？

11-2　什么是 GPS 定位系统？

11-3　GPS 定位系统由哪几个部分组成？各个部分的作用是什么？

11-4　简述全站仪坐标法放样技术的基本原理。

11-5　SLS-T 隧道导向系统由哪几部分组成？

11-6　简述深基坑工程监测和控制的基本原理。

11-7　试述大体积混凝土温度监测和控制的技术内容。

# 第十二章　施工管理信息化技术

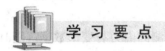 学习要点

本章介绍了施工管理信息化技术的概念、国内外发展状况以及国内建筑行业的发展趋势和方向；目前建筑行业正在使用的十五项先进的工具类技术；项目级和企业级管理信息化技术；信息化标准技术；电子商务技术。通过本章学习应了解建筑施工管理信息化技术发展的必要性；十五项工具类技术的技术特点、功能、适用范围；项目级、企业级管理信息化技术的内容、特点；基础信息编码标准；电子商务技术的应用。重点掌握十五项工具类技术的技术原理；项目级、企业级管理信息化技术的使用原理；基础信息编码系统；电子商务模式。

## 第一节　管理信息化技术概述

### 一、施工管理信息化技术的概念及意义

所谓施工管理信息化就是利用计算机信息处理功能，将施工过程中所发生的目标控制（工程、技术、物资、质量、安全、进度、费用等）和生产要素（人力、材料、机械、资金等）信息有序的存储，并科学地综合利用，以部门之间信息交流为中心，以岗位工作标准为切入点，解决施工管理者从数据采集、信息处理与共享到决策生成等环节的信息化，以及时准确地量化指标，为高效优质管理提供依据。

利用该技术可以方便、快捷、高效地协同工作，提高管理水平；使施工各方的信息共享，便于资料文献存档保管；节省建筑项目的成本。

### 二、国内外建筑企业管理信息化技术的发展概况

从国外建筑企业信息技术应用上来看，大体经历着三个过程。

1. 单项业务应用

主要体现在企业管理与办公室自动化、招投标、施工管理与技术、质量与安全等方面。项目中人员的沟通比传统手段（电话、传真与会议）增加了 E-mail 和 Web 网站。

2. 网上虚拟协同施工以及电子商务

该业务方式是对每一个工程项目建设提供专用于该项目的一个网站，其生命周期同于该项目的建设周期。该网站具有业主、设计、施工、监理等分系统（门户），通过电子商务联结到建筑部件、产品、材料供应商，同时具有该项目全体参与者协同工作的管理功能模块，包括工作流程，安全运行机制，信息交换协议与众多分系统接口。该项目建设过程中所生成的信息，如合同法律文本、CAD 图纸、订货合同、施工进度、监理文件等均保存在该网站上，还提供施工现场实时图像。项目完工后对各种资料文档存档保存。

3. 全集成与自动化的项目处理系统（FIAPP）

FIAPP 系统的思路是研究支持集成与协同工作环境的 IT 模型，该模型支持工程项目的全生命周期，以此模型为基础，完成工程项目建设集成与自动化。主要采用的 IT 技术有：三维模型与模拟现实；数据交换标准化；数据中心设计与构建；全生命周期的数据管理；工程应用（含电子商务）；基于 Internet 的 Web。

目前，国内建筑企业信息化正处在国外的第一和第二个过程，而且偏重第一个过程。这就造成了企业信息化形式重于内容，结果重于过程，应用重于基础，在信息资源的研究、分析上没有得到很好的开发，在基础工作上没有进行很好的研究，在建设过程中的总结没有得到很好的保障。

**三、国内建筑企业管理信息化的发展趋势**

1. 影响国内建筑行业管理信息化的七大发展趋势

（1）寻求规范管理模式。

（2）改变传统管理方法。

（3）构建虚拟经营系统。

（4）企业业务流程再造。

（5）通过软件固化管理。

（6）强调信息系统的完整性。

（7）力求与国际接轨。

2. 建筑业技术发展的方向

敢于创新和实践，虚拟现实仿真技术从概念设计应用发展到施工应用，GPS（全球定位系统）定位从航天信息科技发展到工程施工、测量应用，信息科技用于施工机械和综合管理已成为建筑业技术发展的方向。

3. 我国建筑企业信息化的研究方向

"十二五"期间，基本实现建筑企业信息系统的普及应用，加快建筑信息模型（BIM），基于网络协同工作等新技术在工程中的应用，推动信息化标准建设，促进具有自主知识产权软件的产业化，形成一批信息技术应用达到国际先进水平的建筑产业。

## 第二节　工具类技术的开发和应用

**一、图形算量及钢筋优化下料技术**

1. 功能及技术特点

（1）图纸录入。成熟的三维图形设计技术，可快速录入建筑模型；直接读取设计院流行软件生成的建筑数据，省去手工录入模型的工作量；把 AutoCAD 设计图形转化成计价模型数据，减少模型输入的工作量；三维模型直观显示，便于校核修改。

（2）自动算量。围绕模型算量自动套取当地定额并计算工程量，灵活方便地生成、输出各种报表；依据国家《建设工程工程量清单计价规范》（GB 50500—2013）和专业工程工程量计算规范，自动完成工程量的计算；工程量计算结果均有计算公式来源，同时也有图形表达以便校对、审核；可以实现一模多算，科学合理的数据共享。

（3）钢筋翻样。直接读取设计院生成的设计数据完成全楼钢筋的用量统计；直接读取算量模型统计钢筋，用户输入主要参数，能自动生成钢筋详表；单根构件钢筋的快速录入、修改，平面和层间拷贝，快速生成全楼钢筋库；自动处理钢筋搭接、锚固、弯钩、构造、定尺长度等；计算钢筋的下料长度和计算长度。

2. 适用范围

适用于工程招投标、施工成本控制及施工现场，适用对象为建筑设计、咨询、施工、监理等单位。

## 二、工程量清单计价技术

1. 概述

工程量清单是指由具有编制招标文件能力的招标人，或受其委托具有相应资质的工程造价咨询机构、招标代理机构，依据《建设工程工程量清单计价规范》（GB 50500—2013）和专业工程工程量计算规范及招标文件的有关要求，按照"五个统一"（统一的项目编码、统一的项目名称、统一的项目特征、统一的计量单位、统一的工程量计算规则），结合设计文件和施工现场实际情况，编制的分项工程项目名称和相应数量的明细清单。工程量清单是一种"广义"的工程量表，包括建设工程的分部分项工程项目、措施项目、其他项目、规费项目和税金项目的名称和相应数量等的明细清单。

工程量清单计价是指投标人完成由招标人提供的工程量清单所列项目的全部费用，包括分部分项工程费、措施项目费、其他项目费和规费、税金。工程量清单计价是一种市场定价模式，具体做法是：招标人或招标代理单位依据招标文件和施工图纸及技术资料，核算出工程量，提供工程量清单，列入招标文件中；投标方以市场行情、自身企业人员素质、机械设备情况、企业管理水平等技术资源为依据制定综合单价，清单项目的实物工程量乘以综合单价就等于清单项目计价总和。然后再考虑行政事业性收费和税金等其他因素后进行投标报价。

2. 功能、特点

（1）满足《建设工程工程量清单计价规范》（GB 50500—2013）和专业工程工程量计算规范及招标文件的有关要求，提供招标方、投标方、评标方的全面解决方案。

（2）可自动导入清单工程量计算软件的数据，生成工程量清单。

（3）可将整个建设项目层层分解成可以控制和管理的项目单元，便于招投标管理。

（4）与现行定额有机结合，既包含国家标准工程量清单，同时又能挂接全国各地区、各专业的社会基础定额库和企业定额库。

（5）录入、补充、调整、换算灵活方便，符合造价人员操作习惯。

（6）可自动读取各地随时公布的材料信息价格库，也可以采用企业收集的信息价或以前积累的历史价对工程项目进行组价，并提供网上询价功能，系统能根据资源价格快速地计算各级分类费用。

（7）多种换算操作，可视化的记录换算信息和换算标识，可追溯换算过程。

（8）灵活的费用报价调整功能，方便造价人员考虑市场因素和企业的投标策略，可生成多套组价方案，方便造价人员根据不同的投标报价策略进行选择。

（9）可实现经验数据的积累，方便生成企业定额，提供系统数据的维护功能。

（10）提供报表文件分类管理，Word 文档编辑、报表设计、打印、输出到 Excel 格式文件等功能。

（11）计价系统支持数据共享与网络资源的使用，满足同其他系统集成的要求。

3. 适用范围

主要适宜发包方、承包方、咨询方、监理方等单位用于编制工程预、决算以及招投标。

## 三、标书及施工组织设计技术

1. 概述

建设工程招标是指业主率先提出工程的条件和要求，发布招标广告吸引或直接邀请众多投标人参加投标并按照规定格式从中选择承包商的行为。建设工程投标是指投标人在同意招标人拟好的招标文件的前提下，对招标项目提出看书的报价和相应条件，通过竞争努力被招标人选中的行为。建设工程的招投标活动，是我国建设工程承包合同订立的最主要方式。

标书，就是投标书。一方招标，另一方投标，标书就是按照招标要求，由投标方按照招标文件提出的条件和要求编制的投标文件。标书是进行评标、确定施工、设备制造、材料供应单位的依据。

施工组织设计是指拟定工程项目施工分过程的组织、技术和经济等实施方案的综合性设计文件。它的主要任务是把工程项目在整个施工过程中所需用的人力、材料、机械、资金和时间等因素，按照客观的经济技术规律，科学地做出合理安排。使之达到耗工少、速度快、质量高、成本低、安全好、利润大的要求。

2. 功能、特点

标书及施工组织设计软件一般包括标书编制、项目管理（网络计划）、平面图绘制三个软件，这三个软件相对独立又协同工作。

（1）标书编制软件收集了全国各种类型工程的资料，将常见工程按规范要求制作成标书模板，可以导入招标工具箱产生招标文件；支持多媒体标书的编制与组织集成；包含清单计价软件产生的商务标投标文件及经济标投标报表，使技术标、经济标作为一个整体来进行管理和投标。

（2）项目管理软件以进度为主线，以《建设工程施工项目管理规范》（GB/T 50326—2006）为依据，实现四项控制（进度、质量、安全、成本）、三项管理（合同、现场、信息），为组织协调提供数据。首先采用网络计划技术实现施工进度计划及成本计划的编制。其次在项目过程控制方面，软件通过多种优化、流水作业方案、进度报表、前锋线等手段实施进度的动态跟踪与控制，利用偏差控制法、国际上通行的赢得值原理及现场成本的记录进行成本的动态跟踪与控制，通过质量测评、预控及通病防治实施质量控制，利用安全知识库辅助实施安全控制，同时软件具有现场、合同、信息管理功能。

（3）平面图软件提供丰富的施工平面布置图元和最为方便快捷的操作方法，用户通过简单的拖拽操作很快就可以编制施工平面布置图。系统提供了方便的积累功能，很容易根据施工技术特点去补充新的图元库。

3. 经济效益

在招、投、评标的过程中有相应的计算机软件支持，在这些过程中使用电子标书交换传递数据，提高了整个过程的工作效率，降低了招、投、评标的总体费用，提高了工作质量。

## 四、评标技术

1. 概述

《招标投标法》第四十条规定，评标委员会应当按照招标文件确定的评标标准和方法，对投标文件进行评审和比较。简单地讲，评标是对投标文件的评审和比较。

2. 功能、特点

依据《中华人民共和国招标投标法》、《建设工程工程量清单计价规范》（GB 50500—2013）和专业工程工程量计算规范及招标文件开发，完全符合相关法律法规的要求；开放统一的电子标书数据接口标准；每个电子标书产生唯一的一个特征码，杜绝投标人弄虚作假的可能性；具备用户定制评标方法的功能，利用先进的网络技术和数据库技术，评标专家每人一台电脑进行评标，并与外界隔离，保证了评标工作的公正和公平；投标数据核对功能；报价辅助分析功能；不合理报价提示功能；自动计算功能；自动与专家抽签系统关联，保密措施严格。

3. 适用范围

本系统是在深入研究招标、投标和评标业务的基础上开发的，完全适用于政府下属专业招标机构（如省、市交易中心等）以及建筑项目的招投标。

**五、施工仿真技术**

1. 概述

虚拟仿真是在计算机图形学、计算机仿真技术、人机接口技术、多媒体技术以及传感技术的基础上发展起来的交叉学科。主要集中在三维（3D）建模技术或 BIM（Building Information Modelling）技术、4D 技术。BIM 技术主要集成了建筑项目本身的相关信息，属于静态信息，主要用于项目设计分析；4D 技术则基于 3D 模型，引入时间因素（3D＋时间），进行施工进度的可视化展示，但没有考虑资源等关键因素。

虚拟仿真施工技术就是基于虚拟模型技术而提出的用于建筑项目设计与施工过程模拟与分析的数字化、可视化技术，其扩展了 4D（3D＋时间）技术，即不仅考虑了时间维，还考虑了其他维数，如材料、机械、人力、空间、安全等，因此可称之为 "ND" 技术（即多个维度）。

2. 功能、特点

快速评价施工单位的施工总进度计划；对施工的技术措施进行定量分析；快速比较多种实施方案，对影响施工的各种因素作分析；对工程进度进行实时控制；对施工过程进行三维动态显示。

3. 适用范围

目前该技术在军工、航天、机械制造等领域广泛应用，在建筑工程施工中的研究与应用刚刚起步。

**六、施工图形技术**

1. 特点

本软件的目的是满足编写投标和施工的施工组织设计，绘制施工方案中的图形。它的每一幅图形都来源于实际工程，适用于所有施工单位。

全面性：涵盖工程施工的全部内容，从现场临时建筑、地基与基础到工程装修，以及成品保护等。

科学性：将以前费时费力的工作简化成简单的修改，使工作更加准确、灵活、方便。

实用性：具有一定的深度和广度，汉化操作，简单易学，对操作人员没有什么特殊的要求，工作内容规范，标准统一。

灵活性：各种图形适用于各个不同的工程，能够满足各类工程的使用。

安全性：开发过程中对基础工作的规范和维护安全系统的完善，保证了软件能够有效的运行。

2. 适用范围

主要适用于施工企业编写施工组织设计和施工方案时，CAD 图形的绘制和修改。

### 七、模板及脚手架 CAD 设计技术

1. 概述

（1）脚手架设计软件以《建筑施工扣件式钢管脚手架技术规范》（JGJ 130—2011）和《建筑施工门式脚手架技术规范》（JGJ 128—2010）为依据，包括门式脚手架、落地钢管脚手架、高层建筑悬挑脚手架、梁和楼板的模板钢管承重架或门架承重架、悬挑卸料平台计算等的设计计算；结合碗扣脚手架的特点，提供以一榀框架计算为基础的碗扣钢管脚手架支撑计算和特殊模板支撑桁架的计算；迅速绘制扣件钢管脚手架空间立面图、平面施工图和统计各种规格的钢管扣件用量。

（2）模板设计软件提供大模板、组合钢模板、木模板和胶合模板的设计与支撑计算。

大模板设计参照《建筑工程大模板技术规程》（JGJ 74—2003）编制，主要用于剪力墙结构或框架剪力墙结构中的剪力墙，主要功能包括流水段划分、角模布置、大模板布置、圆弧模板布置、大模板的辅助计算、角模与大模板的统计、施工图的配板详图和大模板的单件加工图等，基本满足大模板设计要求。

组合钢模板和胶合模板的设计参照《组合钢模板技术规范》（GB/T 50214—2013）编制，主要用于一般的现浇混凝土结构工程，主要功能包括墙、梁、柱、楼板模板的组合钢模板（小钢模）配板设计、钢管支撑或钢脚手架支撑的计算、小钢模的用量统计和墙、楼板胶合板的支撑计算等。

2. 特点

考虑国内模板、脚手架通用做法，又突出不同地区的施工特点；功能全面、计算模型合理、结果准确；采用面向对象技术，内嵌强大图形平台；智能性、集成性；采用工具集思想，界面友好易用。

3. 应用范围

可以广泛应用于全国大中小施工单位、监理单位和施工安全检查单位。

### 八、深基坑支护及降水沉降分析技术

1. 深基坑支护设计

（1）概述。该软件具有支护结构按真三维整体位移协调与二维简化计算两部分。其具有非常灵活的操作功能，可适应不同地质条件、不同环境条件、不同行业的基坑工程支护构件的设计、验算要求，为设计人员起到辅助设计的作用。

（2）特点。三维空间整体协同分析计算真实、客观、全面地反映基坑支护结构内力及位移随施工过程变化而变化的情况；支护构件与内支撑构件的内力、位移计算一气呵成，同时也完成支护构件、内支撑构件的配筋及稳定计算；支护结构二维计算具有国家及地方规范；计算功能包括抗隆起验算、抗倾覆验算、抗管涌验算、内力位移计算、整体稳定性验算、配筋计算等；计算指标可根据施工过程测试结果修正，以满足信息化施工的要求；有多种土压力模式，水的作用可以按水土分算或合算考虑；具有多种超载形式，可以模拟各种边界条件；可快速进行方案分析及施工阶段的基坑工程设计。

2. 降水沉降分析软件

（1）基本原理。按照《建筑基坑支护技术规程》（JGJ 120—2012）等规范的相关规定，根据裘布依理论，采用等代"大井法"计算基坑的涌水量；估算降水井的数量；验算单井进水管长度；并利用干扰群井方法，分析计算场地任一点的水位降深，并按《建筑地基基础设计规范》（GB 5007—2011）及《岩土工程勘察规范》（GB 50021—2001）分层总和法分析、计算场地任一点由于水位降而引发的地面沉降以及计算分析附近建筑物各个角度处的水位降深及沉降量，进而评估基坑降水对建筑物的影响。

（2）特点。快速计算基坑的涌水量、估算降水井的井点数、分析计算场地的各点的水位降深、计算场地各点的地面沉降，避免过去手工计算慢、不准确的缺点；客观分析由于基坑降水是否会引发基坑工程周边建筑物及地面的沉降，避免因基坑工程降水引发周围建筑物的变形或管道的断裂的工程事故；不仅可以设置抽水井，同时也可以设置注水井，对水位降深敏感的地区可采用抽、灌结合设置井点，以满足对基坑周边环境的保护；结果图形包括场地水位降深的等值线图、场地地面沉降的等值线图、建筑物角点的降深及沉降值图、建筑物基础平面的降深、沉降曲线等；形成图文并茂的计算书。

（3）适用范围。适用于各种基坑工程或类似工程的降水井设计，分析计算由基坑降水引发的地面沉降等；适用于各种含水层的水文地质条件，包括潜水、承压水、承压—潜水等水文地质条件；适应基坑周边的环境条件可为岸边降水、基坑远离水体、基坑在两地表水体之间、基坑靠近隔水边界等（边界）。其在全国地下水位较高地区的基坑工程中均有应用。

**九、设计图纸现场 CAD 放样技术**

1. 概述

在现场施工中，经常遇到结构复杂的弧形或圆形结构。可以应用 CAD 技术辅助定位施工，能使计算工作量大大简化，同时保证所有计算结果的准确可靠。

2. 主要功能、特点

运用于设计图纸现场 CAD 放样的 CAD 系统，除提供用户一个像 AutoCAD 的工作环境外，还有大量专业化的功能。其主要功能有：图层管理；绘制图形；图形编辑；显示缩放；图块图库；文字输入；标注尺寸；专业绘图；注释系统；图库图案；辅助工具；文件布图；定义构件；提供三维造型系统。

**十、三维 CAD 设计技术**

1. 技术内容、功能及特点

（1）三维 CAD 技术应用的关键在于造型的准确性、复杂度、灵活性与专业性。

（2）技术内容。

造型方面：能够完成一般的空间实体通用造型；能够完成建筑工程设计中所需的各个专业实体造型，造型设计考虑到实体的专业特性，进行参数设置并进行相应的数据关联。

编辑方面：能够实现各类实体的参数化编辑修改、空间位置与外部形式的任意修改。

数据记录方面：记录实体的空间几何拓扑关系与自身参数数据，记录专业实体专业设计所需的各类数据，在设计过程中，数据可根据设计需要随时进行调整。

数据管理方面：能够实现各专业的数据重用、传递与共享。

作为应用于建筑工程设计的三维 CAD 技术，应满足数据结构合理、造型灵活多样的要求；各类实体可进行参数化的编辑与修改，以保证设计数据的准确性与便利性；对软件系统而言，可进行自定义实体设计，使系统具有多样性和可扩充性，能满足多个专业的要求；具有较严格的数据管理系统，保证各专业数据的一致性与准确性。

（3）该系统软件的特点。可快速、准确地建立三维建筑模型并自动统计工程量；兼容AutoCAD等图形文件并通过相应的操作将其转化为建筑模型数据进行统计计算；根据三维建筑模型自动按照计算规则和扣减规则计算工程量；可进行三维建筑模型的实时动态漫游，浏览的三维模型具有材质纹理与光照效果；包括符合国家标准的构件库与材质库；可指定三维建筑模型的部分材料，能够与材料及价格资料库相衔接，实现动态造价。

2. 适用范围及应用前景

三维CAD技术的应用，可实现三维数据信息的有效利用，实现各专业的数据整合与共享，在建筑、结构、设备、装修、概预算、施工工程等各个领域均有广泛的应用前景。

**十一、网络多媒体监控系统技术**

1. 概述

网络多媒体监控系统是由网络多媒体监控管理平台和前端信息采集设备组成。其核心是网络多媒体监控管理平台。

（1）网络多媒体监控管理平台集计算机网络、通信、视频处理、流媒体和自动化技术于一身，是视频、音频、数据和图示一体化的解决方案，兼备网络视频监控、视频会议、视频直播等功能，具有超大规模组网能力，是构建于LAN（局域网）/Internet网络之上、支持多种传输方式的综合多媒体业务管理平台，专门适用于通过数字网络进行综合监控管理。

（2）前端视频处理部分的网络多媒体视频服务器（NMVS—Network Media Video Server），同时具备了网络视频服务器的网络传输功能和硬盘录像机的存储功能（Video Sever + DVR），NMVS是一种对视频、音频、数据进行压缩、存储及处理的专用IT设备，它在视频监控、网络教学、IP视频会议、视频直播及视频点播等方面都有广泛的应用。NMVS采用先进的MPEG-4（数字音频压缩技术）或H.264（视频编码格式）等压缩格式，在符合技术指标的情况下对视频数据进行压缩编码，以满足存储和传输的要求。

2. 内容、功能及特点

（1）网络多媒体监控管理平台的特点。网络管理分级化；可与项目管理信息系统等有机结合；分布式信息转发/存储，在IP网络上利用虚拟矩阵控制，从而大大提高网络带宽利用率，并减少硬件设备的投入；寻址定位自动化；私有IP地址的有效利用；与各种报警功能的联动管理；具有远程管理功能；基于C/S（客户端/服务器）或B/S（浏览器/服务器）标准的网络架构。

（2）前端网络多媒体视频服务器的特点。整合DVR（硬盘录像机）与网络摄像机的功能；提供了多种网络接口和多种接入模式；多路音视频同步功能；提供云镜控制接口、数据传输接口及告警输入接口。

（3）网络多媒体监控管理平台的前端系统。网络多媒体监控管理平台的前端由NMVS系列多媒体网络视频服务器所构成，如图12-1所示。

（4）主要功能介绍。实时视频监控；报警、联动、录像、抓拍管理；网络化分级式电子地图；矩阵快球高级控制：支持网络环境下视频矩阵的控制功能，方便传统模拟监控系统的升级；支持全系列视频矩阵的网络接入和控制；电视墙功能图像移动侦测功能；语音；视频会议；系统功能；远程维护和配置功能。

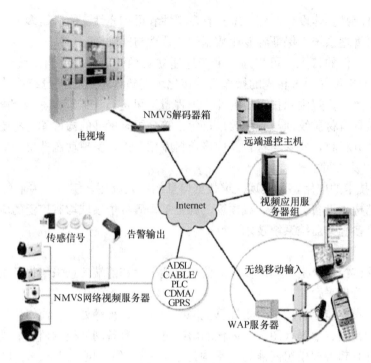

图 12-1  系统框图

（5）技术特点。安全隐私有效保证；超强网络适应能力；良好的带宽适应能力；公网私网轻松穿过；强大管理平台即分布分级式管理，用户可以不受时间、空间限制对监控管理目标进行实时监控、实时管理、实时查看、实时指挥。

3. 适用范围及应用前景

建设：施工现场视频监控管理；重点工程、公共工程监督。

水利：防汛指挥；水库安全；应急抢险。

交通：高速公路的收费管理；公路、高速公路实时监控；重点路口的流量监控；闯红灯、违章的监控；停车场的监控。

**十二、工程资料管理技术**

1. 主要功能、特点

（1）软件功能。调入标准表格、评定工程质量、编辑文档、管理工程资料等功能，可以替代繁琐的手工劳动，提高工作效率，规范工作流程，在资料的电子化存储、传输和处理方面具有手工无法比拟的优势。

（2）软件特点。提供大量工程表格模板，且用户可以自行添加所需要的模板；自动统计质量评定表数据并进行评定；用户可以按照自己的需求建立文件结构树，便于统一管理和打印，文件树的结构可以为任意层，可以自由添加节点；独立的平台，本软件不需要 Office 的 Word 等软件的支持；本软件编辑的文档可以套打，并且可以固定表格线和任意文本，在编辑时光标只在填写的位置中移动，从而避免了工作时的操作失误，提高了工作效率。

2. 适用范围

工程资料管理技术适用于各施工单位。

### 十三、材料管理软件技术

1. 主要功能、特点

（1）软件功能。对材料进行全面管理，及时自动生成库存信息；对材料的采购、使用、退货、损耗等数据进行规范严格管理；能自动生成并及时打印材料的各种报表。

（2）软件特点。界面友好、操作方便；材料的入库、出库、退货、损耗、计划等操作界面仿照常用发票样式，使得操作人员在使用本软件进行材料管理时，就像使用发票一样直观，所以，只要会填写常用发票，就会使用本软件对材料进行管理。

2. 适用范围

材料管理软件技术适用于各企业及施工单位的材料使用计划。

### 十四、合同管理技术

1. 主要功能、特点

（1）合同详细信息记录，完成对合同基本索引情况的登记。

（2）合同文本。

（3）付款与报告。

（4）索赔与报告。

（5）合同原件的导入或扫描。

（6）方便实用的模板编辑功能。

（7）快捷方便的报表设计功能。

2. 意义及适用范围

利用该软件，自动编制、生成合同文件，并对合同文件进行管理，能极大地减少合同文件编制过程中的重复和遗漏，减轻合同当事人的工作量，缩短编制周期，使合同文件的编制更快捷、更准确。适用于施工各方对合同的管理。

### 十五、建设工程资源计划管理技术

1. 概述

建设工程资源计划管理是引自国外的企业资源计划系统，即 ERP 系统。它体现了目前世界上最先进的企业管理理论，并提供了企业信息化集成的最佳方案。将企业的物流、资金流、信息流统一起来进行管理，对企业拥有的人、财、物等资源，通过责、权、利进行综合平衡管理和考虑，实现产、供、销管理的最大经济效益。

2. 主要功能、特点

（1）梳理和优化各层级管理工程项目的流程。

（2）编制组织机构、项目、人员、物料、科目标准，规范统一编码体系。

（3）搭建建设工程项目资源计划管理应用技术平台，在平台上运行的内容至少包括：项目行政办公管理、项目营销管理、合同管理、计划进度管理、采购管理、物资管理、财务管理、人力资源管理等内容。

（4）进行系统设置、业务静态数据的初始化，保证财务动态数据的正确性。

（5）数据并行、切换、共享的处理系统数据初始化后，就可以运行使用了。

（6）与其他系统的接口或数据交换。一般的 ERP 系统都提供数据接口，如果是标准的数据应用可以直接使用接口导入导出数据，如果需要与其他软件进行对接，需要开发相应的接口。

## 第三节 施工管理信息化技术

### 一、项目级管理信息化技术

(一) 项目管理信息系统的含义

项目管理信息系统（PMIS——Project Management Information System）是以计算机、网络通信、数据库、软件作为技术支撑，对项目整个生命周期中所产生的各种数据，及时、正确、高效地进行管理，为项目所涉及的各类人员提供必要的、高质量的信息服务系统。它可以在局域网或基于互联网的信息平台上运行。

1. 项目管理信息系统的基本结构

项目管理信息系统的基本结构包括系统的范围、外部基本结构与处理流程，以及内部基本结构与处理流程三个部分。项目管理信息系统的范围与外部处理流程，实质上是项目生命周期在信息管理过程中的逻辑展开，项目管理信息系统的内部基本结构与处理流程是项目管理职能在信息处理过程中的客观反映。项目管理信息系统的性能、效率和作用首先不取决于系统的内部结构与功能，而取决于系统的外部接口结构与环境。

(1) 项目管理信息系统的范围与外部处理流程规划。要正确规划项目管理信息系统的外部结构与功能，必须首先正确建立项目信息源的总体结构与处理流程。例如，一个较大型建设项目的信息管理范围，涵盖了项目业主、规划设计单位、勘察设计单位、技术设计单位、主管部门（规划、建设、土地、计划、环保、质监、金融、工商等）、施工单位、设备制造与供应商、材料供应商、调试单位和监理单位等众多项目参与方，每个项目参与方即是项目信息的供方（源头），也是项目信息的需方（用户），每个项目参与方由于其在项目生命周期中所处阶段与工作不同，相应的项目管理信息系统的结构和功能也有所不同。

(2) 项目管理信息系统的内部基本结构与处理流程规划。

1) 项目管理信息系统的内部结构。以大型建设项目管理信息系统为例，在内部功能方面，一般包括项目进度信息、造价信息、质量信息、安全信息、合同信息、财务信息、物料信息、图（纸）文档信息、办公与决策信息等九大管理信息系统和管理功能；但处于不同项目生命周期阶段的信息系统，其核心功能和目标会有所侧重和区别。如对施工阶段的施工企业来说，项目进度、质量、成本三大控制信息的一体化集成处理是系统的主要目标。

2) 项目管理信息系统的处理流程规划。由于系统的结构与功能目标的差异，不同项目的管理信息系统在其各个生命周期内的内部处理流程也有所不同。

2. 项目管理信息系统的功能

(1) 项目管理信息系统的功能（图 12-2）。

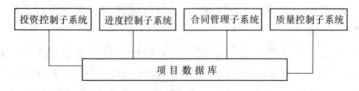

图 12-2 项目管理信息系统结构图

1) 投资控制（业主方）或成本控制（施工方）。

2）进度控制。

3）合同管理。

有些项目管理信息系统还包括质量控制和一些办公自动化的功能。

（2）投资控制的功能。

1）项目的估算、概算、预算、招标控制价、合同价、投资使用计划和实际投资的数据计算和分析。

2）进行项目的估算、概算、预算、招标控制价（合同价）、投资使用计划和实际投资的动态比较（如概算和预算的比较、概算和招标控制价的比较、概算和合同价的比较、预算和合同价的比较等），并形成各种比较报表。

3）计划资金的投入和实际资金的投入的比较分析。

4）根据工程的进展进行投资预测等。

（3）成本控制的功能。

1）投资估算的数据计算和分析。

2）计划施工成本。

3）计算实际成本。

4）计划成本与实际成本的比较分析。

5）根据工程的进展进行施工成本预测等。

（4）进度控制的功能。

1）计算工程网络计划的时间参数，并确定关键工作和关键路线。

2）绘制网络图和计划横道图。

3）编制资源需求量计划。

4）进度计划执行情况的比较分析。

5）根据工程的进展进行工程进度预测。

（5）合同管理的功能。

1）合同基本数据查询。

2）合同执行情况的查询和统计分析。

3）标准合同文本查询和合同辅助起草等。

3. 项目管理信息系统的特点

项目管理信息系统是人和计算机相结合的一个复杂系统，系统由人去设计和控制项目，系统通过产生信息服务于人，并把人和计算机整合到一个系统中的一种科学。因此，它具有以下功能特点：

（1）系统集成化。

（2）管理规范化。

（3）人机网络协同系统。

（4）支持决策。

4. 项目管理信息系统的意义

（1）实行项目管理数据的集中存储。

（2）有利于项目管理数据的检索和查询。

（3）提高项目管理数据处理的效率。

（4）确保项目管理数据处理的准确性。

（5）可方便地形成各种项目管理需要的报表。

**（二）工程项目管理系统——项目管家**

1. 功能模块结构图

功能模块结构图如图 12-3 所示。

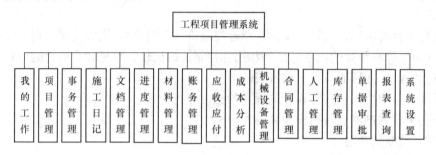

图 12-3    项目管家功能模块结构图

2. 主要功能

项目管家软件对项目实施进度、成本、合同、财务、资源等方面实行动态、量化管理和有效控制。"项目管家"软件分为公司版和项目部版。公司版可以按需制定，项目部版可以直接在项目部管理中实施。

（1）成本控制分析。

1）成本实时控制：具有强大的核算功能。

2）材料管理：首先将材料和材料供应商的信息收录进软件，然后根据工程情况确定采购计划，并且严格管理材料的入库、出库，避免浪费，最大限度地降低了成本。同时电子化的管理方式不但方便简洁，并且加强了资金的管理。材料的统计和报警功能使用户能够一目了然地了解库存情况，方便采购计划的制订和及时补充材料，保证施工的顺利进行。最后对计划与实际进行对比，了解施工情况，帮忙决策。强大的材料管理功能，解决了工程项目企业施工材料浪费严重，管理混乱的问题。

3）账务管理：系统自动进行账务核算，帮助用户管理账务收支，并且具备银行账户的管理功能，方便用户和银行进行对账。实现了对整个财务收支情况的管理。

4）应收应付：将需要付给供应商的材料款以电子化的形式列表，使用户和材料供应商的资金往来情况一目了然，清楚明白。

5）成本分析：首先编制整体预算，使用户对工程成本有一个整体的认识，然后将实际成本与预算进行对比，发现工程成本管理中的问题，及时改进，这样就实现了成本的动态控制。最后系统自动核算整个项目的盈亏状况，用户可以清楚地了解工程的盈亏状况。

（2）施工过程管理。

1）项目管理：使项目经理可以同时管理多个不同的施工项目。

2）施工日记：对每天的施工以及相关情况进行记录，包括生产进度、水电供应、存在问题、质量、文件记录、材料和变更签证以及施工机具等。同时对施工班组进行管理。

3）进度管理：通过工程计划和进度图使项目经理对所管理的工程进度一目了然。

（3）信息沟通与文档共享。

1）事务管理：利用即时通信功能，员工在线时进行即时通信，不在线时发送手机短信；同时对工作任务进行划分，进行有效的任务管理；并且还可以实现对用户联系人的管理，包括员工、供应商、合作伙伴等。

2）文档管理：对项目管理过程中产生的各类文件进行统一管理。有效的权限设置保证了文档的安全性，同时也保证了信息的共享性。

（4）组织管理。

1）人员管理。

2）业务权限：不同级别的员工设置相应的权限。

3）单据审批设置。

3. 软件特点

（1）不改变用户原有工作模式，以软件来适应企业管理流程。

（2）基于 B/S 模式的开发框架，采用 NET 开发平台、SQL Server 数据库系统。

（3）同 C/S 架构软件相比，只需安装服务器端，实施简单、维护方便、易于升级、扩充。

（4）可以轻松地把握项目的总体信息，极大地方便了对项目监督管理；有力地保证了项目更好地运行；彻底解决了对异地项目管理的难题。

（三）工程项目管理系统——PM2

PM2——邦永项目管理软件，基于项目管理知识体系（PMBOK）的基本理论并结合国情，从项目资金投入、计划编制、进度安排、资金使用、物资采购、资源调配与管理、进度跟踪、技术指标管理、质量管理、风险分析、项目评估到合同管理，涉及项目周期全过程的各个侧面，是大中型项目管理的完美解决方案。

1. PM2 特点

实用性：采用模块化设计，可按需要提供不同的功能，并能任意组合。

经济性：有效降低项目成本、节约资金。

可靠性：多级备份，负载平衡，强大的容错能力及迅速恢复能力。

安全性：多级权限控制，防止非法操作和擅自使用，并具有操作全面跟踪记录功能。

易用性：人性化的导航界面，操作简便，大大缩短培训时间。

灵活性：规模和功能为灵活扩展，支持 Internet 操作。

先进性：分布式系统运行方式，先进的 XML 技术，支持 Windows2000、SQL2000。

扩展性：可跨平台系统移植，数据库可转换为 SQL Server、Oracle、Sybase 等。

2. 主要功能

（1）进度计划子系统。进度计划子系统包括项目计划、项目进度等模块，通过对项目的 PCWBS 分解，从时间、费用、设备材料、合同资金、交付成果、资源等多个角度制订项目计划；项目工程进度报告、项目形象进度报告和交付成果进度报告及时反映项目进展情况。

1）项目、子项目、任务无限制多级划分，自动计算作业进度与标识关键路径。

2）支持多项目管理，分析比较各项目优劣。项目模板记录标准业务流程。

3）网络图、树状图、甘特图、PERT 工作日历多角度表现项目/任务逻辑关系。

4）项目计划调整、项目变更记录，分析计划全过程。

（2）材料设备子系统。材料设备子系统解决工程项目中材料设备的采购供应及库存管理问题，包括供应商管理、采购计划、采购申请、采购寻价、设备采购、入库出库业务等模块，通过对项目设备需求分析自动生成设备需求计划、采购计划，全面反映项目的设备采购需求。

1) 建立材料设备信息库、供应商信息库。

2) 供应商比价及材料设备比价。

3) 采购计划、采购申请、采购合同、到货跟踪等业务流程自动化。

4) 工程进度计划自动生成材料设备采购计划，完成采购资金的分析。

5) 库存管理完善项目现场的材料设备的使用过程。

(3) 合同管理子系统。合同管理子系统包括合同模板、合同拟订、合同建立、合同变更、合同结算、款项拨付、支付计划、合同台账等功能模块，实现合同的分类、实时、动态管理十几种合同报表从不同的角度和层次，动态反映合同执行情况。

1) 支持合同拟订、签订、执行、评价等项目合同的全过程管理。

2) 合同拟订、拨款、变更等业务审批流程集成协同办公。

3) 分类管理土建合同、采购合同。全面支持单价合同、总价合同。

4) 合同变更、签证，关联合同结算。

5) 合同信息关联项目计划进度、资金支付。

6) 合同报表全面反映合同执行状况。

(4) 成本核算与控制。成本管理子系统包括预算成本、控制成本、实际成本等模块。通过对核算项目的成本构成的分解、估算、计划与执行分析，随时比较项目动态成本与控制目标，找出差异及原因，最终达到成本控制的目的。

1) 费用科目灵活定义。

2) 自动归集设备材料成本、外协分包成本。

3) 动态分析成本差异，智能警示，利润数据一目了然。

4) 全面支持部门级成本核算与控制。

(5) 协同办公。协同办公子系统以强大的工作流引擎为核心，基于项目业务平台，通过自定义流转技术，运用消息机制，实现对项目业务数据网上的传递、提醒和审批，搭建项目关系人业务沟通的信息平台。

1) 全面解决合同拨款、合同变更、采购申请等项目业务审批和日常行政审批。

2) 基于消息机制的智能提醒，通过短信、邮件等方式高效处理工作。

3) 支持按角色、部门、员工等节点属性自定义审批流程。

4) 项目公告、项目讨论区、工作计划等多种交流方式分实现无限沟通。

(6) 文档管理子系统。在项目建设过程中，会形成大量的文档资料，包括设计图纸、合同、文件、往来信函等，科学、高效地管理这些文档资料，不仅是简单地分类保存，还要建立各种文档资料与项目/任务的关联关系，使每个项目相关人员都能够快速、准确地了解每份资料的详细情况。

1) 分类管理项目文档资料，保存资料原始信息。

2) 快速检索文档，记录借阅信息。

3) 严格的授权机制，保证文件安全保密。

(7) 财务资金子系统。财务管理子系统包括资金计划、资金收支、财务处理和资金报表等模块，以项目资金收支为核心，全面实时地反映项目资金的流动和使用情况，可自动生成现金流量表，为项目资金的控制与平衡提供决策依据，同时还可通过财务接口与其他财务系统实现完美对接。

1）项目前期财务投资分析。

2）制订项目总体的资金投入和使用计划。

3）关联合同管理，动态生成资金收支计划。

4）资金报表全面反映项目财务状况。

（8）质量管理子系统。质量管理子系统由质量规划、质量报告等模块构成，通过建立项目质量标准体系、进行项目质量管理规划和对项目/任务/交付成果的质量检验，实现对整个项目建设过程及交付成果的质量控制。

1）制订相关质量控制制度及质量控制计划。

2）对设计工作各个环节及交付成果，制订质量检查制度及质量标准。

3）对项目交付进行质量评估。

4）质量报表分析项目质量状况。

（9）招标管理。项目建设过程中，设计招标、材料设备的采购招标、施工招标的管理流程基本是相同的，都需要对相关的供应商的资质、价格体系、质量保证、售后服务和历史使用状况进行考核。PM2 的招标管理允许用户自定义多级招标考核指标，允许多名相关专家对每个厂家设备的各项评分指标打分，系统自动汇总产生投标厂家的专家评分汇总表和明细表，为领导决策提供依据。

1）实现招标信息、评标、定标的全过程管理。

2）多级别、多角度的评标体系。

3）汇总与明细评分表，方便决策。

4）严格的权限控制，保障公正、公开与公平。

（10）项目评估子系统。项目评估子系统由进度评估、EVMS 评估和临界指数评估模块构成。它主要应用挣值分析（EVMS）技术，对项目的进度和成本进行评估，通过进度差异、费用差异、进度执行指数、费用执行指数等定量数据来客观反映进度的快慢、成本的超出和节约，便于项目高层领导和管理人员掌握项目总体信息。

1）可按周、月等时间单位生成挣值分析曲线。

2）科学、准确地分析、评价项目进展状况。

3）丰富的报表和数据，从不同角度反映评估结果。

（11）项目跟踪子系统。项目跟踪子系统将项目执行过程中常用的、需特别关注的项目信息汇集生成项目报告，便于项目高层领导和管理人员掌握项目总体信息。项目跟踪子系统由项目跟踪、资源跟踪、费用跟踪、财务跟踪和合同跟踪模块构成。它将项目在时间、资源、费用和成本方面的实际状况与计划进行对比，以发现计划与实际之间的偏差，它是项目控制的基础。

1）总体和关键数据报告。

2）计划与实际工作的对比分析。

3）项目进度、项目费用分析。

（12）风险分析子系统。风险分析子系统采用运筹学数理统计原理，对项目建设过程中的工期、成本，进行量化分析，项目进度计划和预算成本完成百分比。

1）乐观值、悲观值、最可能值、希望值等专家经验提供分析基础。

2）风险概率分析。

3）直方图、曲线图、饼图直观显示项目时间、成本风险。

4）拓展进行物料价格、人工成本风险管理。

（13）项目报告。项目报告子系统将项目执行过程中常用的、需特别关注的项目信息汇集生成项目报告，便于项目高层领导和管理人员掌握项目总体信息，它包括项目/任务摘要报告、关键任务报告、里程碑任务报告、即将开工任务报告、拖期任务报告、任务计划调整报告、项目/任务管理机构图表等具体内容。

1）项目总体进度和关键路径报告，掌握宏观进度。

2）任务进度报告，分析微观情况。

3）责任矩阵明确职责。

（14）资源管理子系统。资源管理子系统包括资源计划、报表与分析等模块，实现项目人员、大型设备的优化、配置与管理。

1）分析项目经理、工程师参与项目的情况。

2）控制人力资源成本，降低项目成本。

3）资源曲线便于分析配置优化。

（15）安全管理。安全管理子系统对项目建设过程中发生的安全问题，形成一个发现问题、解决问题、问题反馈及追踪的完整体系；同时，可以在系统中辅助规范项目施工过程中的安全法规或者企业规范等体系，并记录汇总项目安全日报、月报。

1）安全法规、安全会议、安全文件，形成项目安全标准。

2）安全问题登记表、安全问题反馈表反映安全问题解决情况。

3）安全报表综合反映项目安全状况。

**（四）工程项目管理系统——BIM**

BIM 是建筑信息模型（Building Information Modeling）的缩写。BIM 以多种数字技术为依托，建立了建筑信息模型，以此作为各个建筑项目的基础去进行各项相关工作。建筑工程与之相关的工作都可以从这个建筑信息模型中取得各自需要的信息，既可指导相应工作又能将相应工作的信息反馈到模型中。

**1. BIM 的特点**

对于 BIM 模型来说，一方面集成数字信息，另一方面应用这些数字信息，进而在一定程度上用于项目的规划、设计、施工、运营的各个阶段。建筑模型在建筑工程整个生命周期中通常可以实现集成管理，进而将建筑物的信息模型与建筑工程的管理行为模型进行相应的组合，在整个进程中，提高建筑工程的效率、降低其风险。

（1）可视化。BIM 工作过程就是将收集的综合信息通过软件建模形成三维、动态、直观形象的过程。让人们平常见到的各类信息、二维图像，形成直观的模型，转化为可视的过程，也就是所见即所得的形式。可视化在建筑行业的作用非常大，在 BIM 技术之前，真正的构造形式通常情况下，需要建筑业参与人员进行自行想象，这种方式不仅效率低，更重要的是准确率也非常低。BIM 为可视化提供了可能，对于线条式的构件，通过 BIM 可以形成三维立体实物图形，同时展现在人们面前；通常情况下通过 BIM 形成的可视化，可以与构件形成互动和反馈。

（2）协调性。协调是建筑业中的重点内容，是完成其他目标的必要工作及保障。关于协调、配合方面的工作施工单位、业主，以及设计单位等都在积极地开展着。在项目实施过程中，一旦遇到问题，就要组织有关人士进行协调，进而在一定程度上寻找造成问题的施工原因，制定解决问题的措施或方案，或者是对原有的施工方案进行变更，或者制定相应的补救措施。对于这种问题，通过 BIM 的协调性服务就可以处理，在对建筑物进行建造之前，通过 BIM 建筑信息模型对不同专业的碰撞问题进行协调。

（3）模拟性。对于模拟来说，一般情况下主要是模拟设计出的建筑物模型，或者对现实世界中不能够直接进行操作的事物进行相应的模拟处理。对节能、紧急疏散、日照、热能传导等，通过 BIM 在设计阶段进行模拟。在招投标阶段，以及施工阶段，通过采用 4D 对相应的工程项目进行模拟处理，进而在一定程度上确保制定施工方案的科学性、合理性。

（4）优化性。对于工程项目来说，其设计、施工、运营就是一个不断优化的过程，并且优化与 BIM 之间存在某种联系，通常情况下，在 BIM 的基础上可以进行更好的优化。

（5）可出图性。通常情况下，与大家日常多见的建筑设计院相比，BIM 并不是为了出建筑设计图纸和一些构件加工的图纸。而是对建筑物进行可视化展示、协调、模拟、优化，进而帮助业主出综合管线图、综合结构留洞图、碰撞检查侦错报告和建议改进方案。

2. 主要功能

（1）碰撞检查，由于建筑、结构和设备水暖电之间共享同一模型信息，检查和解决各专业的矛盾以及同专业间存在的冲突更加直观和容易。BIM 冲突检测机制可以减少额外的修正成本。

（2）虚拟建造，如实施 IPD（Integrated Project Delivery，集成项目交付）模式，即业主、设计、总包、分包、咨询等参与方在设计阶段就参与到项目中，通过 BIM 技术进行虚拟建造，共同对设计进行改进，通过合同约束文本形式，实现利益分享，风险共担。

（3）计量和工程量分解，用户对 BIM 的专业分析工具最青睐，因为它具有从设计模型中提取数据和强大的分析能力。各种分析工具，如工程量估算、结构分析、项目管理、设备管理等，使用率极高，工程量估算位居首位，因为工程量对于业主、承包商、材料商、工程管理以及建筑造价等都是十分重要的基础性数据，因而对它最为关注。不过 BIM 的专业分析工具与专业的三维算量软件不能相提并论，要获得更精确的工程量数据必须辅之以专业的算量软件，因为专业算量软件融合了各种国家标准规范和计算规则，而不仅仅是几何量，如长度、面积、体积的提取。同时借助软件技术进行精确的 3D 布尔运算和实体扣减，其得出的工程量不仅远比手工计算要精确，而且可以自动形成电子文档进行交换共享、远程传递和永久存档。

工程量是工程最关键的要素，它是项目进行造价测算、工程招标、商务谈判、合同签订、进度款支付等一切造价管理活动的基础。

（4）提高效率，各专业可以共享 BIM 模型，土建、钢筋和安装不必重复建模，避免数据的重复录入，也能加强各专业的交流、协同和融合，把节省的人力投入到更有价值的造价控制领域，如商务谈判、工程招标和合同管理中。

**二、企业级管理信息化技术——基于项目管理的建筑企业管理信息化方案（PKPM）**

1. 概述

企业信息化＝管理创新＋信息技术（图 12-4）。

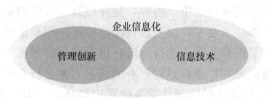

图 12-4　企业信息化结构

"管理创新"是企业信息化的核心和灵魂；

"信息技术"是企业信息化的支持和保障。

2. 信息化体系架构

（1）企业信息化总体架构如图 12-5～图 12-7 所示。

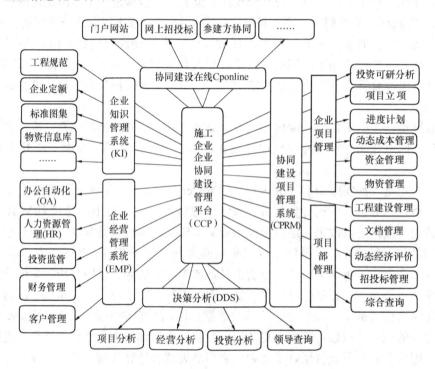

图 12-5　总体应用框架

（2）多种实施阶段架构，如图 12-8 所示。其中，（CERM_L）：施工企业管理信息系统监管版；（CERM_M）：施工企业管理信息系统标准版；（CERM_H）：施工企业管理信息系统协作版。

（3）多行业多模式解决方案体系架构，如图 12-9 所示。

3. 信息化解决方案

（1）特点。

全面性——涵盖企业各方面需要：对外宣传、信息交流、协同工作、自动化办公、业务管理、辅助决策等。

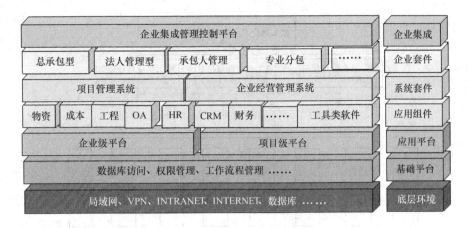

图 12-6　N 层体系框架

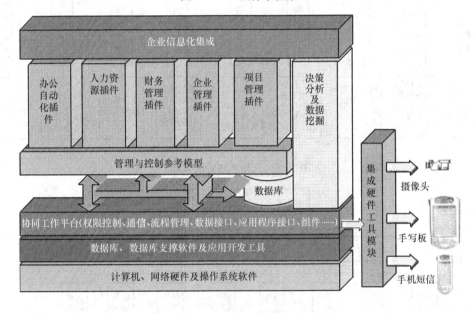

图 12-7　信息化集成体系框架

集成性——为客户的多种业务需求、现有的软件系统、硬件设备（远程监控、收集短信等）提供一体化的集成方案。

适合性——以企业的核心业务（项目管理）出发的业务方案设计，根据项目管理模式设计信息化解决方案，最贴合施工企业的需要（图 12-10）。

灵活性——根据企业的管理特色可量身定制，既通过信息化规范企业管理，又充分体现企业管理特色。

（2）管理模式。施工企业的管理重点在于项目管理，建筑类企业项目管理普遍具有项目实施分散化、项目管理多元化和项目控制繁杂化等特点，项目管理主要采用以进度为主线、合同为约束、成本控制为目标的管理模式，目前国内主要有法人管项目、总承包管项目、承包人管项目的项目管理模型。

1）法人管项目：合理利用企业资源，采用成本核算集中、财务管理集中、物资管理集

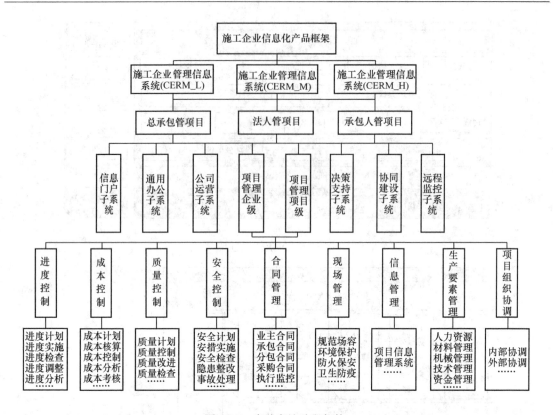

图 12-8　多种实施阶段架构

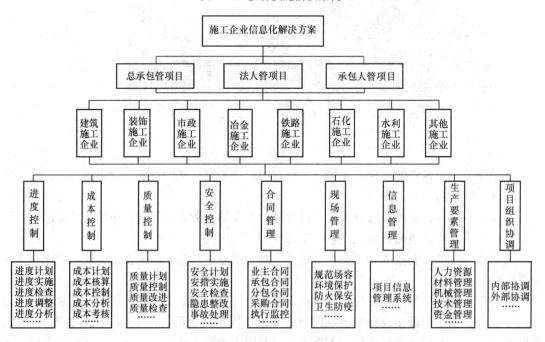

图 12-9　多行业多模式解决方案体系架构

中、人力资源集中、项目资源统一调配的管理模式，也是国内比较先进的管理模式。

　　2）总承包管项目：总承包方根据所承包项目情况，将项目的全部或部分工程分包给具

有相应资质的企业，总承包方管理的
重点是按照合同约定对工程项目的质
量、安全、工期、造价等进行管理，
最终向业主负责。

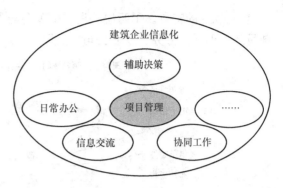

图 12-10　企业信息化方案

（3）控制过程。项目管理整体设
计遵循以业务为核心，进度为主线，合同为约束，成本控制为目标的管理模式，主要完成四
控四管一协调的工作，即过程四项控制（进度控制、成本控制、质量控制、安全控制）和四
项管理（合同管理、现场管理、信息管理、生产要素管理）以及项目组织协调的工作。同时
针对项目管理的每一过程遵循计划、实施、检查、处理（PDCA）的管理思路，形成计划—
实施—检查处理的闭路循环。

（4）宏观规划。在系统设计时，结合施工的企业管理现状并结合有关规范、管理目标、
信息化要求进行优化组合，是以建筑项目整个生命周期为基础，涵盖了从投标分析、施工管
理到企业效益控制、企业信誉保障的全过程动态管理。

系统设计根据施工企业的管理特点，充分体现扁平化的管理特征，两层规划整体实施，
实现企业层和项目层业务处理的无缝结合（图 12-11）。

1）公司级。侧重于公司相关业务的处理以及对所属项目的管理监控、审批审核、指令
下达、作业指导和工作协调等（图 12-12）。

2）项目级。侧重的是项目的具体业务。它是对各项具体业务的深入化、细致化的管理，
完成项目整体从面到点的管理与控制。

3）承包人管项目：作为专业承包商或项目承包方来对项目进行管理。项目部的权利和职责大，对项目的管理控制主要集中在项目部上，公司只是宏观控制项目部的业务。

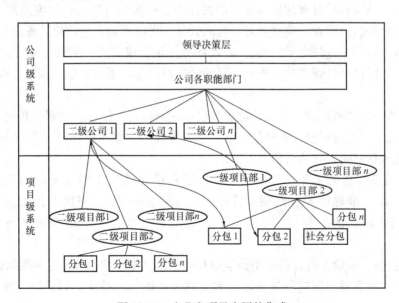

图 12-11　企业和项目应用的集成

3）功能规划的特点。①两层分离：管理层与作业层分离。②三层体系：企业经营决策层，项目部管理层，劳务、专业公司作业层。

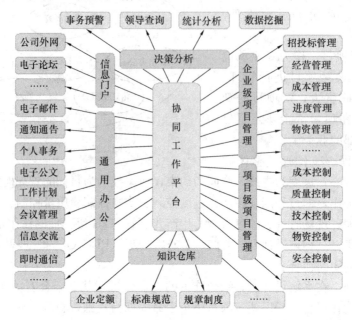

图 12-12　企业信息系统整体功能结构

（5）系统特色。

1）统一规划，整体部署。系统设计在集成平台上得到统一规划和部署，在信息共享的基础上，信息平台提供了一个统一标准，解决了由于标准不统一造成的重复投入、资源浪费的情况。

2）突出重点，讲求实效。重点解决企业经营管理和项目管理的核心业务内容，紧扣项目管理中企业管理层和项目管理层对项目的四控四管一协调（四控：进度控制、成本控制、质量控制、安全控制；四管：信息管理、合同管理、现场管理、生产要素管理）。

3）优化管理，提升层次。结合法人管项目的优化管理模式，前瞻性地考虑了企业的发展和改革方向，抓住项目管理的主线路和科学的管理理念，逐步实施"合同、资金、物资管理"三集中。

4）有机结合，紧密集成。系统功能在各层面之间是有机结合、紧密关联的。

5）统计汇总，及时有效。管理信息的汇总、统计、上报等都在同一系统中完成，确保项目管理有关信息及时、有效（信息上传）。

6）信息共享，协同工作。领导层及管理层在项目管理中需要下达的信息可以在网络中方便、及时、准确地下达给相关管理人员（信息下达）；信息平台提供的协同工作功能为需要密切协作的决策层、管理层、项目部工作层各层之间提供畅通的沟通协作渠道。

7）数据挖掘，决策支持。信息平台运用数据仓库技术、知识库技术和模糊计算等技术，对其中存储的大量管理数据进行累积效应和关联关系的深入挖掘，以达到支持管理决策的作用。

8）流程定制，科学规范。企业管理的组成本身就是流程的实现过程，将各个管理环节用管理系统贯穿起来达到信息的流转和数据的交互。系统将提供可以灵活定制和调整流程的工具。可以自由定义和满足各种管理业务需要。

9）异地管理，远程监控。各个项目工地与公司联网，进行网上协同作业。

### 三、信息化标准技术

（一）基础信息编码标准

1. 概述

《建筑企业基础信息规范编码系统》是进行信息交换和实现信息资源共享的重要前提，该编码系统设计思路新颖，大部分均以"代码标识符＋时间＋流水号"为代码结构，并与属性代码有机结合，使编码结构合理、实用、适应性强，是一套建筑行业信息管理的基础性标准，具有较大的推广价值。

《建筑企业基础信息规范编码系统》由信息分类编码和属性代码表两部分组成。

2. 基础信息编码编制说明

（1）制定基础信息编码的目的。保证系统信息平台的总体一致性和数据存贮、交换格式的统一，加速推动建筑企业公共信息透明化、公开化和制度化，发挥信息系统的最大社会综合效益和经济效益。

（2）基础信息编码的内容见表12-1。

表 12-1　　　　　　　　　代码名称、代码编号及代码标志符

| 代码分类 | 代码名称 | 代码编号 | 代码标识符 |
|---|---|---|---|
| 1. 行政管理类 | 组织机构代码 | Q/××× 0101-2004 | A1 |
| | 文件代码 | Q/××× 0102-2004 | A2 |
| | 档案代码 | Q/××× 0103-2004 | A3 |
| 2. 人力资源类 | 人员基本信息代码 | Q/××× 0201-2004 | B1 |
| 3. 工程类 | 工程项目代码 | Q/××× 0301-2004 | C1 |
| | 工程合约代码 | Q/××× 0302-2004 | C2 |
| | 质量检验分部分项代码 | Q/××× 0303-2004 | C3 |
| | 工程量清单分部分项代码 | Q/××× 0304-2004 | C4 |
| | 成本科目代码 | Q/××× 0305-2004 | C5 |
| 4. 科学技术类 | 科技示范工程代码 | Q/××× 0401-2004 | D1 |
| | 工法代码 | Q/××× 0402-2004 | D2 |
| | 科技项目代码 | Q/××× 0403-2004 | D3 |
| | 科技成果代码 | Q/××× 0404-2004 | D4 |
| 5. 设计类 | 设计项目代码 | Q/××× 0501-2004 | E1 |
| | 图纸代码 | Q/××× 0502-2004 | E2 |
| 6. 财务资金类 | 会计科目代码 | Q/××× 0601-2004 | F1 |
| | 财务统计指标代码 | Q/××× 0602-2004 | F2 |
| 7. 资产类 | 固定资产代码 | Q/××× 0701-2004 | G1 |

| 代码分类 | 代码名称 | 代码编号 | 代码标识符 |
| --- | --- | --- | --- |
| 8. 房地产类 | 房地产项目代码 | Q/×××0801-2004 | H1 |
| 9. 物资材料类 | 建筑材料代码 | Q/×××0901-2004 | I1 |

（3）基础信息编码的有关说明。

1）代码编号的组成。代码编号由企业标准代号、企业代号、标准顺序号和标准的发布年号组成。

$$Q/×××　×××　×——2004$$

其中　　Q——GB/T1.1 规定的企业标准代号。

×××——按照《中央党政机关、人民团体及其他机构代码》（GB/T 4657—2000）规定的代号填写（如中建总公司的代号为 544），对在 GB/T 4657—2000 规定中没有代号的企业，可自行确定代号。

×××　×——标准顺序号。标准顺序号由 4 位号码（D1，D2，D3，D4）组成，其中 D1和 D2 为顺序号（01～99）；D3 D4 为顺序号的扩展号（00～99），无扩展时D3D4 为（00）。

2004——标准的发布年号。

2）代码的基本结构。代码通常由"代码标识符＋时间＋流水号"组成。

代码标识符是信息代码的重要组成部分，其不反映编码对象的属性（如人员的性别、职衔年龄，材料的型号、产地等）；时间为针对编码对象的物理时间（如设备的采购日期，合同签订时间等），部分信息代码可能不含时间；流水号为编码对象的顺序号。

在部分代码中，当"代码标识符＋时间＋流水号"难以保持代码的唯一性时，在"代码标识符＋时间＋流水号"结构的基础上，可以对结构进行必要的调整和补充。

3）属性代码表。属性代码表是信息分类编码的重要组成部分，各代码表示基础信息对象的相关信息（属性），如文件代码中的"文件密级"、"文件类型"。

**（二）信息交换标准**

利用信息交换编码，能实现各业务信息系统之间的信息交流，各厂家之间数据的交流。

**（三）WBS 分类编码标准**

WBS 分类编码标准，为项目管理过程提供标准的分解依据和执行依据。

**（四）工作流程标准**

应符合国际工作流程协会的规范，同时又能满足企业自身的需要。

## 第四节　建筑电子商务

### 一、建筑电子商务概述

建筑电子商务（Construction e-Business，简称 CEB）是建筑企业在网络环境下，合理应用各种电子信息技术来从事的商务活动，它包括商务准备、材料采购、建筑生产过程、设备管理、销售渠道架设、物流环节、金融保险、内部资源管理和客户关系管理等诸多环节。其运作是在一个范围广阔而开放的大环境和大系统中，利用计算机网络技术全面实现生产、经营、交易和服务的电子化过程。其最终目标是建立企业网络，将参加商务活动的各方面利用网络联系在一起，全面实现商务和IT的一体化、企业和工程项目一体化，从而减少商务活动的中间环节，提高信息流通和反馈速度，持续企业知识的创造和累积，不断完善和提高建筑企业资源管理和客户管理水平，获取高于平均的价值回报和竞争优势。

建筑电子商务系统（Construction Electronic Business System，简称CEBS）是建筑企业从事CEB的信息化网络平台，其以建筑企业（承包商）为核心，面向建筑企业内部员工、业主、项目管理企业、运营商、物流管理企业、分包商、供应商、政府和股东等利益群体开放，体现着各利益群体与建筑企业之间的合同契约和督导调控的关系。CEBS的质量直接关系到建筑企业在新经济形式下开展商务活动的能力，是建筑企业实施CEB的基石。

## 二、建筑电子商务的优点

### 1. 能够提高项目管理效率

电子商务的实现使管理人员可以随时获得项目的各种信息，及时注意发生的情况，适时给予监控，实现了项目全过程管理的电子化、信息化、自动化、实时化和规模化。

### 2. 可以降低项目直接成本

网络有助于提高透明度，通过网络，承包商可方便地进行询价，及时获得更多、更全面的信息，发现更多新的契机，而不会仅仅局限在某一范围内选择供应商。

### 3. 能够降低管理成本

网络为企业提供一个可与客户直接联系、即时双向的交流通道。电子商务使承包商和供应商之间不再需要过多的纸上文件，从而也节省了发送设计图纸、技术文件和合同的时间。

### 4. 可以增强企业间的资讯交流

网络可以使整个建筑业进行高度快速的资讯交流，让从业人员能够更高效快捷地得到各网上企业的营运资料，还可以为项目实施过程的每一阶段提供大量有价值的数据。

### 5. 为实现横向联合生产模式提供了便利

### 6. 为企业的供应链管理提供了便利

电子商务供应链网络使企业供应链上的所有参与者之间可以通过网络，实现资料互换、信息共享，整合合作共同体的资源，消除了整个供应链网络上不必要的动作和消耗，促进了供应链向动态的、虚拟的、全球网络化的方向发展。

## 三、我国建筑电子商务的现状

我国建筑电子商务化正处于起步阶段，存在着明显的局限与不足。

除个别企业外，目前大多数企业以应用单机版软件为主，没有形成网络，没有实现信息的交流与互动；企业电子商务没有真正开展起来，多数企业也仅仅是建立了内容较为丰富的网页，作为企业业绩的展示台；不论是企业网站还是政府网站，大多都以发布信息为主，信息的交流与互动还有相当大的差距；软件开发缺少统筹规划，开发资金不足，而且多数属于低水平重复性开发。

建筑企业应根据具体情况，利用企业现有的商业或技术，从企业系统的某一个地方开始启动电子商务过程，建立起一个有效的电子商务系统。

## 复 习 思 考 题

12-1　我国建筑企业管理信息化技术的发展趋势和发展方向各是什么？

12-2　简述三维 CAD 技术在我国的应用。

12-3　简述工程量计算技术的应用。

12-4　简述标书、施工组织设计在施工中的应用。

12-5　简述施工组织设计、施工方案图形软件在施工中的应用。

12-6　工程项目管理信息系统包括哪些子功能？各功能主要解决哪些问题？

12-7　项目管理的目标是什么？

12-8　BIM 系统的定义是什么？它有哪些功能？

12-9　论述建筑电子商务。

12-10　建筑电子商务的优点是什么？

# 参 考 文 献

[1] 本书编委会. 建筑业 10 项新技术(2010)应用指南. 北京：中国建筑工业出版社，2011.

[2] 刘永红，等. 地基处理. 北京：科学出版社，2014.

[3] 郑天旺，李建峰. 土木工程施工技术. 北京：中国电力出版社，2005.

[4] 中华人民共和国住房和城乡建设部. 建筑基坑支护技术规程. 北京：中国建筑工业出版社.

[5] 李星，谢兆良，等. TRD 工法及其在深基坑工程中的引用. 地下空间与工程学报，2011(5).

[6] 王卫东，朱合华，等. 城市岩土工程与新技术. 地下空间与工程学报，2011(增刊).

[7] 李佩勋. 缓黏结预应力综合技术的研究和发展. 工业建筑，2008(11).

[8] 糜加平. 国外插销式钢管脚手架的发展与应用. 建筑施工，2013(10).

[9] 韦涛玉. 现浇混凝土空心楼盖若干问题的探讨. 华南理工大学，2012.

[10] 闫赫赫，吴启星，荣形. GBF 高强薄壁管现浇混凝土空心楼盖施工技术. 建筑施工，2010(05).

[11] 吴泽进，施养杭. 智能混凝土的研究与应用评述. 混凝土，2009(11).

[12] 姚武. 绿色混凝土. 北京：化学工业出版社，2005.

[13] 中华人民共和国住房和城乡建设部. JGJ 114—2014 钢筋焊接网混凝土结构技术规程. 北京：中国建筑工业出版社，2014.

[14] 董坤. 新型外包钢—混凝土组合梁设计方法研究. 中国海洋大学 ，2012.

[15] 安里鹏. 特大跨径波形钢腹板 PC 组合箱梁桥受力特性研究. 重庆交通大学，2011.

[16] 万水，李淑琴，马磊. 波形钢腹板预应力混凝土组合箱梁结构在中国桥梁工程中的应用. 建筑科学与工程学报，2009(02).

[17] 中华人民共和国国家质量监督检验检疫总局，中国国家标准化管理委员会. GB/T 1499.3—2010 钢筋混凝土用钢 第 3 部分：钢筋焊接网. 北京：中国标准出版社，2011.

[18] 陆赐麟，尹思明，刘锡良. 现代预应力钢结构(修订版). 北京：人民交通出版社，2007.

[19] 蔡绍怀. 现代钢管混凝土结构(修订版). 北京：人民交通出版社，2007.

[20] 付春光，王世轶，李尊雨. 钢结构防火保护方法探讨. 科技信息，2009(14).

[21] 涂逢祥. 建筑节能. 北京：中国建筑工业出版社，2009.

[22] 陈峰，杜海英. 关于高压灌浆堵漏技术在楼房病害治理中的应用探析. 企业技术开发，2013(11).

[23] 李天旺. 浅谈喷涂硬质聚氨酯外墙外保温系统在住宅工程中的应用. 企业技术开发，2013(11).

[24] 薛勇，郝永池，李雪军. 双层幕墙节能技术的研究. 山西建筑，2013(1).

[25] 梁小琼，闭思廉. 几种新型节能幕墙系统简介. 深圳土木与建筑，2011(1).

[26] 孙跃东，等. 再生骨料混凝土的配合比试验研究. 山东科技大学学报，2009(1).

[27] 肖开涛. 再生混凝土的性能及其改性研究. 武汉理工大学，2004.

[28] 张朝辉，等. 透水混凝土配合比研究与设计. 混凝土，2008(6).

[29] 中华人民共和国住房与建设部. 绿色施工导则. 2007 发布.

[30] 中华人民共和国住房与建设部. GB/T 50640—2010 绿色施工评价标准. 2011.

[31] 李江舵. 浅谈 BIM 技术及应用. 中小企业管理与科技，2014(1).